黄河小浪底水利枢纽规划设计丛书

环境保护研究与实践

林秀山　总主编

张宏安　主　编

中国水利水电出版社

黄河水利出版社

内 容 提 要

本书为黄河小浪底水利枢纽规划设计丛书的环境保护卷,主要内容包括世界银行环境影响评估、施工期环境污染防治、水土流失防治、移民安置区环境保护、人群健康保护、环境监理的理论与实践、水库蓄水后自然环境影响预测等。黄河小浪底水利枢纽工程建设规模巨大,移民近 20 万人,施工期环境保护、人群健康保护、移民安置区环境保护等都是工程建设者和管理者面临的难点。在世界银行专家的帮助下,参与小浪底工程建设的环境保护工作者成功探索出了一种环境管理的崭新模式——环境监理制,并在国内其他大型工程建设过程中得到广泛推广应用。该研究成果曾获 2005 年河南省科技进步二等奖,本书中对这些研究成果与实践进行了全面系统的归纳和总结。

本书内容丰富,反映了研究成果的先进水平,实用性强,可供从事水利水电工程环境影响评价、环境保护设计、环境管理的有关人员参考,亦可作为大专院校相关专业师生的参考书。

图书在版编目(CIP)数据

环境保护研究与实践/张宏安主编. —郑州:黄河水利
出版社,2008.10
  (黄河小浪底水利枢纽规划设计丛书/林秀山总主编)
  ISBN 978 – 7 – 80734 – 517 – 6

  Ⅰ. 环… Ⅱ. 张… Ⅲ. 黄河—水利枢纽—水利工程—
环境保护—研究 Ⅳ. TV632.613 X321.2

  中国版本图书馆 CIP 数据核字(2008)第 151396 号

出 版 社:中国水利水电出版社
          地址:北京市西城区三里河路 6 号   邮政编码:100044
          黄河水利出版社
          地址:河南省郑州市金水路 11 号   邮政编码:450003
发行单位:黄河水利出版社
          发行部电话:0371 – 66026940   传真:0371 – 66022620
          E-mail:hhslcbs@ 126. com
承印单位:河南省瑞光印务股份有限公司
开本:787 mm×1 092 mm 1/16
印张:20.5
字数:474 千字   印数:1—1 700
版次:2008 年 10 月第 1 版   印次:2008 年 10 月第 1 次印刷

定价:88.00 元

总 序 一

　　黄河小浪底水利枢纽是"以防洪（包括防凌）、减淤为主，兼顾供水、灌溉、发电，蓄清排浑，除害兴利，综合利用"为开发目标的大型水利工程，是国家"八五"重点建设项目，也是当时我国利用世界银行贷款最大的工程项目。小浪底主体工程于1994年9月开工，2001年底按期完工。工程采用国际招标方式选择了世界上一流的承包商，从施工管理、工程设计、移民搬迁到环境影响评价全面和国际接轨，为我国水利水电建设积累了宝贵经验。工程建成运行5年来，在黄河下游防洪、防凌、减淤冲沙、城市供水、发电、灌溉方面发挥了不可替代的作用。截至2004年底，累计发电约150亿kWh。在黄河连续枯水的情况下为确保黄河不断流提供了物质基础。显著的社会效益和经济效益使小浪底水利枢纽成为治黄的里程碑工程。

　　本着建设我国一流工程的目标，我有幸参与了小浪底工程的建设管理。一流的工程首先要以一流的设计为龙头。小浪底工程由于其独特的水文泥沙条件、复杂的工程地质条件和严格的水库运用要求，给工程设计提出了一系列挑战性的课题，被国内外专家公认为是世界上最具挑战性的工程之一。黄河勘测规划设计有限公司●的工程技术人员，经过近30年的规划论证和10多年的方案比选，以敢于创新和科学求实的精神，在国内科研院所和高等院校的配合下，较满意地解决了一个个技术难题，诸如深式进水口防泥沙淤堵、施工导流洞改建为孔板消能泄洪洞的重复利用、排沙洞后张预应力混凝土衬砌、洞室群围岩稳定、大坝深覆盖层基础处理、进出口高边坡加固、20万移民的生产性安置等，提出了以集中布置为鲜明特点的枢纽建筑物总体布置方案，同时也创造了许多国内国际领先水平的设计。小浪底工程于1999年10月蓄水运行以来，已安全正常地运行了5年，并经历了2003年高水位的运用考验，实践证明，小浪底工程的设计是成功的。

　　小浪底工程成功的设计，为小浪底工程的建设提供了可靠的技术保障。

　　● 编者注：黄河勘测规划设计有限公司为原水利部黄河水利委员会勘测规划设计研究院。

黄河勘测规划设计有限公司的同志们认真总结小浪底工程的设计经验，编写出版了这套技术丛书。这套丛书的出版，无疑将丰富和促进我国水利水电建设事业的发展，也希望通过这套丛书使小浪底水利枢纽的成功经验得到更好的推广和应用。

二○○五年三月一日

总 序 二

　　小浪底水利枢纽是黄河治理开发的关键工程。如今这座举世瞩目的工程已全面竣工，几代黄河人的小浪底之梦终成现实。宏伟的小浪底工程犹如一座巍峨的丰碑，记载着人民治黄的丰功伟绩，同时又是一座黄河治理开发的里程碑工程。它的建成运用，使治黄工作进入了一个能够对黄河下游水沙进行调控的新阶段。

　　黄河是世界上最复杂、最难治的河流。大量的泥沙淤积在下游河道内，使下游河道滩面高于大堤背河地面，成为举世闻名的地上悬河。如何把黄河的事情办好，一代又一代黄河人进行着孜孜不倦的探索和实践。

　　位于黄河中游最后一个峡谷出口处的小浪底，是三门峡水利枢纽以下唯一能够取得较大库容的坝址，处于承上启下控制黄河水沙的关键部位。修建小浪底水库对于黄河下游防洪、防凌、减淤等具有非常重要的作用，其战略地位是其他治黄工程无法替代的。

　　小浪底工程规模宏大，地质条件复杂，水沙条件特殊，运用要求严格，被公认为世界坝工史上最具挑战性的工程之一。面对这些难题，设计人员总结国内外的工程实践经验，克服重重困难，以勇于开拓创新又实事求是的科学精神，攻克了一个个技术难关，创造了多项国内外领先的设计成果。目前，工程已经开始发挥巨大的综合效益，特别是在调水调沙及塑造黄河下游协调水沙关系方面更是发挥了突出作用。

　　小浪底工程的勘测、规划和设计实践体现了"团结、务实、开拓、拼搏、奉献"的黄河精神，凝聚了广大治黄人员的智慧，同时也为今后的工作积累了丰富的经验。现在黄河勘测规划设计有限公司的同志总结小浪底工程的设计经验，编撰了这套规划设计丛书，非常必要、及时。丛书注重工程特点，论述设计思路和方法，突出创新成果，体现时代特征，系统全面反映了工程设计情况，对于今后的治黄工作乃至我国水利水电工程建设都将具有很好的借鉴作用。

小浪底工程建成后，黄河治理开发的任务依然非常繁重。小浪底水库本身的运用方式仍然需要深入研究，以保证其最大限度地发挥综合效益。同时，必须抓住小浪底水库投入运用的大好机会，抓紧开展黄河下游治理工作，并加快黄河干流骨干工程和南水北调西线工程建设、中游水土保持以及小北干流放淤等工作，构建完善的黄河水沙调控体系，使治黄工作朝着"维持黄河健康生命"的终极目标迈进。

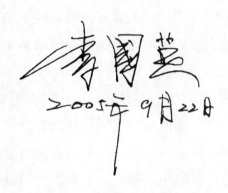

2005年 9月 22日

总 前 言

小浪底水利枢纽位于黄河中游三门峡以下约130km黄河最后一个峡谷的出口处。从三门峡到小浪底，河床比降0.1%，南岸是秦岭山系邙山，北岸是中条山、王屋山，河谷宽500～1000m，洪水水面宽200～300m，每遇洪水，黄河波浪滔天、咆哮而下。黄河出小浪底峡谷之后，河道突然展宽，大浪没有了，小浪也到底了，进入了由黄河泥沙堆积而成的黄淮海平原。郑州花园口以下约800km的下游河道高悬于两岸地面，在约1400km堤防的约束下流入渤海。居住在峡谷出口右岸黄河岸边一个小山村的先人们，观黄河流态的变化，以"小浪底"命名了自己的小山村。年年岁岁，世世代代，先人们并不知道今天小浪底竟成了家喻户晓的一个巨大的水利枢纽的名字。这个名字牵系着国内外许多专家、学者，牵系着曾为之奋斗的上万名中外建设者，牵系着上至中央领导、下至黎民百姓。

小浪底水利枢纽控制黄河流域面积69.4万km^2，占黄河流域总面积（不包括内陆区）的92.3%，控制黄河天然年径流总量的87%及近100%的黄河泥沙。小浪底工程处在承上启下控制黄河水沙的关键部位，与龙羊峡、刘家峡、大柳树、碛口、古贤、三门峡一起成为开发治理黄河的七大骨干工程，在治黄中具有十分重要的战略地位。

小浪底工程建在因含沙量高而闻名于世的黄河上。黄河不仅水少沙多，而且水沙在时间上分布不均，黄河下游为地上悬河，河道上宽下窄，比降上陡下缓，排洪能力上大下小，凌汛也威胁着黄河两岸人民的安全。我国近代治河的先驱者，总结我国的治河经验，引进西方科技，提出了"全面开发，综合利用"的水利规划思想。新中国成立以后，开始了人民治黄的历程。历经50多年，治黄取得了举世瞩目的成就。在黄河流域整体规划的基础上，小浪底工程的开发论证经过了近半个世纪漫长的历程。根据黄河的特点及小浪底工程在黄河流域规划中所处的位置，对小浪底工程的开发目标进行了多次分析论证，一致认为小浪底水库处在控制黄河下游水沙的关键部位，是黄河干流三门峡以下唯一能取得最大库容的重大控制工程，在治黄中具有重要的战略地位。国家计委于1986年5月明确小浪底水利枢纽的开发目标为"以防洪（包括防凌）、减淤为主，兼顾供水、灌溉和发电，蓄清排浑，除害兴利，综合利用"。要求达到的目标是：提高下游防洪标准；基本消除下游凌汛威胁，在一定时段内遏制黄河下游河床淤积的趋势；调节径流提高下游灌溉供水保证率；水电站在系统中担任调峰。

小浪底水利枢纽由于其独特的水文泥沙条件，复杂的工程地质条件，适应多目标开发的严格的运用要求，以及巨大的工程规模和在治理黄河中重要的战略地位，被国内外专家公认为是世界坝工史上最具挑战性的工程之一。多年来，参与工程规划设计和研究的人员如履薄冰，认真总结借鉴前人的经验，以求实创新的精神开展工作，攻克了工程规划设计中的许多技术难关，保证了工程的规划设计达到先进水平。设计人员既尊重科学，又敢于突破常规，开拓创新，先后进行了400余项科学试验和专题论证分析，融汇了国内外许多专家的心血和智慧，解决了一个又一个难题。在建造深 82m 的混凝土防渗墙、将 3 条直径 14.5m 的导流洞改建为永久的多级孔板消能泄洪洞、在地质条件极为复杂的左岸单薄山体内建造了规模宏大和数量众多的地下洞室群、在高水头大直径排沙洞设计中采用了双圈缠绕的后张无黏结预应力混凝土衬砌结构、在国内大规模采用了双层保护的预应力锚索和钢纤维喷混凝土技术等多方面取得突破，在国内外处于领先地位。如今，小浪底水利枢纽以其独具鲜明特色的总体布置和建筑物设计展现在世人面前。小浪底工程为黄河治理开创了崭新的局面。

小浪底工程的规划设计、研究和论证，以及工程建设一直得到中央领导、水利部和国家有关部委的关注，并得到国内外许多专家的支持和帮助，融汇了他们的心血和智慧。

小浪底工程的成功设计，为小浪底工程的建设做出了巨大的贡献。为总结小浪底工程规划设计方面的经验和教训，我们组织了直接参与小浪底工程规划设计的人员从工程规划、设计的各个方面，认真总结小浪底工程的设计经验，并出版黄河小浪底水利枢纽规划设计丛书，以期和同行进行技术交流，丰富和促进我国水利水电建设事业，使小浪底工程的成功经验得到更好的推广和应用。黄河勘测规划设计有限公司对丛书的出版给予了大力支持，国务院南水北调建设委员会办公室主任张基尧和水利部黄河水利委员会主任李国英亲自为丛书作序，在此表示衷心的感谢。

由于水平所限，谬误之处在所难免，敬请指正。

黄河小浪底水利枢纽设计总工程师

林秀山

2005年9月

黄河小浪底水利枢纽规划设计丛书书目

- ◆ 枢纽规划设计　　　　　　　　　林秀山　主编
- ◆ 工程规划　　　　　　　　　　　李景宗　主编
- ◆ 水库移民　　　　　　　　　　　翟贵德　主编
- ◆ 环境保护研究与实践　　　　　　张宏安　主编
- ◆ 水库运用方式研究与实践　　　　刘继祥　主编
- ◆ 大坝设计　　　　　　　　　　　高广淳　主编
- ◆ 泄洪排沙建筑物设计　　　　　　潘家铨　主编
- ◆ 引水发电建筑物设计　　　　　　杨法玉　主编
- ◆ 机电与金属结构设计　　　　　　王庆明　主编
- ◆ 工程安全监测设计　　　　　　　宗志坚　主编

前　言

　　黄河小浪底工程环境影响评价开始于 1983 年，是我国最早开展环境影响评价的大型水利水电工程之一。在环境影响评价过程中，共开展了水文情势、水环境、局地气候、陆生生物、水生生物、环境医学与人群健康、文物古迹等 20 多项专题研究；同时开展了三门峡水库环境影响回顾评价研究，并以三门峡水库为类比水库对小浪底工程兴建后可能产生的环境影响进行了类比分析预测。20 世纪 90 年代初，为争取世界银行（简称"世行"）贷款，根据世行环境影响评价导则的要求，在世行和 CIPM 专家的帮助下编制了世行贷款小浪底工程环境影响评估报告。在此基础上，1994 年编制完成了"小浪底工程环境保护实施规划"，对小浪底工程施工期环境污染防治、移民安置区环境保护、人群健康保护与卫生防疫、环境管理与环境监理进行了全面的规划设计并落实了环境保护投资，为小浪底工程建设期环境保护环境监理工作的深入开展提供了技术和资金保障。

　　工程开工后，为保证环保措施的落实到位，在世行咨询专家的帮助下，首次引入了环境监理机制，在小浪底工程施工区和移民安置区开展了环境保护监理。在实施小浪底工程环境监理过程中，以小浪底工程建设期环境保护为重点，在分析和选择应用世行环境影响评估规程的基础上，对小浪底工程施工期和移民安置区环境污染控制技术、人群健康保护，环境监理与环境管理的理论、方法和运作机制进行了全面系统的探索与研究，并将研究成果成功运用于小浪底工程环境保护实践中。经过科技人员不断的探索，创造性地提出了水利水电工程施工期环境监理的理论、方法、管理模式和运作机制，在移民安置区环境保护工作中提出了村级环保员制度，这些理论、方法和环境管理制度的提出与完善在我国水利水电工程环境保护实践中都是第一次。

　　小浪底工程环境监理的成功实践，在促进小浪底工程环境保护工作顺利实施的同时，还取得了显著的经济、社会、环境效益。2002 年 6 月，小浪底水土保持工程顺利通过水利部的竣工验收，被水利部命名为"开发建设项目水土保持示范工程"。2002 年 9 月，一次全面通过了国家环境保护总局组织的环境保护竣工验收，荣获 2002 年度"国家环境保护百佳工程"称号。世行检查团团长古纳先生和咨询专家路德威格博士对小浪底环境管理给予了高度评价，称赞小浪底工程为"发展中国家建设项目环境管理的典范"。

　　小浪底工程环境监理的开展，为我国水利水电工程施工期环境管理提供了一种新的模式，使国内外大型工程施工期环境管理走出了一条新路，彻底改变了以往"重工程、轻环保，重结果、轻过程"的现象，对促进大型基本建设项目施工期环境保护工作具有深远的意义。环境监理——这种过程管理机制也引起了国家环境保护总局、水利部和国家电力公司的高度重视，国家环境保护总局于 2002 年 10 月与铁道部、交通部、水利部、国电公司、石油天然气集团公司联合发文，要求在全国在建的 13 个重点工程中开展环境监理试点工作，将小浪底工程的环境监理经验推广应用于其他工程建设期的环境保护工作中。目前，环境保护同主体工程一样，已经逐渐成为工程建设管理的重要组成部分，在项目建设中发挥着越来越重要的作用。

纵观黄河小浪底工程的环境保护实践，可以真切体会到我国大型水利水电工程环境保护从起步到探索、实践，不断发展和完善的全过程，如同一个缩影，从一个侧面反映了我国环境保护事业 20 世纪 80 年代以来的发展历程。为全面回顾总结小浪底工程规划设计施工各阶段的环境保护研究工作，特组织有关人员编写了本书，供从事水利水电工程环境保护工作的同仁参考。

回顾小浪底工程近 20 年的环境保护历程，每一阶段都凝聚着许多治黄工作者的心血，闪烁着国内外专家学者的智慧结晶。李晨、兰艳华、韩连鑫、张健、尚宇鸣、王晓峰、姚松龄、刘斌等数位同志先后参加了小浪底工程环境影响评价、世行环境评估工作。张朝华、鲁德威格博士、刘峻德、鲁生业、谢庆涛等国内外知名专家作为世行小浪底项目环境移民国际咨询专家组和检查团的成员，对小浪底工程实施过程中环境保护工作的深入开展，环境监理理念的提出、发展和完善起到了助推器的作用，他们如一盏盏指路明灯，照亮了混沌世界，指明了环境监理的发展方向。水利部小浪底水利枢纽建设管理局的常献立、燕子林、王玉明、周希平、张庆来、朱宝琴、孙墅林、李新智等，他们作为业主单位的代表为环境监理工作的开展提供了广阔的舞台。黄河流域水资源保护局、黄河中心医院等环境保护协作单位，也为环境监理工作提供了很大的帮助与支持。为探索环境监理这条新兴的环保模式，许多人为此奉献了青春和汗水，他们就是当年辛勤工作在小浪底施工现场的环境监理工程师：丁自鲜、贾东、陶贞、喻斌、晁旭、李晓玲、曹海涛、俞钢等。本书付印在即，在此再次对参加和指导过小浪底环境保护工作的所有同志和专家，支持和帮助过小浪底环境保护研究与实践的各有关单位表示衷心的感谢。

张宏安

2008 年 8 月

《环境保护研究与实践》编写人员名单

主　编　张宏安
副主编　解新芳　姚同山

章　名	编写人员
前　言	张宏安
第一章　工程影响区域环境特征	解新芳
第二章　世行环境影响评估	姚同山
第三章　施工期环境污染防治	梁丽桥
第四章　水土流失防治	姚同山
第五章　移民安置区环境保护	冯久成　肖金凤
第六章　人群健康保护	林　晖
第七章　环境监理理论初探	解新芳　张宏安
第八章　水库蓄水后自然环境影响预测	张宏安
第九章　环境保护竣工验收	张宏安　姜利兵
第十章　环境监理实践	王吉昌　董红霞　梁丽桥
第十一章　世行小浪底移民项目竣工报告	罗国杰　李　明　梁丽桥
结束语	张宏安

目　录

上篇　环境保护研究

第一章 工程影响区域环境特征

黄河小浪底工程位于黄河下游最后一个峡谷的出口,控制流域面积 694 155 km²,占黄河流域总面积的 92.3%。坝址处天然年径流量和输沙量分别占全河总量的 90% 和99%,在全流域水沙调控体系中占有举足轻重的地位。工程兴建后,除对库区库周社会经济、自然生态环境产生影响外,还将对下游及河口三角洲水沙情势产生一系列的影响。根据工程的影响范围,依地理位置和区域特征,将工程的环境影响区域划分为库区库周、下游和河口三角洲三部分。

第一节 库区库周

库区库周是指三门峡水库至小浪底坝址区间约 130 km 的河谷及其两岸临近地域。小浪底水库库周区域,北依王屋、中条二山,南抵崤山余脉,西起平陆县杜家庄,东至济源市大峪河。南北最宽处约 72 km,东西长 93 km,区间流域面积 5 756 km²。其中,山西省境内面积为 3 344 km²,占总面积的 58%;河南省境内面积 2 412 km²,占总面积的 42%。

一、自然环境

(一)地形地貌

从三门峡大坝至小浪底坝址,黄河穿行于峡谷中,自西向东从库区南部流过。河谷上段较窄、下段较宽。上段从三门峡至板涧河口,长约 65 km,河谷底宽 200 ~ 400 m;下段从板涧河至小浪底坝址,长约 65 km,河谷宽一般为 500 ~ 600 m。

小浪底水库库周区域内,北部为山西高塬的南缘,南部为豫西隆起断裂区,南北山岭相对高度为 150 ~ 300 m。整个区域地形北高南低、西高东低。区域内地势起伏变化大,沟壑纵横,地貌类型以山地丘陵区为主,区内平原面积较少,坡度在 3° ~ 15° 之间的区域面积占总面积的 14.1%,坡度 25° 以上的面积约占总面积的一半(见表 1-1-1)。

表 1-1-1　　　　　　　　　小浪底库区库周地形地貌特征

坡度	面积（km²）	占总面积（%）	地形、地貌特征
<3°	222	3.8	沿岸冲积平原、山间盆地、残破的黄土高塬
3° ~ 15°	809	14.1	丘陵
15° ~ 25°	2 077	36.1	丘陵、低山
>25°	2 648	46.8	中山

(二)气象

小浪底水库库区库周属暖温带大陆性半干旱半湿润季风气候,夏季炎热多雨,冬季寒冷干燥,气候四季分明。本区多年平均气温 12 ~ 14 ℃,极端最低气温为 -20 ℃,极端最高气温为 44℃,大于 10℃的活动积温约在 4 500℃。本区光热资源较为丰富,多年平均日照时数为 2 200 小时左右,无霜期 210～230 天。气象要素随着地理位置、地形的不同而有不同程度的变化。

本区降水条件较好,多年平均降水量 600mm 左右。但年际变化大,丰水年可达 1 000mm 以上,枯水年则只有 300mm,并且在一年内降水分配极不均匀,6～9 月降水占全年降水量的 60%以上。本区的大风日数多,年蒸发量大,多年平均蒸发量为降水量的 3 倍。最大风速为 20m/s,平均相对湿度为 60%左右。因此,本区气候干燥,水分供需矛盾十分突出。

三门峡至小浪底区间是"三花间"(三门峡至花园口区间)主要暴雨中心之一。暴雨发生比较频繁。库区王屋山南坡,山岭陡峭,盛夏热力、动力作用强,易形成局部强对流天气,形成局部地区暴雨,产生较大支流洪水。

该区主要农业气象灾害为干旱、暴雨、干热风、冰雹等。其中,干旱危害尤为严重,且多发生在春季和初夏;其次是暴雨、大暴雨,频繁发生。

(三)水文

小浪底坝址控制流域面积 694 155km^2,占黄河流域总面积的 92.3%。据 1919 年 7 月至 1995 年 6 月资料统计,小浪底站实测多年平均径流量为 405.5 亿 m^3,最大年径流量为 679.5 亿 m^3,最小年径流量为 176.0 亿 m^3。小浪底站实测最大流量 17 000m^3/s,最小流量 10.7m^3/s。

(四)土壤

本区地带性土壤主要为褐土,广泛分布于低山、丘陵及河谷平地。随着地势的升高,土壤类型亦发生变化,大致在 1 000m 左右的山地,土壤转为棕壤。在各大河流的河漫滩以下,成土过程微弱,分布着冲积土。褐土类土壤,是本区最重要的耕作土壤。土壤呈中性或微碱性,pH 值 7～8,表层有机质含量 0.5%～1.0%。由于土壤侵蚀严重,目前褐土的完整剖面已很难见到。褐土的成土母质黄土也遭长期侵蚀,现在新黄土(Q$_3$ 黄土)已不多见,出露地表的普遍为老黄土(Q$_2$ 黄土及 Q$_1$ 黄土)。在黄土母质上发育的土壤,由于长期耕作翻动土层的作用,混进了大小不等的砂礓块,被称之为"料礓土"。

棕壤在库周分布数量很少,且主要分布于低山丘陵、高阶地等较高地形部位上。棕壤的母质主要为各种岩石的残积物、堆积物和黄土状物质。棕壤的土层较薄,厚度只有 30～40mm。棕壤分布区是本区基岩出露最多的地方,主要生长着天然植被,农业耕作活动不多。

(五)生物资源

该区由于地处温带,加之地形多变,陆生植物区系复杂多样。但由于人们居住、农耕历史悠久,天然植被已经很少。本区农作物主要为小麦、玉米、棉花和油料作物。

库区野生动物(多属地方型)种类和数量很少。水鸟种类较多,但数量较少。因水流流速大,泥沙含量高,黄河干流水生生物贫乏。

二、社会经济

根据 1994 年实物指标调查,小浪底水库淹没影响总人口约为 17.87 万,在淹没影响的人口中,农村人口为16.27万,占总人口的91%以上。200m高程以下的河川地和丘陵地区大部分用于农业生产,主要农作物为粮食作物和棉花。尽管农业在当地经济中占有重要地位,但农业生产力不高,全区人均农业收入仅为346元。

当地矿产资源比较丰富,主要有铝矾土、硫磺等。

第二节 黄河下游地区

黄河下游河道是在长期排洪输沙的过程中淤积塑造而成的,河床普遍高出两岸地面。形成了以黄河为分水岭的特殊地形,成为著名的地上悬河。

黄河下游仅在山东梁山到长清一带黄河右岸的低山丘陵和梁山、位山等孤山残丘处有基岩出露,其余广泛分布着第四系松散地层。黄河下游河道由深层到浅层的岩层分布,可分为太古界(前震旦系)、古生界(震旦系、寒武系、奥陶系、石炭系、二叠系)、新生界(第四系),其中位于最上层的第四系地层最为发育,厚度大,层次和岩性变化复杂。

黄河下游河床高于两岸地面,汇入支流很少。从桃花峪至高村河段,河道冲淤变化剧烈,水流宽、浅、散、乱。本河段河势变化不定,历史上重大的改道都发生在本河段,是黄河下游防洪的重要河段。高村至陶城铺河段,在近20年间修建了大量的河道整治工程,主流趋于稳定,属于由游荡型向弯曲型转变的过渡型河段。陶城铺至垦利县宁海河段,现状为受工程控制的弯曲型河段,河势比较规顺。该河段由于河槽窄、比降平缓,行洪能力较小,防洪任务十分艰巨。同时,冬季凌汛期冰坝堵塞,易于造成堤防决溢,防凌形势也很严峻。

下游地区气温较高,湿度较大,降水量自西向东逐渐增加,年降水量700mm左右,但雨量时空分布不均。

黄河流域大部分地区属于干旱和半干旱地区,多年平均降水量只有450mm,和长江流域相比,只占其降水量的44%,且黄河流域的降水量时空分布不均。近年来,由于黄河流域来水偏枯,随着社会经济的发展,工农业用水量大幅度增加,使得黄河下游的径流量大幅度减少。黄河下游河道自1972年以来开始出现断流现象,且断流频次、历时和长度不断增加。以利津站为例,1972~1995年的24年间,有18年发生断流,累计发生断流49次,共计546天,见表1-2-1。

表1-2-1   黄河下游河道断流特征

年份	断流历时 (d/a)	断流长度 (km/a)	断流最远点长度、年份	特点
1972~1980	9	135	泺口附近,316km,1974年	春季的5、6月份
1981~1990	11	179	夹河滩附近,662km,1981年	
1991	17			
1992	81	296		向冬夏季延展,发生于2~10月间,且5、6、7三个月断流天数占全部天数的78%
1993	60		陈桥附近,683km,1995年	
1994	75			
1995	122			

在水资源日益紧缺的同时,工业、生活废水和污水排放量逐年增加,水质污染进一步加剧了水资源危机。黄河水资源已成为流域经济和社会发展的重要制约因素。

黄河下游的水患历来为世人所瞩目。从周定王五年(公元前602年)到公元1938年花园口扒口的2540年中,有记载的决口泛滥年份有543年,决堤次数达1590余次,经历了五次大改道和迁徙。洪灾波及范围北达天津,南抵江淮,包括冀、鲁、豫、皖、苏五省的黄淮海平原,纵横25万km²,造成了巨大的灾难。

黄河下游两岸平原人口密集,城市众多,有郑州、开封、新乡、濮阳、济南、菏泽、聊城、德州、滨州、东营,以及徐州、阜阳等大中城市,有京广、津浦、陇海、新菏、京九等铁路干线以及很多公路干线,还有中原油田、兖济煤田、淮北煤田等能源工业基地,以及正在加速发展的黄淮海平原农业综合开发区。

据1990年统计,12万km²的黄河下游防洪保护区,共有人口7801万,占全国总人口的6.8%,耕地面积713万hm²,占全国的7.5%,是我国重要的粮棉基地之一。区内人均占有粮食426kg,平均粮食单产3750kg/hm²,粮食和棉花产量分别占全国的7.7%和34.2%,农业产值占全国的8%。区内工业发展迅速,由原来的农业生产在地区国民经济中占主导地位转变成目前的工业产值占地区国民收入的一半以上。当地煤、油、天然气储量丰富,经济和城市发展的潜力较大。黄河下游防洪保护区社会经济情况见表1-2-2。

表1-2-2 黄河下游防洪保护区社会经济情况(1990年)

地区	总人口(万人)	耕地面积(万hm²)	农作物面积(万hm²)	粮食(万t)	棉花(万t)	油料(万t)	农业产值(亿元)
黄河流域	9781	1194.3	1425.93	3322	32	153	256
下游防护保护区	7801	713.3	1199.27	3324	154	100	292
合计	17215	1857.2	2539.33	6430	176	240	530
占全国比例(%)	15.1	19.4	17.1	14.8	39.1	14.9	14.5

注:1. 合计中扣除了黄河流域与下游防洪保护区的重复部分。
2. 农业产值均系1980年不变价。

两岸大堤之间分布有许多湿地,每年冬季有大量鸟类在此栖息,是冬候鸟重要迁徙地。鸟类主要有丹顶鹤、灰鹤、白鹳、大天鹅、金雕、大鸨、鹰类、鹬类、雁鸭类、鸥类、鸳鸯等。

黄河下游人口稠密,耕作历史悠久,自然环境在频繁的农业生产活动过程中发生了较大的变化,天然植被所剩无几。

该区野生动物区系以北方型为主,但种类比库区多。黄河下游河水的泥沙含量很大,具有重要商业价值的鱼类基本上没有。

第三节　河口三角洲地区

利津以下为黄河河口段,偿约92km。随着黄河入海口的淤积—延伸—摆动,入海流路相应改道变迁。目前,黄河河口入海流路是 1976 年人工改道后经清水沟淤积塑造的新河道,位于渤海湾与莱州湾交汇处,是一个弱潮陆相河口。近 40 年间,黄河年平均输送到河口地区的泥沙约 10 亿 t,随着河口的淤积延伸,年平均净造陆面积 25~30km²。

利津水文站年平均径流量约 387.8 亿 m³,年平均输沙量 9.87 亿 t,分别占黄河年平均径流量和输沙量的 87% 和 75.4%。下游河道泥沙淤积主要受上游流量和含沙量控制。在最近 40 年中,河口面积的增加对泥沙淤积没有产生重大影响。位于三角洲顶点的利津站,1950~1989 年,同等流量下(3 000m³/s)水位上升了 1.55m。河口、三角洲气候由于受海洋影响,风暴频繁、暴雨较多。枯水期因上中游来水量少,加剧了水资源不足的矛盾,断流时有发生,给河口鱼类和三角洲生活用水、水产养殖、农业灌溉及电站、油田等工业用水带来了不利影响。

区内水体除含沙量较高外,因排入河道的污染物质相对较少,水质良好。

河口地区植被主要以滨海低洼地区生长的盐生、耐盐植物等草甸、沼泽植物和水生植物为代表,沿海地区有小面积林地、耕地。除沿海滩涂外,还分布有广阔的盐泽和潮间地。

与河道相比,河口及近海地区水产产量较高,浮游生物和底栖生物种类多、数量大。河口是淡水和咸水鱼类、贝壳鱼类的重要产卵、生产场地。

三角洲附近的沿海洼地分布有大量湿地,自然降雨和地下水源丰沛,是著名的水生生物、水鸟栖息地和迁徙地,现已建成无棣、寿光和潍坊等自然保护区,是候鸟的重要栖息地。每年有大量的苍鹭、白鹭、大雁、天鹅、野鸭在此越冬。

第二章　世行环境影响评估

第一节　世行环境审查程序与要求

一、世行环境审查的目的

世行对环境评价的政策和程序作出了明确的规定,其目的是确保拟开发项目在环境方面是合理的、适当的,并且使任何环境方面的后果在项目建设前得到重视,在项目设计中予以考虑落实。世行的环境评价,强调在项目建设初期确认环境问题,在设计时把改善环境考虑在内,避免、减轻或补偿对环境的不利影响。项目的设计者、实施机构、借款及世行方面可根据世行推荐的环境评价程序,及时处理环境方面的问题,以减少以后对项目进行条件限制的要求,避免由于没有预计到的问题,给项目造成额外开支和时间延误。

二、世行环境审查程序

世行环境审查程序分为项目筛选、环境评价的准备、实施环境评价、环境评价审查和评审、实施和监督、项目完成和评价六个阶段。

(一)项目筛选

环境筛选是世行业务经理的责任,地区环境处提供咨询和建议。筛选的关键是确定关键性的环境问题及环境分析类型,以使环境问题在项目的计划、设计和审批中得到重视。筛选应该在项目选定阶段完成,项目类型根据环境问题的性质、重要性和敏感程度分为 A、B、C 三种类型,并应在最初项目行政总结中指明项目类型。

(二)环境评价的准备

借款方负责准备环境影响评价和其他分析的工作大纲,挑选有关专家来完成这些工作,世行在必要时随时提供帮助。在这一阶段应确定评价范围、方法、评价使用资料以及评价的参加者等。

(三)实施环境评价

借款方负责完成环境评价工作。有关政府或者项目资助方参与挑选顾问或者有关机构进行环境分析。这个时期,应从环境角度提出一些替代方案。在项目评审之前,最终的环境评价报告必须按计划规定日期向世行提交。

(四)环境评价审查和项目评审

为确保专家顾问和有关机构工作人员确实按照评价大纲行事,并满足世行和本国要求,借款国应该审评环境报告。世行工作人员详细审阅环境评价所得的结论和建议。连同环境评价状况的总结、主要的环境问题以及现在和将来如何处理这些问题都列入“最终项目行政总结”中,并写入贷款或信贷文件中。

（五）实施和监督

借款方负责采取措施实施环境保护计划,世行对实施过程进行监督。

（六）项目完成和评价

在项目结束时,向世行业务评估处提交项目有关环境方面的工作报告。报告内容包括:实际发生的环境影响的说明;确定环境影响报告是否预料到了每种影响;评价减轻影响措施以及加强机构能力和培训工作的有效性。

三、小浪底世行环境评估过程

（一）世行环境评估时段

世界银行于1989年4月开始进行小浪底工程评估,1993年10月完成世行Ⅰ期工程评估。1994年世行开始支付贷款,到1996年项目世行Ⅰ期贷款支付结束。按照小浪底建设管理局和世界银行的安排,1996年12月到1997年3月进行了世行Ⅱ期贷款评估,1997年到2000年进行世行Ⅱ期贷款的支付。环境评估作为工程评估的重要组成部分之一,贯穿于项目评估和执行的全过程。

（二）小浪底项目环境审查

1. 小浪底项目筛选

1989年5月,世行环境专家H. 路德威格、D. 格瑞比尔首次来郑州进行访问。黄委会设计院环评工作人员向世行专家介绍了已开展的环境评价工作,与世行环境专家讨论了有关的环境问题,并进行了项目环境筛选。

小浪底项目属于特大型水利开发建设项目,小浪底大坝和水库的建设将对水文条件进行巨大的调整,由此将对环境产生深远的影响,按照世行项目分类属于A类环境评价项目,需要对项目进行全面的环境影响评价。在环境评价初期,根据项目区的环境特征和工程的特点,从自然环境和社会环境两方面,对工程可能产生的环境影响进行了全面的分析,确定了需要重点进行评价的环境因子(水库诱发地震及大坝抗震稳定、移民安置环境影响、文物古迹影响及保护处理措施、人群健康影响及保护),明确了评价方法、深度和要求;同时,对其他环境因子(渔类、水质、沿海造陆、淹没资源、库岸滑坡、水库渗漏、库区清理、珍稀动植物及栖息地、湿地、全球环境问题等)和施工影响也提出了进行一般性环境评价的要求。

2. 小浪底项目环境评估准备

根据世行的要求,黄委会设计院环评工作组在世行环境专家的帮助下,提出了世行环境评估工作大纲,与世行环境专家共同确定了评价范围、方法、评价使用资料以及评价的参加者。组织了环境评价执行机构,聘请世行环境专家H. 路德威格为顾问,经中国政府和世行批准,聘用加拿大国际咨询公司(CYJV)协助编制环境评估报告。

3. 小浪底项目环境评价的实施

小浪底项目环境评价由黄委会设计院环评组负责,在世行和加拿大国际咨询公司(CYJV)环境专家的协助下,会同有关单位完成。根据世行要求,按照环境评估工作大纲,在可行性研究阶段环境评价(1986年)工作基础上,开展了"黄河下游渔业资源调查及影响分析"、"黄河下游生态敏感区调查分析"、"小浪底水库水环境质量目标及水资源保护规划"、公众参与等补充工作,并于1990年完成了环境影响报告及其专题报告英文稿。根据世行专家和加拿大咨询专家的意见,对报告进行了修改,在1990～1992年间,相继提出了环境评价报告2、3、4稿。在上述工作基础上,于1992年10月提出了环境影响评价报告最终稿,供世行审查。为了配合小浪底工程移民项目世界银行评估,在原有工作基础上,补充进行了移民工业项目环境影响初评,在1993年提交了《小浪底工程移民项目世行评估环境评价报告》。

4. 小浪底项目环境评价的审查

《小浪底工程环境影响评价报告书》于1986年3月通过国家环保总局的审查。1992年10月通过世行代表团的预评估,1993年4月通过世行代表团的正式评估。1993年10月《小浪底工程移民项目世行评估环境评价报告》通过世行的正式评估。有关的环境评价内容和环境保护要求写入了贷款协议文件,作为环境保护措施实施和监督的依据。

5. 环境措施的实施和监督

小浪底工程环境保护措施由小浪底建管局负责组织实施。在项目实施期内,世行每半年对环境保护措施的实施进度与效果进行检查和监督。为了更有效地实施环保措施,按照世行的要求,小浪底建管局成立了移民和环境国际咨询专家组,每半年对项目的实施情况进行一次咨询和检查,对环境保护工作进行检查和总结,并提出下一步的工作要求。

除了世行的检查和监督外,国家环保总局和地方环保局也对项目环境保护工作的实施情况进行不定期的检查和监督。

6. 世行Ⅱ期贷款环境评估

根据工程实施进展情况和项目计划安排,世行小浪底项目部对1994～1996年的环境工作进行了全面的总结,并提出了小浪底工程Ⅱ期贷款批准之前必须完成的环境评估内容和时间要求。1996年11月,黄委会设计院在Ⅰ期评估的基础上,重点补充工程自1994年开工以来环境保护工作实施情况,经国内外有关专家的咨询后,于1997年2月编制完成了小浪底工程Ⅱ期贷款环境影响评价报告,并于1997年4月通过了世行代表团的审查。

第二节 世行项目环境评估与国内的区别

国际上众多的金融机构和各国有关的环境评价管理制度,从总体上是一致的,以世行为代表的金融组织环境评价政策和环境管理原则与我国的环境管理"三同时"原则相吻合,但在各阶段的要求上不尽相同(见表2-2-1),主要有以下三个方面。

一、评估程序

依照世行的贷款程序,在项目的准备阶段即项目评估前应完成环境评价报告,项目评估后,经过谈判、签约,项目便进入了执行阶段。因此,满足世行环境评估的环境评价报告实质上包括了国内可行性研究阶段环境影响报告书和设计阶段的环境保护设计,即要求世行环境评估报告中提出的环境措施,达到在项目签约后即可实施的水平。

在项目确认开展环境评价后,世行对环境评价工作的管理方式与国内是有差别的,国内环境评价一般是进行大纲、报告书两次审查,世行则是以评估前完成环境评估报告为目标,实行动态管理。每年进行数次检查与监督,检查与监督的次数与环评工作进展情况紧密相连。如果世行项目经理认为评价单位的工作质量与进度满足要求,中间检查次数就少;如果认为环境问题多,检查次数则相应增多,最多每年检查 3~4 次,而且要求评价单位不断向世行提交中间成果。小浪底工程世行Ⅰ期贷款环境评估过程中,进行十余次中间检查,评估报告五易其稿。而小浪底工程世行Ⅱ期贷款评估过程中,环境评价报告一次通过世行审查。

表 2-2-1　　　　　　　　　　　世行与我国环境评价和管理制度比较

内　容	世　行	中　国
建设项目的环境管理时段	全过程,环境政策与环境管理原则	全过程,"三同时"制度
EIA 提交时间	项目准备阶段,项目评估前完成环评报告书,相当于中国可行性研究的 EIA 与初步设计阶段的环保设计	可行性研究阶段完成
环评工作审查管理方式	世行为能在项目评估前完成 EIA,一年数次交换意见,项目经理实行动态管理,再报环境处发项目环境批准书	环评大纲与报告书两次审查,政府有关部门与专家委员会共审,环保局审批
EIA 作用	无 EIA,项目不批	无 EIA,项目不批
EIA 内容与文件组成	报告书内容无硬性规定,内容大致与我国相同。EIA 要求不超过 100 页,"行政总结"不超过 20 页,主报告及技术附件	报告书内容有统一要求,环境影响报告书、报告缩写本,篇幅无明确规定,可有专题报告
报告书深度	内容比较广泛;要求重点突出,确认项目主要环境问题及影响;注意替代方案论证;注意环保措施落实,注意潜在环境问题的减缓措施;可操作的环境保护规划	生态评价已开展不少工作,移民问题、公众参与问题做了部分工作;"三同时"制度与环保工程验收审批程序
环境审查	环境筛选在项目准备阶段完成,确认环境问题与类型;环评大纲;环境影响评价;要求公众参与;项目最终报告,要评价实际发生的潜在环境影响及减缓措施的效果,在项目完成若干年后,世行选择一些项目进行项目后评价	环境筛选在可行性研究阶段完成;环评大纲;环境影响评价;公众参与也有规定;1993 年制定了《建设项目环境影响评价事后验证规定》

二、内容与深度

环境影响评价是一种管理工具,也是一种交流手段。它一方面作为管理手段,使决策人员相信通过环保措施的实施,项目建设不会引起环境破坏而增加投资;同时作为交流手段,使受影响人群和非政府组织(包括学术团体)了解项目,解除他们对项目存在的疑虑。

因此,编制的世行评估报告应满足三方面的要求。第一是内容要广泛,对国际上公认的一些大坝工程环境问题,如生态影响、移民影响、淹没影响、公众健康、工程安全等应予以阐述,同时对公众参与、项目评价执行的法律等也应加以说明论证;第二,报告应重点突出,一份出色的评估报告并不意味着对所有的环境问题都加以长篇论述,提供世行的报告,应明确地反映出在项目评价中,经过全面系统的研究,确认项目的主要环境问题是什么。主要环境问题影响工程决策。按照世行环境政策以及相应文化与非自愿移民、社会分析等法规,主要环境问题一般集中在工程环境地质问题、移民、文物与景观保护、公众健康、环境敏感区保护等;第三,环境保护措施要落实,环境评估报告的深度,应达到能使评审人员相信,在评价报告中已识别了所有环境问题,潜在的环境问题都采取了相应减免措施,措施所需要的技术、资金、人员都已得到落实。换言之,环境评价报告中制定的环境保护措施应达到可实施的程度,这与国内环评报告重预测轻管理落实是不同的。

三、报告书编制

世行环境评估报告与国内环境报告书的编制整体上是一致的,一般包括综述(简明报告)、环境评估报告,部分特大项目要求提供专题研究报告。

环境影响报告书编制格式没有固定的模式,套用国内报告与世行技术要求,报告书一般包括如下内容。

(一)前言

简要说明项目的意义、作用,评价过程、评价人员组成、评价工作量和主要评价结论。中心是说明项目建设是必要的,环境评价也投入了与项目规模相适应的人力,报告是可信的。

(二)工程概况

重点说明项目组成,以及与项目环境影响直接相关的工程活动,如水库运用方式等。特别需要指出的是,环境保护规划和移民规划应在工程概况中加以说明,这与国内编制报告习惯不同。

(三)环境状况

环境状况应全面、简要地介绍生态、自然与社会环境各方面内容,对项目有影响的因子应加以重点介绍。

(四)环境影响评价及环境保护措施

环境影响评价中应明确主要环境问题和一般环境问题。在描述环境影响因子时,内容要包括问题产生的原因、影响的程度、控制(评价)标准、技术措施、实施效果。

在环境评价中,需要分清影响区域和影响时段。影响区域一般包括库区库周、下游、移民安置区和施工区,影响时段包括施工期和工程运行期。

(五)环境管理规划

管理规划主要内容包括规划制定的法律依据及必要性,管理组织机构,管理职责范围,主要环境管理任务,环境保护投资,分年度实施计划,环境培训计划,技术交流计划,进一步研究计划,环境保护投资渠道等。

小浪底工程世行环境评估报告内容目录见表2-2-2。

表 2-2-2　　　　　　　小浪底工程世行环境评估报告内容目录

第三节　环境管理规划

一、对环境管理规划的要求

环境管理规划是一系列在项目建设和运行期间需要采取的措施的集成,目的是减免或消除不利环境影响。环境管理规划是环境评估报告的基本组成之一,按照世行要求其内容包括:主要环境问题,环境保护措施,环境管理机构,实施进度,监测及报告制度和环境保护投资。

为了实施上述计划,环境管理规划中也应包括技术和设备等支持系统,主要包括:技术培训和协助,人员培训计划,设备购置与供应,机构变更。

二、环境管理规划的任务

环境管理规划的任务是确保环境评价中所规定的各项环保措施纳入项目最终设计之中(包括合同文件、施工规划和技术规范);施工期不仅要进行工程监理,而且要进行环境监理和监测;工程竣工后要进行试运行和其他测试,确保环保措施得到有效实施或已准备实施;工程建设和运行期间应进行环境监理和监测,并建立定期报告制度,确保环保措施得到有效实施。

三、环境管理规划内容

环境保护规划主要包括以下内容:

(1)规划制定的依据和必要性:具体描述了制定规划的法律依据,环境评价的主要结论和环保措施。

(2)环境管理体系:规划了环境管理机构、人员和设备要求,明确了各级人员的职责,首次提出了设置环境监理机构的要求,提出了环境监理的任务,对各阶段的环境管理任务和要求进行了规划。

(3)人员培训和技术交流:规划了为使环境保护规划得到顺利实施所需的人员技术培训和技术交流计划。

(4)环境保护投资:提出实施各项环保措施所需的投资。

(5)下一步研究计划:列出了需要进一步研究的环境问题。

第四节 世行专家关注的问题

一、公众参与

公众参与是环境影响评价的重要组成部分,它的根本目的是客观地反映和有效地吸收项目所在地的公众或社会团体对项目建设的意见和要求,并利用他们的判断能力来提高环境决策的质量。

公众参与属双向式传递信息的过程,一是工程建设单位将有关工程的信息传递给公众,使他们充分了解环境问题与环境要求的调查解决程序和方法,让他们知道工程目前的现状和今后的发展;二是公众将有关工程的意见和观点传递给工程建设单位,以便做出及时而比较令人满意的决策。

小浪底工程环境影响评价从一开始就引入了公众参与机制,使小浪底工程环境问题逐步找出了最佳解决途径,大大提高了环境决策的效率和质量。

（一）移民安置工作中的公众参与

在小浪底工程各种环境问题中,公众参与对移民问题至关重要。移民组在制订移民规划时充分认真地考虑了受影响移民家庭和安置区人口的意见与愿望。

受影响民众参与移民安置工作的主要形式为:新闻媒介宣传、召开报告会、与基层领导和民众协商座谈、发放调查表、直接走访村民等。

小浪底工程移民组在制订其工作计划时通过上述各种途径,特别是以填写调查表和直接走访的形式全面认真地征求了受影响村民的意见(见表2-4-1)。在移民淹没影响调查中逐户询问每一个移民的安置意向和安置要求,以及他们对移民规划的意见。移民安置征求意见范围覆盖了水库淹没区域8个县(市)、30个乡(镇)、173个村民委员会。共召开移民安置报告会152次,与村民协商座谈500余次,发放调查表5万份(回收率80%)。

表 2-4-1　　　　　　　　　　　　村民参与小浪底工程的情况

序号	参与形式	参与次数	目的和要求	结 果
1	会议	78	(1)实物指标调查成果,重点是农村部分和工矿企事业单位; (2)分村移民安置规划,重点是农村和乡镇部分; (3)补偿原则和标准,重点是基础设施部分	(1)国家、集体和个人就实物指标成果取得一致意见; (2)移民安置方案充分体现了群众的意愿; (3)补充标准各方取得一致意见,一般项目按典型设计拟定,上等级专项作专题设计
2	协商	32	(1)移民总体规划; (2)村办企业发展规划; (3)温孟滩工程补偿标准	(1)居民点规划做到既统一布局,又充分考虑移民群众的承受能力; (2)村办企业做到既符合国家产业政策,又充分考虑集体积累; (3)基本达成共识
3	现场调查	38	(1)试点调查实物指标; (2)居民点占地类别	(1)满足规范要求精度; (2)各方达成共识
4	访问	29	(1)听取移民对实物指标意见; (2)听取移民对安置方案意见; (3)听取移民对补偿原则和标准的意见	(1)随机访问5县13乡128人,96%认为实物指标准确; (2)随机访问5县13乡236人,92%认为安置方案符合心愿; (3)随机访问5县13乡178人,95%认为补偿标准合乎情理

通过调查表格征求意见,使移民了解到工程和移民安置的详细情况,同时他们也提出了自己的意见、建议和要求。调查结果表明,绝大部分移民愿意搬迁,对移民安置规划感到满意。他们的建议和要求为制订移民规划提供了帮助。

移民规划的公众参与还包括与村级及上级乡(镇)、县、地区、省和国家负责人大量交换意见。移民规划是自下而上、自上而下的各级政府在充分考虑移民意愿的基础上共同努力而制定的。制定移民规划的原则就是通过对受影响村民的住房等生活、生产设施加以规划,确保其生活水平至少不低于不建工程时的生活水平,并确保他们分享小浪底工程的总体效益。

在移民安置实施过程中和移民安置后,移民可以向建设单位或各级移民部门反映自己的意见和建议。移民群众如有抱怨,可通过各级移民办公室或政府的裁决,移民也可依据《中华人民共和国行政诉讼法》向人民法院提出诉讼。

总之,移民可以随时向有关部门了解工程情况,并提出自己的意见和建议。

(二)环境保护工作中的公众参与

1. 环境影响评价中的公众参与

小浪底环境评价组在编制环境影响评价报告的过程中广泛征求了各方面的意见,并听取了环境研究区所涉及各省农业、林业、渔业等方面专家的意见。专家们的意见和建议在报告中均已反映。

2. 环境管理规划中的公众参与

环境管理人员向环境影响区域公众介绍工程情况和环境管理内容,并充分征求建设单位、施工单位和受环境影响民众等各方面的意见,在此基础上制定环境管理规划。

3. 环境措施实施的公众参与

在环境保护措施实施过程中广泛征求受影响公众意见,使他们参与到环境保护工作中来,检验环保措施的实施情况和产生的效果,有利于随时修订环保措施,以便达到最佳的环境效益,并为以后的措施实施提供经验。

二、生态敏感区

(一)生态敏感区类型

黄河下游两岸和河口三角洲地区分布着若干湿地和野生动物保护区,其中有价值的湿地和自然保护区均远离水库淹没影响区。黄河三角洲自然保护区位于水库下游黄河河口地区,驰名中外的黄河故道和柳园口附近地区的沼泽地是多种候鸟的迁徙地。这些沼泽地不与河道接壤,不依赖黄河供水,工程兴建不会给该地区沼泽地带来影响。

(二)对黄河三角洲自然保护区的影响

黄河下游断流属于季节性断流,一般发生在 2~5 月枯水期。黄河断流后,地下水的渗入补给停止,将形成局部区域地下水水位的下降,由于滨临海洋,造成咸水的替代性入侵,加之河道及两岸坑塘洼地仍滞留部分河水及雨水,断流对黄河三角洲湿地影响甚微。保护区内主要分布着一年生翅碱蓬和多年生柽柳等耐盐植物,短时期内地下水水质矿化度的升高,对湿地植物影响不大,也不会对保护区内鸟类的繁衍生息及候鸟迁徙停歇带来不利影响。水库投入运用后,在枯水期增加下泄水量,会使下游河段断流状况得到改善,小浪底工程兴建后将对河口三角洲湿地带来有利的影响。

世行专家除了对公众参与、生态敏感区比较关注外,对大坝抗震稳定性、洪水预报和反应系统、环境保护措施的风险、信息管理系统等也极为关注,并在环境评估中有所侧重。

第五节　世行贷款协议中有关环境保护条款

为了保证世行评估报告中提出的环境保护措施得到充分落实,世行在与我国政府签订的贷款协议中,对有关环境保护条款进行了明确要求。

在小浪底移民项目贷款协议中规定,借款人应:

(1)保证项目实施中的所有活动遵守协会满意的环境标准和环境指南。

(2)按协会可接受的方式实施环境管理计划,包括采取必要措施使项目实施所引起的任何不利影响,如工业企业污染排放物,达到最小或使之减轻。"环境管理计划"是指1993年10月编制的环境管理计划,该计划在世行同意的情况下可随时进行补充或修改。

(3)在每年的12月15日之前编制并向协会提交下一个日历年度的环境管理实施计划。

(4)设立并保持环境管理办公室,该办公室应配备有能力且数量合适的人员,并且其职责和功能保持在世行可接受的范围内,以便于管理、协调和监督环境管理计划的实施。

(5)聘请其组成和功能为协会满意的独立的国际环境和移民咨询专家组,对移民规划和环境管理计划以及详细的移民和环境管理实施计划的实施每半年进行一次审查:

①及时向协会提供每次审查的结论和下一步行动建议;

②在协会同意的情况下实施上述所有的行动建议。

(6)对工业企业迁建项目,在移民办移民资金批准之前,获得所有必要的政府批准。

(7)促使项目省保持其各自的省级移民办和地县级移民办,移民办的功能和职责应使协会满意,并配备充足合格工作人员。

(8)移民项目对安置区自然和社会环境的影响应被认为是可以接受的。

(9)在涉及移民标准以及有搬迁者或安置区受不利影响的人提出的与移民规划实施有关的所有申诉后,借款人应采取所有必要的措施实施根据申诉程序所作的决定。

(10)保证项目C(规划、设计和机构支持)部分的所有培训和技术援助,包括国内外培训、考察和咨询服务按协会满意的方案实施。

枢纽项目一期贷款协议中规定,借款人应:

(1)聘请国际专家组对环境管理计划的实施进行审查并提出建议;

(2)建立环境管理办公室负责环境管理计划实施;

(3)保证所有的活动遵循世行满意的环境标准和导则,包括与大坝安全、文物保护、公众健康及疾病控制等有关活动;

(4)采取所有必要的措施降低、减缓工程建设引起的不利环境影响;

(5)及时实施环境管理计划;

(6)编制详细的环境管理实施行动计划并在实施前三个月报专家组和世行审查。

枢纽Ⅱ期贷款协议在Ⅰ期贷款协议基础上进行了补充完善,规定贷款人应:

(1)项目实施期间,始终保持下述管理办公室,其职责范围和资源配置应在世行可接受的范围内:

①坝区环境管理办公室,负责协调、监督与大坝工程施工有关的环境管理计划的

实施；

②另外一个环境管理办公室负责协调、监督与移民项目有关的环境管理计划的实施。

(2)采取一切必要的措施按世行可接受的导则实施移民行动计划。

(3)聘请一个其资质和职责范围为世行可接受的专家组,对环境管理计划的实施进行监督评价,对本项目实施后对环境的总体影响进行监督和评价。

上述贷款协议条款具有法律约束力,是小浪底移民项目环境管理工作的基础和法律保障。正是由于上述基础和保障,小浪底项目环境管理计划才能在克服了各种困难后最终得以有效实施。

世行环境检查报告认为,在环境影响评价的编制过程中,除了遵循中国当时的法律法规外,还遵循了世界银行有关环境保护的法律、法规、政策和导则;特别是以下关键内容主要是根据世界银行的相关政策要求而确定的:

(1)完整的项目环境管理计划;

(2)项目环境管理系统的建立;

(3)在项目实施过程中实施环境监督、环境监理机制。

上述三项内容,在当时中国的相关法律、法规中均没有要求或没有明确要求。在环境管理和环境监督机制方面,小浪底工程远远走在了其他工程前面。正缘于此,世行专家路德威格博士给予了高度的评价,认为"小浪底项目环境管理的实践在中国属于开创性工作"。小浪底项目实施过程中环境管理的经验、教训对于后续类似工程项目的环境管理工作都具有非常重要的意义。

第三章 施工期环境污染防治

第一节 施工区总体布置

小浪底工程施工区西起赤河滩,东到留庄转运站,长约 18km;南起东官庄,北到王岭山脚,宽 7km。施工区总占地面积约 23.7km²,涉及河南省孟津县、洛阳市吉利区和济源市 3 个市(县)的 7 个乡(镇)。

小浪底水利枢纽工程施工区污染源分布见图 3-1-1。

一、生活营地

施工区生活营地主要分布在桥沟河两岸、东山、桐树岭、西河清、连地等地。生活营地产生的污染物主要是生活污水和生活垃圾。

业主营地和办公区位于桥沟河下游两岸,分东一区、东二区和西一区三部分。外籍营地位于桥沟河右岸,从北到南依次为Ⅱ标、Ⅰ标和Ⅲ标外籍营地。Ⅰ标中方劳务营地位于西河清;Ⅱ标中方劳务营地分别位于桐树岭、东山和连地;Ⅲ标中方劳务营地位于东山,与Ⅱ标中方劳务营地毗邻。

二、施工辅助企业

施工辅助企业分布在马粪滩料场、蓼坞和连地。马粪滩料场工作场地由Ⅰ标负责管理,由东向西依次布置有反滤料筛分厂、修理车间和办公室。Ⅱ标和Ⅲ标辅助企业,如混凝土拌和系统、模具车间、钢筋加工厂、金属结构加工厂、混凝土预制构件厂、机械修配厂等,主要布置在蓼坞工作场地。

砂石料主要取自连地滩,由Ⅱ标负责开挖筛分,砂石料筛分系统布置在连地工作场地。

三、土石料场

小浪底大坝为壤土心墙堆石坝,土石方填筑量达 5 185 万 m³。土料场和石料场均位于孟津县马屯乡境内。寺院坡土料场占地面积 470.9 万 m²,贮量 2 640 万 m³,土层厚度 20~30m,平均开挖深度为 15~20m;会缠沟土料场占地面积 10 万 m²;石门沟石料场位于南岸石门村附近,与寺院坡土料场相邻,占地面积 183.7 万 m²。

连地砂石料场和马粪滩反滤料场占地面积分别为 252.7 万 m² 和 106 万 m²。

四、堆(弃)渣场和料场

施工区共规划了 10 个渣场,堆渣容量为 5 634 万 m³,计划堆存 4 903 万 m³。主体工

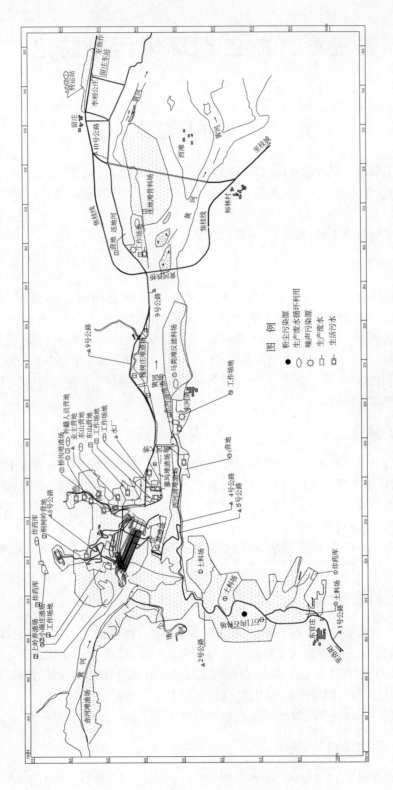

图 3-1-1 小浪底水利枢纽工程施工区污染源分布

程开挖土石方量为 4 903 万 m³（松方），其中石方 2 451 万 m³。开挖石渣主要填筑大坝下游侧、盖重和压戗等部位，共利用石渣 1 240 万 m³，占石方开挖量的 47.7%。弃渣场 4 个，分别是赤河滩、小南庄、上岭和槐树庄渣场。回采上坝的堆料场均位于大坝下游，包括桥沟口堆渣场等。

五、施工道路

施工区外线公路包括 1 号路和 10 号路，1 号路南起 310 国道，在官庄与 2 号路相连。10 号路东起留庄转运站，西与 9 号路相连。2 号~9 号公路为施工道路，为便于道路维修，路面采用泥结石柔性路面。南岸 2 号、3 号、4 号、5 号路由 I 标承包商管理，北岸 6 号、7 号、8 号、9 号路由 II 标承包商管理。生活区通过支线公路与施工道路相连接。施工道路污染主要来自道路扬尘产生的大气粉尘污染和交通噪声污染。

六、供水系统

供水系统由北岸供水系统和南岸供水系统组成。北岸供水系统由蓼坞和洞群水源井组成，负责进（出）口、地下厂房生产用水和桥沟业主营地、外籍营地、桐树岭、东山中方劳务营地生活供水，由业主统一管理。连地中方生活营地通过自备水塔进行供水。南岸供水系统由 I 标承包商管理，主要供 I 标生产用水和西河清营地用水。

连地砂石料和马粪滩反滤料筛分生产用水，取自料坑开挖过程中黄河侧渗水。

第二节　水污染防治

一、污染源分析

（一）生活污水

生活污水主要来源于施工区各生活营地。营地生活污水大都经处理设施处理后排放，但因处理设施、管理水平不同，各排污口污染物浓度也有所不同，II 标营地生活污水经 B.T.S 系统处理，各项污染指标较低，对黄河水质影响较小。其他营地均采用化粪池处理后排放，污染物浓度较高，对黄河水质影响相对较大。

生活污水的主要污染控制指标是 BOD_5、COD_{Cr}、NH_3-N、pH 值、SS。生活污水的排放主要与人类活动有关，施工人员集中居住在公寓内，生活规律，污水多集中在早晨、中午、晚上三个时间段内排放。虽然污水量只有 1 987.4 m³/d，但因集中排放，对黄河水质有一定影响。在施工高峰期的 1996 年 9 月份的地面水水质监测中，小浪底坝上断面（背景断面）BOD_5、COD_{Cr} 分别为 III 类或略高于 III 类水，而在黄河桥下的 BOD_5、COD_{Cr} 则大于 III 类或大于 IV 类水。

（二）生产废水

施工区生产废水的类型比较复杂，其污染指标随生产工艺的不同而不同，污染源排放强度与施工进度密切相关。污染物总量控制难度较大，污染物排入水体后自净能力差，对黄河水质污染较大。

施工区生产废水,按来源可分为混凝土拌和废水、含油废水、洗车废水及洗料废水。

混凝土拌和废水的主要污染指标是 pH、SS。其中,SS 经沉淀处理后基本可达标排放,但 pH 值一般在 10 左右,水体碱性大,目前尚无切实可行的处理方法。但因黄河水量较大,该部分废水水量相对较小,排入黄河后在黄河水的稀释作用下影响很小。从历年的监测结果可以看出,黄河在流经小浪底施工区段,河水 pH 值无明显变化。

含油废水的主要污染指标为石油类。各标对该部分废水的处理效果较好,基本上能达标排放,再加上其水量较小,对黄河水质影响很小。从多次监测结果来看,石油类多为"未检出"。

洗车废水的主要污染指标为悬浮物和石油类,且石油类含量较小。施工区对该部分废水采用先沉淀后除油的方法,处理效果良好,废水基本能达标排放,对黄河污染很小。

洗料废水的主要污染指标是悬浮物,废水采用循环利用,基本上对黄河水质无影响。

二、水环境影响分析

施工期污水主要污染控制指标历年来各断面的变化曲线(见图 3-2-1 ~ 图 3-2-4)直观地反映了施工期对黄河水质的影响。

(1)施工期对黄河水质的影响与黄河水情变化有关。枯水期受影响较大,丰水期受影响较小。

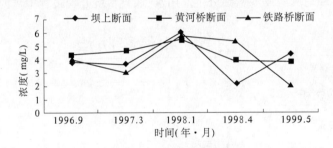

图 3-2-1　BOD$_5$ 变化曲线

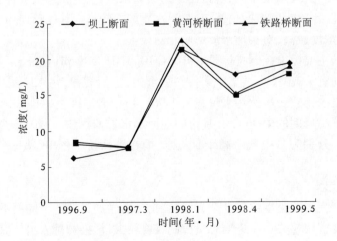

图 3-2-2　COD$_{Cr}$ 变化曲线

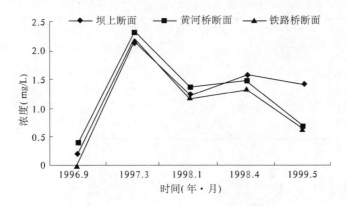

图 3-2-3　NH₃ – N 变化曲线

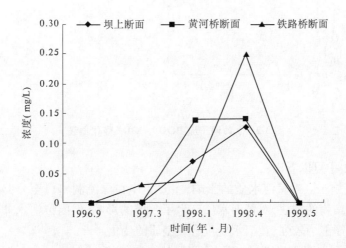

图 3-2-4　石油类变化曲线

（2）施工区的主要污染河段在小浪底坝上断面和黄河桥断面之间，该河段纳污量大，水质受影响较大，从黄河桥到铁路桥河段，由于水体的自净作用，水体水质有所好转。

（3）在 1998 年的监测中，水体中各种污染物含量变化较大，这与 1998 年是施工高峰期、施工人员大量增加有关。施工区人员的大量增加、排污量的增大，超出污水处理设施的设计能力，处理效果明显降低。

（4）1998 年 4 月石油类含量在铁路桥断面有很大增高，主要原因是Ⅰ标机修车间在 1998 年修理车辆增多，废水量增大，而处理设施还未建成，含有大量石油类的废水直接排入黄河，对黄河水质造成了污染。之后，随着油水分离设施的修建，废油被回收，污染减少，1999 年 5 月石油类含量明显下降。

为了进一步说明小浪底施工区对黄河干流水质的影响，下面以 1999 年 4 月黄河干流小浪底段地面水水质监测结果作为评价依据，来分析具体的污染程度。1999 年 4 月的水质监测结果及 BOD₅、COD_{Cr} 的变化曲线见表 3-2-1 和图 3-2-5。

表 3-2-1	1999 年 4 月黄河干流水质监测结果				(单位:mg/L)
指标	坝上	导流洞出口	蓼坞滩	公路桥	铁路桥
BOD$_5$	4.4	3	3.3	3.8	2
COD$_{Cr}$	4.2	2.6	2.6	2.7	2.6
氨氮	1.42	0.79	0.63	0.7	0.63
石油类	0.13	0.4	0.17	0.14	0.25

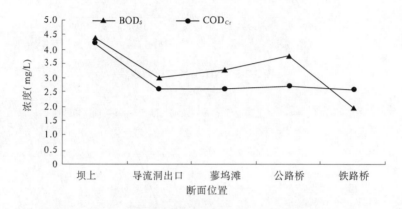

图 3-2-5 黄河干流 BOD$_5$、COD$_{Cr}$ 变化曲线

从以上图表中可以看出:

(1)小浪底施工区对黄河水质的影响,主要集中在导流洞出口至公路桥河段。在此区间,施工区污染物的排放,对黄河水质产生了一定的影响,但因黄河水体水的环境容量较大,水体的自净能力较强,黄河水质没有发生质的变化。

(2)公路桥到铁路桥河段,各项污染指标呈下降趋势。该河段距离较长,水体自净效果比较明显。

三、水污染防治对策与研究

(一)生活污水防治措施

施工区的生活污水处理设施主要有两大类,即 B.T.S 生物处理系统和化粪池。

1. B.T.S 生物处理系统

施工区Ⅱ标各营地均采用 B.T.S 处理系统处理生活污水。其中,外商营地一套,负责外商营地污水处理;蓼坞工作场地一套,负责中方营地污水处理。B.T.S 系统是好氧生物处理系统,它是利用活性污泥中的好氧微生物分解污水中的有机物,从而达到净化污水的目的。工艺流程如下:污水注入系统后,活性污泥混合在污水中,鼓风机向水中鼓气,给微生物提供分解有机物所需的氧气。在分解过程中,随着有机物含量的减少,微生物由大量繁殖阶段进入衰退阶段,微生物开始分解自身,活性污泥活性降低,从而聚集成团,慢慢沉淀下来,处理后的污水再经消毒后排出。整个处理过程中 BOD$_5$、COD$_{Cr}$、NH$_3$－N 被大量分解,悬浮物大部分沉淀。池底的污泥可作为下一流程中的活性污泥使用。整个处理系统对有机物分解得比较彻底,系统正常运转时对 BOD$_5$ 的去除率可达 90% 以上,处理后的污水各项污染指标均满足《污水综合排放》一级标准。

2. 化粪池

除Ⅱ标营地外,其他各营地均采用化粪池处理生活污水。化粪池的工作原理是利用污泥的厌氧消化作用分解有机物。化粪池可以截留大量悬浮物和非溶解性物质,但对 BOD$_5$ 的处理效果较差。它的处理效果取决于生活污水在池中的停留时间,直观地说,与化粪池的容量有关。在施工初期,各营地化粪池均能满足要求,但在施工高峰期,中方营地人口超出设计要求,化粪池容积已无法满足需要,致使污水超标排放。

(二)生产废水

1. 混凝土拌和废水

施工区混凝土拌和废水较多,它的主要污染指标是悬浮物和 pH 值。因此,各标承包商均采用因地制宜挖一个大沉淀池进行沉淀处理的方法。直接影响沉淀处理效果的两大因素是足够的沉淀池容积和合理的清挖周期,只有满足这两点,才能保证废水在沉淀池内有足够的停留时间,使悬浮物尽可能地沉淀下去。Ⅱ标的沉淀池因场地限制,容积较小,无法满足停留时间的要求,故处理效果不好。Ⅲ标蓼坞工作场地的混凝土拌和废水,经过两个大沉淀池的一、二级沉淀处理后,悬浮物基本去除,排水 SS 值较低,处理效果较好。对 pH 值超标问题,因缺乏切实可行的处理方法,各标均未做深化处理。

混凝土拌和废水处理系统工艺流程为:

$$废水 \longrightarrow 一级沉淀池 \longrightarrow 二级沉淀池 \longrightarrow 排出$$

2. 含油废水

含油废水主要指从机修车间排出的废水,这部分废水含有大量的石油类。Ⅰ标采用隔油池进行处理。它是利用油类比水轻的原理,通过控制水位,将水面上的浮油用管道收集到集油池内,下层的废水用水泵抽排放出。

工艺流程如下:

水泵将废水抽排放出

↑

废水 —— 沉淀池 —— 集油池

↓

废油由管道排入集油池

Ⅱ标利用油水分离器处理含油废水。先将含油废水经沉淀池沉淀后,再让废水经油水分离器将水、油分离,废水排出,废油储存在油水分离器内,定期由人工收集处理。

工艺流程如下:

$$废水 \longrightarrow 沉淀池 \longrightarrow 油水分离器 \longrightarrow 废水排出$$

隔油池处理和油水分离器处理,这两种处理方法在正常运行时的处理效果都比较好,基本可以满足环保要求,做到废水达标排放。

3. 洗车废水

洗车废水的主要污染指标是悬浮物和少量石油类。对这部分废水,承包商采用将废水经多级沉淀池沉淀处理,去除 SS,废水通过沉淀池之间的位于水面以下的管道流动,少量的废油被隔在第一个沉淀池内,当废油足够多时由人工收集处理。这种处理设施只要加强管理,定期清挖池内淤泥、收集池内水面上的油污,就可以保证废水达标排放。

工艺流程如下:

废水——一级沉淀池——各级沉淀池——废水排出
↓
废油定期收集

4. 洗料废水

洗料废水指清洗砂石料上的泥土所产生的废水。这部分废水水量大、泥沙含量高,无其他的有毒有害物质,施工区对这部分废水采用循环利用的方法进行处理。利用开采砂石料时开挖出的大坑作沉淀池,利用池内渗入的水作为水源,池内淤泥不清挖,一个淤满后,用下一个。沉淀池容积大,泥沙易沉积,完全能满足循环利用要求。

(三)防治对策评价及研究

小浪底工程施工区水污染防治设施正常运转时,生产生活污水排放基本上能符合要求,但由于各种原因,尚存在一些不足之处,个别指标偶尔出现超标现象。从实际效果看,生产污水处理基本符合要求,B. T. S 生物处理装置处理效果很好,而化粪池稍差一些。要做到达标排放,化粪池处理后的污水应再经 B. T. S 或微型埋地式无动力生活污水净化装置二次处理。后一种装置污染物削减率≥98%,出水 $BOD_5 \leqslant 30mg/L$、$COD \leqslant 100mg/L$、$SS \leqslant 30mg/L$,工艺流程如下:

污水——厌氧沉淀——厌氧生物过滤池——接触氧化沟——进气消毒井——排出

第三节　大气污染防治

一、评价标准

目前,我国还没有关于水利水电工程施工区大气污染评价标准,小浪底水利工程施工区所采用的标准只能依据《大气环境质量标准》(GB3095—82)来确定。我国的大气环境质量共分为三级标准:一级标准,是为保护自然环境和人体健康,在长期接触情况下,不发生任何危害影响的空气质量要求;二级标准,是为保护人体健康和城市、乡村的动植物,在长期和短期接触情况下,不发生伤害的空气质量要求;三级标准,是为保护人群不发生急、慢性中毒和城市一般动植物(敏感者除外)正常生长的空气质量要求。根据各地区的地理、气候、生态、政治、经济和大气污染程度,将大气环境质量划分为三类区:一类区,为国家规定的自然保护区、风景游览区、名胜古迹和疗养地等;二类区,为城市规划中确定的居民区、商业交通与居民混合区、名胜古迹和广大农村等;三类区,为大气污染程度比较重的城镇和工业区以及城市交通枢纽、干线等。按规定,一类区一般执行一级标准,二类区一般执行二级标准,三类区一般执行三级标准。

根据小浪底工程施工区的具体情况,将施工区划归为二类区,大气环境质量执行二级评价标准。

二、施工区大气本底现状

1991 年 3 月,为了满足小浪底工程招标设计的要求,黄委会设计院委托黄河水资源保护研究所对小浪底施工区大气、噪声环境背景进行了监测,见表 3-3-1。监测结果表明,工程开工前小浪底施工区大气本底状况良好,除 TSP 略有超标外,SO_2、NO_x 均未超过《大气环境质量标准》二级标准。

表 3-3-1 　　　　　　　　　小浪底施工区大气监测结果(**1991.3**) 　　　　　(单位:mg/m^3)

编号	监测地点	项目	最大一次浓度	最大日均浓度	最大日均值超标倍数	三日均值	GB3095—82 二级标准	
							日均值	任何一次
1	小浪底水文站	SO_2	0.141	0.063	0	0.050	0.15	0.50
		NO_x	0.039	0.031	0	0.024	0.10	0.15
		TSP	0.871	0.546	0.82	0.443	0.30	1.00
2	大西沟料场	SO_2	0.298	0.109	0	0.083	0.15	0.50
		NO_x	0.047	0.027	0	0.023	0.15	
		TSP	0.460	0.310	0.03	0.293	0.30	1.00
3	上坡施工区	SO_2	0.227	0.076	0	0.072	0.15	0.50
		NO_x	0.042	0.029	0	0.023	0.15	
		TSP	0.657	0.418	0.39	0.383	0.30	1.00

三、施工期大气污染评价

受业主委托,黄河流域水资源保护局承担了施工期环境监测工作,平均每半年监测一次。根据施工场地布置,分别在重点施工区段、交通车辆频繁区段和敏感目标区(如 4 号公路(西河清段)、9 号公路(蓼坞段)、马粪滩料场、连地料场、小浪底坝址、建管局驻地等)设点进行了监测。监测项目包括 PM_{10}、TSP、SO_2、NO_x 及有关气象要素。采用单项评价指数分析方法,按二级环境标准进行计算和评价,其结果见表 3-3-2。

由表 3-3-2 可知,施工区 SO_2 均符合二级标准,NO_x 绝大部分符合二级标准,只有个别测次超标,而且超标程度很小。施工区 SO_2 单项指数平均为 0.12,NO_x 单项指数平均为 0.45。施工区 TSP 绝大部分是大于 1 的,说明施工区绝大部分地点和绝大部分时间内 TSP 是超过二级环境标准的,最高超标 6.7 倍,平均超标 1.3 倍。施工区 PM_{10} 大约有 40% 超过二级标准,最高超标 5.7 倍,平均值是 0.89,符合二级标准。

分析结果表明,施工区大气污染主要是由粉尘污染引起的,控制粉尘污染对保护施工区空气质量至关重要。

四、大气污染防治措施

小浪底工程施工活动所产生的粉尘污染,主要分布在寺院坡土料场、石门沟石料场与

消力塘、交通运输干线、洞群系统等,有害气体主要发生于地下厂房、洞群系统、炸药爆破
等。为了减少施工活动对大气造成的污染,根据大气监测结果,采取了以下措施:

(1)施工现场及洞群内以改进施工方法为主,采用湿钻等方法,在一定程度上降低了
粉尘污染。同时,加强洞内通风,对现场施工人员加强劳动保护。

(2)承包商采取了按时洒水的措施,减少了道路、施工现场扬尘污染。

表 3-3-2　　　　　　　　　　施工区大气污染单项指数分析结果

编号	监测地点	监测因子	单项评价指数					
			1996	1997	1998(1)	1998(2)	1999(1)	1999(2)
1	4 号公路	SO_2	0.167	0.420	0.000	0.000	0.000	0.000
		NOx	0.260	0.850	0.650	0.040	0.075	0.060
		TSP	6.667	2.543	3.320	2.813	3.167	2.067
		PM_{10}	0.800	0.467	0.800	0.400	0.933	0.533
2	马粪滩料场	SO_2	0.140	0.320	0.053	0.100	0.000	0.047
		NOx	0.510	0.630	0.540	0.470	0.130	0.180
		TSP	2.500	2.260	3.147	2.250	4.500	1.800
		PM_{10}	5.667	0.333	0.400	0.400	1.567	0.467
3	6 号公路	SO_2	0.080	0.540	0.053	0.107	0.080	0.060
		NOx	0.850	1.170	0.260	0.190	0.750	0.060
		TSP	4.500	1.823	1.647	1.653	3.333	1.807
		PM_{10}	0.600	0.533	0.333	0.533	0.893	0.533
4	9 号公路	SO_2	0.073	0.507	0.060	0.073	0.000	0.020
		NOx	0.620	0.920	0.650	4.960	0.060	0.053
		TSP	1.880	1.780	2.497	3.137	1.417	2.507
		PM_{10}	2.800	0.667	0.533	0.600	1.500	1.533
5	连地料场	SO_2	0.140	0.393	0.073	0.053	0.100	0.060
		NOx	1.020	1.040	0.670	0.650	0.650	0.780
		TSP	1.800	2.387	2.397	2.753	2.507	2.180
		PM_{10}	0.733	0.533	0.533	0.733	1.440	0.867
6	建管局	SO_2	0.093	0.373	0.000	0.000	0.010	0.000
		NOx	0.180	0.340	0.090	0.070	0.055	0.062
		TSP	0.217	0.923	1.600	0.720	0.843	0.727
		PM_{10}	0.267	0.533	0.200	0.267	0.893	0.653
7	施工区平均值	SO_2	0.113	0.427	0.040	0.073	0.033	0.031
		NOx	0.570	0.820	0.480	0.330	0.290	0.199
		TSP	3.093	1.553	2.443	2.220	2.627	1.848
		PM_{10}	1.813	0.533	0.467	0.533	1.207	0.764

注:单项评价指数小于1,说明符合环境标准;单项评价指数大于1,说明监测值超标,大得越多超标越多,单项评价指数数值代表监测值超标倍数。

第四节 固体废弃物污染防治

一、固体废弃物影响分析

固体废弃物是指人们在开发建设、生产经营和日常生活中向环境排放的固体和泥状废弃物。固体废弃物直接倾入水体或不适当堆置,会成为污染环境的重要污染源,对环境的污染最终主要是以水污染、大气污染及土壤污染的形式出现。

施工区固体废弃物分为生产废弃物、生活垃圾和医院垃圾等。生产废弃物主要包括开挖石渣、生产废料(如混凝土废料、废木料等)和机械设施破旧而丢弃的零星零件等;生活垃圾包括施工人员和其他人员在日常生活中产生的废弃物、化粪池底渣等;医院垃圾主要是指各承包商、分包商、中方施工单位的急救站、诊所和小浪底建管局医院产生的垃圾。

(一)渣

1.堆弃渣情况

小浪底枢纽主体工程和临建工程施工过程中产生了大量的弃渣。主体工程土石方开挖总量约为 4 903 万 m³(松方),其中,石方(包括洞挖)2 451 万 m³。临时工程土石方开挖量约为 920 万 m³,包括各施工场区土地平整、料场覆盖层清理、场内外交通道路等。为使堆弃渣能得到合理堆放,制定了合理的堆弃渣场规划。根据坝址区地形、枢纽布置、主体工程施工顺序、大坝填筑计划及填筑质量要求等,在考虑环境保护和不影响支沟排洪及交通运输的基础上,将渣场划分为弃渣场和堆渣场两部分。弃渣场除弃入库区外,尽量为填沟造地创造条件,堆渣场则考虑回采方便。施工区共布置了 10 个渣场,其中,左岸 7个,右岸 3 个,总容积约 5 509.7 万 m³。

(1)左岸(北岸)渣场。左岸渣场总容积约 3 918.7 万 m³,挖填平衡后堆存约 3 884.7万 m³(松方)。具体情况如下:

上岭弃渣场:位于坝上游风雨沟沟内,主要是弃渣填沟,占地面积约 17.4 万 m²,填筑高程 180~230m,渣场容积 397 万 m³。

小南庄弃渣场:位于坝上游小南庄以西支沟内,主要是弃渣填沟,平整后用于造地,占地面积 57 万 m²。由 200m 填筑到 292m 高程,渣场容积约为 1 596 万 m³。

桥沟口渣场:位于坝下游桥沟滩区、桥沟入黄口西侧,为大坝回采任意料堆存料渣场,面积为 13.5 万 m²,堆存高程 135~165m,渣场容积 233 万 m³,堆有进口石方开挖料和导流洞洞挖料。

桥沟渣场:位于桥沟河内右岸滩区,距桥沟口 1~2km,占地面积约 4.6 万 m²,堆渣高程 150~170m,容量约 56 万 m³,为大坝回采任意料、压坡料料场。

槐树庄渣场:位于下游 4~5km,滩区高程 132m,滩区面积 52.2 万 m²,堆渣高程132~170m,容量约 936 万 m³,为大坝压坡回采渣场,回采时为造地创造条件。

下游围堰以下渣场:大坝截流后,左岸削坡及河床砂砾石料,堆存到下游围堰以外的河床上,容量约 210 万 m³。

进口混凝土拌和厂、蓼坞滩工区场地平整、开关站基础等,共填筑土石方约 490.7 万

m^3,用进口开挖的土石方直接填筑而成。

(2)右岸(南岸)渣场。右岸渣场总容积约1 591万 m^3,堆渣量约921.1万 m^3。具体情况如下:

赤河滩渣场:位于坝址上游3~4km,滩面高程140m,滩区面积约60万 m^2,渣场容积1 023万 m^{3}以上,为大坝石方弃渣料场。

大西沟渣场:位于上游自小清河至木底沟黄河滩区,全长约1.2km,宽50~150m,面积约16.44万 m^2,堆存高程136~160m,容积165万 m^3,堆大坝削坡和砂石覆盖层的土石方。此料场结合赤河滩渣场,弃料垫底,150~160m高程堆砂砾石料,供大坝和截流围堰回填砂石料回采用。

东西河清渣场:位于下游1~4km,西起西苗家滩,东到东河清滩,堆存高程130~175 m,面积约54.5万 m^2,堆渣容积约403万 m^3。

左、右两岸渣场总容积约5 509.7万 m^3,堆渣量约4 805.8万 m^3。各渣场详细情况见表3-4-1。

表3-4-1　　　　　　　　　　　　渣场堆存、回采量汇总

渣场名称	单位	渣场容积	堆存量	回采量
一、北岸	万 m^3	3 918.7	3 884.7	881.9
1. 上岭	万 m^3	397	287.7	
2. 小南庄	万 m^3	1 596	1 615.0	44.8
3. 桥沟口	万 m^3	233	231.6	200
4. 桥沟	万 m^3	56	56	50
5. 槐树庄	万 m^3	936	927.3	512.1
6. 堰后	万 m^3	210	277.7	75
7. 平整回填				
①蓼坞场地平整	万 m^3	190	190	
②进口混凝土拌和厂平整	万 m^3	208	208.3	
③开关站回填	万 m^3	92.7	91.1	
二、南岸	万 m^3	1 591	921.1	357.7
1. 赤河滩	万 m^3	1 023	359.2	
2. 大西沟	万 m^3	165	166.9	57.7
3. 东西河清	万 m^3	403	395	300
总计	万 m^3	5 509.7	4 805.8	1 239.6

注:堆存、回采均为松方。

2. 堆弃渣影响

施工区出露地层有二叠系上石盒子组、石千峰组黏土岩和砂岩,三叠系下统刘家沟组及尚沟组砂岩、粉砂岩,第四系主要是黄土和砂砾石层。因此,因工程施工而产生的大量堆弃渣不含有毒有害成分,不存在有毒有害物的浸出和对水体的污染,也不存在有毒有害

气体的释放。

由于制定了详细的堆弃渣场规划,并且考虑了环境保护和支沟排洪,因此不存在因堆弃渣的不适当堆置而破坏周围环境。相反,由于利用弃渣填沟造地,改善了周围的自然景观,有利于小浪底库区的旅游开发。

(二)生产垃圾

各工段场地、施工现场产生的生产垃圾,若不能合理堆置,将会影响周围景观。生产垃圾中的混凝土弃渣,由于混凝土属强碱性物质,所以其淋滤液和浸出液呈碱性,但由于混凝土弃渣较少,并且其碱性淋滤液逐步会被环境中的酸性物质所中和。因此,混凝土弃渣对环境不会造成太大影响。

(三)生活垃圾

施工人员日常生活过程中,将产生大量的生活垃圾。在施工高峰期,施工区年产生活垃圾 3 000t。由于生活垃圾是苍蝇蚊虫孳生、致病细菌繁衍、鼠类肆虐的场所,生活垃圾不适当堆放将对周围人群健康带来不利影响。

(四)医院垃圾

医院垃圾含有病毒等有害物质,如果堆置和处理不当,在受到雨水淋溶或地下水浸泡时,有毒有害物质的浸出,将对地表水和地下水造成污染,进而对人体健康造成威胁。

二、固体废弃物处理

固体废弃物,由于其来源和种类的多样性和复杂性,对它的处理和处置方法应根据各自的特性和组成进行优化选择。对固体废弃物应进行分类处置,对其中可以回收利用的应尽量回收利用、资源化。根据施工期固体废弃物的构成特点,固体废弃物处置应遵循两条原则:①对于有毒有害废物应尽量通过焚烧或化学处理方法转化为无害后再处置;②对一般废物的填埋处置必须保持周围环境的一致性,填埋结束后,进行覆土绿化,防止水土流失。

(一)渣的处理措施

施工产生的堆弃渣,按设计与合同文件的要求送到指定的渣场,在堆弃渣过程中注重环境保护,不影响支沟行洪和交通运输。

(二)生产垃圾处理措施

各工作场地、车间有足够的垃圾桶收集生产垃圾,能回收利用的送交废旧物资回收站处理,其余的集中送往小南庄弃渣场掩埋。

(三)生活垃圾和医院垃圾的处理措施

外商营地、业主营地及外商管理的中方职员、劳务营地环境卫生状况良好,有专人打扫卫生,垃圾箱、垃圾桶设置较多,每天上午有垃圾车到各生活营地、工作场地集中收集生活垃圾,然后送往小南庄弃渣场掩埋处理。

业主生活营地环境卫生由小浪底建设管理局行政处负责管理,营地内设置有足够数量的垃圾箱、垃圾桶,生活垃圾定期集中收集送往小南庄弃渣场掩埋处理。

施工区生产生活垃圾和医院垃圾处理情况见表 3-4-2。

表 3-4-2 施工区生产生活垃圾和医院垃圾处理情况

地 点		垃圾处理情况
I 标部分	马粪滩反滤料场办公场地	办公产生的垃圾每间办公室有小垃圾桶收集,集中处理
	大坝现场办公区	垃圾较少,集中处理
	I 标外商营地	有足够的垃圾桶,有专人打扫卫生,生活垃圾定时收集,送往小南庄弃渣场处理
	西河清营地	有专人打扫卫生,垃圾集中送往小南庄弃渣场
II 标部分	蓼坞工作场地	办公产生的垃圾有小垃圾桶收集,集中处理
	连地砂石料厂	办公垃圾收集处理,生产垃圾运送到弃渣场处理
	外商生活营地	有足够的垃圾桶,有专职卫生清洁人员
	连地中方营地	有足够的垃圾桶,有专职卫生清洁人员
	桐树岭营地	有一定的垃圾桶,有专职卫生清洁人员
	东山营地	有一定的垃圾桶,有专职卫生清洁人员
III 标部分	蓼坞工作场地	办公产生的垃圾有小垃圾桶收集,集中处理
	外商营地	有足够的垃圾桶,有专职卫生清洁人员
	东山营地	有一定的垃圾桶,有专职卫生清洁人员
业主部分	办公区	垃圾箱、垃圾桶设置较多,有专人打扫卫生处理垃圾
	医院	垃圾焚烧深埋
	水厂	有足够的垃圾桶,有专职卫生清洁人员处理垃圾
	其他辅助企业	有一定的垃圾收集设置,集中处理

第五节 噪声污染防治

一、施工区噪声本底状况

小浪底施工区在工程开工前属偏僻寂静的山野,十分安静。根据 1991 年 3 月的本底监测结果(见表 3-5-1),除东河清、西河清东和大西沟料场测点距河边较近,有流水声,所测噪声较大外,其他测点均小于国家居民区等效声级 50dB(A)。

表 3-5-1 小浪底施工区及主要运输干道噪声监测结果(1991 年 3 月) (单位:dB)

编号	监测地点	声级个数	时间(时:分)	统计声级值					极大值	极小值
				L_{10}	L_{50}	L_{90}	L_{eq}	δ		
1	大西沟料场	100	8:10	57.0	56.0	55.5	56.04	0.75	58.0	55.5
2	东坡大路	100	8:30	41.0	40.0	39.0	40.07	1.0	44.0	39.0
3	上坡大路	100	9:10	35.0	32.5	30.0	32.90	2.5	35.5	28.0
4	寺院坡路	100	10:20	34.0	31.5	29.0	31.90	2.5	35.5	28.0
5	马屯北路	100	11:40	40.0	37.0	35.0	37.40	2.5	42.0	33.0
6	天良北路	100	13:30	37.0	34.0	31.0	34.6	3.0	39.0	29.0
7	赵家门路	100	14:40	53.5	48.0	43.5	49.70	5.0	53.5	43.0
8	东河清	100	15:30	65.5	64.5	62.5	64.70	1.5	67.0	62.0
9	西河清东	100	16:00	67.0	66.0	65.0	66.07	1.0	67.2	64.5
10	西河清西	100	17:30	41.5	41.0	40.5	41.02	0.5	41.5	40.5

二、施工期产生的噪声影响分析

工程开工后,大量施工机械涌入,各种机械运转、交通运输等产生的噪声对周边群众的生产生活带来了干扰和危害;主要施工机械如挖掘机、凿岩台车、冲击钻、推土机、破碎机、筛分机等,噪声级都在 90dB 以上,对现场施工人员的身心健康也产生危害。根据施工布置情况,主要的噪声污染集中在Ⅰ标马粪滩反滤料场、Ⅱ标连地骨料场和交通干道。其中,Ⅰ标马粪滩反滤料场和Ⅱ标连地骨料场噪声源为固定声源,交通干道噪声源主要为交通运输车辆,为流动声源。施工高峰期噪声监测结果见表 3-5-2。

表 3-5-2 　　　　　小浪底工程施工区环境噪声监测结果(1998 年 8 月)　　　　(单位:dB)

监测点	昼 间							夜 间						
	L_{10}	L_{50}	L_{90}	L_{eq}	δ	L_{max}	L_{min}	L_{10}	L_{50}	L_{90}	L_{eq}	δ	L_{max}	L_{min}
坝址	80	69	58	76	7.8	95	52	70	57	52	67	7.1	83	49
马粪滩居民村	80	75	69	76	4.1	86	66	74	72	71	74	1.1	83	61
连地料场西边界	78	66	62	75	6.2	90	61	72	64	57	68	5.3	81	52
连地居民村	75	65	63	71	4.2	86	61	70	60	54	65	5.7	74	52
9 号公路双堂段	73	58	50	70	9.0	94	46	69	58	56	68	5.6	88	55
建管局	55	52	49	54	2.0	66	47	46	45	42	44	2.3	58	39
4 号公路西河清段	72	57	54	70	7.5	92	51	70	57	52	67	7.1	83	49
蓼坞Ⅱ标办公区边界	82	72	65	78	6.2	98	62	76	67	61	71	5.7	80	59
风雨沟(洞群入口)	68	67	65	67	1.9	74	63	64	62	60	63	1.8	78	59
Ⅱ、Ⅲ标工作场交界处	75	65	60	71	5.5	84	58	72	67	61	70	5.7	80	59

三、噪声防治措施及效果评价

(一)防治措施

根据小浪底施工区噪声污染情况,主要采取了如下控制措施:

(1)选用噪声低的施工机械,或在施工机械上安装消声装置。

(2)加强个人防护,对现场人员发放耳塞、耳罩。

(3)在生活区植树造林,周围设置围墙等。

(4)加强环境监理监督,对施工区噪声污染较重的区域限期整改。

Ⅰ标马粪滩反滤料场施工噪声,对孟津县王良乡河清村小学造成了很大影响。为了降低噪声污染,首先在主要产生噪声的机械如破碎机、筛分机上采取隔音措施。采取措施后,虽有一定的降噪效果,但效果不明显。为彻底解决噪声对学生学习产生的不利影响,尽快恢复河清村小学的正常教学环境,小浪底建设管理局、Ⅰ标承包商、当地政府协商达成协议,对学校进行了搬迁,从根本上解决了Ⅰ标马粪滩反滤料场的噪声污染问题。

Ⅱ标连地筛分场场界东侧和北侧均有居民居住,为消除或减小噪声影响,Ⅱ标承包商采取了一系列的措施:①更换钢筛,将钢筛换成塑料筛;②对电机进行包裹;③更换警报器等。采取上述措施后,在一定程度上降低了噪声。后来,经Ⅱ标承包商与当地居民协商,采取了部分经济补偿措施,解决了关于噪声污染方面的纠纷。

(二)效果评价

在对主要的噪声源地采取降噪措施后,在一定程度上减少了噪声对周围环境的影响。有的得到了根本解决(如马粪滩反滤料场),有的得到了一定程度的解决(如Ⅱ标连地筛分场,使噪声污染问题减免到可以接受的程度)。从中可以接受的教训是:在施工总体布置时,就应考虑噪声污染问题,主要固定噪声源的工地布置应远离周围居民及施工生活区,当不可避免时,应将影响范围内的居民列入施工区征地影响范围进行搬迁安置。

小浪底建设管理局驻地,昼间噪声为 54dB(A),夜间噪声为 44dB(A),低于《工业企业厂界噪声标准》中以居住、文教机关为主的区域标准值(即Ⅰ类标准值,昼间 55dB,夜间 45dB)。连地料场附近居民村,昼间和夜间噪声值都超过《城市区域环境噪声标准》中Ⅱ类标准值,即居住、商业、工业混杂区的标准值(昼间 60dB,夜间 50dB)。连地料场附近居民村距料场最近的只有 30m 左右,且紧靠 9 号公路,料场噪声和交通噪声对该村具有明显影响。马粪滩料场高强度的破碎机、筛选机噪声污染问题,严重影响了河清村小学的正常教学秩序。

9 号公路双堂段,昼间噪声为 70dB,夜间为 68dB;4 号公路昼间为 72dB,夜间为 67dB。两路段都超过《工业企业厂界噪声标准》中的交通干线、道路两侧区域标准(昼间 70dB,夜间 55dB),主要是过往重型卡车造成的噪声。坝址、风雨沟及Ⅱ、Ⅲ标工作场的交界处,昼间和夜间噪声值虽然超标,但该区域远离生活区,对周围环境影响较小。

第四章　水土流失防治

　　小浪底工程占地面积大、施工开挖和填筑工程量巨大,施工过程中对地表扰动和植被破坏严重,如果不及时进行水土流失防治,极易产生大量的水土流失,破坏当地的生态环境。

第一节　水土流失防治原则和目标

一、防治原则

　　(1)应贯彻"预防为主,全面规划,综合防治,因地制宜,加强管理,注重效益"的水土保持工作方针和体现"谁造成水土流失、谁负责治理"的原则。

　　(2)依据国家水土保持有关法规,考虑小浪底工程的特点,结合区域水土流失状况和当地自然条件,进行水土保持措施体系的布设。

　　(3)水土保持方案编制应与主体工程设计相结合,在达到保持水土目标的前提下,合理配置水土保持措施。施工区水土保持方案,在满足水土流失防治要求的前提下,结合工程管理区规划和工程管理区工程地表整治防护规划进行布设,避免重复建设。

　　(4)根据工程用地现状、用地性质、现在的地貌特征,考虑水土流失特征的一致性,进行分区治理。

　　(5)对于临时使用土地,应根据工程使用情况和地形地貌,根据国家有关规定,合理确定工程结束后的用途,实现土地的合理利用。

二、防治目标

　　(1)通过水土保持措施的实施,使因工程活动产生的水土流失得到有效治理,使项目区原有的水土流失得到有效控制,保证工程的安全运行,水土流失治理程度达到80%以上,略高于区域治理达到70%的目标值。

　　(2)水土保持措施和工程地表整治防护措施实施后,使林草覆盖率由10%左右提高到30%以上,使区域生态环境得到有效改善。

　　(3)通过水土保持措施的实施,使移民安置区的水土流失得到治理,移民安置点的环境得到明显改善。

三、水土流失防治责任范围

　　根据"谁开发、谁保护,谁造成水土流失、谁负责治理"的原则,凡在建设开发过程中造成水土流失的,都必须采取措施对水土流失进行治理。根据国家土地管理局《关于黄河小浪底水利枢纽工程施工区建设用地的批复》和国家批准的施工区及库区移民安置规划报告,通过现场查勘及对工程施工造成水土流失特点分析的基础上,按照《开发建设项目水土保持方案技术规范》,确定小浪底工程水土保持责任范围包括工程建设区(见图4-1-1)和直接影响区。

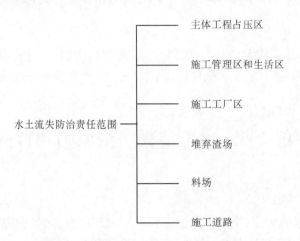

图4-1-1　工程建设区水土流失防治责任范围

工程建设区是指工程施工区征地范围内的所有区域,包括主体工程占压区,施工管理区和生活区,施工工厂区,堆弃渣场、料场和施工道路占地等,施工区总面积为23.7km²。

第二节　施工活动新增水土流失

一、产生水土流失的因素

小浪底大坝为利用当地土石料填筑的黏土斜心墙堆石坝,坝体填筑工程量5 185万m³,工程施工需要开挖大量的土石料,造成较为严重的地表扰动和破坏,坝基和洞群开挖产生大量的弃渣,这些都可能导致严重的水土流失。据调查分析,施工区产生水土流失的因素:一是工程开挖产生的植被破坏和地表剥离,使土壤的抗侵蚀能力减弱,造成水土流失强度加大;二是工程堆弃渣,抗侵蚀能力弱,极易产生水土流失;三是工程建设产生的不稳定边坡,引起的山体滑塌等重力侵蚀。针对不同的水土流失产生原因,分别制定不同的水土流失防治措施。

二、扰动地表和损坏林草植被面积

小浪底施工区征地2 338hm²,水库蓄水后已淹没497hm²,现有施工区面积1 841hm²。经过现场调查统计,现有施工区内扰动地表和破坏土地总面积1 211.1hm²,破坏植被面积173.1hm²,地表扰动面积占征地面积65%以上,部分区域地表扰动达90%以上。施工占地中,除连地、前苇园等区域扰动较小外,其他区域地表和植被都受到了较严重的扰动和破坏,工程占压区、土石料场地表扰动和植被破坏最为严重。

三、产生水土流失强度调查

小浪底施工区土壤侵蚀水蚀占主导,风蚀轻微。小浪底施工区内开挖形成的高边坡和渣场边坡已历经数年侵蚀,由于地形地貌、物质组成等方面的差异,在坡面形成侵蚀程度不等的冲沟,可以通过测试坡面冲沟的深度和宽度,根据单位面积冲沟的数量和侵蚀年限,推算水土流失强度。

根据小浪底施工区的水土流失现状,实地测试了小南庄弃渣场、8号公路、东山边坡的冲沟长度和深度(见表4-2-1~表4-2-4),推算的水土流失侵蚀模数介于6 012~9 306 t/(km² · a),平均为7 713t/(km² · a)。

表 4-2-1　　　　　　　　8 号公路交通洞口边坡冲沟调查结果　　　　　(单位:cm)

冲沟编号	冲沟上部		冲沟中部		冲沟下部	
	沟宽	沟深	沟宽	沟深	沟宽	沟深
1	8	6	4	6	6	4
2	5	4	10	5	6	4
3	8	5	6	6	4	6
4	9	6	5	3	6	4
5	5	4	12	7	10	6
6	6	4	6	4	14	6
7	8	7	4	2	6	6
8	8	4	16	6	6	4
9	7	4	4	4	6	5
10	5	3	2	4	4	3
11	8	6	4	2	4	3

注:侵蚀模数为7 316t/(km² · a)。

表 4-2-2　　　　　　　　桥沟桥西8号公路边坡冲沟调查结果　　　　　(单位:cm)

冲沟编号	冲沟上部		冲沟中部		冲沟下部	
	沟宽	沟深	沟宽	沟深	沟宽	沟深
1	35	27	42	30	50	35
2	18	12	21	14	20	13
3	20	11	22	13	27	13
4	21	12	18	10	22	12
5	8	6	6	6	8	6
6	10	6	9	8	12	8
7	9	7	10	8	12	9

注:侵蚀模数为8 218t/(km² · a)。

表 4-2-3　　　　　　　　　桥沟河东侧东山边坡冲沟调查结果　　　　　　　（单位：cm）

冲沟编号	冲沟上部		冲沟中部		冲沟下部	
	沟宽	沟深	沟宽	沟深	沟宽	沟深
1	20	15	10	6	16	12
2	20	10	10	8	24	10
3	27	20	16	12	20	16
4	10	5	16	10	14	8
5	12	6	20	12	16	10
6	14	7	30	20	26	20
7	30	17	20	16	34	16
8	8	6	16	14	20	8
9	18	20	24	20	16	14

注：侵蚀模数为 6 012t/(km^2·a)。

表 4-2-4　　　　　　　　　小南庄弃渣场冲沟调查结果　　　　　　　　　（单位：cm）

冲沟编号	冲沟上部		冲沟中部		冲沟下部	
	沟宽	沟深	沟宽	沟深	沟宽	沟深
1	26	14	15	12	34	12
2	12	10	18	14	24	16
3	16	11	10	8	22	17
4	20	13	24	14	14	9
5	30	14	18	16	12	7
6	14	10	25	13	16	12

注：侵蚀模数为 9 306t/(km^2·a)。

第三节　水土流失防治体系

一、水土流失防治分区

　　根据施工区总体布局、土地使用功能、造成水土流失的特点、地形地貌，按照集中连片、便于水土保持措施体系布置的原则，将小浪底施工区分为工程占压区、桥沟东山区、小南庄区、蓼坞区、槐树庄渣场区、连地区、马粪滩区、右坝肩区、土石料场区和主要交通道路占地区。

　　不同的区域，根据对地形地貌、地表植被破坏情况，在水土流失现状调查和预测的基础上，采用不同的水土流失防治体系。对原地貌扰动程度较大，对原地表植被破坏严重，水土流失严重的区域，采用以工程为先导，以生物措施为主体的水土流失防治体系；对原地貌扰动程度不大，对原地表植被破坏较轻，产生水土流失不严重的区域采用以生物措施为主体，适当配置工程措施的水土流失防治体系；弃土弃渣区和料场开挖区采用以地表整治为主体,适当配置工程护坡措施和生物措施的水土流失防治体系。小浪底施工区水土流失防治体系见图4-3-1。

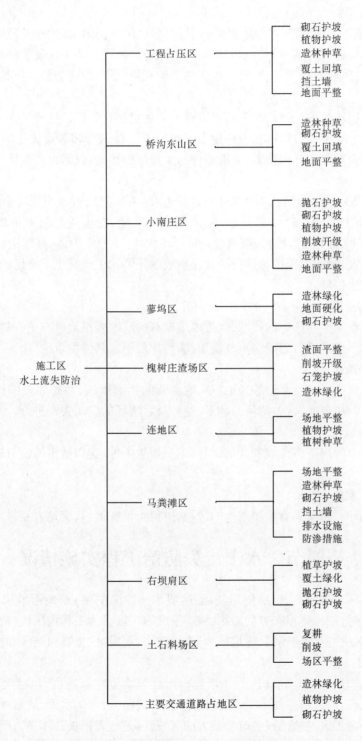

图4-3-1 小浪底施工区水土流失防治体系

二、水土保持措施

(一)地表防护

自然地表防护:根据使用功能,结合现状,对各区域不同地形、地貌及环境要求分别采用不同的防护措施。自然地表防护主要采用硬化防护和绿化防护。硬化防护形式有混凝土板硬化、广场砖和道路硬化、浆砌石硬化和干砌石硬化等;绿化防护采用乔木、灌木和灌草绿化等。

工程永久边坡防护:工程施工中,因道路及工程建筑物的修建形成了许多永久性的岩质或土质边坡。对工程占压区和道路建设区内影响工程运行和需要美化的边坡,根据其高度、坡度、覆盖情况和具体位置,采取相应的工程防护措施,以确保边坡稳定和防止水土流失。

坡度大于53.13°(边坡比1:0.75)的岩质边坡,采用浆砌石或喷混凝土进行处理;小于53.13°(边坡比1:0.75)的岩质边坡,采用土工格栅,覆土进行植被护坡。坡度小于45°(边坡比1:1)的土质边坡,采取植被护坡。堆积物、不稳定山体、高陡边坡或坡脚遭受水流淘刷的边坡,采取工程措施进行护坡。护坡绿化形式主要有土工格栅护坡、预制框格护坡和攀缘植物护坡。

(二)坑凹回填

对于因工程施工而产生的坑凹,就近取用现有的或地表整治废弃土石料进行回填,力争做到坑平渣尽。回填后表层应平整覆土,满足规划用地具体要求。

(三)渣场改造

堆放施工弃土、弃石、弃渣等场地应采取必要的拦渣措施,并对地表进行整治和造林绿化。具体整治措施,结合各渣场的地形、地势及对渣场的应用要求进行。

(四)造林绿化

对于责任范围内荒山荒坡和营地,根据地形地貌条件,选用适当的植被进行造林种草绿化。

(五)覆土复耕

对土料场和石料场具有复耕条件的区域,进行土地整治后,交地方复耕。

第四节　水土流失防治工程实施情况

根据施工区总体布局、土地使用功能、造成水土流失的特点、地形地貌,按照集中连片、便于水土保持措施体系布置的原则,将小浪底施工区分为工程占压区、桥沟东山区、小南庄区、蓼坞区、槐树庄渣场区、连地区、马粪滩区、右坝肩区、土石料场区和主要交通道路占地区。

(1)工程占压:工程占压区为小浪底枢纽建筑物集中布置区,包括大坝占压、泄洪建筑物占压区、溢洪道左侧山梁、地面副厂房、开关站区、西沟水库、清水池和出口区等。工程占压区是施工区内地形地貌改变最大的区域,也是地表植被破坏最为严重的区域,该区域结合地表整治,采用地面防护、工程护坡、植物护坡、修建雨水排放系统和造林种草绿化等综合的水土保持防治措施,达到保证工程安全运行和保护水土资源的要求。

(2)桥沟东山区:该区位于桥沟河两岸和东山上,现为小浪底建管局办公生活区、公共服务区、承包商营地、堆渣场迹地等。该区域采用以造林绿化、浆砌石护坡、渣面平整覆土绿化为主的水土流失防治体系。措施布置区域包括建管局后山坡、外商营地山坡、东山营区及山坡、东沟坡地、桥沟大桥堆渣场迹地和桥沟河岸等。

(3)小南庄渣场区:小南庄区包括小南庄弃渣场、机电安装标基地、劳务营地占地区、非常溢洪道占地区和炸药库占地等。小南庄弃渣场临库坡面采取抛石护坡和干砌石护坡,292m高程渣场坡面采取削坡和干砌石护坡措施,渣场表面采取平整和覆土措施,部分场地用于小浪底维修场地,部分场地进行造林绿化,渣场区域结合厂区建设布设排水系统。其他区域进行造林绿化,部分开挖边坡进行砌石护坡和植物护坡。

(4)蓼坞工厂区:蓼坞造地区是指桥沟河右岸的蓼坞滩区,场地平整,现为加工车间和砂石料场,规划部分区域用于服务设施的建设用地。考虑到泄洪雾化影响,水土流失防治措施布局时,结合雾化防护,在西区采用地被植物、生态防护林及硬化措施进行防护,中部和东部区结合服务区建设采取场地绿化和硬化措施。蓼坞水源井到黄河大桥之间河道北岸边坡为堆渣形成的坡面,采取浆砌石护坡措施。

(5)槐树庄渣场区:槐树庄渣场位于小浪底黄河大桥下游9号公路和河道间的滩地上,现存弃渣量大,堆渣高度不一,且高程相差较大。由于渣场紧邻黄河,堆渣高度大,邻河渣坡应采取削坡开级和石笼护坡措施,其他渣坡应采取削坡措施,渣面进行平整后,覆土造林种草。

(6)连地砂石料开采加工区:连地为砂石料开采加工区,由于砂石料开挖形成了很多料坑。鉴于此区域大部分属于西霞院库区,西霞院水库蓄水后将被淹没,因此仅对135m高程以上的区域进行平整、覆土后,植树种草。

(7)马粪滩砂石料开采加工区:马粪滩区包括马粪滩砂石料开采加工区和东西河清占地区。东西河清占地区位于小浪底黄河大桥上下游,部分为黄河滩地,部分为弃渣迹地,此区域采取措施有场地平整、覆土造林绿化,对沿河岸进行砌石护坡等措施。马粪滩施工期为大坝的反滤料场;工程管理期此区域除部分为砂石备料场外,其余为生产预留用地及苗圃。结合施工围堰改建,临水坡采取防渗处理,背水坡设置排水沟。场区进行平整后,覆土造林绿化。对部分由于开挖造成的边坡设置挡土墙和浆砌石护坡进行防护。

(8)右坝肩渣场区:右坝肩区包括神树山包及其东南侧的弃渣场、右坝头、观景台占地区等。对神树山包周边坡面采取植草护坡,渣面进行平整覆土绿化,渣坡采取抛石护坡和砌石护坡措施。其他区域采取清理平整和覆土绿化措施。

(9)石门沟、寺院坡土石料场区:该区包括石门沟石料场、寺院坡土料场、前苇园土料场、会缠沟黏土料场和弃土场占地区等。土料开采结束后,形成了大面积的土面挖掘平台,石料场开采后形成了若干裸露的岩石台阶和大面积上有薄层黄土覆盖的缓坡台地。对土料场表面采取平整措施后,进行复耕,对形成的边坡采取削坡措施。石料场缓坡台地上有黄土覆盖,仍具有耕作条件,采取平整措施后,进行复耕。

(10)主要交通道路占地区:此区域包括场内外公路占地区,结合公路改建,采取路边栽植行道树,对沿途土质边坡进行造林绿化,部分石质边坡种植攀缘植物护坡,部分边坡采用浆砌石格栅护坡的绿化措施。

第五节 水土流失防治效果分析

一、堆弃渣治理效果

小浪底施工区弃渣存放量为 3 198 万 m³,实际回采利用方量为 747 万 m³,弃渣量为 2 451 万 m³,总拦渣量 2 361 万 m³,拦渣率达到 96.3%。施工区堆弃渣场,除小南庄渣场的一部分仍在使用外,其余渣场都已整治绿化完成,堆弃渣场水土流失基本得到控制(见表 4-5-1)。

表 4-5-1　　　　　　　　　小浪底工程施工区堆弃渣场治理情况　　　　　　(单位:万 m³)

渣场名称	堆放量	回采量	弃渣量			治理措施
			合计	实际	淹没	
上岭	397		397		397	水库淹没
小南庄	159		159	159		整平造林
桥沟口	231	200	31	31		整平、覆土、绿化
桥沟	56	50	6	6		整平、覆土、绿化
槐树庄	544	64	480	480		平整排水,临时播草,移交地方
堰后	187	75	112	112		坝后保护区的一部分,已治理
赤河滩	569		569		569	水库淹没
大西沟	167	58	109		109	水库淹没
东西河清	395	300	95	95		平整、覆土,绿化
其他	493		493	493		填凹造地
合计	3 198	747	2 451	1 376	1 075	

二、占压、扰动土地治理效果

对占压和扰动地表分区采取了适宜的水土保持措施进行治理,小浪底施工区扰动地表总面积 1 258.3hm²,治理面积 1 085.3hm²,治理率达 86.2%(见表 4-5-2)。

三、水土流失防治效果

小浪底工程施工区原地貌土壤侵蚀模数 2 000~3 000t/(km²·a),水土流失面积占土地总面积的 70%,治理度约为 35%,林草植被覆盖率为 10%。建设施工期间有 68.3% 的地貌被扰动,建设高峰期,扰动地表土壤侵蚀模数达 6 000~9 000t/(km²·a)。通过采取兴建挡渣墙、削坡开级、浆砌石护坡、土工网格护坡、设置排水沟、道路硬化、植树种草绿化等综合水保措施,使水土流失得到了有效的防治,土壤侵蚀模数由建设高峰期平均 7 700t/(km²·a)下降到目前的 1 000t/(km²·a)左右,水土流失控制率达到 95% 以上。

表 4-5-2　　　　　　　　　小浪底施工区占压扰动地表整治情况　　　　　　　　（单位:hm²）

分区名称	征地面积	扰动面积	整治面积	治理率（%）	主要整治措施
1. 工程占压区	350.1	350.1	332.6	95	开挖、坝区硬化、排水、平整、护砌、绿化
2. 桥沟东山区	104.5	104.5	104.5	100	护坡、平整、硬化、绿化、治河
3. 小南庄渣场区	61.7	61.7	43.1	70	护脚、平整、绿化
4. 蓼坞区	108.4	108.4	103.0	95	平整、浆砌护坡、硬化、绿化
5. 槐树庄区	100.3	100.3	95.3	95	平整、削坡、马道、排水、护砌、绿化、封育
6. 连地区	342.3	171	101.9	60	场地平整、临河围堰
7. 马粪滩区	155.6	106	100.0	94	施工场地平整、清渣、绿化、苗圃、围堰
8. 右坝肩区	16.9	16.9	10.0	59	滑坡整治、平整、硬化、绿化
9. 土石料场区	462.0	100	95.0	95	平整、绿化
10. 主要交通道路区	98.4	98.4	93.5	95	开挖、清理、平整、道路硬化、绿化、排水
11. 其他	41.0	41.0	6.3	15	硬化、排水
合计	1 841.2	1 258.3	1 085.3	86.2	

四、植被恢复程度

小浪底工程施工区原有林草覆盖率为 10%,乔木很少。小浪底工程开工后,小浪底建管局把生态绿化工作与工程建设同步进行,适时地进行植树绿化活动,特别是 2000 年秋季后,小浪底施工区开展了大规模的绿化造林种草工作。截至 2002 年 4 月,小浪底施工区植树总株数 150.7 万株,其中,乔木树种 77.9 万株,灌木树种 72.8 万株;绿化面积 483hm²,其中造林 447hm²,种草 36hm²。在建设期间,小浪底对永久占地区采取了围栏等保护性措施,杜绝了樵采、盗伐、放牧、垦殖等破坏植被的活动,使原生植被得到充分恢复,目前小浪底施工区林草植被面积已达 554.54hm²,林草覆盖率达到 30.1%。

小浪底施工区水土保持工程基本与主体工程同步建设,地表整治防护规划和水土保持方案批准后进行了认真的实施,对防治责任范围内的水土流失进行了全面、系统的治理,水土保持方案确定的各项措施基本上得以实施。从监测情况看,各项防治措施的效果较好,弃渣得到了及时有效防护,施工区的植被得到了较好的恢复,水土流失得到了有效控制,施工区的水土流失强度由中度下降到轻度或微度。扰动地表治理率达 86.2%,水土流失控制率达到 95%,拦渣率达到 96.3%,植被恢复指数为 85%,项目区植被覆盖率提高到 30.1%,土壤侵蚀模数减小为 1 000t/(km²·a)左右。

第五章　移民安置区环境保护

　　水利工程的兴建可为防洪、灌溉、供水、供电等带来巨大的经济效益和社会效益,但又不可避免地产生水库淹没,带来一系列环境问题。水库不仅淹没土地资源、矿产资源、生物资源和人口资源等,还使库区居民被迫离开传统的祖居地,失去祖辈长期改造过的和谐的环境,破坏原有的生产体系、生活方式和地缘、血缘、亲属网络,使长期赖以生存的政治、经济、文化体系解体,失去生产、生活的基础环境,成为水库移民。无论是移民就地后靠安置,还是外迁他地安置,都存在一个新居住地的环境问题,也就是说,移民失去的土地数量和质量及满足生产、生活必需的资源、能源、交通、社会基础设施等方面的条件是否能得到恢复和改善。同时,水库移民安置造成安置地人口增加,资源、基础设施承载力增加以及难免的人类活动影响环境等问题。从社会学的角度,水库移民是非志愿移民,国内外许多大中型水利水电工程建设实践表明,非志愿的移民安置问题是最棘手、最敏感的环境问题。因此,从环境和社会经济可持续发展的角度,合理分析水库淹没及移民环境影响,科学编制移民安置可持续发展规划,包括农村移民迁移规划,有关的乡镇、企事业单位、交通设施、通讯设施、输变电工程、文物古迹等需要搬迁恢复建设规划,制定并实施环境保护措施,对社会经济可持续发展有着十分重要的意义。

第一节　移民环境影响评估

　　小浪底水利枢纽工程与国内外的许多大型水利水电工程一样,产生水库淹没和移民、施工占地和移民,引起一系列的环境影响。

一、水库淹没对环境的影响

　　小浪底水库淹没影响面积279.6km²,使原有的自然环境、社会环境、人文景观等发生了变化,对当地的社会、经济、自然条件产生了一定程度的影响。从工程规划开始,水库淹没影响损失和对环境的影响问题一直受到水利部和河南、山西两省各级政府的高度重视,设计单位投入了大量的人力和财力,在地方政府配合下,开展了大量的调查、规划和研究工作,分别于1959、1970、1980、1982、1985、1989、1991、1994年进行了多次不同工作深度的水库淹没影响实物指标调查。根据1994年(技施设计阶段)实物指标调查成果,水库淹没影响涉及河南、山西两省8县(市),对社会、经济、自然环境的影响如下。

(一)对当地社会的影响

　　水库淹没影响8县(市)29个乡镇,176个行政村;淹没乡镇政府所在地12处,乡镇外事业单位44个,县以上单位4个;淹没影响工矿企业900多家。1994年淹没影响总人口17.87万人,其中,农业人口16.10万人,非农业人口1.77万人。非农业人口中,居住在农村的0.17万人,乡镇政府所在地0.82万人,乡镇外事业单位0.04万人,县以上单位

0.17万人;淹没影响工矿企业0.57万人。水库淹没影响人口最多的是新安县,淹没影响人口7.71万人,占淹没影响总人口的43.1%。其次是垣曲县、济源市、孟津县、渑池县,其他三县1 000人左右。水库淹没影响的村、镇、单位、企业使他们失去了生活的居住条件、生产和工作基地,因此成为移民,被迁往他地重新建立住房、道路、供水、供电等基础设施,重新建立生产和工作基地,重新建立和周围地区的社会关系。到动迁年,淹没影响总人口18.97万人,其中,农村人口17.23万人,乡镇、企事业单位1.74万人。小浪底水库对涉及县影响情况见表5-1-1,水库淹没影响总人口中各县人口构成比例见图5-1-1。

表5-1-1　　　　　　　　　小浪底水库淹没对各县的淹没影响情况

项目	单位	合计	河南省						山西省			
			小计	济源市	孟津县	新安县	渑池县	陕县	小计	垣曲县	平陆县	夏县
一、涉及乡(镇)	个	29	17	3	2	6	4	2	12	7	4	1
二、涉及行政村	个	176	123	39	12	52	15	5	53	42	8	3
三、淹没乡镇政府	个	12	8	1	1	5	1		4	4		
四、淹没乡镇外单位	个	44	38	31		3	4		6	5	1	
五、淹没影响工业企业	处	790	672	190	31	416	34	1	118	105	13	
六、淹没县以上单位		4										
七、淹没影响人口												
(一)1994年调查人口	人	178 702	139 247	33 619	13 204	77 082	12 599	1 026	39 425	37 853	1 071	531
1. 农村人口	人	162 691	128 734	31 490	11 224	72 967	12 027	1 026	33 927	32 441	985	531
农业人口	人	160 986	127 371	31 068	11 085	72 375	11 817	1 026	33 585	32 100	985	530
非农业人口	人	1 705	1 363	422	139	592	210		342	341	1	
2. 乡镇内单位	人	8 182	4 828	1 128	716	2 513	471		3 354	3 354		
3. 工矿企业	人	5 683	3 670	818	1 264	1 588			2 013	1 927	86	
4. 乡镇外单位	人	429	298	183		14	101		131	131		
5. 县以上单位	人	1 717	1 717									
(二)动迁人口	人	189 687	147 440	35 720	13 929	81 557	13 444	1 073	42 247	40 492	1 197	558
1. 农村人口	人	172 339	136 151	33 401	11 829	77 055	12 793	1 073	36 188	34 519	1 111	558
2. 乡镇内单位	人	9 519	5 604	1 318	836	2 900	550		3 915	3 915		
3. 工矿企业	人	5 683	3 670	818	1 264	1 588			2 013	1 927	86	
4. 乡镇外单位	人	429	298	183		14	101		131	131		
5. 县以上单位	人	1 717	1 717									

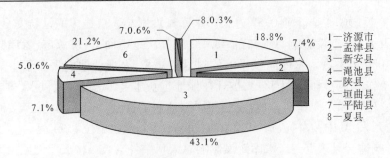

图 5-1-1 水库淹没影响总人口中各县人口构成比例

水库淹没影响人口占各县人口的比例如图 5-1-2 所示,以垣曲县最大,为 17.9%,依次是新安县 15.4%,济源市 5.4%,渑池县 4%,孟津县 3.1%,其他三县均小于 0.5%。

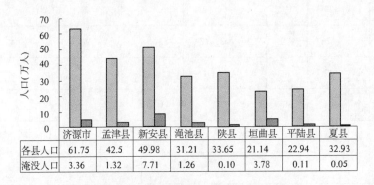

	济源市	孟津县	新安县	渑池县	陕县	垣曲县	平陆县	夏县
各县人口	61.75	42.5	49.98	31.21	33.65	21.14	22.94	32.93
淹没人口	3.36	1.32	7.71	1.26	0.10	3.78	0.11	0.05

图 5-1-2 水库对各县人口淹没影响情况

水库淹没对人口的影响,可分为 12 种情况:

(1)农业人口 3 种情况,包括:①耕地和房屋均在 275m 以下的家庭;②耕地在 275m 以下,房屋在 275m 以上的家庭;③房屋在 275m 以下,耕地在 275m 以上的家庭。

(2)库区无耕地且从事非农业生产人口,有 5 种情况:①房屋及工作地点均在 275m 以下的家庭;②房屋在 275m 以下,工作地点在 275m 以上的家庭;③工作地点在 275m 以下,房屋在 275m 以上的家庭;④住在厂里的单身临时工;⑤在库区外另有住房的单身临时工。

(3)其他人口:①户口在本地,临时住在他地家庭成员(学生、军人);②长期住在他地,户口在本地的家庭成员;③长期住在库区的无户口成员;④临时住在库区的无户口人员(探亲人员)。

上述影响人口中,以库区的农业人口和库区有财产的非农业人口影响最为严重,其次是无库区户口,但从事非农业生产的人口。

(二)对自然资源的影响

水库淹没影响自然资源主要是土地资源,其次是矿产资源。小浪底水库影响总土地面积 279.6km², 使当地的土地资源减少。淹没影响土地构成包括耕地、园地、林地、塘地、牧草地、荒山荒坡、水面和村庄、道路等占地,各类淹没土地占总淹没土地的面积比例,耕地占 47.9%,园地占 6.4%,林地占 7.8%,塘地占 0.2%,牧草地占 5.6%,荒山荒坡、水面、道路、村庄等非生产用地占 32.1%。小浪底水库淹没影响各县土地资源情况,见表5-1-2。

表 5-1-2　　　　　　　　　　　小浪底水库淹没影响土地资源情况

项目	单位	合计		河南省						山西省			
		数量	构成(%)	小计	济源市	孟津县	新安县	渑池县	陕县	小计	垣曲县	平陆县	夏县
总面积	万亩	41.94	100	30.34	9.28	2.79	12.45	5.26	0.57	11.59	9.97	1.28	0.35
各县所占比例	%	100.0		72.4	22.1	6.7	29.7	12.5	1.3	27.6	23.8	3.0	0.8
1. 耕地	万亩	20.10	47.9	15.28	4.30	1.61	6.99	2.26	0.12	4.82	4.28	0.41	0.12
各县所占比例	%	100.0		76.0	21.4	8.0	34.8	11.2	0.6	24.0	21.3	2.1	0.6
2. 林地	万亩	3.29	7.8	2.40	1.07	0.29	0.47	0.48	0.10	0.88	0.77	0.09	0.02
3. 园地	万亩	2.68	6.4	1.69	0.30	0.27	0.67	0.44	0.01	0.99	0.93	0.05	0.02
4. 其他地	万亩	15.87	37.8	10.96	3.61	0.62	4.31	2.08	0.34	4.91	3.99	0.73	0.19

从全库区看,水库影响土地占各县总土地面积的 2.5%,淹没影响耕地占涉及县耕地的 4.6%。按淹没影响总土地面积计算,对新安县的影响程度最大,淹没比例为 7.2%,其次是垣曲县、济源市、渑池县、孟津县、平陆县、陕县、夏县;按淹没影响耕地面积计算,对垣曲县的影响最为严重,水库影响该县耕地面积占全县总耕地面积的 13.2%,其次是新安县,淹没影响耕地占全县耕地的 11.6%,对其他县的影响依次为济源市、渑池县、孟津县、平陆县、陕县、夏县(见表 5-1-3,图 5-1-3)。

表 5-1-3　　　　　　　　　　小浪底水库淹没对各县土地的影响情况

项目	单位	合计		河南省						山西省		
			小计	济源市	孟津县	新安县	渑池县	陕县	小计	垣曲县	平陆县	夏县
1. 各县土地面积	km²	10 997	6 981	1 931	759	1 160	1 368	1 763	4 016	1 578	1 116	1 322
其中:淹没面积	km²	279.60	202.27	61.87	18.60	83.00	35.07	3.80	77.27	66.47	8.53	2.33
占各县面积比例	%	2.5	2.9	3.2	2.5	7.2	2.6	0.2	1.9	4.2	0.8	0.2
2. 各县耕地面积	万亩	434.36	291.41	60.37	56.69	60.5	57.79	56.06	142.95	32.4	52.05	58.5
其中:淹没面积	万亩	20.10	15.28	4.30	1.61	6.99	2.26	0.12	4.82	4.28	0.41	0.12
占各县面积比例	%	4.6	5.2	7.1	2.8	11.6	3.9	0.2	3.4	13.2	0.8	0.2

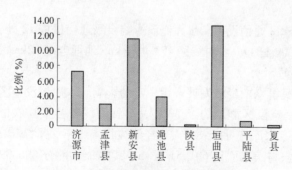

图 5-1-3　水库淹没影响耕地占各县耕地比例

另外,水库淹没区矿产资源丰富,种类繁多,已经探明储量的种类有 30 余种,大部分已被开采利用。主要的有煤、铝矾土、硫铁矿、铜等。水库淹没使矿产资源的开发利用难度增加,使一部分矿产资源失去开采价值。

(三)对地方经济的影响

水库淹没了大片的耕地、园地等农民赖以生存的生产基地,淹没了部分农副业和工业企业,这些都会使当地的工农业产值降低、财政收入减少。

1. 对农业生产的影响

水库淹没影响耕地 20.1 万亩,园地 2.68 万亩,以及林地、塘地、牧草地等农业生产用地。水库淹没的耕地主要集中在黄河干支流沿岸,土地肥沃,水利条件好,淹没耕地中水浇地面积占 45%。水库淹没农村农副业 1 万余处,从业人员 1.77 万人。按 1994 年(实物指标调查年)价格水平估算,正常年份,减少农业产值 1.72 亿元,占库区各县农业总产值的 6.1%。新安县淹没影响土地面积最大,水库淹没农业产值约 0.57 亿元,约占全县的 21%。水库淹没对垣曲县农业生产影响程度最大,水库淹没影响农业产值 0.38 亿元,约占全县农业产值的 32%。小浪底水库淹没对各县农业生产的影响情况,见表 5-1-4。

表 5-1-4　　　　　　　　　　小浪底水库淹没对各县农业生产的影响情况

项目	合计	河南省						山西省			
		小计	济源市	孟津县	新安县	渑池县	陕县	小计	垣曲县	平陆县	夏县
各县总产值(万元)	283 138	232 136	111 710	31 313	26 690	31 606	30 817	51 002	12 031	19 934	19 037
淹没农业产值(万元)	17 249	12 917	3 324	1 497	5 669	2 315	113	4 332	3 842	370	119
占农业总产值比例(%)	6.1	5.6	3.0	4.8	21.2	7.3	0.4	8.5	31.9	1.9	0.6
各县所占比例(%)	100.0	74.9	19.3	8.7	32.9	13.4	0.7	25.1	22.3	2.1	0.7

2. 对当地基础设施的影响

水库淹没影响库区交通设施。水库淹没影响县级公路 190.2km,涉及新安、垣曲、平陆、渑池、济源等县(市);县乡公路 136.8km;乡村公路 695.4km;渡口、码头 72 处,渡船 91 只,以及连接路 49.3km。

水库淹没影响库区电力设施。水库淹没影响 35kV 变电站 2 处,容量 8 580kVA,一处是新安县的龙渠变电站,一处是垣曲县的古城变电站;35kV 输电线路 3 条,49.6km;10kV 输电线路 867.7km。

水库淹没影响库区通信设施。水库淹没影响乡级通信机构 12 处,通信线路 767.6 杆 km,其中县乡线路 209 杆 km,乡村线路 453.4 杆 km,地埋电缆 62km,架空电缆 43.2km。

3. 对农村经济的影响

水库淹没对移民群众的经济发展产生一定的影响。水库淹没地区是当地工农业生产比较发达地区,水库淹没区群众的经济收入较高,库区各县平均农民年经济纯收入 773 元,人均粮食 391kg。水库淹没区农村人均经济纯收入约 900 元,高出县平均水平 15% 以上。水库淹没影响农村房窑面积 691.51 万 m^2,其中个人部分 606.09 万 m^2,占 88%,农村人均房窑面积 37.3m^2。人均房窑面积中居住用房面积占 84%,杂用面积占 16%。农村住房以窑洞为主,占 55%。水库淹没使移民群众失去生活设施,以及赖以生存的土地资源、矿产资源、基础设施等。

4. 对库周群众的影响

水库淹没了大片土地,使库区的群众成为移民在他乡安置,对库周群众的影响主要表现在以下几个方面:

库周交通中断,需要重新恢复。据移民安置规划设计成果统计,因水库淹没影响,交通中断县级公路 3 条,需恢复长度 124.64km,涉及新安县的新峪公路、途经济源和垣曲的东济公路、济源的坡头至碌碡公路;中断县乡公路 8 条,需恢复长度 77.24km,涉及济源、孟津、新安、渑池、垣曲、平陆等县;中断乡村公路 74 条,长度 315.94km。另外,水库淹没渡口 41 处。对中断的交通如不能及时恢复,将对库区县的交通运输和库周群众生产、生活造成一定的影响。

库周电力线路中断,需要重新架设。水库淹没影响主要供电中断,需恢复 35kV 线路 6 条,长度 54.26km;10kV 线路 104 条,长度 309.03km。在移民搬迁过程中应及时恢复供电线路,保证库周群众供电,以减免群众的生产损失和群众的不便。

水库淹没库区大量的工矿企业,库周部分群众失去了收入来源。库区的工矿企业不仅安排了大量的库区劳力就业,而且安排了库周农村劳力就业,库区的工矿企业受水库淹没,使居住在库周的农村约 1 万个劳力失去就业基地,每年减少库周农村群众的经济收入 3 000 多万元,对库周群众的生活水平产生一定的影响。

二、施工用地对环境的影响

小浪底工程施工区涉及孟津、济源两个县市,占地面积 23.7km², 1990 年拆迁及占地影响人口 9 555 人,动迁年 9 932 人,占两县市总人口的 1.1%。施工占用耕地 19 861 亩,人均 2.0 亩;拆迁房窑面积 30 万 m²,人均房窑面积 31m²;施工占用共影响 6 个乡镇,19个行政村。施工占用土地对当地的农业生产造成一定的影响。

三、水库移民安置对环境的影响

小浪底水库移民主要采取在安置区征用土地和在黄河温孟滩区实施河道整治、放淤改土措施发展耕地进行安置,必然影响安置区人口。据对安置区村人均被征用土地分析,全库区共征用土地 22.70 万亩,间接影响人口 49.79 万人,其中安置农村移民征用土地 21.91 万亩,影响人口 48.03 万人;乡镇征地迁建 0.28 万亩,影响人口 0.62 万人;道路等征地 0.52 万亩,影响人口 1.14 万人。由于安置移民征用居民点、道路、企业等占地及农业生产用地,致使安置区农业人口的人均耕地减少,人口密度加大,农村剩余劳动力增加,交通道路承载负荷加大,水资源承载人口增多。如不采取科学的、合理的措施,势必影响当地社会、经济、自然环境,影响安置区经济的可持续发展。

第二节 移民环境容量分析

环境是人类和其他生物生存的空间,其间充满着各种不同性质、结构和运动状态的物质,可分为自然环境、人造物理环境、社会－经济环境。环境容量是指某区域在一定的生产力、一定的生活水平和环境质量的条件下,所能承受的人口数量,它是一个变量,与自然资源、经济发展水平和人口素质等因素有关。移民环境容量指移民安置区可容纳移民数量。移民环境容量分析是通过自然科学和社会科学的结合、基础理论和应用科学的结合,对安置区域的结构和功能进行系统分析,预测移民迁入后引起生物圈及其资源变化,以及这种变化对当地居民的影响,在研究确认移民安置可能产生的环境影响可以通过经济合理的环境保护措施避免,不影响安置区域社会经济可持续发展的基础上,确定迁入安置区移民的数量。其目的是指导移民安置规划,合理确定安置区范围,为移民和安置区的产业配置提供依据。其意义在于通过环境容量分析,把移民安置和区域经济社会发展及环境质量的提高结合起来,促进安置区经济社会的可持续发展。

一、移民环境容量分析的程序

移民环境容量是移民安置地区自然资源潜力、环境条件和生产水平等综合潜力所能容纳的移民人口。移民环境容量分析的程序步骤如下。

(一)确定移民安置的任务

根据水库淹没及施工用地损失的土地等资源和房屋等基础生活条件,确定需要安置人口的规模。

(二)初步选定移民安置区

移民安置区的选择以地方政府为主,以县为基本单位进行。安置区的选择考虑原则如下。

1. 以类似的生活方式安置移民

(1)原有的非农业人口,移民安置后仍为非农业人口,其经济收入来源和生活方式不变。

(2)农业移民,在尽可能的条件下,进行农业安置。如进行非农业安置,应在本人自愿和具备非农业生计条件的前提下进行。

2. 移民安置后,应改善受影响人口(移民和安置区居民)的收入及生活水平10%以上

(1)农业移民安置人均耕地标准为:全部是旱地时,人均耕地不少于1.7亩;部分水浇地、部分旱地时,按1亩水浇地相当于2亩旱地的比例进行计算;全部是水浇地,人均耕地面积不少于0.8亩。

(2)移民和安置区居民的收入差距不能大于25%,否则应采取措施提高低收入者的收入水平。

(3)移民安置采用从安置区原居民的村组调剂土地,对安置区原居民收入的影响,通过利用移民补偿费、投资农业集约化生产经营、提高经济效益等弥补。具体做法有:改善生产条件,进行农田土地改良,发展灌溉,提高农作物单产,增加农业收入;调整种植结构,种植经济价值较高的农作物,增加种植业收入;发展林业,搞多种经营,增加林果业和工副业收入。

3. 安置区的土地承载容量不能影响其长期的经济活力

(1)选作移民安置区的各村人均耕地应高于本县平均水平,且大于0.8亩水浇地或

1.7亩的旱地。移民征地后,安置区当地居民的土地不能低于全县平均水平,且移民和安置区居民的人均拥有土地,不能低于水浇地0.8亩或旱地1.7亩。

(2)对不满足上述标准的,须具备通过改造更多的荒地成为耕地使其满足标准,或可以在农业以外寻找生计;否则该地区不能作为移民安置区。

4. 移民就近安置原则

移民安置区和安置点的选择次序,首先考虑本村移民在本村安置,本村安置不了的在本乡安置,本乡无安置能力的在本县内考虑安置,本县移民容纳不下的,再考虑出县安置。为就近安置移民,在条件许可的情况下,可以增加非农业就业人数。

5. 减少社会调整的幅度,应尽可能以行政村、原自然村或居民组安置移民

(1)整个居民组应安置在同村或邻近几个村内,尽可能保持原有的行政区划。

(2)尽可能使整个行政村安置在同一个区域,并保持原有的村组建制。

(3)上述原则例外情况:必须到其他地方生活的非农业人口;部分农转非就业的人口(如工厂、矿山、商业部门);投亲靠友安置的移民户。

根据以上原则和各县需要安置移民的规模,由地方政府根据当地的资源状况和生产能力,提出移民安置区选择的初步意见。

(三)移民环境容量分析

根据地方政府提出的移民安置区,设计单位从社会、技术、经济角度出发,收集当地人口、资源、社会、经济等方面的资料,定量分析安置区自然环境条件和社会环境条件可安置移民的数量,评价移民安置的社会经济等方面的影响。

二、小浪底工程初步设计阶段移民环境容量分析

随着国内大中型水库工程的兴建,移民环境容量问题引起了水利主管部门以及政府、学术单位、设计单位各方面的重视。小浪底工程移民环境容量分析,从初步设计阶段开始,设计单位根据地方政府当时提出的移民安置规划方案,以安置乡为单位进行了移民环境容量分析。初步设计成果,小浪底水库涉及移民17.1万人。移民安置区涉及水库淹没的8个县(市)及河南省的出县移民安置区温孟滩(河南省焦作市的温县、孟县)和黄河下游滩区(郑州市的中牟县、新乡市的原阳县、开封市的开封县),涉及安置乡58个,耕地面积190.8万亩,农业人口99.47万人,人均耕地1.92亩。按移民水平年2000年的耕地和粮食作为分析人口容量的主要指标,通过对各县安置区社会经济发展状况的预测分析,安置区2000年水平,可容纳移民人口约21万人。所选的安置区具备安置水库移民的条件。

三、小浪底工程技施设计阶段水库移民环境容量分析

小浪底工程技施设计阶段环境容量分析是在国家批复的初步设计移民安置总体方案的基础上,充分考虑河南、山西两省地方政府对移民安置方案的优化结果,按照库区移民分期分别进行移民安置环境容量复核分析。

(一)库区第一期移民安置环境容量分析

1. 移民安置区基本情况

库区第一期移民涉及河南省的济源市、孟津县、新安县三县(市),7个乡镇27个行政

村,涉及乡镇政府所在地1处,工矿企业234个及乡镇外事业单位17个,设计基准年总移民人口为44 590人,其中农村人口40 917人。设计水平年移民46 133人,其中农村人口42 425人。移民安置环境容量分析主要针对农村移民环境容量。

按照河南省政府提出的小浪底库区第一期移民安置方案,移民安置区涉及孟津、济源、新安、义马、孟县和原阳等6个县(市),各县(市)政府根据其移民安置任务,从当地的实际情况出发,选定16个乡镇(办事处)75个行政村和4个农场作为移民安置区。按1993年各县(市)国民经济统计资料,安置区涉及农业人口13.1万人,总耕地23.92万亩,其中水浇地10.25万亩。农业人均耕地1.83亩,其中水浇地0.78亩。正常年景(1993年)粮食总产量9 683.61万kg,平均亩产量405kg,人均产量737kg。各县安置区基本情况见表5-2-1。

表 5-2-1 小浪底水库第一期移民安置区基本情况

项目	单位	合计	孟津县	济源市	新安县						
					合计	本县安置	出县安置				
							小计	孟县	原阳县	义马市
安置区涉及乡镇	个	16	2	6	8	5	3	2	1	
安置区涉及村	个	79	14	33	32	28	4	2	2	
1993年农业人口	人	130 953	29 532	52 370	49 051	47 235	1 816		1 816	
总耕地	亩	239 235	53 535	76 867	108 833	99 090	9 743	4 433	5 310	
其中:水浇地	亩	102 502	13 912	64 487	24 103	15 790	8 313	3 006	5 307	
现状耕地平均亩产	kg	405	323	628	287	256		440	745	
农业人均耕地	亩	1.83	1.81	1.47	2.22	2.10			2.92	
人均产粮	kg	737	586	916	637	537			2 177	

从定性分析各县移民安置区具有以下特征:

(1)各县安置区地理位置具有优势,临近公路和城镇,交通方便。

(2)济源、孟津、孟县、原阳农村移民安置区农业生产条件优越。农业人均耕地面积较多,各县安置区均在1.47亩以上,水资源较为丰富。

(3)新安县县内移民安置区的涧河沿岸,水资源相对缺乏,开采地下水比较困难。要妥善安置移民,应首先解决水资源问题。

2. 移民环境容量分析

1)农村安置移民环境容量分析

农村安置移民的决定因素是土地,即土地产出的粮食和经济作物所能供养的人口数量。由于移民安置区以生产粮食为主,且水资源为移民生存的制约因素,因此农村安置按粮食人口容量分析为主,并进行水环境容量分析。城市安置移民主要按工业固定资产值测算移民环境容量。

(1)移民粮食人口容量分析。移民安置区1993年耕地面积23.92万亩,其中水浇地面积10.25万亩,依据1993年粮食亩产,考虑耕地递减因素和粮食增产速度,计算设计水平年和校核水平年安置区粮食产量分别为 13 218.6 万 kg 和 14 291.9 万 kg。根据各县国民经济计划确定的人均拥有粮食指标,5 个县平均设计水平年人均拥有粮食 543kg,校核水平年人均拥有粮食 549kg,按此指标计算,安置区设计水平年粮食人口容量 24 万多人,校核水平年粮食人口容量 26 万余人。安置区 1993 年人口 13.1 万人,考虑人口自然增长,设计水平年人口 13.72 万人,校核水平年 14.27 万人。安置区粮食人口容量扣除安置区当地人口,设计水平年和校核水平年移民粮食人口容量分别为 10.6 万人和 11.8 万人。远远超出需要农村安置移民的数量,可以满足移民安置的要求。

（2）移民水环境容量分析。水资源的质量和数量是维持人生存的重要指标。移民安置区水资源的质和量满足人生存条件是能够安置移民的前提。根据所选定移民安置区的实际情况分析,各县安置区水环境容量如下:

济源市、孟县、原阳县移民安置区,地理位置决定了水资源条件优势,安置移民不存在水环境制约。济源市移民安置区地处济源市近郊的平原地区,地下水资源丰富;孟县、原阳移民安置区地处黄河沿岸滩地,受黄河径流的影响,地下水资源条件优越。三县市移民安置区的地下水资源,埋藏浅,宜开采,且水质好,可以满足移民生活和工农业生产需要。

孟津县移民安置区地处邙山丘陵区,区内水资源条件较好,地下水资源开采利用程度较高,根据当地水资源利用现状和潜力分析,安置移民后,当地的水资源可以供给移民的用水。

新安县移民安置区,地处丘陵地区,水资源埋藏较深,开采困难,根据安置地群众的生产生活用水情况,通过开采地下水和利用当地的地表水,基本可以满足移民的生活用水要求,有条件的村尚可发展部分农业灌溉。

另外,考虑小浪底水库第一期移民涉及的部分安置区,乡镇企业发展比较快,对新安县、孟津县、济源市的移民安置区进行了乡镇企业安置移民容量分析。

2）义马市安置移民环境容量分析

义马市安置移民,以工业安置为主。根据义马市的实际情况,安置移民环境容量主要从万元固定资产就业人数和水环境容量进行分析。根据义马市国民经济和社会发展"九五"计划及到 2010 年长远规划测算,2000 年市区总人口将达到 18 万人,按规划的固定资产测算就业机会为 15.84 万人,扣除义马市需安置的就业人口 11.16 万人,可用于安置移民的人口容量为 4.68 万人,与需安置的新安县狂口村移民 5 486 人相比,容量相当大。

义马市是以煤炭、电力、化工工业为主的小型城市,水是该市经济发展的关键制约因素。依据该市的供水规划,1993 年市政府实施从市区外渑池县洪阳乡引水,日引水能力 1.73 万 m³,基本解决了城市生产生活用水;远期,靠实施国家批准的槐扒引黄提水工程供水,以满足该市的工农业供水需要。水环境不为该市安置移民的制约因素。

（二）库区第二、三期移民安置环境容量分析

1. 移民安置区基本情况

库区第二、三期移民涉及河南省的济源市、孟津县、新安县、渑池县、陕县和山西省的垣曲县、平陆县、夏县八县(市),29 个乡镇 155 个行政村,涉及乡镇政府所在地 11 处,工矿企业 556 个及乡镇外事业单位 27 个,设计基准年总移民人口为 134 112 人,其中农村人口 121 774 人。设计水平年移民 143 555 人,其中农村人口 129 914 人。

按照河南、山西两省政府提出的小浪底库区第二、三期移民安置方案,河南省移民安置区涉及孟津、济源、新安、渑池、陕县、孟县、温县、原阳和中牟等9个县(市),其中,前5个县(市)为本县安置区,后4个县(市)为他县移民安置区;山西省垣曲、平陆、夏县三县移民,全部为本县安置。当地政府根据其移民安置任务,从当地的工农业生产布局和发展潜力出发,选定59个乡镇(办事处)283个行政村和9个农林场以及黄河温孟滩(涉及孟县、温县),作为移民安置区。按1994年各县(市)国民经济统计资料,除温孟滩外,安置区涉及农业人口31.77万人,总耕地75.42万亩,其中水浇地12.45万亩。农业人均耕地2.37亩,其中水浇地0.39亩。1994年粮食总产量19 813.9万kg,平均亩产量263kg,人均产量624kg。各县安置区基本情况见表5-2-2。

表5-2-2　　　　　　　　　　小浪底水库第二、三期移民安置区基本情况

项目	单位	合计	孟津县	济源市	新安县合计	本县安置	小计	中牟县	原阳县	渑池县	陕县	垣曲县	平陆县	夏县
安置区涉及乡镇	个	59	5	8	16	12	4	2	2	10	2	12	5	1
安置区涉及村	个	292	32	78	63	54	9	5	4	45	6	56	8	4
1994年农业人口	人	317 728	48 152	71 115	86 294	80 865	5 429	3 671	1 758	47 931	6 190	44 400	6 384	7 262
总耕地	亩	754 159	89 196	128 033	214 547	180 013	34 534	19 893	14 641	143 237	21 092	108 812	28 152	21 090
其中:水浇地	亩	124 479		65 719	30 169	5 964	24 205	9 564	14 641			20 111		8 480
现状耕地平均亩产	kg	263	274	344		306		163	665	198	191	150	200	323
农业人均耕地	亩	2.37	1.85	1.80	2.49	2.23	6.36	5.42	8.33	2.99	3.41	2.45	4.41	2.90
人均产粮	kg	624	507	619		681		806	3 591	592	511	398	880	938

各县移民安置区具有以下特点:

所选安置区以农业生产为主,人均耕地面积较多,农业生产潜力较大。各县平均农业人均耕地面积2.37亩,原阳县最高为8.33亩,最低为济源市1.8亩,2亩以上的县市7个。

本县近迁安置移民地区,多处丘陵区和低山丘陵区,耕地资源比较丰富,水资源开发具有一定的潜力,水资源开发和合理利用是安置移民后当地农业生产可持续发展的关键。

本县后靠安置移民地区,地形条件复杂,耕地贫瘠,土质较差,水资源条件较差,当地的农业生产应以旱作为主,水资源开发应以满足人畜生活供水为主。

温孟滩及黄河下游中牟、原阳移民安置区,耕地面积多,水利条件优越,农业生产潜力大,是理想的安置移民的地区。

2. 移民安置区环境容量分析

由于第二、三期移民安置区为农业区,采用粮食人口容量进行环境容量分析。

第二、三期移民安置区1994年耕地面积75.42万亩(其中水浇地12.45万亩),加上

用于安置二期移民的温孟滩区放淤改土滩地,总耕地为80.21万亩,依据1994年粮食亩产,考虑耕地递减和粮食增产等因素,计算设计水平年和校核水平年安置区粮食产量分别为25 253万kg和26 838万kg。根据各县国民经济计划确定的人均拥有粮食指标,5个县平均设计水平年人均拥有粮食460kg,校核水平年人均拥有粮食478kg,按此指标计算,安置区设计水平年粮食人口容量约55万人,校核水平年粮食人口容量56万余人。安置区1994年人口31.77万人,考虑人口自然增长,设计水平年人口33.96万人,校核水平年35.16万人。安置区粮食人口容量扣除安置区原有人口,设计水平年和校核水平年移民粮食人口容量均超过20万人。与第二、三期需要安置的农村农业移民人数相比,超出需要安置移民的数量,可以满足移民安置的要求。

水环境容量评价。根据各个移民安置区的水资源特点,济源市平原安置区、温孟滩移民安置区、黄河下游滩区移民安置区,水资源丰富,水环境容量可以满足移民生产和生活用水的需求;垣曲县后河水库灌区移民安置区、新安县段家沟水库灌区移民安置区,依靠水库供水,安置移民不存在制约因素;其他本县移民安置区,加大投入力度,发展深井供水,满足移民人畜用水的需要,在有条件的地区适当发展农业节水灌溉。

第三节　移民可持续发展规划

可持续发展强调的是社会、经济、环境的协调发展,追求人与自然、人与人的协调,其核心是既满足当代人的需要,又不损害后代人的需要;既满足区域的发展需要,也不对其他区域的发展构成危害。实施可持续发展战略是我国长远发展的需要和必然选择。江泽民同志在党的十五届四中全会上精辟指出:"在现代化建设中必须把可持续发展作为一个重大战略,要把控制人口、节约资源、保护环境放到重要位置,使人口增长和社会生产力的发展相适应,使经济建设与资源、环境相协调,实现良性循环。"水利水电工程建设是国家经济建设的组成部分,水库移民是水电工程建设的产物。国务院颁布的《大中型水利水电工程建设征地补偿和移民安置条例》规定:"移民安置与库区建设、资源开发、水土保持、经济发展相结合,逐步使移民生活达到或超过原有水平。"明确体现了移民安置可持续发展的指导思想。将移民安置纳入国家或区域的可持续发展,编制水库移民可持续发展规划,是水利工程建设的需要和国家经济建设的需要,对妥善安置移民和充分发挥水利水电工程的综合效益有着十分积极的意义。

移民可持续发展规划是在水库移民淹没前生产、生活现状水平的基础上,通过对安置地土地资源、水资源、矿产资源等自然资源和社会经济环境(如人口、基础设施、经济发展现状)评价和对移民安置后的生产、生活的前景作出预测规划,保持移民和安置区居民经济的可持续发展和环境条件的改善。

一、移民可持续发展规划的实施环境

(一)水库移民工程是国家实施可持续发展战略组成部分

小浪底水利枢纽工程是黄河干流重要的控制性骨干工程,是国家重点工程项目之一,工程的主要任务是防洪、减淤、灌溉、工业及城市生活供水和发电等综合利用。该工程将给 7 000 万人口,尤其是黄河下游洪水影响区 300 多万人口的生命和财产带来安全;为黄河下游沿岸城市、中原和胜利两油田及青岛和华北地区提供可靠的水源,同时可增加下游引黄灌区的灌溉用水,尤其提高灌溉用水保证率,使灌区获得较高的经济效益;为河南电网提供年发电量 50 多亿 kWh,并承担电网的调峰、调频、调相及紧急事故备用任务。该工程是国家实施可持续发展战略、有效协调人与自然关系的基础工程。水库移民是工程建设的重要组成部分,不仅移民投资占工程投资比例较大(约 1/5),而且移民规模大(20 余万人)、安置难度大、影响人口多。要保证工程效益的充分发挥,必须首先编制好具有可持续发展特征的移民安置规划。

(二)移民可持续发展规划工作基础

自 1985 年工程初步设计开始以来,移民规划设计工作一直受到水利部和河南、山西两省政府的重视,在省、市(地)、县(市)各级政府和专业机构的配合下,设计单位于 1991 年 9 月完成水库淹没处理及移民安置规划初步设计报告,同年 10 月和 11 月分别通过了水利部的审查和国家计委专家的评估。为获得世界银行对工程建设的贷款,黄委会聘请了加拿大国际咨询公司作为移民规划的咨询公司,在咨询公司的协助下,结合世界银行移民导则,黄委会设计研究院完成了世界银行评估文件的准备工作,保证了世界银行对工程贷款评估和移民贷款评估的顺利通过。1994 年水利部根据地方政府的要求,对水库淹没影响实物指标进行了复查,其复查成果报告于 1995 年通过水利部的审查,1995 年和 1997 年设计单位分别提出技施设计阶段的第一期和第二、三期水库淹没处理及移民安置规划报告,并通过了国家计委的审批。初步设计和技施设计阶段的成果是移民可持续发展规划的基础。

(三)移民政策及法律体系

新中国成立以来,水利水电工程建设的水库移民已经超过 1 000 万人,我国政府和有关部门都十分关心移民并做了大量的工作。国家颁布了一系列有关移民工作的政策和法规,包括移民规划设计、实施和后期扶持,如《土地管理法》、《大中型水利水电工程建设征地补偿和移民安置条例》、《水利水电工程水库淹没处理设计规范》、《水库淹没实物指标调查细则》等,这些法规对水库移民安置规划、实施和管理作了明确规定,尤其明确了开发性和扶持移民的优惠政策。

(四)水库移民安置按工程建设要求和国家政策安排计划

根据小浪底水利枢纽前期工作情况、工程施工进度和国家的有关移民政策,采用水库移民实施规划的不同水平年:设计基准年,按库区实物指标复查的 1994 年;设计水平年,按分期移民的搬迁结束年,库区第一期移民为 1996 年,第二期移民为 2000 年,第三期移民为 2003 年;校核水平年,为移民安置后 2 ~ 5 年,库区第一期移民为 2000 年,第二期、第三期移民为 2005 年。

二、移民可持续发展规划面对的主要任务

农村移民安置。分为生产安置任务和生活安置任务。生产安置指因水库淹没而丧失土地等生产资料的农业人口生产安置;农村居民点生活安置任务指因水库淹没失去居住条件和失去生产条件或失去重要的基础设施不得不搬迁的人口的生活和基础设施的

安置。

乡镇迁建。指水库淹没乡镇择新址重建,为乡镇单位及居民创造一个安全、基础设施配套、布局合理、对生产和工作有利、对职工和居民生活方便的新环境。

乡镇外企事业单位迁建安置。指水库淹没的位置在乡镇以外的工矿企业、事业单位的迁建及人口的安置。

交通、供电、通信等基础设施的恢复重建。包括迁建的农村居民点、乡镇、乡镇外企事业单位所需的对外交通、供电、通信等基础设施的建设,以及水库淹没影响库周交通、供电、通信、广播、水利等基础设施的恢复。

上述移民迁建内容相互联系,互为依托,构成移民可持续发展的基础。小浪底水库移民可持续发展面对的是设计水平搬迁和生产安置,主要任务见表5-3-1。

表5-3-1 设计水平移民安置任务情况

项目	单位	合计	第一期	第二、三期	项目	单位	合计	第一期	第二、三期
一、农村安置任务					三、乡镇外单位迁建任务				
(一)农业生产安置					个数	个	44	17	27
安置人口	人	168 286	41 940	126 346	淹没影响人口	人	429	90	339
安置劳力	个	76 200	19 385	56 815	安置职工人口	人	688	257	431
(二)农村生活安置					四、工业企业迁建任务				
需迁建淹没村	个	169	27	142	个数	个	790	234	556
安置户数	户	50 198	12 781	37 417	淹没影响人口	人	5 683	1 450	4 233
安置人口	人	171 771	42 425	129 346	安置职工人数	人	56 497	13 049	43 448
二、乡镇迁建任务					五、县以上单位迁建任务				
乡镇个数	个	12	1	11	个数	个	4		
单位个数	个	376	23	353	淹没影响人口	人	1 717		
淹没影响人口	人	9 519	451	9 068	六、交通等基础设施建设任务	农村迁建居民点、迁建乡镇、企事业单位等联结道路、供电、通信、广播建设;库周交通、供电、通信、广播、提水站等基础设施恢复			
迁建规模人口	人	20 781	1 165	19 616					

三、移民可持续发展规划目标体系

移民安置的总目标:保证移民可持续发展的需要,使移民劳力有安排、生产有出路,使移民生活逐步达到或超过原有的水平。

移民搬迁期:自移民搬迁开始至移民搬迁结束,完成移民居民点建设,道路、电力、通信、广播等公共基础设施建设,移民生产征地、生产开发建设等;完成乡镇迁建、库底清理和大专项的迁建处理工作。

恢复完善期:移民搬迁安置到位后3~5年内,完善居民点公共设施、移民生产开发,使移民的生产水平、生活设施条件以及移民生活水平恢复到原有的水平。

巩固发展期:移民恢复完善完成后,移民的生产措施均正常发挥效益,移民与安置区居民经济同步发展。

根据移民现状(设计基准年)的生活水平及移民安置县的经济发展速度,确定恢复完善期末的具体目标(见表5-3-2):

保证基本口粮,农村安置区人均粮食超过400kg。

恢复原有的经济收入水平,人均经济纯收入比无工程情况下有所增加。

移民的公共设施、基础设施和社会福利水平,比淹没前有较大的改善。

移民安置后要尽可能减少对安置区社会经济环境的影响,保证安置区可持续发展的需要。

表 5-3-2　　　　　　　　　小浪底水库移民安置规划目标

项　目			第一期移民			第二、三期移民		
			规划水平年		校核水平年	规划水平年		校核水平年
			人均粮食(kg)	人均经济纯收入(元)	人均经济纯收入(元)	人均粮食(kg)	人均经济纯收入(元)	人均经济纯收入(元)
济源市			418	720	1 238	517	861	1 205
孟津县			420	807	1 115	522	806	1 080
新安县	本县安置		400	733	1 000	401	1 188	1 592
	出县安置	义马	420	1 950	2 855	401	1 188	1 592
		孟县		1 070	1 567			
		温县				401	1 188	1 592
		中牟县				401	1 188	1 592
		原阳县	646	733	1 000	401	1 188	1 592
渑池县						519	796	1 146
陕县						485	575	822
垣曲县						522	1 091	1 571
平陆县						515	544	791
夏县						505	633	912

四、移民可持续发展规划体系

(一)移民可持续发展规划指导思想

根据国家《大中型水利水电工程建设征地补偿和移民安置条例》的精神,从移民社会、经济、环境可持续发展出发,结合移民安置县的实际情况及其中长期发展规划,移民安置规划指导思想为:兼顾国家、集体和个人三者的利益,走开发性移民安置路子。贯彻前期补偿、后期扶持的移民安置方针,农村移民安置要以大农业安置为主,以土地为依托,因地制宜充分利用当地资源,广开生产安置门路,走农、林、牧、企多渠道安置路子,逐步形成多元化产业结构,多行业综合安置,使移民生产有出路,劳力有安排,移民逐步达到或超过原有生活水平。

(二)移民可持续发展规划原则

严格按照国家有关水库淹没处理及移民安置的方针、政策、规范、规定编制规划,以水利部颁布的《黄河小浪底水利枢纽水库淹没处理及移民安置技施设计阶段设计大纲》(试行)为依据。

以国家审定的小浪底水库1994年水库淹没影响实物指标复查成果为基础,结合国家批复的初步设计移民安置总体方案的优化成果,对省、市(县)提出的移民安置方案进行分析论证,优化确定各县(市)各村组移民安置去向及移民安置措施,进行详细设计。

坚持对国家负责、对移民负责,实事求是的原则,做到移民安置与资源开发、环境保护、社会经济发展紧密结合,将移民安置纳入到当地经济发展规划之中,并以此为契机,促进当地经济发展。规划要正确处理国家、集体、个人三者之间的关系。

农村移民安置要以大农业为主,以土地为依托,在进行种植业优化规划的基础上,充分挖掘当地资源优势,发展林果业、养殖业及乡村企业,多渠道、多产业、多形式安置移民。对移民的生产措施方案,要进行分析论证、经济分析,使移民安置后达到或超过原有生活水平。

对符合国家及河南、山西两省有关政策规定的干部职工家属、合同工、临时工,在本人自愿、单位同意接收的情况下,进行农转非安置,以减轻农业安置的压力。此安置方案,必须按照要求签订有关协议。

农村移民安置要尽量减少对安置区原居民的影响,通过适当的经济补偿和生产开发措施,弥补安置区原居民因划拨耕地而造成的损失。

移民安置规划及专项设施、基础设施的迁建、恢复规划,要综合库区第一、第二、第三期移民安置规划情况,统筹考虑、经济比较、合理规划。

对于积极要求安置移民的工矿企业,要进行必要的经济分析论证,选择其中投资来源可靠、劳动密集、效益良好并具有良好发展前途的项目安置移民。技改扩建、新建项目,应具备可行性研究报告级别以上的文字材料或有关主管部门审批文件。进厂资金,原则上由移民个人负担。

乡镇迁建规划设计应优化初步设计总体规划,新址选定应考虑其中心职能。本着节约用地的原则,既要确定近期的迁建规模,又要考虑远景发展用地要求。

受淹工矿企业,在确定淹没处理补偿投资的基础上,提出迁建、转产(合并转产)、撤项等方案,论证其迁建、转产的可行性。必要时,要求提出可行性研究报告、项目建议书等文字材料。转产、迁建企业,应与移民劳力安置相结合。

库周及安置区道路、电力、通信、广播等专项设施的恢复、新建,应根据库周及安置区现有的网络、负荷容量、新居民点的位置、乡镇迁建、工矿迁建等规划布局,以恢复原规模、原标准、原功能为原则,进行详细规划设计。凡提高标准、扩大规模、增加功能的部分,应由其主管部门自行解决。

受淹的文物古迹,按照"重点保护、重点发掘"的原则,由专业部门提出发掘、保护、迁建、放弃意见,并提出实施计划和投资概算,经审查后纳入水库淹没处理投资概算。

县以上单位处理,参照初设方案和主管部门的审批意见,提出迁建方案。以恢复原规模、原标准、原功能为原则,进行详细设计。

对没有发展前途或落后的移民迁建和安置经济活动应加以调整。旧的技术应进行现代化的更新改造,以适应现代化的经济、环境标准(如水泥厂、化肥厂);对那些无竞争能力的生产活动应予放弃(如煤矿开采、低质量的制砖业以及低质廉价的农作物),开展比较具备发展前途的活动。

移民安置所有的规划项目,必须考虑对环境的影响因素,重视库周及安置区的环境建设。对淹没区的污染源,要根据库周清理及卫生防疫要求,提出清理办法及实施计划;对乡镇、居民点、工矿企业的迁建和生产措施规划,都要按照森林法、水土保持法、环境保护法、河道管理法等法规条例,把开发与治理紧密结合起来,促进库区和移民安置区的生态环境向良性循环方向发展。

(三)移民可持续发展规划

1. 农村移民生产规划

农村移民生产规划基础:农村移民安置区的地理位置、气候条件、自然环境、资源条件、经济发展水平、环境质量、人口素质及移民的人口素质和生活水平等是移民可持续发展规划的基础。

小浪底水库农村移民安置区涉及水库淹没影响的河南、山西两省的8个县(市)和位于黄河中下游的河南省5个县(市)。库区8县(市)和义马市移民安置区以山地丘陵为主,黄河下游移民安置区为平原安置区,安置区内多年平均气温13℃左右,多年平均降水量650mm左右,无霜期200多天。安置区以农业生产为主,粮食作物有小麦、玉米、豆类等,经济作物有棉花、花生、芝麻、瓜果、蔬菜等,农作物复种指数1.55。温孟滩和中牟、原阳移民安置区土地平坦,水利条件好,农业生产的机械化程度高,平均农业亩产高于其他县市。

移民安置区涉及的济源、新安、渑池、垣曲、义马等县(市)矿产资源丰富,种类繁多。交通比较方便,依靠本地的资源,形成以煤炭等矿藏资源为主的工业体系;温孟滩和黄河下游移民安置县,依靠当地的农业优势,发展本县的经济。

改革开放以来,库区各县市的国有工业、乡镇企业、民营企业得到了较大的发展,促进了当地经济发展和群众经济收入的提高,据统计资料,1994年库区8县(市)工农业总产值162.82亿元,其中农业总产值为28.31亿元,工业总产值134.51亿元。人均工农业产值5 500元。

自农村实行联产承包经济责任制以来,多种经营及工副业生产发展较快,农村居民的经济收入和生活水平有了大幅度的提高,1994年库区各县市人均经济纯收入为773元,水库淹没区农村移民人均收入水平见表5-3-3。

表5-3-3　　　　　　　　小浪底水库淹没区农村移民人均收入水平　　　　　　　（单位:元）

项目	合计	济源市	孟津县	新安县	渑池县	陕县	垣曲县	平陆县	夏县
第一期移民(1993年)	791	852	685	715					
第二、三期移民(1994年)	928	764	733	1 080	724	523	992	575	495
其中:种植业	431	420	466	277	518	419	680	403	404

注:一期移民按乡统计;二、三期移民按村计算。

2. 农村移民生产措施规划

根据移民安置区的人口、资源、环境和经济社会发展水平,在移民环境容量分析的基础上制定各县的移民安置方案(见表5-3-4),规划动迁年安置农业移民人口16.83万人,其中劳力7.62万个。大农业安置移民15.64万人,占93%,非农业安置移民1.19万人,占7%。

表5-3-4　　　　　　　　小浪底水库各县移民安置方案情况　　　　　　　（单位:人）

项目	合计	济源市	孟津县	新安县	渑池县	陕县	垣曲县	平陆县	夏县
总人口	168 286	32 079	12 039	76 468	12 570	540	32 727	1 305	558
1. 大农业安置	156 410	31 866	11 250	69 319	12 570	540	29 002	1 305	558
(1)本县安置	111 174	31 866	11 250	24 083	12 570	540	29 002	1 305	558
后靠	23 464	3 332	1 342	5 385	666	540	11 282	917	
近迁	87 710	28 534	9 908	18 698	11 904		17 720	388	558
(2)出县安置	45 236	0	0	45 236	0	0	0	0	0
温孟滩	37 482			37 482					
中牟、原阳	7 754			7 754					
2. 非农业安置	11 876	213	789	7 149	0	0	3 725	0	0
职工家属农转非	5 304	129	587	863			3 725		
县内二三产业	1 002		202	800					
自谋职业	84	84							
义马市工业安置	5 486			5 486					

1）农业安置移民生产措施规划

农业安置移民 15.64 万人，其中本县后靠和近迁安置 11.12 万人，出县安置 4.52 万人。采取种植业和开发性生产等措施，保证移民的基本粮食需要和经济收入。

（1）安排移民基本农田，开展种植业生产，保证移民的基本口粮。本着保证移民可持续发展的基本需要，节约土地，减少淹没损失，充分合理利用土地资源的原则，通过安置区村庄调剂土地，利用滩区土地等措施，为移民征用基本口粮田和基本生产用地 196 212 亩，其中，水浇地 43 023 亩，旱地 143 237 亩，果园 7 832 亩，塘地 147.7 亩。在这些土地中，通过国家投入专项资金，在温孟滩进行河道整治，放淤改土耕地 1.31 万亩，淤改原有低滩土地 3.72 万亩；利用库周的荒山荒坡，改土造地 0.62 万亩；采取工程措施，防护库区耕地 0.54 万亩；安置区调剂土地 18.46 万亩。移民种植业生产规划，从调整种植结构出发，进行种植结构优化，确定科学的粮食作物种植面积和经济作物种植面积，指导移民的生产，既满足移民的生活用粮需要，又提高其收入水平。

（2）进行农田基本建设，改善农业生产条件，提高农业产量。根据被征地地形、土壤条件，安排坡改梯 69 572 亩，土地平整 58 910 亩，土壤改良 22 448 亩，放淤改土 3 579 亩。通过这些措施，改善耕地的质量，提高农作物的产量。

（3）修建农田水利工程，发展农业灌溉面积，提高农作物的单产，根据安置区的水资源情况和水利条件，发展灌溉面积 148 102 亩，其中打机井 1 002 眼，井灌面积 89 663 亩；修建小型提灌站 1 065 处，提灌面积 17 312 亩；利用垣曲县后河水库和新安县段家沟水库发展引水灌溉 20 096 亩；自流灌溉面积 21 031 亩。

（4）根据移民安置区的资源条件，充分利用移民生产补偿资金，进行林果业、养殖业、乡村企业等开发性生产，发展移民经济，提高移民经济收入。共规划安置移民劳力 27 256 个，年产值 89 404 万元，年纯收入 20 321 万元。其中，发展林果业面积 12 426 亩，安置劳力 3 974 个，年产值 7 877 万元，年纯收入 4 810 万元；发展蔬菜大棚 6 624 亩，安置劳力 5 546 个，年产值 7 833 万元，年纯收入 4 702 万元；在有条件的移民村发展养殖业，安置劳力 6 550 个，年产值 7 775 万元，年纯收入 2 841 万元；新建村办企业 1 260 个，安置劳力 10 637 个，年产值 46 852 万元，年纯收入 7 803 万元；利用移民安置生产的剩余经费对效益好、具备安置移民条件的县办企业，进行技术改造和改扩建，安排 30 家企业，安置劳力 549 个，企业增加年产值 19 067.6 万元，职工年工资收入 164.7 万元。平均每个就业的移民劳力收入 7 000 多元。

通过上述的移民生产措施，保证移民的粮食生产，使移民的经济收入水平逐步得到恢复。校核水平年时，移民的收入水平比移民前提高 6% ~30%，大多数移民的收入水平提高 15% 以上。

2）非农业安置移民生计规划

对符合国家规定的有条件移民，在本人自愿的前提下，考虑农转非进行非农业安置，以减轻农业安置移民的压力。包括职工家属农转非、县内二三产业、自谋职业、义马市工业安置，安置移民 1.19 万人。对职工家属农转非的移民，其生产安置补偿费交职工所在单位或街道办事处，由职工所在单位或街道办事处负责安置；对县内二三产业、自谋职业、义马市工业安置的移民，利用其生产安置补偿费，兴办二、三产业和工业企业，安排移民劳力就业,保证经济收入,满足生计的需要。

3)移民对安置区的影响及对策规划

为安置小浪底库区移民,共在安置区征用土地22.70万亩,对安置区49.79万农村人口造成一定的不利影响。根据国家现行的移民政策,安置区得到相应的土地补偿补助费,安置区村庄可以利用这笔资金发展大农业生产,增加安置区群众的经济收入,减轻移民安置的影响程度,促进安置区经济的发展。具体措施如下:

(1)完善和发展农田水利工程,改善农业生产条件,提高农作物单产,弥补因安置移民而减少的粮食产量。根据安置区的农田水利条件规划,发展水浇地面积163 392亩,年增加粮食产量2 552万kg,年增加经济收入3 103万元。

(2)改良土壤,改善农作物生长的基本条件,增加农业产量。根据安置区的农田土壤情况,规划在新安县近迁安置区,安排农田土壤改良7.6万亩,土壤改良后,亩均粮食产量增加10%~20%,年增加粮食产量380万kg,年增加经济收入418万元。

(3)发展林果业生产,解决部分安置区农村剩余劳动力问题,增加安置区居民的经济收入。针对安置区的土壤、气候等条件,规划安置区发展苹果等果园26 868亩,安排安置区剩余劳力1.49万个,年增加经济收入4 570万元。

(4)发展乡镇企业,安排安置区剩余劳动力就业。根据安置区二、三产业现状和当地对发展企业的积极态度,规划发展村办企业和乡镇企业91个,安排安置区剩余劳动力1.12万个,年增加经济收入3 989万元。

通过以上措施,可以减轻移民对安置区的影响,安置移民后和移民安置前相比,虽然安置区居民的粮食生产产量减少2 155万kg,但收入增加12 080万元。安置移民前后,安置区居民的收入和粮食产量变化见图5-3-1、图5-3-2。

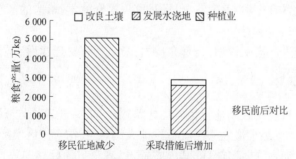

图5-3-1 安置区移民前后粮食产量变化

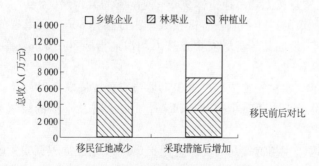

图5-3-2 安置区移民前后收入对比

3. 农村移民居民点迁建规划

小浪底库区农村居民点迁建涉及库区 8 县(市),29 个乡镇,176 个行政村,总户数 50 198 户(含财产户),总人口 171 771 人。农村居民点迁建规划根据水利部颁布的设计大纲、国家及地方政府的土地管理法等规定,结合库区移民实际情况,参照建设部颁布的《村镇规划标准》(GB50188—93)进行。其规划方法步骤包括:①弄清迁建居民点现状;②明确迁建目标;③制订迁建标准;④进行居民点总体布局;⑤进行具体居民点建设设计;⑥优化居民点迁建规划。

1) 农村居民点规划基础

小浪底水库淹没影响农村居民点,多依山傍水分布,多数行政村以居民组或自然村为主,分散居住,居住在河川阶地的村庄,集中程度较高。村庄建筑物布局散乱,没有规则。住房形式以窑洞、砖木房、预制房、土窑洞为主。1994 年水库淹没居民点占地 2.83 万亩,户均 0.61 亩,水库淹没农村房窑面积 691.5 万 m^2,其中个人房窑 606.1 万 m^2,搬迁人口人均 35.2m^2,村组集体房窑 85.4 万 m^2。个人房窑中,主房窑面积占 84%。

库区移民大部分(约 85%)靠近黄河岸边及其支流,一般人畜吃水条件较好,以井水为主要水源。也有少数居民组,因居住地势较高,受自然条件的制约,吃水比较困难,以泉水、水窖等为水源。

库区新安、济源、渑池、垣曲等县的大多数村庄沿县级公路、县乡公路或乡村公路布局,对外交通比较方便。但个别的自然村因位置偏僻,人烟稀少,交通靠大车路、乡村路对外交往。

库区各县受淹行政村用电、通信、广播等基础设施比较完善,现状用电普及率达 95% 以上;各村和乡政府之间通有电话;各村设有线广播。

库区各村均设置有小学、卫生室,以满足移民群众就学、求医的基本需要。

2) 农村居民点迁建目标

结合农村移民生产措施规划,合理布局居民点,使移民迁建后有利生产,方便生活,保证移民安居乐业,长治久安。

3) 农村居民点规划标准

占地标准。农村居民点用地包括居住建筑用地、公共建筑用地、道路广场用地、公共绿地、其他用地等。按照小浪底移民安置设计大纲规定,结合库区实际情况,采用指标为:河南省孟津、新安、渑池、陕县等县的县内安置点,济源市的后靠安置点及山西省垣曲、平陆、夏县的县内安置点按人均占地指标 90m^2;河南省的温孟滩(孟县、温县)、原阳和中牟等县安置区及济源市的近迁平原安置区按人均占地指标 80m^2;河南省的义马市安置点、济源市市内安置点、垣曲县的县城安置点按人均占地指标 30 ~ 60m^2,住户宅基地除城市安置外为 0.25 ~ 0.3 亩。

生活用电标准。农村安置按每户 300W,城市安置按每户 500W。

移民人畜用水规划标准。按人均 60L/d,供水水塔及水池的设置按 12h 供水计算容积。

街道规划标准。主街道宽 6m,支街道宽 3.5m。街道路面根据安置区实际情况设置,温孟滩区及下游黄河滩区为柏油路面,其他安置区为砂石路面。

绿化标准。按人均面积 3.5m²。

排水渠道规划标准。排水渠道根据不同规模的居民点排水量不同,断面按 0.96m × 0.84m ~ 0.2m × 0.24m 规划。

4)农村居民点迁建规划

农村居民点迁建布局规划。考虑原则:①尽可能按成建制(以原行政村或居民组为单位)搬迁,以减少社会调整幅度。②居民点布局按大分散、小集中的原则,以方便移民生产生活。居民点的选择应和生产条件、地形、地质条件、水源、交通条件相结合,保证有可靠的水源,移民的交通、生产、生活比较方便。③居民点选择要避开塌岸、滑坡等不良地质地区,并考虑水文地质条件。④考虑环境条件,尽可能使居民点具有一定的规模,以便合理布局,节省基础设施投资。⑤居民点占地尽可能利用荒地和劣地,不占或少占耕地,为长远的农业生产发展考虑。⑥注意近远期结合,考虑人口增长和耕地减少等因素,留有适当的发展余地。

根据上述原则规划迁建居民点 262 个, 征地 2.32 万亩;安置移民 50 198 户,17.2 万人。规划居住建筑用地、公共建筑用地、道路广场用地、公共绿地、其他用地,使其构成比例符合《村镇规划标准》。规划场地平整工程量,土方281 万 m³,石方 2 万 m³,护坡 17 万 m³。规划街道总长度 740km,其中主街道 105km,支街道 635km。规划机井 220 眼,累计机井深 3.88 万 m;蓄水池和水塔 1.09 万 m³,其中,水池 0.37 万 m³,水塔 0.72 万 m³;供水管线长 788km,其中主管 136km,支管 652km。规划排水沟 902km,其中主排水渠道 208km,支排水渠道 631km,村外排水渠道 63km;规划配电变压器 316 台,配电容量 24 720kVA,380V 线路长 118km,220V 线路长 762km。

4. 乡镇迁建规划

水库淹没的乡镇政府所在地大部分位于河川地带,地势相对平坦,交通便利,自然条件较好,基础设施比较完善,是当地农村的政治、经济、文化、商品交易的中心,其迁建位置的选定、建设规模确定、建设的好坏直接关系到带动库区经济及当地的可持续发展。小浪底水库淹没乡镇政府所在地 12 处,其中,河南省 8 处,分别是济源市的大峪乡,孟津县的煤窑乡,新安县的仓头乡、西沃乡、石井乡、峪里乡、北冶乡,渑池县的南村乡;山西省垣曲县 4 处,分别是古城镇、安窝乡、窑头乡、解峪乡。根据地方政府意见和有关规范规划,需迁建乡镇 12 个,动迁年人口 20 878 人,包括未计入淹没影响人口的乡镇各单位的合同工、临时工、在校寄宿学生。

1)规划原则

(1)乡镇迁建新址的确定要经过充分的分析和论证,位置适中,供电、交通、通信方便,便于发挥中心职能作用。

(2)新址规模既要根据近期迁建规模,又要结合当地的长远发展计划,做到近远结合,统筹兼顾,适当留有余地。

(3)具备较好的地质条件、开阔的地形地貌,具备可靠的水源。

(4)具有良好的居住环境,同时要注意环境保护,积极防止水土流失。

2)建制的确定和行政区划调整

水库移民打乱了原有的乡行政管理区划,为了恢复库区正常的农村经济管理秩序,根据水库淹没后迁建乡政府管理辖区剩余村庄情况,地方政府以有利于农村经济发展的原则调整行政区划。初步设计阶段,库区受淹的 12 个乡镇的处理意见为济源市的大峪乡撤乡建镇,垣曲县的窑头乡撤销后并入蒲掌乡,其他 10 个乡镇另择新址重建。技施设计阶段,地方政府考虑移民工作、行政管理及农村经济发展等因素,提出通过区划调整,保留窑头乡建制,并按程序报批,库区 12 个乡镇全部迁建。水库淹没 12 个乡镇,淹没前管理行政村 208 个,人口 24.08 万人,耕地面积 40.24 万亩;乡镇迁建区划调整为管理行政村 177 个,人口 18.78 万人,耕地面积 33.05 万亩(见表 5-3-5)。

表 5-3-5 库区受淹乡镇迁建行政区划调整情况

乡镇名称	淹没前行政区划			迁建后行政区划		
	行政村(个)	人口(人)	耕地(万亩)	行政村(个)	人口(人)	耕地(万亩)
济源市大峪乡	44	40 373	4.53	32	27 318	3.16
孟津县煤窑乡	12	15 900	2.75	9	6 000	1.25
新安县西沃乡	21	25 382	2.46	12	23 400	2.03
新安县仓头乡	19	41 500	4.3	24	36 100	5.31
新安县石井乡	24	28 100	3.05	19	19 600	2.5
新安县峪里乡	9	6 335	1.86	9	6 906	0.74
新安县北冶乡	21	30 400	3.4	21	28 000	3.35
渑池县南村乡	14	14 183	2.43	7	4 547	0.73
垣曲县古城镇	20	20 190	8.08	19	17 810	7.12
垣曲县安窝乡	9	6 054	2.42	9	5 800	2.32
垣曲县窑头乡	7	7 714	3.09	8	7 700	2.77
垣曲县解峪乡	8	4 664	1.87	8	4 664	1.77
合计	208	240 795	40.24	177	187 845	33.05

3)乡镇新址选择

由于乡镇政府的迁建直接影响到该乡镇经济的发展,因此库区受淹乡镇的选址工作,备受当地政府的重视。初步设计以来,随着地方社会经济的发展,地方政府对初步设计选定的乡镇迁建新址进行了不同程度的优化调整,并按基建程序和小浪底移民工程管理办法,对变更方案进行了上报审批。各乡镇迁建新址变更情况如表 5-3-6。表中除新安县北冶乡、垣曲县安窝乡仍维持初步设计确定的乡址外,其他乡镇新址均作了调整,调整后的乡址,除新安县的仓头乡在正村乡选址外,其他乡镇新址均选在原乡镇辖区。

表 5-3-6 各乡镇新址位置变更情况

乡镇名称	初设选定乡址	调整乡址	乡镇名称	初设选定乡址	调整乡址
大峪乡	坡头乡后崖村	本乡高湾、乔沟	北冶乡	本乡柿树岭	本乡柿树岭
煤窑乡	横水乡上院村	本乡下沟村	南村乡	本乡关底村	本乡鲤鱼山
西沃乡	本乡西沟村	本乡安桥村	古城镇	本镇凤凰台	本乡南堡头与允岭间
仓头乡	正村乡曲墙村	正村乡孙都	安窝乡	本乡阳坪岭	本乡阳坪岭
石井乡	本乡山头岭	本乡谢岭村	窑头乡	撤消并入蒲掌乡	本乡西阳河桥头
峪里乡	石井乡老井村	本乡后教村	解峪乡	无	本乡乐尧村

新选定的乡镇迁建新址位置多处在小浪底库区周围,为保证新乡镇建设的安全可靠,避免新址位于塌岸、滑坡及其他不良区域,设计部门移民规划专业对新乡址进行了现场勘查;地质专业对大峪乡、煤窑乡、仓头乡、石井乡、北冶乡、南村乡、古城镇等7个乡镇新址进行了地质勘察,并提出了专题报告,对其他几个新址地质情况作了内业分析。各乡镇新址评价结论如下:

(1)除安窝乡新址交通、电力接线不便外,其他乡镇新址地理位置比较优越,临近主要县内公路,交通、电力接线比较方便。

(2)仓头乡、石井乡、北冶乡、南村乡新址水库蓄水后存在诱发地震的可能,乡镇建筑物应考虑一定的防震裂度。其他乡镇新址地质条件稳定。

(3)大部分乡镇的水源条件可靠,但大峪乡的水源需进行水质处理,北冶乡、解峪乡供水投资较高。

(4)大峪乡、北冶乡、煤窑乡、峪里乡、南村乡、古城镇场地平整工程量较大,投资较高。

(5)大多数乡镇具有地理位置优势,具有较大的发展潜力。

4)新址规模和用地规模

(1)新址规模。根据小浪底工程的施工进度和水库运用方式,库区乡镇搬迁设计水平年为,西沃乡为一期移民1996年搬迁,大峪乡、煤窑乡、仓头乡、石井乡、峪里乡、北冶乡、南村乡、古城镇、安窝乡、窑头乡为二期移民2000年完成搬迁,解峪乡为三期移民2003年完成搬迁。动迁年迁建乡镇规模总人口为20 878人。按《村镇规划标准》规定和各乡镇的人口规模,迁建乡镇古城镇人口在5 000人以上为中型中心镇,安窝、窑头、解峪等乡人口少于1 000人,属于小型一般镇;其他乡镇人口1 000~5 000人,属于中型一般镇。

(2)用地规模。规划乡镇用地按规模人口人均90m² 计算,新建乡镇共征地2 825亩。根据《村镇规划标准》规定,建设用地包括居住建筑用地、公共建筑用地、工业用地、道路广场用地、公共绿地、其他用地等,建设规划布局根据各乡镇新址的地形地质条件,主支街道的布设,考虑对外交通方便、场地平整工程量小等因素,居住区布局考虑人群健康要求布置在通风、向阳的开阔地带;商业、金融单位布置在乡镇的繁华区,工业企业考虑环境保护要求布设。通过用地布局规划使各部分的比例构成科学合理,达到《村镇规划标准》规定。

5)竖向规划及场地平整

新乡址的竖向规划,以充分利用现有的地形、地势,依山就势布置,大范围内挖填平衡,小范围内高程点控制为原则,尽可能减少场地平整工程量,科学合理地设计建设布局的高程控制点和水平面。以竖向规划确定的高程控制点和水平面为基础,根据乡镇新址的地形、地势、地质资料,计算场地平整工程量为,需要动土方255.56万 m³,石方24.6万 m³。为防止乡址周围山体坍塌对乡址的破坏和乡镇本身防护需要,规划修建护坡工程7.373 5万 m³。

6)街道、供水、供电等基础工程建设

(1)街道规划。根据竖向规划和建筑物平面布局,规划建设主街道长10.6km,红线宽 10m,车行道宽 7m;支街道 17.23km,红线宽 6m,车行道宽 4.5m;巷道 4.5km。合计街道长 32.33km。

(2)供水工程规划。乡镇供水规模按乡镇规模人口,考虑居民生活用水、公建用水、消防用水和不可预见用水等因素进行计算,规划乡镇日供水规模为 2 258.66m³。为满足供水需要,规划机井 11 眼,井深 3 121.53m,提水站 2 处,扬程 420m。水池、水塔蓄水容量 2 968m³;供水管线 79.02km,主供水管道长 29.14km,支供水管道及入户管道长 49.88km。

(3)排水工程规划。排水系统雨污合流方式,根据地形走势规划排水沟渠总长 38.58km,其中主排水沟 20.56km,支排水沟 16.6km,乡镇外排水沟 1.42km。另外,对需要防洪的乡镇规划专用防洪渠(管)道、防护墙等防洪工程。

(4)供电设施规划。包括乡镇内配电设施和输电设施,按人均生活用电量 150W 计算各乡镇居民生活用电量,并配置变压器。规划不同容量的变压器 21 台,总容量 3 945kVA;规划 380V 输电线路 11.922km,220V 输电线路 62.7km。

(5)通信、广播设施规划。乡镇内电信工程规划考虑交换机、沿街通信线和入户线。乡镇交换机按百人 10 门计算装机容量考虑,规划不同容量的交换机 11 台(一期西沃乡考虑补偿)。规划通信线路长度 13.78km,其中通信干线 0.48km,支线 1.5km。规划广播线路 11.16km。

5. 企事业等单位迁建处理规划

1) 乡镇外事业单位处理规划

水库淹没的乡镇外事业单位 44 处,影响人口 688 人,主要是各县(市)、乡镇在行政村设置的管理机构(如济源逢石管理区、渑池县索道管理站等)、商业机构(如购销站、信用社、供销社等)、教育机构(如逢石初中、小赵高中等)、乡农场和林场。对乡镇外单位的妥善安置处理,对库周群众和移民的发展有一定的作用。

乡镇外事业单位处理规划编制根据地方政府及主管部门意见,规划重建或合并迁建的 32 处(并为 3 处),主要为商业单位;撤项补助安置职工的 12 处,主要为管理功能丧失的单位。

2) 工矿企业迁建规划

根据 1994 年库区实物指标复查成果和国家有关政策,库区需迁建处理的工矿企业 790 家,职工人数约 4 万人。淹没影响企业处理按原标准、原规模予以补偿,其补偿费用于该企业的迁建、转产或安置企业的职工及补偿淹没影响损失;需迁建的工矿企业,可以结合技术改造和产业结构调整进行统筹规划,对扩大规模、提高标准需要增加的投资,由有关部门自行解决;所有迁建或转产的项目,应按照国家的基本建设程序,提出设计文件,上报移民部门、行业管理部门审批。受淹没影响工矿企业处理包括迁建、转产(含合并转产)和补偿自行处理三种方式。

(1)库区第一期淹没企业迁建处理。库区第一期需迁建淹没企业 235 个,其中 233 个为乡办、村办、个体或联办企业。根据地方政府意见规划迁建企业 35 个,转产企业 128 个,其他企业 72 个属个体或联办小煤矿补偿后自行处理。如转产迁建企业孟津县五一煤矿的规划,该矿位于新安县仓头乡横山村畛河西岸,属县办集体企业,矿井核定生产能力年产 30 万 t,实际年生产达 27.8 万 t,年产值 1 854.8 万元。单位总人数 1 822 人,正式工、合同工、临时工 1 187 人。迁建规划经地方政府及有关部门反复调查论证,规划处理意见为该矿转产为黄河特种钢厂、曲木家具厂和环形轧制锻件厂,安置五一煤矿的全部职工。根据三个项目的可研报告或项目建议书,三个项目定员 1 962 人,总投资 33 350 万元,其投资来源除五一煤矿补偿费外,主要靠贷款、对外合资和自筹等途径解决。

(2)库区第二、三期淹没企业迁建处理。库区第二、三期需迁建处理的淹没企业 556 家,由地方政府根据企业的补偿费、当地的资源状况、市场情况、经济发展水平提出方案。

3)县(市)以上单位迁建处理

水库淹没涉及需迁建安置人口的县(市)以上单位 4 处,涉及人口 1 717 人,分别是河南省第四监狱和黄委会水文局的八里胡同、垣曲、仓头等三个水文站。其中河南省第四监狱经主管部门批准在洛阳市红山乡择址重建,三个黄河支流水文站按黄委会水文局库区站网调整规划,重新择址重建。所涉及人员在迁建新址继续从事原有职业。

6. 道路等基础专业项目规划

道路、电力、通信、广播等专项设施是区域经济发展和当地人民生活的必要的基础设施。水库淹没造成库周地区的专项设施中断,如不及时恢复建设,将影响库周地区经济发展和群众生产生活。移民在安置区安置后,需增加必要的专项设施,满足移民群众的生产生活要求,减轻安置区的原有专项设施压力。小浪底水库移民安置规划包括库周交通、电力、通信、广播恢复规划;安置区交通、电力、通信、广播规划;库周提水站。

1)规划原则

对于淹没的道路、电力、通信、广播设施,根据功能分析,需要复建的,按原规模、原标准恢复原有功能。对已失去原有功能不需要恢复重建的设施,不再进行规划;对结合规划的提高标准、扩大规模、增加功能的部分,由其主管部门自行解决。

2)道路设施规划

(1)规划程序及设计标准。公路复建规划由设计单位通过现场查勘、对现有交通网络进行科学的定性定量分析,按规划原则提出复建方案。其中县级公路、县乡公路及地形比较复杂的乡村公路由设计单位作出专题设计报告,并列入移民规划。公路设计采用标准如下:

县级公路:是沟通县城之间的联系道路。参照国标三级公路的路基路面设计宽度,适当减低圆曲线半径及道路纵坡标准。路基宽 7.5~8.5m,路面宽 6.0~7.0m,在地势陡峭的山岭重丘区,取用低限,极限平曲线半径取 15m,道路极限纵坡比降取 11%,构造物设计荷载标准为汽车-20 级,验算荷载为挂车-100。

县乡公路:是沟通县乡(镇)之间的联系道路。参照国标四级公路的路基路面设计宽度,适当减低圆曲线半径和纵坡标准。路基宽 6.5m,路面宽 3.5m,极限平曲线半径取 15m,道路极限纵坡比降取 11%,构造物设计荷载标准为汽车-10 级,验算荷载为挂车-50。

乡村公路:是沟通村与村之间的联系道路或深山区居民进出山的道路。路基宽 4.0m,路面宽 3.5m,道路平曲线及纵坡设计指标可参照县乡公路的标准适当降低。

大车路和机耕路:路面宽 2m,土路面。

(2)库周道路恢复。恢复县级公路 126.43km,其中柏油路面 79.7km,砂石路面

46.73km。主要包括新安县的新峪公路、山西省境内东济线、济源市的坡头至碌碡线三条。

县乡公路24.55km,主要涉及新安、孟津、垣曲县等。

乡村公路325.54km。临时搬迁路289.16km。

渡口、码头恢复。为恢复库区两岸群众的生产生活联系,规划恢复小型码头19处,人渡码头22处,修建连接路35.6km。

(3)安置区交通规划。由于安置移民,需要在安置区修建道路与原有道路形成一个完善的交通网络,以方便移民的生产生活。根据对移民交通量及安置区原有交通网络分析,规划县级公路3.483km;县乡公路122.319km(柏油路面86.859km,砂石路面35.46km);乡村公路359.538km;机耕路230.15km;施工用路1km。

3)电力设施规划

电力复建规划由设计单位通过现场查勘、对现有系统进行科学分析,按规划原则提出复建方案。其中35kV变电站、35kV输电线路由专业设计单位做出专题设计报告,并列入移民规划。

库周电力规划恢复。规划35kV变电站6处,容量18 450kVA,包括新安县龙渠、许凹、峪里三个变电站,济源市大峪变电站,垣曲县解峪、北羊变电站。相应于35kV变电站恢复,规划35kV输电线5条,总长49.26km。为恢复库周居民的供电,规划10kV输电线389.03km。

安置区电力规划。由于移民迁到安置区,造成安置区人口增加,引起区域用电负荷增加,使安置区原有供电系统不能正常运行,需增设35kV变电站。为此,规划在安置区新增35kV变电站2处,安置区原有变电站增容3处,总容量15 950kVA,涉及温县、孟县、济源、垣曲四个县(市)。同时,规划架设35kV线路3条,23.3km,涉及温县、孟县、济源三县(市)。

为连接移民村和安置区电力系统,规划10kV输电线548.742km。

4)通信、广播线路规划

通信、广播线路规划由地方专业部门根据设施的受淹情况,提出复建方案,经设计单位论证,由设计单位编制。

库周通信、广播线路恢复。规划通信线路466.97km,其中县乡线27.34km,乡村线15.24km。规划广播线443.115km,其中县乡线79.98km,乡村线363.135km。

安置区通信、广播线路规划。规划新建邮电所3处,分别是济源乱石邮电所(交换机128门端口)、温县移民区邮电所(交换机128门端口)、孟县移民区邮电所(交换机128门端口)。为移民村恢复通信,规划通信线路632.017km,规划广播线694.968km。

5)库周提灌站恢复规划

小浪底水库淹没库周村庄提水站53处,供水对象为非淹没区居民。其中孟津县的红崖头、新安县的塔山等5处规模较大,供水范围为涉及1 000~3 000人,可灌耕地面积为1 000~2 000亩。为减轻水库淹没对库周居民生产生活的影响,规划恢复53处提水站,对其中规模较大的5处提水站提出复建设计专题报告,对其他48处小型提水站按扩大投资指标计算复建补偿费,由拥有提水站的村组自行迁建处理。

7. 移民文教卫生规划

小浪底水库移民作为利用世行贷款项目,其文化、教育、卫生规划,受到国家计委、水利部及地方各级政府的关注,也受到世行专家及世行咨询专家的注意,成为移民安置规划重要组成部分。在工程初步设计阶段和世行评估阶段的移民安置规划设计过程中,进行了文教卫生专题规划研究,增加了文教卫生补助费用。在技施设计阶段单列了水库移民文教卫生规划,并对移民文教卫生设施恢复费用问题进行了专题研究。技施设计阶段的文教卫生规划成果如下:

(1)库区文教卫生规划基础。小浪底水库淹没影响8县(市)29个乡镇,176个行政村,调查人口近18万人,涉及中小学生约4万名,其中中学21所,中学生1万多人,小学170多所,小学生近3万人,淹没校舍约12万 m^2,在校学生生均$3m^2$左右,淹没影响乡村文化站、影剧院等文化教育设施约200处,淹没影响县乡级卫生院13个,淹没村医疗点约170个。水库淹没不仅对移民就学、就医造成一定的影响,而且对库周群众学生就学、就医造成一定的影响。

(2)移民安置文教卫生规划。为恢复水库淹没对移民学生就学、就医的影响,移民安置规划对移民学校、文化站、影剧院、医院等文教卫生设施进行了规划。规划按建标[1993]732号文件的有关规定(见表5-3-7),根据移民村镇规划规模确定学生数量、学校占地、设施及其他文教卫生设施。共规划学校236所,其中小学219所,中学17所;规划各级医疗保健单位233个,其中乡镇卫生院13个,乡镇保健站12个,乡(镇)计生技术指导站12个,村级卫生所196个。文教卫生规划资金来源,除采用原有设施的补偿费外,还可以利用移民概算中增加的文教卫生补助和其他渠道的资金。

表5-3-7 小浪底水库移民文教卫生单位配置标准

项目	中心镇	一般镇	中心村	一般村
1. 高中、职业中学	▲	△	—	—
2. 初级中学	▲	▲	△	—
3. 小学	▲	▲	▲	△
4. 中心卫生院	▲	—	—	—
5. 卫生院(所、室)	—	▲	△	△
6. 防疫、保健站	▲	△	—	—
7. 计生指导站	▲	▲	△	—

▲表示必须配置的,△表示可配置、可不配置。

(3)文教卫生补助。根据小浪底水库淹没情况和移民安置方案,以及其他老水库遗留问题处理的经验,小浪底库区文教卫生规划资金来源不足,主要明显表现在学校重建方面,有四种情况:①学校不受淹没,移民搬迁他地另建新村,移民无建校资金。②学校受淹,学校随移民村搬迁,非移民建设学校资金不足,学生就学困难。③淹没区和移民安置区分属不同的行政辖区,学校补偿费归原投资单位或教育行政主管部门,移民到安置区无建校资金。④淹没区原校舍简陋、设施简单,补偿费难以满足复建学校需要。另外,医疗卫生方面也存在类似的问题。

为解决小浪底水库移民安置过程中文教卫生重建方面的问题,使移民就学、就医有保证,在移民规划过程中,设计单位、建设单位及地方移民部门,通过大量的调查研究,按照1993年9月国家教委颁布的《农村普通中小学校建设标准》等有关规定,制定了小浪底水库文教卫生补助标准,按移民人口人均100元计算补助费用,用于解决文教卫生重建过程中的资金缺乏和不足。

(四)移民可持续发展投资保障

根据国家有关法律、法规规定,水库淹没和移民安置按补偿计算投资,实行前期补偿、补助,后期扶持生产办法。在工程建设阶段,移民迁建靠补偿投资,在工程效益生效后,扶持移民的生产靠从工程效益中提出的库区建设基金,同时,国家和地方政府实施有利于移民发展的优惠政策。这些补偿投资、扶持资金和政策是移民可持续发展的经济保障,根据已经国家批准的小浪底水库移民补偿概算,库区移民总投资为86.76亿元,用于移民的生产安排、住房建设、村镇建设、交通、供电等基础设施建设及移民工作管理等。库区移民的投资分项构成如图5-3-3所示。用于安置区群众开发生产的投资约为13亿元。

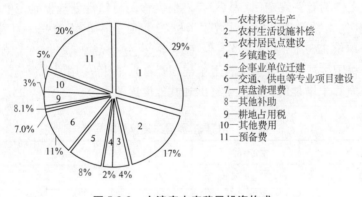

1—农村移民生产
2—农村生活设施补偿
3—农村居民点建设
4—乡镇建设
5—企事业单位迁建
6—交通、供电等专业项目建设
7—库盘清理费
8—其他补助
9—耕地占用税
10—其他费用
11—预备费

图 5-3-3　小浪底水库移民投资构成

(五)移民可持续发展评价体系

1. 安置移民效果

1)移民经济

根据水库淹没性质,小浪底水库影响的18类不同移民人口,采用不同的补偿对策标准,包括住房、庭院、附属设施重建补偿,收入损失和职业培训等(见表5-3-8),其补偿原则表明,小浪底水库移民不会因工程建设而遭受经济损失。但由于移民安置的风险性,农业移民安置须重视以下问题:

(1)移民安置后的家庭收入中,农业收入所占比重不到50%,靠农业生产不可能改善移民生活水平。实施减免税优惠政策,并通过多种经营,能在一定程度上提高经济收入,但估计移民农业收入不会在现有水平上大幅度提高。因此,各县应保证向移民划拨耕地的面积和质量。

表 5-3-8 小浪底水库各类影响人口补偿原则

影响人口分类	补偿项目	移民方针
一、农业人口		
1. 耕地和房屋均在 275m 水位以下的家庭	补偿房屋等,重建生活设施、安排生产、分享工程效益	以村(或组)为单位搬迁(近迁或远迁)
2. 耕地在 275m 水位以下,房屋在 275m 水位以上	无条件在房屋附近安排土地的家庭:补偿房屋等,重建生活设施、安排生产、分享工程效益;可在房屋附近安排土地的家庭:安排生产、分享工程效益	以村(或组)为单位搬迁(近迁或远迁);或后靠安置
3. 房屋在 275m 水位以下,耕地在 275m 水位以上的家庭	补偿房屋等,重建生活设施、分享工程效益	后靠安置
4. 耕地和房屋均在大坝施工区的家庭	补偿房屋等,重建生活设施、安排生产、分享工程效益	近迁安置
5. 耕地在大坝施工区的家庭	补偿土地或安排就业、分享工程效益	工程竣工后,复耕土地,恢复原有的生产
6. 耕地在新居民区或厂区的家庭	附近安排生计、分享工程效益	安排新土地或提供工作
7. 与移民分享土地的安置区家庭	提高收入水平、分享工程效益	尽可能减少或避免影响
8. 失去通往滩区季节性种植耕地的家庭	适当补偿,弥补净收入损失	
二、非农业人口		
1. 房屋及工作地点均在 275m 水位以下的家庭	补偿房屋等,重建生活设施、在迁建企业就业、分享工程效益	以镇(或企业)为单位搬迁
2. 房屋在 275m 水位以下,工作地点在 275m 水位以上的家庭	补偿房屋等,重建生活设施、分享工程效益	后靠建房
3. 工作地点在 275m 水位以下,房屋在 275m 水位以上的家庭	随迁建企业就业、分享工程效益	以镇(或企业)为单位搬迁,必要时新建房屋
4. 工作地点及房屋在大坝施工区的家庭	补偿房屋等,重建生活设施、在迁建企业就业、分享工程效益	以镇(或企业)为单位搬迁
5. 住在厂里的单身临时工	保证在迁建企业提供类似就业机会	随企业安置
6. 在库区外另有住房的单身临时工	适当补偿收入损失或提供类似工作	由厂方负责
三、其他人口		
1. 户口在本地,临时住在他地家庭成员(学生、军人)	与其他家庭成员一样补偿	随家庭搬迁
2. 长期住在他地,住房在本地的家庭成员	补偿房屋等	
3. 长期住在本地的无户口成员	补偿房屋等财产损失	
4. 临时住在本地的无户口人员(探亲人员)	不补偿	

　　(2)新安、垣曲两县受水库淹没影响最重,其农村移民安置成功与否将取决于温孟滩及后河水库工程能否如期竣工和发挥预期效益。因此,尽快建设两项工程非常重要。

　　(3)要尽快采取行动,签订移民与安置村之间的协议。为此,各县要加大人力、物力的投入,尽快完成这项工作和其他村级规划工作。

　　(4)必须认真研究,给乡村移民和安置区移民提供一些优惠政策。包括农业人口低收入人口的特殊补助、农产品的直接销售、技术培训、减免公粮指标、优先安排居民在乡村企业就业、移民补助、免税等。

　　(5)要认真研究城市工业安置移民的生计措施,充分考虑工业安置移民的风险性,要重视义马市安置移民和垣曲县城安置移民的生产、生活。

　　2)住房、附属建筑和公共设施

　　移民安置后,移民住房、附属建筑和公共设施等生活条件普遍优于搬迁前。移民安置前后移民基础生活条件变化见表5-3-9。

表5-3-9　　　　　　　　　　　移民安置前后住房、附属建筑物、公共设施变化

项　　目	移民安置前	移民安置后
庭院面积(亩/户)	0.4	0.25
住房结构	砖木房、土木房、预制房、土窑	预制房、砖木房
供水设施	靠水井供水,少数村有自来水。人均供水量25L/d	人均供水量60L/d,绝大多数村用上自来水。供水水质符合人畜用水国家标准
村内街道	大多数村为土路面,街道散乱	移民村道路为柏油路面(或砂石路面),街道整齐
交通条件	乡村公路老化,大部分为土路面	新修乡村公路,质量提高,交通方便
就学、就医条件	原村庄以自然村布局,居住散乱,就学、就医不便	以行政村安置,人口居住集中,就学、就医十分方便

　　3)社会、文化影响

　　对移民的社会、心理影响调查表明,大多数移民虽知道自己要搬迁,但很少有人对有关详细情况有比较明确的概念。正如预料的那样,大多数人愿意搬迁,只有少数人不愿搬迁。移民大多数认为若必须搬,则不愿与本村原来的邻居分开。移民所关心的主要问题是搬迁后希望改善其生活水平,尤其是能有农转非的机会。

　　2. 移民对安置区居民的影响评价

　　(1)移民对安置区居民的影响。移民安置后,安置区居民人均耕地减少17%,通过利用移民征地补偿费,改善农业生产条件增加农业产量,兴办企业安排安置区居民劳力就业,增加的经济收入完全弥补了减少耕地的损失。安置区居民的人均耕地、人均经济收入变化,见表5-3-10。

表 5-3-10　　　　　移民前后安置区居民的人均耕地、经济收入变化

县(市)	第一期				第二、三期			
	人均耕地(亩)		人均经济收入变化(元)		人均耕地(亩)		人均经济收入变化(元)	
	安置移民前	安置移民后	调地收入减少	发展生产增加收入	安置移民前	安置移民后	调地收入减少	发展生产增加收入
济源市	1.32	1.07	182	435	1.62	1.29	127	301
孟津县	1.69	1.46	74	177	1.73	1.48	77	160
新安县	1.97	1.66	113	218	2.02	1.63	99	133
孟县								
温县								
中牟县					4.95	3.95	195	74
原阳县	2.81	2.27	379	875	6.03	4.87	714	821
渑池县					2.99	2.48	110	264
陕县					3.41	3.17	37	72
垣曲县					2.17	1.38	233	336
平陆县					3.82	3.41	57	125
夏县					2.56	2.42	47	156

（2）安置区基础设施、公共设施。移民安置安置区配套基础设施见表5-3-11,移民规划可以补充现有基础设施、公共设施不足,以免负荷增加而影响功能的发挥。

表 5-3-11　　　　　　　　移民安置区配套基础设施

项　目	数　量
房窑及附属物	重建约 500 万 m^2 的房屋及附属物
生产配套设施	生产开发 20 万亩土地及配套建设
道路	修建各级公路 514km
输电线路	架设输电线 572km
通信	架设通信线 632km
供水	262 个居民点,12 个乡镇的供水设施
医院重建	13 个乡镇医院,195 个诊所,12 个保健站
文化设施	改建 17 所中学、247 所小学,以及培训中心、电影院、图书室等

（3）社会、文化的影响。对安置区受移民影响人口的调查表明,70%的安置区居民知道,当地规划为移民安置区;少数人认为移民安置可能对其生活带来严重的影响,大约2/3的人愿意接受移民。只要移民规划不降低安置区原居民的生活水平,则社会、文化问题是可以接受的。

第四节　移民新村环境保护设计

小浪底水库移民新村环境保护设计包括以下四个方面,即供水、排水、厕所及粪便管理和垃圾收集与处理。

一、供水

为移民提供安全合格的饮用水是移民点规划设计的主要内容,供水包括水量和水质两个方面。在移民安置规划中,生活饮用水全部采用地下水,通过"深井—水塔—用户"的方式集中供水。移民用水标准按60L/d考虑,供水水塔或水池容量按12h计算,水塔容量一般为30~50m³,大的安置点为75~150m³。

生活饮用水除满足水量要求外,还必须满足《生活饮用水卫生标准》(GB5749—85)要求。为了保证饮用水的卫生安全,必须定期进行消毒处理。常用的消毒方式有加氯气消毒、加漂白粉消毒、紫外线消毒等,根据移民村的实际情况,推荐采用漂白粉消毒,漂白粉消毒操作简便、成本低廉,比较容易为移民接受。

根据漂白粉的有效氯含量计算,每立方米水中只需加漂白粉8g,管网末梢余氯含量就可保持在0.05mg/L以上,起到充分消毒效果。为了控制加氯量,要求村环保员利用比色法定期对管网末梢余氯含量进行监测。

为了保护地下水源不受污染,规定在水源井周围30m范围内不得建房和饲养家畜,不得修建厕所、堆放垃圾;水源井上方应修建井房,防止雨水、污水注入等。

二、排水

移民村排水设计包括村内排水和村外排水两部分。

(一)村内排水

居民点排水系统要满足生活废水排放和天然降水排放,因为移民村生活污水排放量较小,排水能力主要考虑天然降水。排水的计算以多年平均24h最大降水量为基础,集中区域按村庄占地面积计算,径流系数取0.7。75%的年份雨水要求在3~6h排完。

居民点排水系统采用雨污合流制。根据居民点的排水量的不同,居民点村内排水沟断面分别按0.96m×0.84m~0.2m×0.24m设置。主排水沟在道路交叉口加混凝土盖板(约为总长的1/3),其余均采用矩形砖砌明排水沟。

移民村建设过程中,为了保持村内环境卫生,鼓励移民村对排水沟全部加盖或采用暗管排放。

(二)村外排水

为减免居民点排水对周围农田和村庄的影响,根据居民点大小和地形条件,规划采用砖砌明排水沟,将雨、污水排至村外就近的河、沟或排水沟内。由于在移民规划阶段,大多数移民安置点还未确定,规划中统一按150m考虑。

在移民实施过程中,大部分村存在排水问题,尤其是丘陵地区的孟津、新安、渑池和平原地区的温孟滩(主要是排水不畅),其主要原因是下垫面改变后产汇流情况发生了变

化,原来的耕地变为村庄占地后,下渗系数减小,产流系数加大,同时移民村主支街道大部分已硬化,通过排水沟集中排放,产汇流集中,雨水冲刷现象明显增强。部分移民村由于村外排水没有出路,暴雨冲刷邻村土地的现象时有发生,从而与安置村产生矛盾纠纷。

为妥善解决村外排水问题,新安县孙都村利用村庄占地北高南低的特点,在村南修建了一个蓄水池,村内90%的雨水通过管道排入池内,既拦蓄了洪水,避免了冲刷,又为周围农田提供了灌溉水源,达到了兴利除害的目的,其经验值得在移民村推广应用。

三、厕所及粪便管理

(一)双瓮厕所

厕所问题一直是困扰农村环境卫生状况的一个重要问题,以前农村一直沿用的渗坑式厕所不仅容易滋生蚊蝇、散发臭气,而且粪便未经充分的发酵、杀菌,作为农家肥使用时容易造成污染,影响人们的身体健康。移民搬迁后居住集中,厕所卫生与粪便的安全管理显得更为重要。从环境卫生的角度出发,首先应选用干净卫生的水冲式厕所。但考虑到小浪底移民村位于干旱缺水的北方地区,经济发展比较落后,群众经济承受能力较低,水冲式厕所废水处理成本较高等原因,经过充分考察后认为双瓮厕所比较适合小浪底移民安置区。

双瓮厕所由大小相同、口小肚大的前后两个瓮体组成,前瓮高1.5m,最大直径0.8m,有效体积为$0.3m^3$,后瓮比前瓮体积略大。前瓮上口坐一漏斗形便池,后瓮口由预制板盖严。前后瓮之间由斜置过粪管连接。便池漏斗口平时用木制或麻制圆锥形漏斗塞塞严,用厕所时拔出。上面搭建厕棚,就组成了双瓮厕所。

漏斗形便池的形状同水冲式厕所蹲便池相似,其漏斗部分略细而长。便后用少量水冲洗一下,便于粪便滑入前瓮。前瓮是新鲜粪尿储存发酵的容器。口小肚大的瓮形设计和便池漏斗塞都是为了更加有效地隔绝空气,有利于前瓮中的粪尿在厌氧条件下发酵腐熟。粪尿在前瓮中经过30天以上的厌氧发酵、自溶液化、氨化、沉淀虫卵和杀灭细菌的过程后,腐熟的粪液经过粪管流入后瓮,需要粪肥时掀开后瓮盖板掏取即可。

双瓮厕所具有以下优点:①结构简单,造价低廉,管理方便;②保肥效果好,其保肥效果较单池厕所提高两倍,全肥保肥效果达95%;③防蝇灭菌效果显著;④可以有效防止水源和土壤污染,降低肠道传染病发病率;⑤改善农村环境卫生状况,提高农民的生活质量。

(二)三格化粪池厕所

对于使用人数较多的学校,建议采用三格化粪池厕所。该厕所的原理同双瓮厕所,其双瓮由三格化粪池取代。其中1号池储存粪便,2号池厌氧发酵,3号池储存腐熟稀肥。

为了方便儿童便后洗手,要求在学校厕所附近设置水龙头和洗手池。洗手池设计参数包括入户管长度、排水沟长度等。给、排水管道长度根据学校规模、占地面积确定。水龙头个数一般为2~4个,设计标准为每80人一个水龙头。

四、垃圾收集与处理

(一)垃圾收集

在村内设置垃圾池是防止垃圾随意倾倒的有效措施。因村内街道较窄,在街道两侧修建垃圾池,不仅影响交通,而且不利于维护村内的环境卫生,垃圾池统一布置在村庄周围。学校人员集中,垃圾量大,应在校园内设置垃圾池。同时还要加强环境卫生知识宣传教育,增强村民的环境卫生意识,养成垃圾集中堆放的习惯,共同维护自己的居住环境。

垃圾池的设计容量根据使用人数、日产垃圾量、清运周期等要素进行估算。结合小浪底移民新村的布局情况,本着方便居民和保护环境的原则,单个垃圾池控制户数按 20 户考虑,垃圾量取 $1.2kg/(人·天)$,垃圾容重 $0.45t/m^3$,清运周期 5 天,富余系数取 1.5。初步估算单个垃圾池有效容量约 $1.48m^3$。综合考虑,垃圾池设计尺寸取为 $1.3m×1.3m×1m$,有效容积为 $1.69m^3$,完全可以满足实用要求。为了便于垃圾清运,在池子一侧开 $0.5m×1m$ 的活动门,用铁皮做活动挡板。

(二)村外垃圾处理

1. 垃圾成分组成

村镇生活垃圾量主要受人口数量、燃料结构、居民生活水平等因素的影响,人口数量是影响村镇生活垃圾量的主要因素。燃料结构的不同,产生垃圾的数量和成分也有所不同。以燃煤为主的村镇,生活垃圾量就多些,无机物含量相对较多;反之,燃料气化率高的村镇,生活垃圾量就少,有机物含量相对较多。同时居民生活水平直接影响生活垃圾的成分和产生量。小浪底移民安置区的移民新村均以燃煤为主,生活垃圾成分按表 5-4-1 进行估算。

表 5-4-1 生活垃圾组成成分

组成	有机物			无机物			
	动物	植物	合计	煤灰	灰土	其他	合计
含量(%)	0.4	28.6	29.0	40.0	11.0	20.0	71.0

2. 垃圾处理

生活垃圾的处理方式主要有三种:①回收利用,对垃圾中可回收利用的尽可能回收利用或交由废品回收站统一回收处理。②堆肥,由于当地生活垃圾有机物含量较低,不适于大规模堆肥。③填埋处理,是我国目前生活垃圾的主要处理方式。

小浪底移民村分布较广,部分移民安置点分布在城市郊区,距城市垃圾处理场较近,这部分移民村可将垃圾运往城市垃圾处理场进行处理。远离市区的移民村,应在村外选择合适的地点对垃圾进行填埋处理。

1)垃圾场选址

垃圾场的选址必须遵循两个原则:一是从防止环境污染角度考虑的安全原则,二是从经济角度考虑的经济合理原则。

安全原则是选址的基本原则。维护场地的安全性,要防止场地对大气、地表水的污染,尤其是要防止渗沥水的释出对地下水的污染。因此,在选址时最好选择包容性场地,周围都被滞水层包围,填埋场中产生的渗沥水都被留在其中,而不会对地下水造成污染。或者选择衰减性场地,周围被渗透率较低的地层所包围,填埋场中产生的渗沥水迁移的很慢,当到达地下水位时,已被大大稀释了;最后进入地下水时,对水质的影响已经很小。很明显,填埋场与地下水位之间的距离越长,稀释程度越高。同时,为了避免空气污染,根据《生活垃圾填埋污染控制标准》(GB16889—1997)的规定,垃圾场应选在村庄夏季主导风向的下风向,最好设在背风处,距村庄500m外。

经济原则。合理充分利用场地的天然条件,如荒沟、洼地等,减少土方开挖量,降低场地造价,同时在保证安全的原则下,尽可能靠近村庄。在选择荒沟、洼地时必须考虑汛期行洪问题,应尽可能选择沟头等积水面积较小的沟道,并进行适当的防护,留出足够的排水通道。平原地区以挖坑填埋为主,尽可能利用已废弃的取土坑、取沙坑等对垃圾进行填埋处理。

2)垃圾场的日常管理

垃圾处理场的规划管理原则包括以下几个方面:①交通问题,垃圾场要修建合适的道路以方便清运垃圾的车辆进入垃圾场。②垃圾场容积计算中要考虑覆土量。③为了防止儿童进入垃圾场,垃圾场四周要设置围墙。④村内要派专人对垃圾场进行管理,定期用覆土进行填埋处理,维护垃圾场四周的环境卫生。为防止蝇虫滋生,要定期进行杀虫、灭鼠。⑤垃圾场填满后要进行压实,覆土后种植草坪或树木,改善环境,并有利于垃圾的降解。

五、存在问题与建议

随着生活水平的提高,社会的进步和发展,环境保护越来越受到人们的重视,移民安置工作中的环境保护工作也日益重要,但环保设计规范滞后、环保投资不落实已经严重制约了移民村环境保护工作。

移民安置规划中,新村规划设计依据主要是建设部1993年颁发的《村镇规划标准》,但该标准中有关环境保护的内容已经很难满足现行环境保护政策的要求。以小浪底工程为例,在移民新村规划村内排水沟加盖长度仅为30%,村外排水沟统一按150m考虑,完全没有考虑垃圾处理用地,致使移民村搬迁后存在许多遗留问题,如村外排水无出路、垃圾无处堆放等。希望在修订《水利水电工程建设征地移民设计规范》和《水利水电工程建设征地移民投资概算编制规定》中予以考虑,进一步完善移民安置区环保设计与环保投资估算,保证移民安置区环境保护工作的顺利实施。

第六章　人群健康保护

在自然界,各种生物都在一定环境条件下相互依存、相互制约地生活和繁衍着,各种病原体、宿主和传播媒介之间保持着相对的稳定,人类的各种生产活动或多或少都可造成区域自然生态条件的改变,使自然界的某些平衡受到扰乱。

大型水利水电工程的兴建,环境条件的变化,常常能在一定范围内破坏或改变原来的生物群落,使病原体赖以生存、循环的宿主、媒介发生改变(包括种类、数量的改变和生物学特征的改变),因而导致自然疫源的增加、减少或消失。移民的搬迁及各疫源性动物、媒介昆虫的逃逸,也可能造成一些疾病的扩散。水利工程建设可能产生的影响包括:①施工人员的大量涌入将加大施工区传染病流行的风险;②水库蓄水初期淹没区老鼠大量外迁逃逸至库周,将可能造成库周人口出血热发病率上升;③水库蓄水后,水面面积的增大,移民的搬迁为疟疾、脑炎等媒介传染病和痢疾、肝炎和伤寒等传染病创造更好的滋生环境。

为了解库区库周流行病的分布和流行规律,科学预测小浪底工程施工和运行期对人群健康的影响,黄河中心医院、河南省卫生防疫站从1984年开始,对小浪底水库库区库周流行病和地方病发病情况、地区分布和流行趋势进行了大量的调查研究,并承担了小浪底施工区灭鼠灭蚊和移民安置区人群健康跟踪调查工作,为小浪底工程施工区和移民安置区人群健康保护提供技术支持的同时,也为水利水电工程建设人群健康保护积累了丰富的经验。

第一节　环境医学背景情况

一、媒介昆虫和宿主动物的种属与数量

多种自然疫源性疾病及虫媒病,都是由媒介昆虫和宿主动物传播的。媒介昆虫和宿主动物是指蚊、蝇、螨及鼠形动物等,当自然环境适宜时,宿主动物和媒介昆虫增长到一定数量,即可在人群间传播病毒、细菌、原虫及蠕虫等多种自然疫源性疾病、虫媒病等,进而造成流行,危害人体健康。小浪底水库库区的生态气候条件,适宜多种宿主动物、病媒昆虫生存繁衍。从建库前本底调查发现有蚊类6属10种,其中以中华按蚊、淡色库蚊、白纹伊蚊为优势种。此区域鼠类活动猖獗,共发现鼠形动物2科7属16种,室内以褐家鼠、小家鼠为主,室内平均鼠密度为24.5%;室外以大仓鼠、褐家鼠为主,野外平均鼠密度为14.7%。

二、疾病种类及发病率

历史上小浪底水库库区曾多次流行过霍乱、痢疾、疟疾、炭疽病、黑热病等,并存在乙型脑炎、流行性出血热局部地区的流行史。1981～1984年发病情况见表6-1-1。

1985～1995年报告法定传染病21种,报告病例78 636例,死亡340例,总平均发病

率为 234.86/10 万,总平均病死率为 0.34/10 万。发病率最高的 1986 年,发病率为
526.45/10 万;最低的 1993 年,发病率为 143.41/10 万。

表 6-1-1　　　　　　　　小浪底库周主要流行病基本情况(1981~1984 年)

病名		发病乡数(个)	发病率范围(1/10 万)	平均发病率(1/10 万)	较高发病区
虫媒传染病	疟疾	32	1.5~33.7	8.51	沿水系分布
	乙脑	28	0.5~4.8	1.31	沿水系分布
自然疫源性疾病	出血热	42	0.7~460.1	47.38	北岸高于南岸
	布氏病	4	21.30		水库两头牧区
	肺吸虫	6 个村	6.39~42.67	2.16	支流中上游
介水传染病	痢疾	52	9.0~1 613.3	217.36	无差别
	肝炎	45	1.5~43.5	13.81	无差别
	伤寒	29	0.6~468.6	9.46	库周高于库区

1985~1995 年,在传染病的构成中,肠道传染病占 89.00%,自然疫源性疾病占 5.86%,
呼吸道传染病及其他疾病占 5.32%。肠道传染病中,肝炎、痢疾发病分别占总发病人数的
32.04% 和 54.94%。主要疫情有两项:一是原阳县 1992~1995 年暴发了钩体病,共发病
1 554 例,死亡 22 例;二是义马市 1995 年暴发了霍乱,共发病 243 例,死亡 3 例。

(一)流行性出血热

流行性出血热(Epidemic hemorrhagic fever,简称出血热),又称肾综合症出血热,是由
鼠类携带病原体传播、对人类危害较大的一种自然疫源性疾病。该病患者由发热开始,继
之出现全身出血、低血压休克、急性肾功能衰竭等症状。发病早期易误诊误医,死亡率较
高。发现该病已有 50 多年的历史,现波及到五大洲的 37 个国家和地区,成为全球十分关
注的急性传染性疾病。该病的传染源是鼠类,野生鼠类是主要的传染源,鼠体外寄生的螨
类是该病的传播媒介。在我国,黑线姬鼠是主要贮存宿主和传染源。小浪底库区出血热
的传染源为褐家鼠。近期研究证实,出血热的传播途径存在着呼吸道、消化道、皮肤接触
和螨媒介几种可能,人群对该病普遍易感。

1. 发病情况

调查表明,库区为出血热多发区,1981 年出血热发病率达 16.87/10 万,以后逐年下
降。发病率黄河北岸高于南岸,库区高于库周。

1985~1995 年,库区出血热发病率都高于 1/10 万,最高为 1986 年,发病率达 9.32/
10 万,较 1985 年上升了 33%,以后呈逐年下降趋势。

2. 流行特征

1)地区分布

本病病例多呈散在发生,其中黄河北普遍高于黄河南,库区高于库周,新安县铁门乡、
济源市梨林乡,垣曲县同善、陈村、长直较高,分别达到 76.15/10 万、15.30/10 万、30.95/
10 万、25.70/10 万、21.85/10 万。垣曲县是出血热高发区,也是全国出血热监测网点之
一,出血热流行有从南向北转移的趋势。

2)季节分布

库区全年各月均有病例发生,但有较明显的季节性,流行高峰多在 3~5 月。这可能

与褐家鼠的生长繁殖以及人类在此期间的活动有关。

3）职业分布

各种职业人群均可感染该病，以农民为主，其次是工人。主要原因是，该病的疫源地主要分布于农村，且农民的日常生活与该病的传染源接触比较多。

（二）疟疾

疟疾病人和无症状带虫者是唯一传染源。该病由按蚊传播，临床上以周期性发冷、发热、出汗和脾肿大、贫血为特征。人体疟疾常见的有间日疟和恶性疟，小浪底地区多为间日疟。

1. 发病情况

该区域属于北纬33°以北的低疟区，每年都有散在发生。资料表明，1960～1984年该地疟疾的平均发病率为8.51/10万，1985～1995年疟疾平均发病率为0.52/10万，呈明显下降趋势。这主要是由于我国政府将疟疾列为限期消灭的疾病，普遍建立防治机构，投入了大量人力、物力，使该地大部分地区成为疟疾防治达标区。

2. 流行特征

1）地区分布

1995～1997年，小浪底库区有疟疾发生的乡24个，占调查总数的55%。发病率最高的乡为新安县铁门乡，发病率为15.54/10万。

2）季节分布

该病有明显的季节性，主要集中在7～9月，8月份发病人数最多。这与蚊虫的生长繁殖密切相关。

3）人群分布

人群对疟疾普遍易感，且产生的免疫不持久，可重复感染。本地农民、工人发病较多，占总数的82.68%。

（三）流行性乙型脑炎（Epidemic type BencepHalitis）

乙脑是一种嗜神经性虫媒病毒传播的急性传染病。受乙脑病毒感染的人和动物通过蚊虫叮咬，均可成为该病的传染源。该病死亡率高，后遗症严重。

1. 发病情况

调查表明，1980～1984年，乙脑平均发病率为1.35/10万；1985～1995年，乙脑每年都有发生，总发病率为3.62/10万，病死率为12%，发病率最高年份为1990年，发病219人，死亡33人，发病率为5.82/10万，病死率为15.07%。

2. 流行特征

该病有严格的季节性，5～6月开始出现病例，7、8、9三个月最多。小浪底库区库周十几年共发病1 501例，其中7、8、9三个月发病的1 404例，占总发病的93.5%。明显的季节性与7～9月雨日多、雨量大、气温高，适宜于蚊类孳生繁殖有关。从地域分布看，乙脑发生的乡约34个，占调查总数的77%，发病率最高的乡为垣曲县英言乡，发病率为37.04/10万。该病农民、散居儿童和学生发病率高，占总发病人数的90.06%，其中农民占44.40%，散居儿童占30.02%。

（四）介水传染病

介水传染病是指病原体通过饮水进入人体引起的肠道传染性疾病，包括痢疾、伤寒副伤寒、霍乱副霍乱、传染性肝炎、脊髓灰质炎等,与水源和水环境关系十分密切。

1.逐年发病情况

肠道传染病是该地区的主要传染病。1985～1995年调查表明,仅肝炎、痢疾、伤寒就占总发病人数的89.00%,其中肝炎占32.04%,痢疾占54.96%,伤寒占1.99%。肝炎的年平均发病率为75.26/10万,发病率最高的是1986年;痢疾的年平均发病率为104.35/10万,发病率最高的年份是1986年;伤寒的发病率最高的年份是1989年。1995年,义马霍乱暴发流行,发病243人,死亡3人。

2.流行特征

1)季节分布

肠道传染病流行有一定季节性。痢疾发病多在7～9月,季节性比较明显,7～9月发病数占总发病数的74%;肝炎的季节性没有痢疾明显,但7～10月的发病率较其他月份为高;伤寒的发病高峰迟于痢疾和肝炎,多在9～12月,高峰在10月份。

2)地区分布

痢疾和肝炎的区域性发病表现不明显。

3)职业分布

在职业分布中,农民和散居儿童、学生在肠道传染病中占有很大比例。农民在三种传染病发病中所占的比例分别为痢疾48.44%、肝炎26.95%、伤寒50.96%;散居儿童在三种传染病发病中所占的构成比分别为痢疾27.72%、肝炎37.00%、伤寒7.71%;学生在三种传染病发病中所占的构成比分别为痢疾8.88%、肝炎17.00%、伤寒12.39%。

（五）地方病

在地球化学性疾病方面,小浪底库区属地方性甲状腺肿的轻流行区(见表6-1-2),主要原因为饮用水中碘含量低于5μg/L。氟病主要与燃煤中氟含量偏高有关(见表6-1-3)。

表6-1-2　　　　　小浪底库区地方性甲状腺肿危害程度及分布(1984年)

患病率	<3%	3%～5%	>5%
地点	石井　曹村　陈村(渑池) 南村　池底　西阳　柴洼张茅 观音堂　解峪　古城　王茅 蒲掌　英言　同善　陈村 上王　华丰　长直　朱家 大庙　曹川	马屯　横水　峪里　王家后 坡头(济源)　下冶　安窝 曹家庄	煤窑　王良 段村　坡头 邵原　大峪 承留　王屋 祁家河　泗交

表6-1-3　　　　　　　小浪底库区氟骨症发病情况(1982年)　　　　　(单位:1/10 000)

县	乡	人口数	库区		库周	
			患病数	患病率	患病数	患病率
孟津	王良	15 520			8	5.15
	马屯	28 039	1	0.36		
新安	石井	26 836	5	1.68		
合　计		54 875	6	1.09	8	5.15

第二节　施工活动对人群健康的影响

　　小浪底工程兴建所引起的环境变化、人口移动和疾病的传染源、传染媒介、动物种群变化等,将对人群健康产生一系列的影响。为了保障施工人员的身体健康,小浪底工程建设过程中,根据水利工程施工特点,组建了相应的卫生防疫体系,对传染性疾病进行了积极的预防和控制,有力地保证了工程施工的顺利进行。

一、工程施工对人群健康的影响

(一)传染源传播媒介密度升高

　　1995 年 4 月对施工区鼠类动物的监测显示,鼠种构成,室内以褐家鼠为优势种,其他为小家鼠和黄胸鼠,野外优势种为褐家鼠及黑线姬鼠。工程开工后施工人员的进入,导致生物种群的迁移、扩散。另外,库岸鼠类为了觅食,窜入生活区,这种鼠类和人口并行迁移,可能导致疾病流行,即使施工区是非疫区,也有可能加重鼠传染病的流行。大量废弃的房屋,低洼、潮湿、多草、易隐蔽、天敌少、食物丰富等诸多因素,均为鼠类生活和繁殖提供了合适的场所,造成室内、野外的平均鼠密度升高。人类在这种区域生活、劳作,增加了与这些动物及其排泄物的接触机会,而致使疾病流行。

　　鼠类是出血热的传染源,鼠体外寄生的螨类是流行性出血热的传播媒介。鼠密度高于 10%,流行性出血热的发病率高,呈现流行趋势。小浪底工程开工前鼠密度本底值为16.9%,开工后的 1995 年施工区平均鼠密度竟高达 30.8%(见表 6-2-1、表 6-2-2),如果不进行防治,极有可能引起流行性出血热局部暴发流行。

表 6-2-1　　　　　　　　　　1995 年施工区不同营地鼠密度情况统计

序号	调查地点	布夹数(夹)	阳性夹数(夹)	阳性率(%)	布粉数(块)	阳性粉数(块)	阳性率(%)
1	小浪底Ⅰ标营地	61	20	32.8	29	14	48.3
2	西河清Ⅰ标营地	18	0	0	5	3	60.0
3	桐树岭Ⅱ标营地	41	13	31.7	26	3	11.5
4	桥沟生活区营地	35	12	34.3	25	16	64.0
5	东山Ⅱ、Ⅲ标营地	40	14	35.0	25	9	36.0
6	外籍人员营地	21	8	38.1	0	0	0
7	连地Ⅱ标营地	10	2	20.0	7	2	28.0
8	留庄转运站营地	9	3	33.3	5	2	40.0
9	蓼坞水厂	15	5	33.3	4	2	50.0
	合计	250	77	30.8	126	47	37.3

注:室内共布夹 104 只,阳性夹数 37 只,阳性率为 35.6%;室外布夹 146 只,阳性夹数 40 只,阳性率为 27.4%。

表6-2-2	小浪底施工区鼠种构成	
鼠种名称	捕获数(只)	构成比(%)
小家鼠	9	29
褐家鼠	14	45
黄胸鼠	2	6
黑线姬鼠	6	20

据1995年8月对施工区的调查,蚊虫有3属7种,其中以中华按蚊、淡色库蚊、白纹伊蚊为优势种。蚊密度平均值为阳性房间80%,阳性房间成蚊数为9只/间;蝇密度为阳性房间40%,阳性房间蝇数平均为20只/间,蚊蝇密度均明显超过国家标准。

蚊类是疟疾、乙型脑炎的传播媒介,该区域疟疾、乙型脑炎多年来呈散发状态。室内调查点为厨房、饭店、居室、仓库、走廊、百货经销部等。室外调查点为垃圾堆放处、下水道口、堆放杂物处、厨房外围及楼房前后等。

(二)水源污染

工程开工后,外来人员大量迁入施工区,而管理措施相对滞后,导致肠道传染病、细菌性痢疾、病毒性肝炎等的流行,影响人群健康。

(三)易感人群增加

有些传染病的流行有一定的地方因素,某些疾病常流行于某一地区。小浪底库区是乙脑、出血热、伤寒等疾病的散在发生区,有时还会暴发流行。小浪底工程开工后,外来人员大量迁入,包括来自非疫区的大量易感人群,他们对乙脑、出血热、伤寒的免疫力低下,如不重视这些疾病的防治,极有可能造成暴发流行。另外,外来人员的增多也增加可传播某些外来疾病的潜在危机,本地人员对这些疾病免疫力低下构成易感人群而受到影响。

二、保护人群健康的对策措施

(一)建立施工区医疗卫生服务体系

1. 卫生防疫

小浪底施工区卫生防疫工作主要由黄委会黄河中心医院、河南省卫生防疫站、小浪底建设管理局职工医院共同承担完成。工作职能如下:

(1)预防和控制法定急性传染病;

(2)控制地方病,减轻环境污染,改善饮水卫生;

(3)控制慢性传染病;

(4)消毒、灭菌、杀虫及灭鼠等;

(5)卫生知识宣传和健康教育。

2. 医疗体系

施工区医疗、急救机构的设置,是保障人群健康的主要措施之一。围绕工程施工布局,建立了以下医疗、急救机构。

1)业主医院

小浪底建设管理局职工医院是施工区配套齐全的医疗、急救综合性医院。其主要任务是:①承担工程各种工伤事故,现场急救;②承担施工区常见病、多发病的诊断治疗任务;③承担施工区职工年度一次的体检任务。

2)承包商医疗保健机构

其主要任务是:①负责预防接种、计划免疫接种和体检;②负责常见病、多发病的诊疗;③负责现场急诊、急救及伤员转送(需进一步诊断、救治转至洛阳市第二医院、第四医院和解放军150医院);④负责医疗技能培训。

小浪底施工区医疗人员、设备情况见表6-2-3,健康保障系统见图6-2-1。Ⅱ标施工现场医疗体系、Ⅱ标健康保障系统见图6-2-2和图6-2-3。

表6-2-3 小浪底施工区医疗人员、设备情况

单位	医生(个)	护士(个)	救护车(台)	小车(台)
LOT Ⅰ	6	5	2	1
LOT Ⅱ	3	4	1	1
LOT Ⅲ	5	10	1	1
局医院	12	17	1	0
总计	26	36	5	3

注:局医院还配备有药剂师1名,技师4名;X光机1台,B超机1台,心电图机1台,心电监护仪1台,生化分析仪1台,呼吸机1台,麻醉机1台,手术台2台,病床30张。

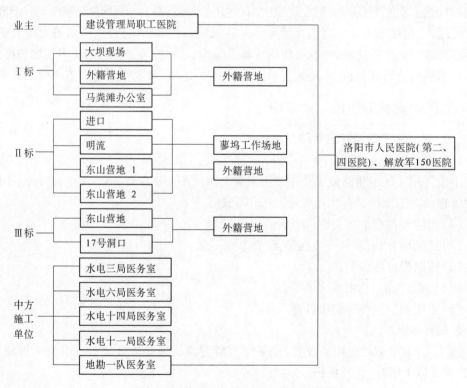

图6-2-1 施工区人员健康保障系统框图

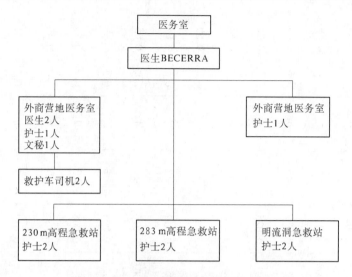

图 6-2-2 Ⅱ标施工现场医疗体系框图

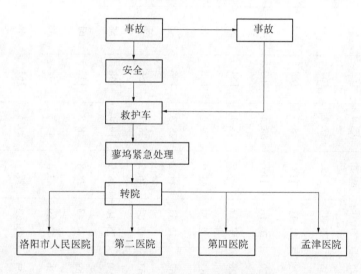

图 6-2-3 Ⅱ标健康保障系统框图

（二）对策措施

1. 饮用水源保护

施工区供水采用大分散小集中方式,共设 7 个供水水源,供应施工区生产生活用水。其中,主要的生活用水供水系统为蓼坞水源地,供水范围涉及桐树岭、蓼坞及桥沟生活区,供水人数 9 000 多人,以地下水为水源。为保护施工区人群健康,对生活饮用水主要采取了以下措施:

（1）清除水源地周围污染源,设置防护带。

（2）对生活饮用水进行加氯消毒。为保证出口水质,在蓼坞水厂安装了武汉水处理设备厂生产的 SD－1500 型水电化消毒机。该机采用普通盐水电解装置,现场制取杀菌力很强的次氯酸钠溶液,现场投药,消毒稳定。水体中氯的含量每 24 小时监测两次,每次

表 6-2-4　　1997 年小浪底施工区生活饮用水（含地下水）水质监测结果

采样地点	水温（℃）	pH值	色度（度）	总硬度（mg/L）	总碱度（mg/L）	Cl⁻（mg/L）	SO₄²⁻（mg/L）	K、Na（mg/L）	Ca（mg/L）	Mg（mg/L）	总Fe（mg/L）	Mn（mg/L）	大肠菌群（个/L）	细菌总数（个/L）	浊度（度）	余氯（mg/L）
蓼坞水厂	13	7.6	1	339	226	74.21	118	57.5	200	43	未	0.018	<3	3	0.2	0.8
桐树岭营地	12	7.8	5	307	225	56.0	89.5	45.0	163	51	0.213	0.02	<3	6	0.2	0.06
山东Ⅲ标营地蓄水池	9	7.7	5	321	235	78.83	125	77.2	167	54	0.058	0.11	<3	5	0.6	0.40
桥沟业主营地宾馆	9	7.7	1	340	225	74.21	118	56.5	188	40	未	0.032	<3	6	0.6	0.06
桥沟业主营地办公楼	9	7.8	1	339	229	76.16	116	58.4	200	43	0.02	0.025	<3	4	0.1	0.07
洞群水源井（蓄水池）	8	7.5	2	306	228	52.12	86.9	43.1	154	56	未	0.012	3	95	0	0.30
连地供水井	12	7.7	0	274	265	12.29	48.0	29.2	143	46	未	0.005	3	3	0	0.50
连地营地1号楼	9	7.6	0	270	262	12.53	44.2	28.3	138	47	未	0.012	<3	17	0.1	0.04
连地营地3号楼	10	7.6	0	272	263	12.04	46.2	28.7	156	39	0.007	0.016	<3	4	0	0.05
留庄转运站供水井	10	7.9	1	316	290	25.16	28.9	19.4	158	58	0.026	0.008	<3	19	0.4	0.4
留庄转运站机关1号楼	11	8.0	0	316	289	24.43	28.8	18.5	152	61	未	0.008	<3	9	0.2	0.20
小浪底1号水源井	9	7.5	0	298	236	42.89	83.4	42.5	144	58	0.019	0.012	<3	5	0	0.30
小浪底Ⅰ标营地东住户	9	7.5	1	298	234	43.13	77.1	29.5	161	46	未	0.012	<3	8	0.2	0.04
小浪底Ⅰ标营地西住户	7	7.4	0	300	238	43.37	79.1	40.5	152	54	未	0.012	<3	8	0.4	0.03
连地村水井	11	7.6	2	385	384	26.62	44.4	41.3	168	85	0.038	0.023	8	56	0.5	0.30

监测结果都能达到0.3mg/L以上,符合规定要求。

(3)蓼坞水厂建立了正规的水质监测制度,每月分别在蓼坞供水系统和洞群供水系统的出水口采取水样送往洛阳市自来水公司检验。黄河水资源保护局每年对管网末梢水质监测两次,见表6-2-4。

2.卫生防疫

为预防传染性疾病的流行,小浪底施工区的卫生防疫,主要采取了如下措施。

1)工人体检

根据合同要求,进入施工现场之前,外方和中方人员必须递交他们的健康证明书,主体工程开工后,每年对中外施工人员进行一次体检。1994年进入施工现场前,小浪底建设管理局委托洛阳市卫生检疫局对施工人员进行了一次体检,根据体检情况,未检测到传染病,只有一名不合格人员被清退。1995年,Ⅰ标体检人数为930人,仅发现有肠道传染病,夏季发病,其他季节均无病例;Ⅱ标体检,没有发现传染病病例;Ⅲ标共体检296名新进场工人,发现乙肝7人,全部辞退,肠道传染病103人次,进行药物治疗控制;业主医院没有发现传染病病例。1996年,体检发现脑炎3例,病人得到及时转移治疗。1994~1996年小浪底施工区人员体检情况见表6-2-5。

2)疫情监测

黄河中心医院、河南省防疫站于工程开工前及开工后的1996年4月至1998年10月对小浪底施工区及周边地区进行了全面的疫情监测,及时发现了某些直接威胁施工人员身体健康的传染病,引起了有关方面的高度关注。

通过对1985~1997年的24种法定传染病逐年发病情况统计,当地10多年来未发现有甲类传染病,但存在某些影响施工人员身体健康的虫媒、鼠媒及肠道、呼吸道传染病,见表6-2-6、表6-2-7。百分构成顺位见图6-2-4、图6-2-5。

表6-2-5　　　　　　　　　　1994~1996年小浪底施工区人员体检情况

承包商	时间	体检人数	传染病种类	发病人次	体检频率(年/次)
LOT Ⅰ	1995年 1996年	930	肠道传染病 疟疾	30	1
LOT Ⅱ	1994年 1995年 1996年	964 121	肝炎 无传染病病例 肝炎	220	1
LOT Ⅲ	1995年	296	肝炎 肠道传染病	7 103	1
其他施工单位	1996年		乙型脑炎	3	

表 6-2-6 　　　　　　　　　1985～1995 年传染病累计发病死亡构成

病名	占总发病构成(%)	占总死亡构成(%)
痢疾	54.97	2.94
肝炎	32.04	8.82
麻疹	3.71	4.12
伤寒	1.99	0.59
乙脑	1.91	53.24
出血热	1.51	5.59
流脑	0.90	10.59
疟疾	0.28	0
猩红热	0.13	0

表 6-2-7 　　　　　　　　　1996～1997 年传染病累计发病构成

病名	占总发病构成(%)	病名	占总发病构成(%)
痢疾	35.34	肺结核	34.21
肝炎	27.72	淋病	0.96
麻疹	0.78	伤寒	0.57
流脑	0.19	乙脑	0.15
出血热	0.13	猩红热	0.04
疟疾	0.03		

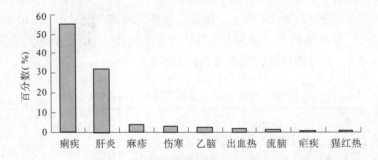

图 6-2-4 　1985～1995 年传染病百分构成顺位

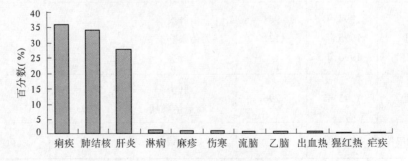

图 6-2-5 　1996～1997 年传染病百分构成顺位

3）防疫灭鼠

（1）控制目标：施工区平均鼠密度维持在无鼠害标准以下（1%）。预防流行性出血热及鼠伤寒等鼠媒传染病的流行。

（2）实施范围：小浪底施工区各营地。

（3）实施过程：灭鼠前进行鼠密度监测，具体实施灭鼠操作后进行灭鼠效果考核。1995～2000年鼠密度监测统计见表6-2-8。

表6-2-8　　　　　　　　　　小浪底施工区生活营地不同时间鼠密度监测统计

监测时间（年·月）	布夹数（夹）	鼠密度（%）	说明
1995.4	250	30.8	灭鼠前
1995.5	250	1.4	灭鼠后
1995.11	257	10.1	灭鼠前
1995.12	292	0.8	灭鼠后
1996.4	307	7.5	灭鼠前
1996.4	310	0.6	灭鼠后
1997.3	299	7.02	灭鼠前
1997.4	289	0.692	灭鼠后
1997.11	342	5.03	灭鼠前
1997.12	360	0.83	灭鼠后
2000.3	245	5.71	灭鼠前
2000.4	250	0.8	灭鼠后

（4）时间安排：每年春季集中进行一次灭鼠。平时加强鼠密度监测，发现鼠密度超标，及时进行消杀。

4）防疫灭蚊蝇

（1）控制目标：预防疟疾和乙脑等虫媒传染病的流行。

（2）实施范围：小浪底施工区各营地，室内滞留喷洒、室外速杀，喷洒重点为室内墙壁、走廊、洗手间、垃圾箱等；室外喷洒重点为花坛、杂草丛生地、残留污水地沟、水沟、食堂周围和露天垃圾等蚊蝇栖息处。

（3）实施过程：灭前进行密度监测，具体实施消杀操作后进行灭效考核。

（4）时间安排：正常情况下每年7～8月操作一次（见表6-2-9、表6-2-10），平时加强蚊蝇密度监测，特殊情况进行突击性消杀。

表6-2-9　　　　　　　　　　施工区蚊虫监测结果（1996.8）

地点	项目	灭前	灭后	标准
室内	监测房间数（间）	100	100	100
	阳性房间（%）	80	4	5
	房间平均密度（只/间）	8～10	3	3

表 6-2-10　　　　　　　　　　　施工区苍蝇监测结果(1996.8)

地点	项目	灭前	灭后	标准
食堂、餐馆、食品店	监测房间数(间) 阳性房间(%)	50 20	50 2	100 1
办公室、居室	监测房间数(间) 阳性房间(%) 房间平均密度(只/间)	100 20 8~10	100 2 3	100 3 3

5)食品卫生监测

(1)控制目标:预防肠道传染病和食物中毒。

(2)实施范围:小浪底施工区营地职工食堂、小卖部。

(3)时间安排:1997~2001年,每年2次。

(4)方法和措施:卫生监督人员对各单位职工食堂、小卖部的卫生环境、人员健康状况及食品的购进、贮藏、保存、加工等进行现场监测,发现问题及时处理。

6)生活饮用水抽样监测

(1)控制目标:预防介水传染病流行。

(2)实施范围:施工区各饮水系统。

7)计划免疫接种

(1)控制目标:保护易感人群,预防疾病流行。

(2)实施范围:施工区部分施工人员。

(3)方法:根据具体情况,筛选出对某种疾病易感的易感人群,然后接种相应的预防疫苗,由小浪底建设管理局职工医院统一进行筛选和接种。现已实施乙肝、霍乱等疫苗的接种及儿童的计划免疫接种。

8)举办卫生防疫宣传、讲座

适时举办卫生防疫宣传、讲座,增强施工人员防疫意识。

三、实施效果评述

经过业主、承包商、环境监理、卫生防疫部门的共同努力,小浪底施工期没有发生国家法定甲、乙类传染病流行,仅有乙类传染病病毒性肝炎、细菌性痢疾、乙型脑炎等散在发生并进行了及时治疗控制,为工程顺利施工创造了良好的卫生环境。以1999年为例,Ⅰ标承包商诊所诊疗8 796人次,Ⅱ标13 675人次,Ⅲ标2 982人次,诊疗重点病发病构成见表6-2-11～表6-2-13。

表 6-2-11　　　　　　　　　　Ⅰ标重点病累计发病构成

病名	发病人次	占总发病率构成(%)	病名	发病人次	占总发病率构成(%)
耳、鼻、喉疾病	3 961	45.03	胃肠功能紊乱	1 110	12.61
皮肤病	1 091	12.40	肌肉骨骼结缔组织	471	5.35
眼科病	353	4.01	神经衰弱症	146	1.65
泌尿系感染	37	0.42	感冒	35	0.39
病毒性肝炎	7	0.079	痢疾	6	0.068

表 6-2-12　　　　　　　　　　　　　Ⅱ标重点病累计发病构成

病名	发病人次	占总发病率构成(%)	病名	发病人次	占总发病率构成(%)
感冒	2 701	19.75	外伤	1 849	13.52
咽炎	1 612	11.78	异物损伤	459	3.35
肠炎	412	3.01	皮炎	405	2.96
结膜炎	393	2.87	胃炎	346	2.53
上呼吸道感染	203	1.48	牙病	195	1.42

表 6-2-13　　　　　　　　　　　　　Ⅲ标重点病累计发病构成

病名	发病人次	占总发病率构成(%)	病名	发病人次	占总发病率构成(%)
感冒	781	26.19	外伤	335	11.23
咽炎	333	11.16	皮炎	260	8.71
肠炎	170	5.70	口腔炎	138	4.62
胃炎	117	3.92	牙痛	115	3.85
支气管炎	111	3.72	风湿病	87	2.91
病毒性肝炎	1	0.03	眼病	72	2.41

第三节　移民迁建对人群健康的影响

一、水库蓄水及移民搬迁可能引起的环境卫生问题

居民外迁可使某些自然疫源性疾病疫区扩大、新老疫区连接和新的疾病输入、易感人群的增多,这种环境条件对老、弱、病、幼和免疫力低的高危人群威胁很大。淹没区遗留下来的各种污染源,也直接影响着水库水质。淹没面积的扩大,小气候的改变,宽阔的水面,又为蚊、鼠、软体动物等病媒动物的生长、繁殖提供了良好的生存环境,使得血吸虫病、疟疾、流行性乙型脑炎、流行性出血热等疾病蔓延。地下水质的改变也是地方病流行的重要原因。

美国在 1924 年建成的亚拉巴马州水库,使当地传播疟疾的四斑按蚊密度增加了 40 倍,疟疾发病率上升近 7 倍;南非最大的佛沃埃德水库成为媒介按蚊的孳生场所,大量孳生按蚊,使周围地区变成疟疾流行区;埃及在 20 世纪 30 年代修建阿斯旺低坝后,1942 ~ 1943 年由于冈比亚按蚊从苏丹传入,使埃及暴发疟疾,死亡 13 万人。巴拿马运河延期竣工,其中一个重要原因就是发生疟疾大流行。我国丹江口水库 1967 年建成蓄水后,处于水库周围的湖北省郧县的 8 个乡,疟疾发病率由 1.3% 上升为 7.6%,居民带虫率由 0.78% 上升为 3.78%。

20 世纪 60 年代加纳在一次水库移民中发现,在 Akosomdo,居住在湖边的成年人血吸虫病发病率由移民前的 1.8% 上升到 75%,儿童的发病率在水库蓄水后的几年内已接近 100%。在毛里塔尼亚的 Fum – Gleita 灌溉工程中,学生血吸虫病的发病率达 70%,农民

的健康状况也由于饮用水的污染和农业化肥中毒而恶化。在斯里兰卡的维克多利亚水库,周围暴发了肠胃疾病。在泰国的 Nampong 大坝跟踪检查发现,当地发病率——从肝蛭到十二指肠虫传染病,都比省内平均水平要高。因此,大量的移民不仅能将一些疾病输出扩散,而且可以造成一定范围的流行。

小浪底水库淹没影响区涉及河南省的孟津、济源、新安、渑池、陕县,山西省的垣曲、平陆、夏县等 8 个县(市)。移民安置区除库区 8 县外,还涉及义马、孟州、温县、原阳、中牟、开封等,总共 14 个县(市)。从安置方式上看,后靠安置占 13%,本县近迁安置占 58%,出县远迁安置占 29%。

据 1985~1995 年疫情调查,库区库周安置区有流行性出血热、流行性乙型脑炎、疟疾、痢疾、肝炎、腹泻、肠炎等疾病发生,在移民搬迁安置过程中和水库蓄水后,应采取必要措施防止疫情发生。

二、自然疫源性疾病

水库蓄水初期,随着库水位的升高,淹没区鼠类将向库周迁移,致使流行性出血热和钩端螺旋体病等的自然疫源地扩大,库周鼠密度增加,鼠类之间接触频繁,强化了鼠传自然疫源性疾病在动物中的流行程度。

(一)虫媒传染病

水库蓄水有利于乙型脑炎传播媒介蚊种的孳生和越冬,促进乙型脑炎由蚊媒在宿主动物中循环和人间传播,这类疾病的流行强度可超过建库前。移民搬迁过程中,一方面将疟原虫带入新的安置区,导致疟疾扩散;另一方面,由于移民迁入后,灌区扩大,积水面积增加,为传疟媒介中华按蚊创造了良好生境,增加了发病机会。

(二)介水传染病

喝生水的不良习惯,加之乡镇企业可能产生的环境污染,以及水源保护、环境公共设施、垃圾粪便、污水排放的管理不善,容易引起介水传染病的传播和流行。

三、防治措施的实施

(一)疫情监测

根据 1985 年环境评价阶段的本底调查以及 1995 年后的数次调查,小浪底水库淹没区及移民安置区与工程施工区的流行疾病基本相同,历史上曾多次流行过霍乱、痢疾、疟疾、炭疽、黑热病等,并存在乙型脑炎、流行性出血热等疾病。近十年来未发现有甲类传染病,但存在某些影响群众人体健康的虫媒、鼠媒及肠道、呼吸道传染病。

(二)库盘卫生清理

为了保证水库蓄水后的水质,保障库周及下游居民的健康,做好库底的卫生清理工作十分重要。水库淹没区的传染源、污染源卫生处理标准是保证水库蓄水后的水质在环境医学、卫生用水意义上的绝对安全。库底遗留的污物、残留的有机物可使水的物理状况恶化,成为藻类、蚊类、螺类孳生繁殖的有利条件。水库淹没区的医院、诊所是卫生清理的重点,必须进行彻底的清毒处理。如 1979 年夏县碧流河水库蓄水时,淹没了一所麻风病医院,当时水库的主要功能为农业灌溉,未进行库底卫生消毒处理。水库蓄水后,沿库岸的

10 个安置村,1 421 户计总人口 6 111 人,有大牲畜 1 131 头,以该水库为饮用水源。1982 年发现库水中有布鲁氏杆菌,并造成西巧底、马坡村麻风病暴发流行,发病 308 人。随后,每年都有人畜散在性发病。

为了搞好库区清理工作,小浪底建管局、移民局、河南和山西两省各级政府分别成立了库区清理领导小组,严格按照《水库库底清理办法》和《小浪底水库淹没影响区库底清理实施意见》的要求,对库底进行了清理。

小浪底水库淹没影响总面积 272km²,根据水库运用方式要求和库底清理办法的规定,清理范围为水位 276m(275m 加 1m 风浪爬高)以下的陆地面积。清理项目包括建筑物的拆除与清理、卫生清理、林地清理、专项清理和特殊项目清理。特殊项目主要指养殖场、捕捞场、游泳场、水上运动场等。卫生清理的对象包括如下几个方面。

1.污物清除与消毒

污物是由大量的有机物、无机物和病原体组成的,它们是水库的主要污染源。清理范围,上限为设计水位线或居民迁移线,下限为水边线。

(1)垃圾及被污染的土壤,采用农业生产积肥运出库外或通过深翻、掩埋使其达到自净,无使用价值的必须就地挖开摊平,利用日光曝晒,使其腐化、净化。

(2)厕所、医院、牲畜圈、垃圾场、粪堆等的污物除结合施肥运出库外进行利用和处理外,在库内清理时配合进行药物消毒。对于污染的土壤进行翻晒,污水坑用石灰消毒,用净土填平夯实。杂草枝桠就地烧毁后用生石灰消毒。

2.建筑物卫生清除

淹没区内残存的水井、钻井、渗井、地窖、地下室均用净土卵石填平,以免渗漏而污染地下水。

产生病源菌性(细菌、病毒、寄生虫卵等)污物的公共设施如医院、卫生所、屠宰场等,除按上述方法处理污物外,对于受污染的场地、土壤及墙面等使用漂白粉进行严格消毒。

3.坟墓消毒处理

小浪底库区仍沿袭着土葬的习惯,坟墓一般是挖明坑或以窑洞的形式为主,富裕一些的家庭,以砖石窑的形式土葬。按照库底清理办法的规定,坟龄小于 15 年的,必须迁出库外或就地焚烧,每一坑穴用 0.5~1kg 漂白粉或生石灰消毒处理。对坟龄在 15 年以上的坟墓,可视当地习惯而定,如不迁移,必须将墓碑推倒摊平。埋葬因传染病死亡的墓地和病畜埋葬场,应在当地卫生部门的指导下进行清理和消毒处理。

(三)保护水源与饮用水消毒

根据移民安置规划,小浪底移民新村全部采用深井进行集中供水。实施过程中,大多数移民村均按规划要求,采用深井—水塔—用户的方式进行集中供水。

1.饮用水监测

受小浪底建管局移民局委托,黄河水资源保护局定期对移民安置区饮用水水质进行监测,根据 1998 年 5 月监测结果,对移民安置村的生活饮用水水质评价如下:

(1)四项化学指标:总碱度在 93.6~243mg/L 之间,K+Na 在 2.84~74mg/L 之间,Ca 在 42.1~163mg/L 之间,Mg 在 7.9~80.2mg/L 之间,四项化学指标均在正常水质标准范围之内。

（2）色度：除济源关阳水井的色度超标准外，其他水井色度均符合标准。关阳井水呈现灰色，主要是含水层含黑砂引起。

（3）浊度：在参加评价的水井中，有5个井呈不同程度的超标，其中有原阳新村水井，济源张家岭、大交、关阳和山西垣曲的下毫。引起水浑浊度高的主要原因是新井抽水利用率较低，泥沙含量较高。

（4）铁、锰：铁和锰虽在不少水井中有超标现象，但超标倍数不高。据调查了解移民群众，还没有因铁、锰含量稍高而影响饮用的情况。另外，发现不少村中的抽水和输水设施，铁管锈蚀严重，也有些水井淤积加重，这都是引起铁、锰增高的原因。

（5）大肠菌群和细菌总数：除原阳新村和龙渠村水井的监测结果细菌总数超标准外，其他采样监测点均符合饮用水卫生标准。

（6）pH值、总硬度、氯化物、硝酸盐氮、锌、汞、氟化物等参数值均符合生活饮用水卫生标准。

监测结果表明，小浪底水库移民安置区域饮用水源井水质均属良好。各移民安置村饮用水水质符合生活饮用水卫生标准。从区域分布看，黄土丘陵地区的新安、渑池、陕县、义马、孟津和山西省垣曲移民安置区的地下水位较深，生活饮用水源井的水质较好；而地势较低平的济源、孟州、温县、原阳等地的水质则劣于前者。

根据移民村机井集中供水和家庭压水井供水并存的情况，为使安置区饮用水符合国家《生活饮用水水质标准》，移民新村必须加强水源地保护并坚持饮用水加氯消毒。

2. 水源地保护

（1）水源井周围30m范围内，不得设生活居住区，不得修建厕所、渗水坑，不得堆放垃圾、粪便及饲养禽畜。

（2）在水源井的保护范围内，不得使用工业废水或生活污水和施用持久性或剧毒性农药，以防取水井周围含水层的污染。

（3）水源井应设置井台、井栏及排水沟，防止雨、污水流入。

3. 饮用水加氯消毒

移民村集中供水规模较小，采用漂白粉或漂白精片消毒。实验表明：向水中加入氯制剂作用30分钟后，水中的余氯量在0.3mg/L以上时，对各种肠道传染病病原体均有充分的杀灭作用。为了维持氯的消毒作用，防止管网系统的污染，在管网末端水中，余氯不得低于0.05mg/L。

（四）垃圾、粪便、污水无害化处理

1. 垃圾的无害化处理

为了保持环境卫生，大多数移民村以村规民约的方式对村内的垃圾堆放地点、清理时间作了规定，一般每日定时收集清理一次。但垃圾清理后大多数新村运往村外临时堆放，只有极少数新村利用村外洼地进行填埋处理。对生活垃圾应采取以下措施：①村内建垃圾池，对垃圾进行集中收集；②村外设置垃圾堆放场，对垃圾进行卫生填埋；③医疗点、卫生所、医院垃圾进行焚烧处理后送往垃圾场填埋。

2. 粪便的无害化处理

为预防肠道传染病（肠炎、伤寒、痢疾）、寄生虫病（血吸虫病、钩虫病、蛔虫病），禁止使用单池厕所,大力推广使用双瓮式厕所,同时,提倡使用水冲式厕所。双瓮式厕所的优点是:①杀灭粪便中的蛔虫卵和致病微生物;②防止苍蝇与粪便接触而孳生繁殖,杀灭蝇卵及蛆;③防止有机物腐败分解产生的有害气体危及人体健康;④结合农业生产增加积肥。河南省移民安置村镇双瓮厕所普及率达48%,其中原阳、温县、开封普及率均超过了70%,许多村普及率达到了100%。济源、孟津、新安、渑池4县(市)推广程度较低,不足30%。特别是济源市和新安县移民安置村,双瓮厕所普及率仅为11%;山西省垣曲县双瓮厕所普及率为40%。移民村已建学校中一部分学校厕所为水冲式或三格式卫生厕所,大部分为单池式,只在粪便上撒石灰予以消毒,未达到规划设计要求。

3. 污水处理

农村移民安置点生活污水均采用雨污合排的方式排入排水系统。义马市狂口移民新村生活污水通过化粪池和城市地下管网相连。

医院、诊所根据其污水的危害程度,经消毒无害化处理后,排入排水系统。

(五)灭蚊、灭鼠

小浪底库区自然生态条件适宜多种病媒动物、昆虫生存繁衍。1995年连续调查发现有蚊类3属7种,其中有多种传病蚊种。鼠类有10属16种,室内以褐家鼠、小家鼠为优势鼠种;室外以褐家鼠、黑线姬鼠为优势鼠种。

根据近年来疫情观察资料分析,小浪底水库蓄水后不会诱发严重的环境性疾病大流行,但与水库有关的疾病防治仍应重视,如流行性出血热、乙型脑炎、疟疾、肝炎、痢疾等。小浪底库区虽属低疟区,但水库蓄水后支流河汉浅水区为蚊虫、鼠类、软体动物提供了良好的孳生地和栖息场所,可能导致蚊虫、鼠类等密度升高,增加传染发病机会。

水库蓄水初期,应采取灭蚊灭鼠措施及医疗预防措施,同时,通过调节水库蓄水位,消灭蚊虫的孳生地,切断疾病的传染源和传播途径。

1. 鼠密度监测

为了掌握鼠密度消长情况,黄河中心医院于1998～1999年对小浪底库区和移民安置区进行了鼠密度监测,并选取移民安置点附近的"老村"作为对照点,同时进行监测。鼠密度对比情况见图6-3-1。

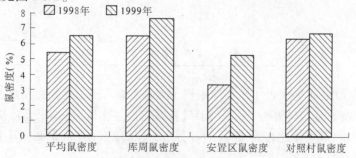

图6-3-1　小浪底1998～1999年鼠密度对比

监测结果表明,1998年、1999年库区库周鼠密度分别为6.5%、7.6%,安置区鼠密度为3.4%、5.3%。除孟津煤窑清河、新安大章鼠密度变化明显,分别由1998年的3.5%、3.2%上升为5.8%、5.9%外,其他地区的鼠密度变化不大。各监测点的鼠密度变化情况详见表 6-3-1 ~ 表 6-3-3。

表 6-3-1　　　　　　　　　1998 ~ 1999 年小浪底水库库周鼠密度对比

监测地点	1998 年			1999 年		
	布夹数	捕鼠数	捕鼠率(%)	布夹数	捕鼠数	捕鼠率(%)
孟津王家曼	346	34	9.8	321	30	9.3
孟津煤窑清河	345	12	3.5	308	18	5.8
新安仓头陈弯	333	15	4.5	345	19	5.5
新安西沃乡址	340	20	5.9	351	28	7.9
济源坡头	345	35	10.1	328	28	8.5
济源白沟	350	18	5.1	320	28	8.75
合计	2 059	134	6.5	1 973	151	7.6

表 6-3-2　　　　　　　　　1998 ~ 1999 年小浪底安置区鼠密度对比

监测地点	1998 年			1999 年		
	布夹数	捕鼠数	捕鼠率(%)	布夹数	捕鼠数	捕鼠率(%)
新安大章	340	11	3.2	354	21	5.9
新安盐仓	350	14	4.0	333	18	5.4
济源良安	326	9	2.8	360	19	5.3
济源白沟	335	10	3.0	328	16	4.9
温县盐东	335	14	4.2	349	17	4.9
合计	1 686	58	3.4	1 724	91	5.3

表 6-3-3　　　　　　　　　1998 ~ 1999 年小浪底安置区对照村鼠密度对比

监测地点	1998 年			1999 年		
	布夹数	捕鼠数	捕鼠率(%)	布夹数	捕鼠数	捕鼠率(%)
温县玉兰村	330	21	6.4	321	20	6.2
济源白店	345	20	5.8	334	22	6.6
济源中王村	320	23	7.2	319	24	7.5
合计	995	64	6.4	974	66	6.7

监测结果说明:①由于近年来各地重视了灭鼠防病工作,鼠密度大幅度下降;②移民新村的卫生状况比迁出区好得多,不利于鼠类繁殖。③库区、库周鼠密度略高于安置区,可能与水库蓄水、鼠类外迁有关,而且随着蓄水面积的扩大,库周鼠密度还有可能增加。

2. 蚊类密度监测

为了监控蚊媒传染病,黄河中心医院于 1998 ~ 1999 年对库区库周的蚊类密度进行了监测(见表 6-3-4、图 6-3-2 和图 6-3-3)。结果表明,蚊类年平均密度分别为 13.6 只/人工时、13.4 只/人工时,与开工前的自然密度(24.7 只/人工时)相比有所减少,说明水库蓄水时间不长,目前的生态环境变化尚未达到影响蚊子孳生的程度。

月份	捕蚊总数		密度指数		淡色库蚊		中华按蚊		白纹伊蚊	
	1998 年	1999 年	1998 年	1999 年	1998 年	1999 年	1998 年	1999 年	1998 年	1999 年
5	8	7	4.6	5.6	7	6	1			1
6	26	18	14.8	14.4	26	18				
7	33	25	18.8	20.0	32	24		1	1	
8	42	27	24	21.6	40	26	2	1		
9	10	7	5.7	5.6	9	6	1	1		
合计	119	84	13.6	13.4	114	80	4	3	1	1

表 6-3-4　　　　　　　　小浪底水库库周蚊密度监测结果对比　　　　　　（单位:只/人工时）

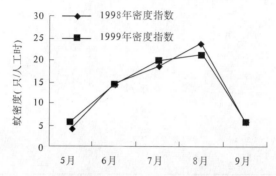

图 6-3-2　1998～1999 年小浪底水库库周蚊密度变化趋势

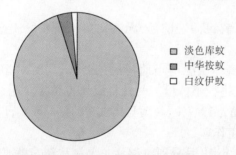

图 6-3-3　1999 年小浪底库周蚊虫构成比

（六）人群健康抽检监控

为了保护移民搬迁过程中免受传染病的袭击,发挥疫情信息作用,小浪底移民局计划分年分批对移民进行健康抽查。1998 年 8 月,黄河中心医院对温县龙渠移民新村共计702 人进行了健康普查。

普查结果表明:①腹泻的患病率高达 13.1%,位居第一;蛔虫患病率 7.8%,位居第二;肝炎患病率 6.7%,位居第三。这说明消化系统疾病占主导地位,"病从口入"是主要传播途径。②乙肝患病率高,而有乙肝免疫抗体的人群仅占 24.5%,易感人群占 69%。③儿童的蛔虫患病率高达 65%。

此次普查尚未发现其他影响较大的突出问题。

1998 年 11 月对新安县塔地新村 253 人进行了移民搬迁前后的集体健康状况对比普查(见表 6-3-5)。以问卷形式对 1997 年 6 月 1 日搬迁前的移民进行了调查,并进行现场体检。体检和调查结果表明,移民搬迁前后发病率有所改变,主要是肠道传染病类,如乙肝、腹泻、肠虫病等发病率都有升高的迹象。但搬迁前的回顾性调查,数据可靠性较差。

表 6-3-5　　　　　　　新安县塔地新村 1998 年、1999 年法定传染病发病统计

疾病名称	1998 年		1999 年	
	发病人数	发病率(%)	发病人数	发病率(%)
肠虫症	42	16.60	15	6.60
乙　肝	25	9.88	15	6.60
腹　泻	43	16.99	13	5.72
菌　痢	11	4.3	1	0.44
疟　疾	—	—	—	—
伤　寒	—	—	—	—
出血热	—	—	—	—
猩红热	—	—	—	—
结　核	2	0.79	—	—
流　脑	—	—	—	—
乙　脑	—	—	—	—
黑热病	—	—	—	—
百日咳	2	0.79	—	—

注:1998 年塔地新村受检 253 人,1999 年受检 227 人。

普查结果同时说明,移民搬迁前后,无法定传染病暴发流行的现象,只有少数散在病例。

为了详细了解移民身体状况与当地村民的差异,同时对相距 3km 的当地村民(老村)——后峪村的 484 人进行了体检。两村村民体检结果对比显示,移民疾病的总感染率为 39.9%,而老村村民为 17.7%,腹泻与肠虫病的差异最大,说明移民更需要对新环境的适应和加强卫生防疫工作。

1999 年 6 月和 1999 年 10 月分别对温县龙渠村和新安塔地新村(含当地后峪村)进行了第二次跟踪体检。

温县龙渠村体检结果与 1998 年比较(见表 6-3-6):①腹泻的患病率升高 20%,位居第一,肝炎患病率升高 2%,均说明消化系统疾病占主导地位;②乙肝患病率高,而有乙肝免疫抗体的人群只占 30%,52% 的易感人群需要加强乙肝免疫,这是今后防疫工作的重点之一。在加强教育、培养良好卫生习惯的同时,保证供水安全,推广双瓮厕所,防止粪便污染土壤、水源,以及定期检疫防疫等措施,对于保障移民健康非常重要。

新安县塔地新村(含当地后峪村)体检结果与 1998 年比较。安置两年来无法定传染病的暴发流行,且 1999 年传染病的单病发病率明显低于 1998 年,如菌痢的发病率由 4.3% 降至 0.44%,腹泻发病率由 16.99% 降至 5.72%,乙肝的发病率由 9.88% 降至 6.60%,肠虫病的发病率由 16.60% 降至 6.6%。乙肝易感人群由 1998 年的 72.3% 降至 50.0%。

塔地新村法定传染病发病率明显降低,说明移民部门大力进行卫生防疫知识宣传,及

时进行预防免疫接种,强化用水安全管理和垃圾清运填埋等措施,为移民新村创造了有益于身心健康的生产居住环境。

表 6-3-6　　　　　　　温县龙渠村 1998、1999 年法定传染病发病统计

疾病名称	1998 年		1999 年	
	发病人数	发病率(%)	发病人数	发病率(%)
腹　泻	92	13.13	129	33.59
肝　炎	47	6.70	34	8.85
麻　疹	16	2.27		
疟　疾	5	0.71		
流　脑	1	0.14		
乙　脑	1	0.14	1	0.26
伤　寒	1	0.14		
出血热				
猩红热				
肺结核			3	0.78

注:(1)1998 年抽检 702 人次,含温县移民局及政府单位人员,1999 年抽检 384 人次。

　　(2)腮腺炎发病 25 人,发病率 6.51%。

(七)恢复重建卫生防疫保健医疗体系

健全有效的卫生防疫保健体系是预防传染病流行和提高人群健康水平的重要保证。了解分析安置区卫生防疫保健体系现有能力和预测建库后应该达到的水平,对库区各类疾病的防治具有重要意义。

自 20 世纪 50 年代以来,库区各县(市)先后建立了各类卫生机构,逐步形成了较完善的多级医疗卫生网络,包括地市级和县级医院、卫生防疫站、妇幼保健院与卫生学校等。随着国家卫生事业的发展,各级医疗卫生机构的设施不断更新,医疗卫生技术人员素质有很大提高。目前主要问题是各地发展不平衡,中高级医疗卫生人员比例很低,边远山区医务人员缺乏和各县(市)卫生经费水平低等。调查结果显示,库区每万人中拥有县级卫生人员数、乡(镇)级以下基层卫生人员数和具有初级以上职称者等指标,均远低于国家标准。

小浪底移民安置区有 12 个乡(镇)卫生院随各乡(镇)迁建。这些医疗防疫、保健机构在迁建中充分利用淹没补偿投资,积极争取各方面的补助投资和集资,在恢复原规模的基础上,进一步完善和发展。

移民新村设立基层卫生防病医疗机构。据调查,90% 的移民新村设置了 1 个以上的诊所。大部分安置区距县、乡卫生院一般在 5km 以内,有的移民村与县医院联合办院,如温县仓头村与温县人民医院联合成立了仓头村移民医院。

医疗机构的功能与任务:

(1)移民安置区常见病、流行病的诊断和治疗。

(2)负责组织和实施安置区人群的卫生防疫预防、服药、免疫接种和蚊、蝇、鼠病媒的

消杀。

（3）配合有关部门实施库盘清理和移民安置区的防蚊、灭蚊蝇、灭鼠工作。

（4）严格执行疫情报告制度,向县卫生防疫站和乡(镇)卫生院报告疫情。

（5）组织和配合进行人群健康抽样检查。

（6）承担门诊病例分类调查,保存门诊病例档案资料。

（7）及时对各类传染病建立分类卡片,并进行跟踪回访。

库区卫生防疫保健体系在提高人群健康水平中发挥了重要作用,并能始终贯彻执行国家传染病报告制度。由于库区卫生保健系统较为完善且有效,库区的各类传染病得到了有效的控制,库区人群健康水平有所提高。

（八）普及卫生防疫知识

为了保障移民群众的身体健康,使移民群众养成良好的卫生习惯,小浪底移民局编印了《双瓮厕所手册》,黄河中心医院编印了《移民卫生防病知识宣传手册》,发放到移民手中。

总之,通过采取上述积极的防治控制措施,使小浪底工程移民安置区环境卫生工作达到了规划设计要求,保证了移民的身体健康。

第四节　人群健康状况趋势分析

在采取相应措施后,防止了由于工程兴建可能造成的传染病流行的风险。由于移民安置区环保基础设施大大优于搬迁前和当地安置区的水平,同时随着经济发展,库周及安置区各项基础设施的改善,环保措施的实施,使库区库周传染病发病率与工程开工前相比呈下降趋势或无明显变化。

根据调查,1996～1997 年流行性出血热年平均发病率为 0.13/10 万,与以前相比呈大幅度下降趋势,出血热传染病逐年发病率见图6-4-1。

1996～1997 年疟疾平均发病率为 0.11/10 万,呈明显下降趋势,逐年发病率见图6-4-2。

1996～1997 年流行性乙脑共发病 25 例,死亡 1 例,发病率为 0.46/10 万,病死率4.0%,发病率明显下降(见图6-4-3)。

肠道传染病无明显变化趋势,逐年变化情况见图6-4-4。

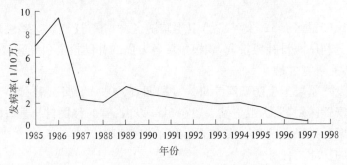

图 6-4-1　1985～1997 年出血热传染病逐年发病趋势

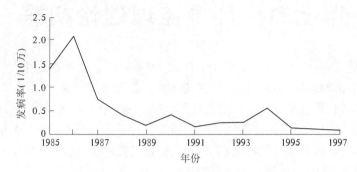

图 6-4-2　1985～1997 年疟疾逐年发病趋势

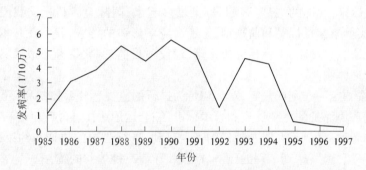

图 6-4-3　1985～1997 年流行性乙脑传染病逐年发病趋势

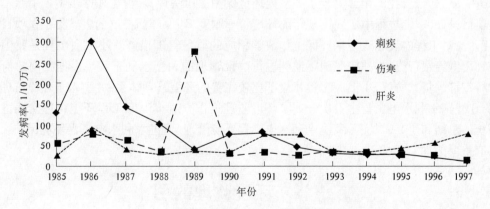

图 6-4-4　1985～1997 年肠道传染病逐年发病趋势

第七章　环境监理理论初探

环境管理是 20 世纪 70 年代逐步形成的一门新兴科学。传统观点认为："环境管理是以环境科学的理论为基础,运用经济、行政、法律、科技和教育等诸多手段,对人类的社会经济行为施加影响,通过系统分析和全面规划,使经济社会发展与环境条件相协调,达到既要持续发展经济以满足人类不断增长的物质文化生活需要,又要使人类的活动不超出环境的容许极限,做到合理开发利用自然资源,保护自然环境,防治环境污染,维持生态平衡,从而实现经济、社会和环境三个效益的统一。"

环境监理是伴随着工程监理而产生的一项全新的工作,是环境保护工作的继续和延伸。环境监理不仅是建设项目环境保护的一项重要内容,而且是工程监理的重要组成部分。

改革开放以来,我国的"三资"项目逐渐增多起来,国际金融机构向我国贷款的工程项目,均要求实行招标投标制和监理制,为了适应新形势的要求,我国在基本建设领域相继推行了项目法人负责制、工程招标投标制、建设项目监理制,逐渐形成了具有中国特色的建设项目管理体制。

监理,是按一定的准则或规定,对一切行为进行的监视、督察、控制和评价。工程环境监理就是依据环境保护的行政法规和技术标准,综合运用法律、经济、行政和技术手段,对工程建设参与者的环保行为,以及他们的责、权、利,进行必要的协调与约束,防治环境污染,保护生态环境,最终达到工程的经济、社会和环境三种效益的统一。

我国是一个洪涝灾害频繁的国家,新中国成立以来,为了防治水害,修建了大量的水利工程,取得了显著的社会效益和生态效益。但工程建设和运用过程中,"重工程,轻环保;重建设,轻管理"的现象比较普遍。随着经济的发展,环境对经济发展的制约作用越来越明显。为此,我国相继出台了一系列环境保护法律法规,环保工作逐步纳入了基本建设项目设计、审批过程中。我国现行的环境管理制度,环保部门控制的重点集中在项目立项阶段,对工程建设和运行期环保工作缺乏相应的监督管理措施。小浪底工程是我国部分利用世界银行贷款,并按照国际惯例进行建设管理的大型水利工程。根据我国政府与世行签订的贷款协议,小浪底工程建立了比较完善的环境管理体系,并引入了环境监理机制,在我国水利水电工程中首次开展了环境监理工作。对小浪底工程环境管理实践进行系统的总结和研究,对完善我国水利水电工程环境管理,促进水利水电工程环境保护工作具有重要的现实意义。

第一节　环境监理的引出

一、工程监理概述

工程监理制度的起源,可以追溯到产业革命发生以前的 16 世纪,它的产生、演进是和商品经济的发展、建设领域的专业分工以及社会化大生产相伴随,并日趋完善。

工程监理是我国建设领域 20 世纪 80 年代中后期参照国际惯例实施的一项改革措施,在我国建设领域中推行工程监理制度的目的就是完善现有的建设项目管理体制,提高建设项目管理水平,充分发挥投资效益,保证国家建设计划和工程承包合同的实施。

监理是"监"和"理"的组合词。"监"是对某种预定的行为从旁观察或进行检查,使其不得逾越行为准则,也就是监督、监控的意思。"理"是对一些相互协作和相互交错的行为进行协调,以理顺人们的行为和权益关系。对监理一词可理解为:一个机构和执行者,依据一项准则,对某一行为的有关主体进行监督、监控、检查和评价,并采取组织、协调和疏导等方式,促使人们相互密切协作,按行为准则办事,以顺利实现群体或个体的价值,更好地达到预期的目的。

工程监理实质上是建设领域对建设活动的监督和管理。也就是说,工程监理的执行者依据国家和政府建设主管部门颁发的有关法规与技术标准,综合运用法律、经济、技术和行政等手段,对工程建设项目参与者的行为和他们的责、权、利进行必要的协调与约束,制止建设行为的随意性和盲目性,确保建设行为的合法性、科学性和经济性,使建设项目的投资、工期和质量按预定目标最优实现。

工程监理的执行者包括两个方面,一是政府建设行政管理部门,二是经过政府有关部门认证,取得资格的社会监理单位。前者称为政府监理,后者称为社会监理。政府监理对其辖区内的工程建设项目的业主和承建单位的资质和活动,以及所属的社会监理单位的资质和活动实施宏观的管理。社会监理是指社会监理单位受业主的委托或授权,依法对其工程建设项目活动实施监理。从这个意义上讲,社会监理实际上是受业主的委托,对其工程建设项目进行管理,即为业主进行的项目管理。从水利工程建设项目覆盖面来讲,工程监理覆盖我国所有的水利工程建设项目。从水利工程建设阶段来讲,工程监理应贯穿于工程建设全过程。

(一)政府监理

政府对工程进行监督和管理,是政府的职能和工程本身的特点所决定的。首先工程项目建成后不仅要发挥业主所需要的预定功能,而且会对其周围自然环境、生态和社会环境产生一系列的、长期的重大影响。如施工是否对附近居民产生影响,工程建成后是否会造成环境污染或引起社会公害等,都与社会公共利益密切相关。因此,政府从维护社会公共利益的职能出发,必须对工程建设进行监督管理。政府监理具有以下特点。

1. 强制性

政府有关机关代表社会公共利益对工程参与者及工程全过程所实施的监督管理是强制性的,被监理者必须接受。它与工程的业主、设计、施工、监理单位不是平等的主体关系,而是管理与被管理的关系。

2. 执行性

政府监理机构作为执法机构,带有明显的执行性。政府强制性监理的依据是国家的法律、法规、方针、政策和国家或其授权机构颁布的技术规范、规程与标准,因而又是法令性的。它主要通过监督、检查、许可、纠正、禁止等方式来强制执行实施。

3. 全面性

政府监理既包含对全社会各种工程建设的参与人,即建设单位(及委托人、代理人)、设计、施工和供应单位及它们的行为；又贯穿于从工程立项、设计、施工、竣工验收直到交付使用全过程的每一个阶段。因而政府工程监理的对象范围和内容都是全面的。

4. 宏观性

政府监理侧重于宏观的社会效益，其着眼点主要是保证建设行为的规范性，维护国家利益和工程建设各参与者的合法权益。其宏观性还表现在，就一个项目而言，它不同于监理工程师的直接的、连续的、不间断的监理。

政府对建设行为的管理，包括全社会所有建设项目决策阶段的监督、管理和工程建设实施阶段的监理。政府建设主管部门对社会监理单位实行监督管理的职能，主要是制定有关的监理法规政策、审批社会监理单位的设立、资质等级、变更、奖罚、停业，办理监理工程师的注册和监督管理社会监理单位、监理工程师工作等。

（二）社会监理

社会监理是指由独立的、专业化的社会监理单位，受业主的委托对工程建设项目实施的一种科学的管理项目。它由监理单位的监理工程师及其他监理人员，采取组织措施、技术措施、经济措施和合同措施等手段，对工程建设项目的工期、质量、投资等目标以及合同的履行进行有效的控制，使工程项目按工程承包合同规定的目标，按期、保质、低耗最终实现。

社会监理单位一经接受业主的委托，承担工程建设项目的监理业务，都要以合同约定的方式与业主签订工程建设项目监理委托合同，明确规定监理的范围，双方的权利和义务，监理合同争议解决的方式以及监理酬金等。监理单位与设计、施工、材料供应、设备制造等承包单位之间并无合同关系。监理单位在项目建设过程中的监理内容、职权及承包单位接受监理的义务，均以合同约定的方式在业主与承包单位签订的工程承包合同的相应条款中明确规定。有关监理方面的内容在监理委托合同和工程承包合同中是一致的，监理单位在实施监理过程中，主要以监理委托合同和工程承包合同为依据，高质量完成业主委托的监理任务。

合同管理是监理工程师的中心任务，监理工程师以监理合同为基础，根据业主与承包商签订的"施工承包合同"中规定的监理工程师的权力和合同条款中必然隐含的权力，在合同范围内，对工程建设进行"监督、协调和服务"。投资、进度、质量是项目建设的三大控制目标。监理工程师在施工阶段的任务可以概括为：以合同管理为中心，加强投资、进度、质量三大目标控制，建立健全信息管理系统，协调好业主与承包商的关系，维护合同双方的利益，在合理投资下，按期、保质、保量、安全地得到合格的工程。同时，承包商按照合同规定得到应得的收益。

二、环保部门的环境监理

在我国环境执法机构中，环境监理机构是随着排污收费制度的实施而逐渐发展起来的。根据 1991 年 8 月 29 日国家环保总局发布的"环境监理工作暂行办法"和国家环保总局环监〔1996〕888 号文"环境监理工作制度（试行）"，"环境监理"的职责主要包括以下内容：

（1）贯彻国家和地方环境保护的有关法律、法规、政策和规章；

（2）依据主管环境保护部门的委托，依法对辖区内单位或个人执行环境保护法规的情况进行现场监督、检查（包括现场环境监理和现场巡视监理），并按规定进行处理；

（3）负责污水、废气、固体废弃物、噪声、放射性物质等超标排污费和排污费的征收工作；

（4）负责对海洋和生态破坏事件的调查，并参与处理；

（5）参与环境污染事故和纠纷的调查处理；

（6）环境监理档案管理；

（7）环境监理人员业务培训、总结交流环境监理工作经验；

（8）对排污单位来文、来函的回复；

（9）环境监理稽查。

环保部门设置环境监理机构主要是为了执法和加强排污费征收工作。环保部门的"环境监理"既不同于政府监理，也不同于社会监理。"环境监理"的执法权来源于环保部门的委托和授权，具有明确的地域性。执法的对象主要是排污企业，而非施工单位。监理方式以定期巡视为主，重点检查企业环保设施运转情况是否正常，污染源是否达标排放。

三、水利水电工程开展环境监理的必要性

水利水电工程具有建设周期长、影响范围广的特点，从加强工程环境管理、落实环境保护措施的角度出发，开展水利水电工程建设期环境监理非常必要。必要性主要表现在以下几个方面。

（一）环境管理工作的需要

大中型水利水电工程施工期间将对周围环境产生一系列的影响，如"三废"排放、噪声污染、景观破坏、环境卫生质量下降等，面对这些不利影响，如何做好环境管理，有效地组织和开展施工区域内的环境保护工作，则显得非常重要。过去的环境管理方式，由于和工程建设脱节，责任不清，起不到真正监督、检查作用，致使许多环境问题不能及时得到解决，结果留下了许多"后遗症"。在小浪底工程建设中，由于引入了环境监理，从而使环境管理工作融入整个工程实施过程中，变事后管理为过程管理，环境管理由单纯的强制性管理变为强制性和指导性相结合，这是我国环境管理方式的一次飞跃。

（二）落实施工环保措施的重要保证

在大中型水利水电工程可行性研究阶段，施工期环境影响评价是环境影响报告书编制的重要内容之一。在工程进入初步设计阶段，施工环保措施是环境保护设计篇章中不可缺少的内容。在工程的招投标阶段，标书中也包含有环境保护条款。但如果缺少专职的监督管理机构和行之有效的管理方法，这些环保措施多数将会流于形式，得不到真正实施。小浪底工程建设期间的环保工作实践充分证明：在施工期开展环境监理工作，是落实施工期环保措施的重要保证。

（三）工程建设本身的需要

目前，我国大中型水利水电工程的施工现场，"重施工、轻环保"的现象比较普遍。其结果往往使环保措施滞后于工程进度，进而影响工程的顺利进行。实践表明，施工与环保是同等重要、不可分离的两个方面，完全可以相互促进，协调进展。工程的实施，会给当地

环境带来有利影响,如交通条件的改善、新城镇的建设、就业机会的增加、促进经济繁荣和文化信息的交流等。同样,在施工区开展环境监理工作,首先可以避免施工现场脏、乱、差的现象;其次,通过定期体检、提供安全的饮用水,保证了施工人员的身体健康;其三,由于环境监理的介入,施工活动对周边地区的环境影响如噪声、粉尘污染问题得到了及时解决,妥善解决了承包商和周边居民的矛盾纠纷,群众干扰施工的现象大幅度减少。由此可见,开展施工区环境监理工作可以起到保护环境和促进工程施工的双重作用。

(四)投资体制改革的需要

由于我国工程建设投资体制的改革,在工程的招标过程中,施工环保费用是以间接费用形式计入标底的,施工过程中环保投入越少,承包商赢利就越多。环保效益主要体现在社会效益和环境效益上,对承包商而言,是一种只有投入没有产出的"负效益"。众所周知,承包商完成工程的目的是为了追求最大的利润,他们重视的往往是自身的利益,忽视对环境造成的损害。仅靠他们的自觉行为遵守、执行合同中环保条款,主动花钱治理或解决环境问题,显然是不现实的。从这一点来说,承包商的环保工作具有一定的强制性和被动性。因此,只有通过加强环境管理和环境监理工作,才能保证环保工作的顺利实施。

四、水利工程环境监理与环保部门环境监理的区别

环境保护部门的环境监理是环境保护执法部门从外部来检查工程环境保护工作实施情况的环境管理,"工程环境监理"则是监理咨询机构接受工程建设管理单位的委托,进行建设项目内部的环境监督管理,是建设单位自觉的环境保护行为,是通过加强自身的监督管理来满足外部的"环境监理",是工程内部的环境监理。

"工程环境监理"与"环境监理"的主要区别在于,"环境监理"是受环境保护部门的委托依法从外部进行监督管理,"工程环境监理"是受建设单位委托作为第三方从项目内部进行监督管理。为方便起见,本章仍采用"环境监理"一词,但内涵主要指"工程环境监理"。

第二节　环境管理体系

建立健全完善的环境管理体系,是确保贯彻执行环境保护方针、政策、法律法规、环保条款管理办法等的重要环节。小浪底工程环境保护措施的规划与实施,是在国家环保总局和河南、山西两省环保局的指导与监督下,由小浪底建设管理局组织实施的。为了保证措施能够真正得到落实,小浪底建设管理局组建了完善的环境管理体系(见图7-2-1)。

环境管理体系由领导机构、组织机构、实施机构、协助机构和咨询机构5部分组成。各机构间既紧密联系,又保持相对独立。分工明确,相互协调。

一、领导机构

环境管理的领导机构为小浪底环境保护领导小组。由工程建设、施工、管理等单位及地方有关部门的领导、专家组成,为环境管理的最高决策部门。组长由建管局主要负责人担任。领导小组定期举行会议,研究解决环境保护的重大事项。职责如下:

（1）确立环境保护目标，审定环境保护的中长期规划和年度计划。

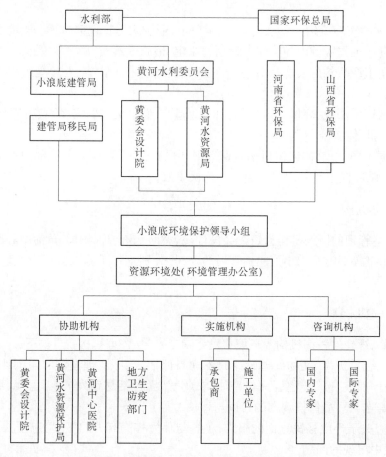

图 7-2-1　小浪底水利枢纽工程环境管理体系

（2）协调各部门之间的关系，听取和处理环境组织机构提交的有关事宜。

（3）督促环境组织机构的工作，处罚违法行为，表彰先进。

二、组织机构

施工期环境管理工作包括环境监测、环境监理和卫生防疫等，环境管理机构应选择有资质的单位签订委托合同，进行环境监测、环境监理和卫生防疫工作。小浪底工程环境管理的组织机构为资源环境处，职责范围如下：

（1）结合本工程特点，制订有关环境保护实施条例。

（2）代表业主签订合同，委托任务。

（3）协调解决工程建设与当地群众的环境纠纷。

（4）每半年对施工区环境状况进行一次评估，检查各合同单位工作完成情况。

（5）定期编制环境简报，及时公布环境保护和环境状况的最新动态，搞好环境保护宣传工作。

三、实施机构

环境保护的实施机构为各承包商、施工单位、业主营地管理部门等。职责如下:

(1)负责本工作区域内环境保护计划的制定、措施的落实、经费的安排。

(2)根据组织机构的要求,完成区域内特定环境保护的内容,并接受组织机构的检查和监督。

(3)根据环境法规、环保总体规划、计划及领导组织机构的安排,负责工作区域内环境保护措施的具体实施。

(4)根据工作规程,向组织机构定期汇报环保工作进程,配合其他部门在本区域内开展环保工作,随时向上级部门报告突发性环保事故。

四、协助机构

工程环境管理的协助机构为黄委会设计院、黄河水资源保护局、黄河中心医院和地方环保、卫生防疫等部门。受小浪底建管局的委托,分别承担了施工区环境监理、环境监测和卫生防疫等工作。

五、咨询机构

工程环境管理的咨询机构为环境移民咨询专家组,咨询机构职责如下:

(1)参与公共卫生、文物处理设计的咨询与评估,水库清理设计的咨询评估,工业项目的环境初评和"三废"控制咨询与评估,农业发展(包括村镇发展,温孟滩、后河水库及灌区)环境筛选与环境保护规划的咨询与评估。

(2)审查关于环境移民方面的报告,了解与环境移民有关的工程实施进展情况,评价在实施过程中出现的问题。

(3)定期了解大坝建设过程中的环境保护问题,并听取业主、环境监理、承包商的工作汇报,评估所提交的环境报告,对工作中出现的难点问题进行咨询。

(4)为建管局移民局改进环境、移民等项工作提出咨询和建议。

小浪底水利枢纽除大坝工程外,移民项目也利用了部分世界银行贷款。由于价值观念的差异,非自愿移民备受世行专家的关注。我国政府与世行签署的"小浪底工程移民项目开发信贷协议"规定:中国政府保证按照世行同意的方式实施环境管理规划,项目实施所涉及的一切活动均符合世行开发信贷协会满意的环境标准和导则。移民安置过程中环境保护工作受到如此高度的重视,这在我国水库移民工作中还算首次。根据世行咨询专家的建议,小浪底建设管理局移民局于1998年成立了资源环境处,全面负责小浪底移民安置区环境保护工作。同时要求各级移民机构和移民村设立环保员,专门负责移民安置区环境保护工作的组织和实施。移民村环保员工作岗位职责包括:①生活饮用水加氯消毒;②协助村委会推广双瓮厕所;③督促、协助村委会完成村内排水沟加盖工作,定期对排水沟进行检查,如发现堵塞现象应及时进行疏浚;④定期对垃圾池和垃圾场进行检查,检查垃圾处理是否符合要求;⑤定期到医院、诊所了解传染病发病情况,分析发病情况与周围环境有无关系;⑥引导群众选择合适的树种进行植树造林;⑦根据当月环保工作实施情况按时填写环境月报表;⑧对于工作中存在的问题及时向村委会反映,督促问题尽快解决;⑨配合环境监理、环境监测和卫生防疫人员共同搞好环保工作。

第三节　大坝施工区环境监理

一、环境监理与工程管理关系

(一)环境监理与工程监理的关系

环境监理是工程监理的一个组成部分,但又具有相对的独立性。环境监理工作实行环境监理总工程师负责制。在工作过程中,环境监理工程师对承包商违反环保条款的行为提出书面处理意见,经环境监理总工程师签发后下发承包商执行。具体由各标中的环保人员负责监督执行,并将结果反馈给环境监理总工程师。但对施工过程中出现的重大环境问题,特别是与工程进度有直接关系的环境事件,须由工程总监理工程师签署意见后方可下发各承包商。工程总监理工程师在施工中如发现必须处理的环境问题,可责令环境监理总工程师提出意见。

(二)环境监理与业主、承包商的关系

环境监理是业主和承包商之外的经济独立第三方。它严格按照合同条款独立、公正地开展工作,即在维护业主利益的同时,也必须维护承包商的合法权益。业主与环境监理的关系是经济法律关系中的委托协作关系,业主与承包商间的关系只是一种经济合同关系。业主与承包商就环保方面的联系必须通过环境监理工程师,以保证命令依据的唯一性。环境监理与承包商的关系是一种工作关系,即工程施工环保工作中的监理和被监理的关系。环境监理的存在构成了业主、监理、承包商三方相互制约的环境管理格局。

(三)环境监理与环境监测的关系

实践证明,环境监理与环境监测是一种互为补充的关系,在环境管理中二者缺一不可。根据小浪底工程施工区环境保护工作的要求,在开展环境监理工作的同时,也开展了环境监测工作。环境监测是施工区环境要素的动态反映,是环境管理和环境监理工作的重要依据。监测数据服务于监理,监理工程师根据施工进度不断调整监测断面布设位置和监测要素,并将调整意见通过业主反馈给监测单位。

二、环境监理的依据

环境监理的依据除国家环保政策、法规及合同标书外,还包括环境影响报告中的相关内容、环境保护设计和环境保护管理办法、环境保护工作实施细则等。

(一)环境影响报告书有关内容

"小浪底环境影响评价综述报告"第4章第9节"环境监测"和第5章"环境管理规划"中,对施工期开展环境监理工作做出了详细的规划,明确"环境监理、环境监测规划是小浪底及其各项附属工程环境保护总体规划的一个重要组成部分,其目的是定期检查工程施工期和运行期各项活动,确保各项工作符合工程设计要求"。为了保证"环境影响报告书中包括的各项环境保护措施都能得到贯彻执行,有必要把环境管理规划和环境管理

办公室所需资金列入工程投资,而且要把环境管理规划的实施作为贷款的条件"。环境管理规划中明确要求,"环评报告所规定的各项环保措施必须纳入项目最终设计之中,包括合同文件、施工规划和技术规划;施工期不仅要进行常规的工程监理,而且要进行环境监理、监测"。

(二)合同条款

小浪底水利枢纽工程招标文件由水利部黄委会勘测规划设计院(现更名为黄河勘测规划设计有限公司)于1993年1月编制完成,咨询单位为加拿大国际工程管理——黄河联营公司。根据世行贷款协议的要求,招标文件全部按照《国际咨询工程师联合会》(International Federation of Consulting Engineers,FIDIC,中文简称"菲迪克")编制的《土木工程建筑(国际通用)合同条款》进行编写。合同条款包括一般条款、特殊应用条款。在合同条款中均对环境保护的有关法律法规、安全与健康、供水与水处理、文物等做出了明确的规定。现将有关内容摘录于下:

一般条款

小浪底水利枢纽工程招标文件有关环境保护条款一般条款

第2.1款　工程师的责任和权力

(a)工程师应履行合同规定的职责。

(b)工程师可行使合同中规定的或者合同中必然隐含的权力。但是,如果根据业主任命工程师的条件,要求工程师在行使上述权力之前,需得到业主的具体批准,则此类要求的细节应在本合同条款第Ⅱ部分中予以表明。否则,就应视为工程师在行使任何此类权力时均已事先经业主批准。

(c)除在合同中明确规定外,工程师无权解除合同规定的承包商的任何义务。

第8.1款　承包商的一般责任

承包商应按照合同的各项规定,以应有的精心和努力(在合同规定的范围内)对工程进行设计、施工和竣工,并修补其任何缺陷。承包商应为该工程的设计、施工和竣工以及为修补其任何缺陷而提供所需的不管是临时性还是永久性的全部的工程监督、劳务、材料、工程设备、承包商所用设备以及其他物品,只要提供上述物品的必要性在合同内已有规定或可以从合同中合理地推论得出。

第16.2款　工程师有权反对

工程师应有权反对并要求承包商立即从该工程中撤掉由承包商提供的而工程师认为是渎职者或不能胜任工作或玩忽职守的任何人员以及工程师从其他方面考虑认为不宜留在现场的人员,而且无工程师的同意不得允许这些人员重新从事该工程的工作。从该工程撤走的任何此类人员,应尽快予以更换。

第19.1款　安全、保卫和环境保护

在工程施工、竣工及修补其任何缺陷的整个过程中,承包商应当:

(a)高度重视所有受权驻在现场的人员的安全,并保持现场(在其管理的整个范围内)和工程(包括所有尚未竣工的和尚未由业主占用的工程)的井然有序,以免发生人身事故;

(b)为了保护工程,或为了公众的安全和方便,或为了其他原因,在确有必要的时间和地点,或在工程师或任何有关当局提出要求时,自费提供并保持一切照明、防护、围栏、警告信号和看守,以及采取一切合理的步骤,以保护现场及其附近的环境,并避免由其施工方法引起的污染、噪声或其他后果对公众造成人身或财物方面的伤害或妨碍。

第32.1款 承包商保持现场整洁

在工程施工期间,承包商应合理地保持现场不出现不必要的障碍物,存放并处置好承包商的任何设备和多余的材料并从现场清除运走任何废料、垃圾或不再需要的临时工程。

第33.1款 竣工时的现场清理

在颁发任何移交证书时,承包商应从该移交证书所涉及的那部分现场清除并运出承包人的全部设备、多余材料、垃圾和各种临时工程,并保持该部分现场和工程清洁整齐,达到使工程师满意的使用状态。但承包商应有权在现场保留为完成承包商在缺陷责任期内的各项义务所需要的那些材料、承包商的设备和临时工程,直至缺陷责任期结束。

特殊应用条款

第34.2款 供水承包商应向不同地区和工作点的职员和工人提供足够的饮用水。

第34.6款 事故预防人员(增款)

承包商应在他的工地人员中设有一名或多名专门负责有关安全和防止事故的人员。此(或这些)人员应能胜任此项工作并有权为预防事故而发布指令和采取保护措施。

第34.7款 健康与安全(增款)

承包商应采取适当预防措施以保证其职员与工人的安全,并应与当地卫生部门协作,按其要求在整个合同的执行期间自始至终在营地住房区和工地确保配有医务人员、急救设备、备用品、病房及适用的救护设施,并应采取适当的措施以预防传染病,提供必要的福利及卫生条件。

第34.8款 预防虫害的措施(增款)

承包商应自始至终采取必要的预防措施,保护在现场所雇用的职员和工人免受昆虫、老鼠及其他害虫的侵害,以免影响健康和患寄生虫病。承包商应遵守当地卫生部门一切有关规定,特别是安排使用经过批准的杀虫剂对所有建在现场的房屋进行彻底喷洒,这一处理应至少每年进行一次或根据工程师的指示进行。

第34.9款 传染病和职业病(增款)

为了有效地对付和克服传染病和职业病,承包商应遵守并执行中国政府或当地医疗卫生部门制定的有关规定、条例和要求。

合同特别条件

第18.3款 供水

18.3.1 由业主提供

由业主承担将从位于左岸不同位置的水池和位于右岸不同位置的水井提供水源。

18.3.2 由承包商提供

在左岸,承包商应安装、运转、维护以及完工后拆除全部必要的从业主提供的水池或供水点至主坝工区、承包商营地及至其他要求地点的配水系统。承包商应负责提供所有必要的管道、配件以及他所要求的其他设备及设备安装,如净化器、附加水井及水泵等。

第19款 安全和健康

19.1　总则

在施工过程中,承包商必须按操作要求提供有安全保障和有益于健康的生产条件。该工程应按合同条款第Ⅰ部分第8.2款及本文规定去施工。在岩石开挖的整个过程中,承包商应安装、维护、操作有关设备,并使用批准的施工方法以更有效地减少粉尘。在岩石钻孔作业中应采用行之有效的方法控制硅石粉尘。不管是岩石的破碎、石料的堆卸、混凝土的拌和或水泥、钢材和其他材料的装运均应防止这些作业对工人的生命、肢体和健康产生危害。所有这些工作的实施都必须遵从中国现行的有关劳动安全、卫生保健和劳保福利的法律、规范及规定。承包商必须全面熟悉并完全遵守建筑施工规则和与地下工程有关的矿井作业规则的有关条文。承包商应聘用一位富有实际工作能力和工作经验的安全保障专职人员专门从事施工过程中的事故预防工作。这位专职人员必须具有至少15年从事大坝工程建筑与施工的实际经验,必须在他接受聘用前经工程师核准。如果工程师证明这位安全专职人员玩忽职守或不能胜任,承包商应将其解聘。在这种情况下,安全专职人员应尽快由承包商替换,由此引起的额外费用业主不予支付。

19.2　事故和火灾预防

(a)承包商应该实施所有必要的安全施工的规则和规定以防止事故的发生,将其雇员和其他人员的伤亡降到最低限度。工地应竖立足够的安全标志,应按最新的有关建筑施工安全和事故预防规范的规定保护机械及承包商的设备并清除所有的隐患。在开挖过程中,承包商应配备一套有效的(事故)检查系统。应有各种防火措施,配备高效的灭火装置。

(b)要求承包商除了按照中国法规规定提交报告以外,每月10日(或之前)承包商还必须向工程师提交一个报告。说明上个日历月按合同雇用的总劳动工日,导致时间损失的所有事故发生次数及性质,工程施工中的致伤和伤残情况。关于永久工程设备、承包商的设备和材料的损坏以及工程破坏的详细情况,承包商也应进行报告。

(c)在合同执行期间,承包商应提供足够的急救医疗设备及合格人员,对受伤人员,包括业主的人员和工程师人员进行紧急处理。承包商应指派一名或几名能胜任工作并具有许可证的医生随时响应急诊要求,并提供急救医疗服务。征得工程师的认可后,承包商应安装一套设施以便迅速召集医生赶往事故或火灾现场。救护车应能随时待命开往最近的医院。

19.3　安全装置

安全帽及安全带这类安全装置都应向无论是工作人员还是允许前来现场的参观者提供。从开挖开始到导致危险因素的状态解除,开挖施工现场必须始终采取防护措施。除了电话通信系统之外,还应设置一些有效而又可靠的信号装置,以便随时传递地下工程重点部位的紧急信息。

第20款　承包商的营地

20.1　总则

在业主指定的场地上由承包商自行负责他们营地设施的设计、安装、建筑和维护。承包商设计的所有设施都应送交工程师批准。

20.2　外籍劳务营地

指定给承包商外籍人员的营地与划归第二标和第三标承包商的外籍人员营地相毗邻。承包商应负责提供其人员所需要的住房、服务、公用建筑及设施、场内道路、配水系统、排水及污水处理设施、照明、围墙及安全防护以及垃圾处理设备。承包商应作出自己的安排给他在现场的雇员提供一些福利设施。若出于自愿,本承包商可同其他承包商协商共同承担营地建设费用或其部分费用,如公用设施和娱乐设施的建设,医疗设施的建设等等。

20.3　当地劳务营地

当地劳务营地应按业主指定的地点设置在施工场地的附近。业主将向承包商以出租的方式提供一定数量的住房(见第20.4(b)款)。承包商按需要提供其余住房、服务、公用设施、设备、道路、配水系统、排水、供热、供电系统及下水和废物处理设施。住房应按中国实际的生活标准设计,由承重砖墙、预制混凝土板和屋顶(或木桁架顶)、钢构架窗、灰泥涂墙、水泥砂浆地面等组成。承包商应在从最近开关站装设馈电线路之前为住房提供临时供电。

20.4　由业主提供的设施

业主将在承包商进场之前提供如下服务及设施:

(a)承包商的外籍人员营地

指定作为承包商外籍人营地的区域与业主位于桥沟的设施相毗邻。在进场动员初期,承包商可以租用由业主提供的、有限的、具备基本家具的公寓房作住房,租金为30元/(m^2·月)。

公用事业设备的费用由承包商直接按实际执行的费率支付。

(b)承包商的当地劳务营地

承包商将为当地劳务向业主租用一定数量、不带家具的住房。租金为4.0元/(m^2·月),不包括公用事业设备的费用。公用事业设备费由承包商按实际执行的费率直接支付。该住房位于西河清,面积15 000m^2。

第23款　环境保护

23.1　业主的政策

保护工程所在地区的环境是业主的政策。为确保环境得到保护,该工程在任何时候都应接受工程师、业主的环保人员及有关省和政府机构的工作人员的检查。正常情况下,除工程师的检查外,所有检查都应由工程师预先作出安排。有关环境保护的任何具体问题应由承包商和工程师共同处理。

23.2　承包商的责任

(a)承包商应确保其雇员、他的分包商及分包商的雇员遵守省和政府的所有现行的有关环境的条例、规章和要求以及工程师可能制定的这类其他规定和规则。一些特定要求在以下的段落里详述。

(b)承包商应根据现行法律和法规负责获取所有必要的许可和批准。

23.3　人员

(a)承包商、其分包商和分包商的雇员都应遵守政府有关鱼类和野生生物、森林火灾、森林旅行、吸烟和废物丢弃的所有条例和规章。不准在施工现场打猎或射击。

(b)不允许将火器带入施工现场。

(c)任何导致环境破坏的违章行为均应立即向工程师汇报。承包商应按工程师的指示负责采取场地的清除、恢复和(或)复原措施。

23.4 水道污染的防止

承包商应采取各种必要的措施防止任何污染物质直接或间接地进入水源。污染物质是指导致水源变质或水质恶化影响使用性的任何物质,无论它是固体还是液体,是有菌的、有机物的,还是无机物的。各种必要的措施应贯彻于整个施工期间,并应防止因承包商的劳力、设备和施工方法造成的污染。需预防的可污染源包括卫生设施、车辆设备、未经工程师批准而处理的材料和穿过水道的车辆。

23.5 燃料和油

(a)储油罐的位置

除非工程师另有批准,石油、润滑脂、汽油、柴油或其他燃料应储存在距任何地表水源诸如水槽、渠道、河流和水井等至少150m的地方。

(b)装卸和加油方法

装卸和加油方法应使地面和水不受污染。

(c)防护围堤

容量在23 000L(或以上)的任何燃油罐应放置在防渗垫上,并应用有足够高度(最低高度0.6m)的防渗围堤围住,空间不小于油罐容积的110%。若在围堤区内围有不只一个油罐,围堤应有足够高度来容纳最大油罐容量加上所有其他油罐总容量的10%或最大油罐容量的10%,取大者。所有土建围堤应有一个宽度不小于0.6m的平顶。储油罐外壳与围堤内边线间的距离应至少是罐高的一半。类似地,容量在4 500L与23 000L之间的任何燃油罐,如果在施工现场需存放6个月以上应用围堤防护。容量小于4 500L的燃油罐不要求围堤防护。

(d)废油处理

废弃的油和润滑油应装在密封箱内,并按工程师批准的方法进行处理。

(e)承包商的责任

承包商应对储油罐系统实施每日检查,以便任何24小时内大于正常量的损耗(正常量是指储油罐容量的1%或通过储油罐系统转运量1%两者中大者)或任何溢出(溢出是指任何超过70L的损失量)能立即被检查出来,得以处理并进行清除。承包商对任何这类事件应作详细汇报。在为本工程使用而调运或安放燃料或油之前,承包商应向工程师呈交一份工程师可接受的为解决燃料或油溢出问题的应急计划。

(f)储油罐系统的操作人员应在停产日起30天内放空系统的所有产品,从地面移走油罐和联接管道,挖走任何受污染的泥土,清理场地并使之恢复到令工程师满意的状态。

23.6 农药和其他有毒物质

事先不经工程师的批准不准使用农药或其他有毒化学品。

23.7 场地清理和施工

(a)总则

承包商应避免现场道路、坡道或对地域造成的其他障碍引起洪水对植被的可能破坏。

土料场开采时应尽可能保留一个隔离水体的最小植被缓冲区。在开挖料场时移动的表土应妥善堆存。料场开采时及开采后,任何冲蚀应局限在料场区内。树木的砍伐、搬移或清理均不应超出为实施本工程所必需的范围。

（b）渡口

现有渡口应尽可能地利用,并应采取措施以确保摆渡的淤塞和侵蚀最小。应按工程师的专门指示,当渡口不再使用时应尽可能将其恢复到天然状态。

（c）河道保护

非指定取料区的河床或岸边的卵石均不得取用。

（d）涵洞

涵洞的设计和安装不能影响鱼类通过,也不能被冲掉。涵洞应安装成与现有河流坡降一致的均匀坡度。涵洞的最大坡度应为:涵洞长15m以下,坡度为5%;15~30m长,坡度为3%;大于30m,坡度为1.5%。

在长度不足25m的涵洞内的水流流速不应超过1.2m/s;在长25m以上的涵洞内水流速度不超过1m/s。按工程师的指示填筑的涵洞进口应用抛石料或翼墙稳定,以防道路斜坡受侵蚀而引起河道淤塞。在一条河道里安置有两条或两条以上的涵洞时,应有一条涵洞设置在较低高程,以确保在低流量期间水能集中从高程较低的涵洞流过。

（e）沟渠

若路边的水沟直接通向河道,沟渠在河道的进口附近应设置水沟塞或一些挡板,以形成泥沙沉积区。其他排水沟不应直接通向任何水体,并应有植被保护以阻止泥沙流入水体。

（f）仓库

除工程师另有批准外,设备和材料仓库应设在距任何水体至少100m远的地方。

（g）履带式车辆或各种轮胎式车辆

地面机动设备应限制在直接的工区或既定的道路上操作。承包商不应允许其车辆在工地用于娱乐。履带式或轮胎式车辆除了为了完成施工任务外,没有工程师的明确同意都不允许出现在现场。履带式或轮胎式车辆在道路外只能沿工程师批准的路线行驶。

23.8　考古和历史文物

在现场发掘的所有化石、有价值的古物和有地质、考古和历史意义（或价值）的其他遗迹或物品,均视为政府的绝对财产。承包商应采用所有合理的预防措施防止其雇员或其他人员移动或损坏任何上述物品。一旦发现上述文物,承包商应立即采取足够的保护措施并马上通知工程师。在发现文物时该直接工区应停工,直到工程师与有关部门协商以后,要求承包商将发现的文物移走并批准复工。

（三）环境保护管理办法

《黄河小浪底水利枢纽工程施工区环境保护管理办法》（以下简称《管理办法》）与《黄河小浪底水利枢纽工程施工区环境保护工作实施细则》（以下简称《实施细则》）,是合同标书中环境保护条款的补充和延伸,《管理办法》和《实施细则》进一步明确了合同标书中部分条款所隐含的内容,因此它与合同标书具有同等的约束效力,是施工区环境保护工作的重要依据之一。《管理办法》和《实施细则》主要内容摘录如下:

黄河小浪底水利枢纽工程施工区环境保护管理办法

第一章 总 则

第一条 为保证小浪底水利枢纽工程施工区环境保护工作的顺利实施,现根据中华人民共和国和河南省及地方有关环境保护的法律法规标准、小浪底水利枢纽工程承包合同中有关环境保护条款、中国政府和世界银行审查通过的《中华人民共和国黄河小浪底工程世行Ⅰ期、Ⅱ期贷款环境影响评价报告》和世界银行的要求,编制小浪底水利枢纽工程施工区环境保护管理办法。

第二条 本办法适用范围为小浪底水利枢纽工程施工区、施工影响区,及其与上述环境有关的场地、设备、设施等。

第二章 环境保护管理体系

第三条 小浪底水利枢纽工程施工区环境管理实行业主、工程师和承包商三方分工协作,总监理工程师全面负责的管理体系。业主是指黄河水利水电开发总公司。承包商是指投标书已为业主接受的当事人以及取得此当事人资格的合法继承人。

第四条 黄河水利水电开发总公司下设环境管理办公室,授权代表业主行使环境保护管理监督职权。

第五条 环境监理工程师是工程监理工程师的重要组成部分,环境监理工程师主要受业主委托,对工程承包商的施工活动进行环境监理。

第六条 承包商包括其雇员、他的分包商及分包商的雇员。

第三章 各方的职责和权利

第七条 业主的职责和权利

1.贯彻并监督执行国家关于环境保护的方针、政策、法令。

2.统一管理和监督施工区的环境保护工作,必要时可与有关部门配合,协商解决有关环境问题。

3.制定或组织制定有关环境保护规章制度、条例、规划、计划等,并负责组织其实施。

4.负责组织并委托有关单位通过监理、监测等手段对施工区的环境进行监督和检查。

第八条 环境监理工程师职责和权利

1.受业主委托,监督、检查小浪底工程区的环境保护工作。

2.审查承包商提出的可能造成污染的材料和设备清单及其所列的环保指标,审查承包商提交的环境月报告。

3.协调业主和承包商的关系,处理合同中有关环保部分的违约事件。

4.对承包施工过程及竣工后的现场就环境保护内容进行监督与检查。

5.对检查中发现的环境问题,以问题通知单的形式下发给承包商,要求限期处理。

6.环境监理工程师每月向业主提交一份月报告,半年提交一份进度评估报告,并整理归档有关资料。

7. 环境监理工程师有权反对并要求承包商立即更换由承包商提供的而环境监理工程师认为是渎职者或不能胜任环保工作或玩忽职守的环境管理工作人员。

第九条　承包商的职责和权利

1. 严格遵守和执行国家和地方所有现行的有关环境保护法规、标准,合同中有关环保条款,以及业主、工程师可能制定的这类其他规定和规则。

2. 承包商必须明确一名合格的专职环境管理工作人员,全面负责本辖区内的环境保护工作。

3. 随时接受业主、工程师关于环境保护工作的监督、检查,并应主动为其提供有关情况和资料。

4. 必须主动向业主或工程师汇报本辖区内可能出现或已经出现的环境问题以及解决的情况。

5. 承包商应确保其雇员、他的分包商及分包商的雇员遵守省和政府的所有现行的有关环境条例、规章和要求以及工程师可能制定的这类其他规定和规则。

6. 必须每月编制一份环境月报给环境监理工程师。月报应对本标内履行有关环境保护情况,如对监测情况、对环境监理工程师的要求以及"环境问题通知"的响应情况等进行全面总结。

7. 由于业主违约造成的损失,承包商有权提出索赔。

8. 承包商有权拒绝预期或已经对环境造成破坏或污染的施工活动。

第四章　环境保护工作内容和标准

第十条　水业主、承包商、分包商及其他施工单位,要依据《中华人民共和国水污染防治法》把水环境保护工作纳入计划,采取防治水污染的对策和措施,防止地表水和地下水污染。施工区生活供水系统按《生活饮用水卫生标准》进行净化,确保提供合格安全的生活饮用水。

第十一条　大气

小浪底工程施工区内凡向大气排放污染物的单位,必须依据《中华人民共和国大气污染防治法》及有关标准,采取防治大气污染的措施,保证废气、粉尘达标排放,保护和改善大气环境。

第十二条　噪声

小浪底工程施工区内凡产生噪声污染的单位,必须依据《中华人民共和国环境噪声污染防治法》及有关标准,采取防治措施,保护和改善生产、生活环境,保障施工人员及周边居民的身体健康。

第十三条　固体废弃物

小浪底工程施工区内凡产生固体废弃物的单位和个人,都应按照《中华人民共和国固体废弃物污染环境防治法》和有关规定,采取切实有效的措施,防止或者减少固体废弃物对环境造成的污染。

第十四条　公共卫生

工程施工期间,人员相对集中,要切实做好卫生防疫工作,加强灭鼠灭蚊蝇工作,注意食品卫生,定期体检,控制传染病传播。

第十五条　野生动植物

在小浪底工程工地的施工单位或个人,都应遵守《中华人民共和国野生动物保护法》和《中华人民共和国森林法》,对工区内或周边地区发现的野生动植物,特别是珍稀、濒危物种,必须采取防范或处理措施加以保护,严禁毁灭或破坏。

第十六条　土地利用

小浪底工程施工区的所有单位,都应遵照《中华人民共和国土地管理法》,采取一切措施,防止土地沙化及水土流失,节约使用土地,保护和合理利用土地资源。

第十七条　水土保持和绿化

小浪底工程施工区内的所有单位都应根据《中华人民共和国水土保持法》,采取水土保持植物、工程等措施来预防和治理由于本单位施工或其他活动所产生的水土流失,保护和合理利用水土资源,改善区域内的生态环境。

第十八条　文物

小浪底工程施工区内的地上、地下所有文物、化石均为国家所有,一切单位或个人都应遵照《中华人民共和国文物保护法》,对发现的文物采取有效的保护措施,防止文物遗失或遭受破坏。

第五章　违约处理

第十九条　当环境监理工程师对承包商出现的环境问题发出整改通知后,而承包商未能在规定的合理时间内进行改进亦无合理的答复时,业主有权雇用他人进驻现场对有关环境问题进行处理,由此所发生的一切费用由承包商负担。

第二十条　如果承包商所指定的环境管理员未尽到职责,造成不应有的环境问题或环境问题长期得不到解决时,业主或环境监理工程师有权要求承包商立即撤换此类人员,而且无工程师的同意不得允许这些人员重新从事该项工作。

第六章　附　则

第二十一条　本办法自发布之日起施行。

第二十二条　若本办法与现行国家或地方有关法律、法规、标准有冲突时,以有关法律、法规、标准为准。

第二十三条　本办法的解释权归水利部小浪底水利枢纽工程建设管理局。

黄河小浪底水利枢纽工程施工区环境保护工作实施细则

第一章　总　则

第一条　为保证小浪底水利枢纽工程施工区环境保护工作的顺利实施,现根据中华人民共和国和河南省及地方有关环境保护的法律法规标准,小浪底水利枢纽工程施工承包合同中有关环境保护条款、中国政府和世界银行审查通过的《中华人民共和国黄河小浪底工程世行Ⅰ期、Ⅱ期贷款环境影响评价报告》和世界银行的要求,编制小浪底水利枢纽工程施工区环境保护工作实施细则。

第二条 本实施细则的适用范围为小浪底工程施工区、施工影响区,及其与上述环境有关的场地、设备、设施等。

第二章 水污染防治

第三条 小浪底施工区水污染控制执行《中华人民共和国水污染防治法》。

第四条 各承包商、分包商和其他施工单位的生产和生活污水排放执行国家《污水综合排放标准》(GB8978—1996)。

第五条 流经施工区的黄河河段属GB3838Ⅲ类水域,根据《污水综合排放标准》(GB8978—1996),施工区一切生产生活污水排放必须执行一级标准。

第六条 医疗单位污水按国家《医院污水排放标准》GBJ48—83执行。

第七条 生活污水治理措施

(1)生活污水先经化粪池发酵杀菌后,由地下管网输送到无危害水域。

(2)化粪池有效容积应能满足生活污水停留一天的要求。

(3)对化粪池定期清理,以保证化粪池有效容积。

第八条 生产废水治理措施

(1)反滤料、砂石料生产废水应经沉淀池沉淀后循环利用。

(2)基坑废水、拌和楼料罐冲洗水需经沉淀池沉淀后排出。

(3)洗车台废水要经油水分离系统处理以后排出。

第九条 各承包商和其他施工单位应对自己排放的污水及其对受纳水体的影响每月监测一次,必要时环境监理工程师可以要求有关单位对其排放污水进行专门(专项)监测。

第十条 当排放污水超标或排污影响受纳水体功能时,排污单位应及时采取措施进行治理。

第十一条 业主环境管理部门将随时委托黄委会水资源保护局对施工区排放的污水进行监督性监测,以作为监理依据。

第十二条 防止地表水污染

(1)禁止向水体排放油类、酸液、碱液或者剧毒废液。

(2)禁止向水体清洗装贮过油类或者有毒污染物的车辆和容器。

(3)禁止向水体排放、倾倒工业废渣、城市垃圾和其他废弃物。

(4)燃料库、化学药品等应按设计和合同条款要求,采取防护措施,避免污染土壤和水体。

第十三条 防止地下水污染

(1)禁止利用渗井、渗坑、裂隙排放、倾倒有毒污染物的废水、含病原体的污水和其他废弃物。

(2)防渗工程施工中加入的化学物质不得污染地下水。

第三章　大气污染防治

第十四条　生活营地和其他非施工作业区大气环境质量执行《环境空气质量标准》（GB3095—1996）中二级标准,施工作业区执行三级标准。

第十五条　施工和生产过程中,产生的废气、粉尘必须按照《大气污染物综合排放标准》（GB16297—1996）、《工业炉窑大气污染物排放标准》（GB9078—1996）的要求,达标排放。

（1）各种燃油机械必须装置消烟除尘设备。

（2）以柴油为动力的机械和运输工具,其排放烟度执行国标《汽车柴油机全负荷烟度排放标准》（GB14761.7—93）和《柴油机自由加速烟度排放标准》（GB14761.6—93）的规定。

（3）以汽油为动力的机械和运输工具排放污染物浓度分别执行如下标准:

①轻型汽车执行国标《轻型汽车排气污染物排放标准》（GB14761.1—93）之表1所列限值。

②车用汽油机执行国标《车用汽油机排气污染物排放标准》（GB14761.2—93）和《汽油机怠速污染物排放标准》（GB14761.5—93）。

（4）锅炉排烟口高度应高出半径200m以内的最高建筑物3m以上,执行《锅炉大气污染物排放标准》（GB13271—91）。

第十六条　沙石料加工及拌和工序必须采取防尘除尘措施,达到相应的环境保护和劳动保护要求,防止污染环境或危害职工健康。

第十七条　地下施工必须设置通风设施,满足地下作业场所的劳动保护和环境质量要求。洞内任一地点空气中最大有害气体含量不得超过下表所列浓度标准限值。

气体	最大浓度（mg/kg）
一氧化碳①（CO）	50
氮氧化物（NO_x）	3
乙　醛	100

注①:一氧化碳浓度应在距设备10m以外测量。设备排气管10cm之内一氧化碳浓度应小于0.01%。爆破作业时,应尽可能把起爆和作业面洒水结合起来,减少粉尘和有害气体污染环境危害职工健康。

第十八条　为防止运输扬尘污染,装运水泥、石灰、垃圾等一切易扬尘的车辆,必须覆盖封闭。为防止公路扬尘污染,各施工道路必须按合同条款规定洒水。

第十九条　严禁在施工区焚烧会产生有毒有害烟尘或恶臭气体的物质。确实需要焚烧时,必须采取防治措施,在环境监理工程师监督下执行。

第二十条　承包商对其施工现场及其他责任区的大气环境质量按有关规定进行监测,并建立相应档案。

第二十一条　施工区大气环境监测与评价,每年进行两次。

第四章　噪声污染防治

第二十二条　生活营地和其他非施工作业区执行国标《城市区域环境噪声标准》（GB3096—93）之 1 类标准，即昼间等效声级限值为 55dB（A），夜间为 45dB（A）。公路两侧执行 GB3096—93 之 4 类标准，即昼间等效声级限值为 70dB（A），夜间为 55dB（A）。频繁突发和偶然突发噪声按（GB3096—93）中第 5 条执行。各施工点噪声执行国标《建筑施工场界限值》（GB12523—90）中各项标准。运输和交通车辆噪声执行《汽车定置噪声限值》（GB16170—1996）各项标准。凡噪声超标的机械设备不准入场施工。高噪声作业点个人防护标准按《工业企业噪声卫生标准》试行草案执行，即在无耳塞防护情况下，允许噪声限值不宜超过 90dB（A），不得超过 115dB（A）；在有防护的情况下不宜超过 112dB（A），不得超过 120dB（A）。

第二十三条　为防止噪声危害，在生活营地和其他非施工作业内：

（1）任何单位和个人不准使用高音喇叭。

（2）进入营地和生活区的车辆不准使用高音或怪音喇叭。

（3）广播宣传或音响设备要合理安排时间，不得影响公众办公、学习、休息。

（4）避免其他噪声如电锯、电钻等扰民。

第二十四条　凡产生强烈噪声和振动扰民的单位，必须采取减噪降振措施选用低噪弱振设备和工艺。对固定噪声源如拌和系统、沙石料系统、制冷系统等必须安装消音器，设隔噪间、隔置罩或隔音岗亭；对移动噪声源如钻机、振动碾、风钻等的操作人员，必须佩戴耳塞等隔音器具。

第二十五条　靠近生活营地和居民区施工的单位必须合理安排作业时间，减少或避免噪声扰民，并妥善解决由此而产生的环境纠纷，负担相应的责任。

第二十六条　在交通干线两侧、营地、生活区周围结合绿化种植隔音林带，是改善生态环境、减轻噪声危害的长期有效的生物措施。业主提倡各单位大力开展植树造林。

第二十七条　承包商应对其责任区域内的噪声每月监测一次。若必要，环境监理工程师可以要求承包商在其他时间、地点进行噪声监测。

第五章　弃渣和固体废弃物的管理

第二十八条　施工弃渣和生产废渣等固体废弃物，必须按设计与合同文件要求送到指定弃渣场，不得随意堆放。一切储存固体废弃物的场所，必须按设计要求采取工程防护措施，避免滑坡和弃渣流失。

第二十九条　各承包商和其他施工经营单位的生产场地与生活营地，应设置临时储存生产、生活垃圾的设施（垃圾箱或垃圾桶），并由专人负责定期送往指定倾倒场所掩埋处理。

第三十条　各医疗单位的含菌垃圾，应按《中华人民共和国传染防治法》的要求送焚烧炉进行焚烧处理。

第三十一条　严禁将含有铅、铬、砷、汞、氰、硫、铜、病原体等有毒有害成分的生产废渣，随意倾倒或直接埋入地下。上述废渣必须在监理工程师的指导下进行处置。

第六章　公共卫生

第三十二条　卫生检疫

（1）长期居留的外籍人员，应按我国国境检疫规定接受检疫，并将检疫结果报建管局资环处和咨询公司安全部环境监理工程师。

（2）承包商及其分包商的中国雇员入场前应经环境监理工程师认可的卫生防疫部门进行体检，不合格者不得入场。另外，每年对其雇员也要进行一次体检，并建立个人卫生档案。食品从业人员应按《食品卫生法》要求获得上岗证书，持证上岗。

（3）承包商及其分包商要密切监视传染病疫情情况，发现疫情，立即报告环境监理工程师，并采取适当紧急控制措施。当地区及其周围出现疫情时，环境监理工程师要把掌握的情况及时通报各承包商。

第三十三条　疟疾和脑炎传染媒介控制

中华按蚊是疟疾的主要传播媒介，蚊虫是流行性乙脑的传播媒介。承包商及其分包商必须做好灭蚊蝇工作，定期对居住和工作地消毒和打扫清理，夏季做到灭蚊蝇经常化。灭蚊蝇药物需经环境监理工程师批准，必须保证对人群健康无害，不对环境造成二次污染。

第三十四条　出血热传染媒介控制

（1）承包商及分包商要每月对其所辖区鼠密度监测一次，鼠密度标准执行国家爱委颁布的3%的农村地区无鼠害化标准。

（2）当鼠密度超过3%时，要及时采取灭鼠措施，使鼠密度控制在3%以下。灭鼠药物需经环境监理工程师同意，确保对环境无害。

第三十五条　肠道疾病控制主要是提供清洁的饮用水。

（1）生活饮用水执行国家《生活饮用水卫生标准》（GB5749—85）。

（2）生活饮用水的水源，必须设置卫生防护地带。施工区生活用水水源为地下水，在单井或井群的影响半径范围内，不得修建渗水厕所、渗水坑、堆放废渣或铺设污水渠道，并不得从事破坏深层土层的活动，水井口要高出地面30～50cm，并设置井台井盖或井房，防止雨水等冲淋滴入引起污染。

（3）生活供水系统按卫生标准进行净化，必须加氯杀菌消毒，供水单位必须对加氯量和管网末端水龙头余氯量及加氯系统运行情况做出日生产记录，每月向环境监理工程师报告一次。新设备和管网使用前和旧管网修复后，须经严格清洗、消毒并检验合格后，才能通水使用。

（4）对生活饮用水水质每月监测一次游离余氯、大肠菌群和细菌总数，每年对生活饮用水作一次全分析。

第三十六条　所有饮食业（包括职工食堂）、公共场所和其他服务单位都必须按《食品卫生法》等国家和地方政府的有关法规做好卫生工作，并随时接受卫生防疫部门和环境监理工程师的监督检查。

第三十七条　建好管好厕所，粪便、垃圾处理执行《粪便无害化卫生标准》（GB7059—87），在施工区要求水冲式厕所。

第三十八条　承包商、分包商都要有自己的医院或诊所,能治疗常见疾病,对其他疾病也能做初步处理。

第七章　野生动植物保护

第三十九条　各施工承包商和其他经营单位,必须注意保护现有动植物资源,并努力创造一个有利于动植物生存和发展的良性生态环境。

第四十条　施工区各单位要加强宣传教育,提高施工人员和其他住工地人员保护野生动植物的意识。发现破坏现有生态环境及捕猎砍伐野生动植物的行为,应立即制止,并报告环境监理工程师和有关部门给予查处。

第四十一条　发现珍稀动植物,必须立即加以保护,并及时报告环境监理工程师。

第四十二条　施工范围内禁止捕猎,同时也禁止施工人员到施工范围以外进行捕猎。

第四十三条　防止造成河流水体污染,禁止破坏水生生态环境和损害水生生物资源。在施工过程中,应当切实注意保持水体清洁卫生,采取有效措施保护水生生态环境和水生生物资源。

第八章　土地利用

第四十四条　施工期间使用土地必须符合国家有关土地管理的要求。

第四十五条　各施工单位必须按照设计要求和合同文件的规定,合理并节约利用土地。

第四十六条　因项目更改或设计变更需另占土地时,用地单位应向业主提出申请,经监理工程师审核,待批准后方可使用。

第四十七条　作业面表层土壤要妥善保存,待工程竣工或单个项目完成时用以回填坑洼地,以便复垦或还田复耕。

第四十八条　尽可能保持所用土地的清洁卫生,禁止造成土地污染,提高土地的使用效率。

第九章　水土保持和绿化

第四十九条　开挖的土、石料场,必须设置缓冲区,工程竣工后,应当用表土回填,并进行平整和复垦,恢复原来的植被或造田耕种。

第五十条　堆弃渣场也必须设置围堰,堆弃渣过程中必须进行平整,防止冲蚀损坏和水土流失。工程竣工后,应对渣场采取措施进行绿化。

第五十一条　施工弃渣、弃土等不得阻碍施工区内的河、沟、渠等水道,以防造成水土流失。

第五十二条　各单位对自己所辖区内的河、沟、渠等水道应经常进行清理,保持水流畅通,不得造成水土流失。

第五十三条　工程施工过程中防止失稳、滑坡、坍塌或水土流失,在易造成坍塌滑坡的危险区域内禁止挖土和采集土石料。

第五十四条　场地清理时,不得超出设计范围,严禁乱砍滥伐林木或破坏植被。

第五十五条 小浪底工程应编制水土保持设计方案,并严格按照方案开展水土保持工作。

第十章 文物保护

第五十六条 各承包商、分包商及其他施工经营单位,要加强文物保护知识的宣传教育,提高保护文物的自觉性。

第五十七条 一切地上、地下文物均属国家所有,不允许任何单位或个人窃为私有。

第五十八条 在施工过程中,发现文物(或疑为文物)时,必须立即停止施工,承包商应采取合理的保护措施,防止移动或损坏文物,并立即通知环境监理工程师和文物主管部门,执行其关于处理文物的指示。

第五十九条 小浪底水利枢纽工程范围内的文物保护工作由河南、山西两省文物保护局负责,其他机关、组织或个人不经两省文物局批准,不得擅自处理文物保护方面的问题。

第六十条 任何外国团体或个人,未经许可,不得在各区域内进行考古调查和发掘。

第十一章 附 则

第六十一条 本细则自发布之日起生效

第六十二条 若本细则与现行国家地方有关法律、法规、标准有冲突时,以有关法律、法规、标准为准。

第六十三条 本细则的解释权归水利部小浪底水利枢纽工程建设管理局。

三、环境监理内容与岗位职责

(一)环境监理内容

施工区开展环境监理工作的主要目的就是保证环境影响报告书提出的环保措施落到实处,将施工活动产生的不利影响降低到可接受的程度。监理工作贯穿于施工全过程,涵盖了施工区的方方面面。

小浪底施工区环境监理的工作范围包括承包商及其分包商施工现场、工作场地、生活营地,施工区道路、业主办公区和业主营地、蓼坞水厂等所有可能造成环境污染和生态破坏的区域。

环境监理的工作内容包括:生活饮用水水质安全、生产废水处理、生活污水处理、固体废弃物处理、大气污染防治、噪声控制、健康与安全等。

1.生活饮用水水质安全

按照合同的规定,承包商应向不同地区和工作点的职员与工人提供足够的、符合国家生活饮用水卫生标准的饮用水。为了确保生活供水安全可靠,环境监理工程师要监督承包商做好预防保护、加氯消毒和水质监测等工作。一是保护饮用水的水源,设置明显的卫生防护带。由于施工区供水相对集中,因此对生活饮用水为地面水的,要求在取水点上游1 000m至下游100m的水域不准排入生产废水和生活污水,水源地附近包括水厂附近不准堆放垃圾、粪便、废渣,不准修建渗水坑、渗水厕所,不准铺设污水管道,不准居住民工等。如果生活用水水源为地下水,除防止地下水源污染外,水井口还要高出周围地面30~50cm,并设置井台井盖以防雨水污水等进入。二是生活供水系统必须按照卫生标准进行净化,如加氯消毒等。三是供水单位必须对加氯量、余氯含量,以及加氯系统运行情况做出记录,并对水质进行定期监测。对此,环境监理工程师每月检查一次。

2. 生产废水处理

为了使黄河水质不因小浪底工程施工废水的排入而降低水体的功能和水质等级,承包商及各施工经营单位排出的生产废水不得超过国家《污水综合排放标准》(GB8978—1996)。为此,监理工程师必须对生产废水处理措施进行监督检查。砂石料冲洗等废水应经沉淀池沉淀后循环利用。混凝土拌和、混凝土浇筑、基坑等废水含有大量的悬浮物,需经沉淀池沉淀后排出。洗车台废水含油量大,必须经过油水分离器处理以后方可排出。

3. 生活污水处理

为使生活污水不对黄河及周围水域产生污染,环境监理工程师要监督承包商采取处理措施。生活污水要先经过化粪池发酵杀菌后,由地下管网输送到无危害水域。化粪池的有效容积应能满足生活污水停留一天的要求。同时,化粪池要定期清理,以保证它的有效容积。另外,对排污口排出的生活污水,承包商要每月监测一次,由工程师检查处理结果。必要时工程师还可指派有资质的监测单位进行专门监测。

4. 固体废弃物处理

固体废弃物处理包括生产、生活垃圾和生产废渣处理。对于固体废弃物处理,环境监理工程师按照合同规定,在工程施工期间,要求承包商合理地保持现场不出现不必要的障碍物,存放并处置好承包商的任何设备和多余的材料。竣工时的现场清理,要从现场清除运走任何废料、垃圾,拆除和清理不再需要的临时工程(缺陷责任期内承包商所需要材料、设备和临时工程除外),保持所移交工程及工程所在现场清洁整齐,达到使工程师满意的使用状态。

5. 大气污染防治

施工区大气污染主要源于施工和生产过程中产生的废气、粉尘。为防治运输扬尘污染,环境监理工程师要求承包商及各施工单位装运水泥、石灰、垃圾等一切易扬尘的车辆,必须覆盖封闭;对道路产生的扬尘,采取定期洒水措施;各种燃油机械必须装置消烟除尘设备;砂石料加工及拌和工序必须采取防尘除尘措施,达到相应的环境保护和劳动保护的要求。严禁在施工区焚烧会产生有毒有害或恶臭气体的物质。

6. 噪声控制

为防止噪声危害,对产生强烈噪声或振动的施工单位,环境监理工程师必须要求采取减噪降振措施,选用低噪弱振设备和工艺。对固定噪声源如拌和系统、砂石料系统、制冷系统等必须安装消音器,设置隔音间或隔音罩;对接触移动噪声源如钻机、振动碾、风钻等的人员,必须发放和要求佩戴耳塞等隔音器具。在靠近生活营地和居民区施工的单位,必须合理安排作业时间,减少和避免噪声扰民,并妥善解决由此而产生的纠纷,承担相应的责任。

7. 健康与安全

人群健康与安全是业主和世界银行最关心的问题,也是环境监理工程师最关注的环境问题。在工程建设过程中,工程师根据合同条款规定,重点检查如下内容:①在施工过程中,承包商是否按操作要求提供了有益于工人身心健康和有安全保障的生产条件。②在承包商的安全管理体系中,是否在工地人员中设有一名或多名专门负责有关安全和防止事故的人员。这些人员应能胜任此项工作,并有权为预防事故而发布指令和采取保护措施。③承包商应采取适当预防措施以保证其职员与工人的安全,并应与当地卫生部门协作,按其要求在整个合同的执行期间自始至终在营地住房区和工地确保配有医务人员、急救设备、备用品、病房及适用的救护设施,并应采取适当的措施以预防传染病,提供必要的福利及卫生条件。④承包商应自始至终采取必要的预防措施,保护在现场所雇用的职员和工人免受昆虫、老鼠及其他害虫的侵害,以免影响健康和患寄生虫病。承包商应遵守当地卫生部门的一切有关规定,特别是安排使用经过批准的杀虫剂对所有建在现场的房屋进行彻底喷洒,这一处理应至少每年进行一次或根据工程师的指示进行。⑤为了有效地防治传染病与职业病,承包商应遵守并执行中国政府或当地医疗卫生部门制定的有关规定、条例和要求。

(二)环境监理工程师岗位职责

环境监理在我国大中型水利工程建设中属于全新的工作,因此环境监理的任务尚处于探索之中。小浪底工程在实施阶段的监理任务,在"施工区环境监理工作的实施意见"(以下简称"意见")中对环境监理工程师的责任与义务做出了明确的规定,赋予了环境监理工程师参与工程管理的权力。根据"意见"的要求,审查承包商提交的施工设计方案,就承包商提出的施工组织设计、施工技术方案和施工进度计划提出环保方面的意见,保证环保措施的落实和工程的顺利进行;审查承包商进场施工机械设备的环保指标,同工程监理一道参加工程的验收等。"意见"明确指出:工程质量认可包括环境质量认可,单元工程验收的凡与环保有关的必须有环境监理工程师签字。

环境监理工程师的岗位职责包括以下几个方面:

(1)受业主委托,监督、检查小浪底工程区的环境保护工作。

(2)审查承包商提出的可能造成污染的材料和设备清单及其所列的环保指标,审查承包商提交的环境月报告。

(3)协调业主和承包商的关系,处理合同中有关环保部分的违约事件。

(4)对承包商施工过程及竣工后的现场就环境保护内容进行监督与检查。

(5)对检查中发现的环境问题,以问题通知单的形式下发给承包商,要求限期处理。

(6)环境监理工程师每月向业主提交一份月报告,半年提交一份进度评估报告,并整理归档有关资料。

四、环境监理的组织保障体系

根据小浪底建设管理局的要求,环境监理人员1995年9月正式进驻现场。环境监理挂靠小浪底工程咨询有限公司总监办(安全部),环境监理工程师与承包商之间的文件来往,如下发问题通知单、接收对方来文等,通过安全部进行传递。施工区环境监理工作既是工程监理的重要组成部分,同时又具有一定的独立性。工作程序见图7-3-1。

1995 年 10 月,小浪底工程咨询有限公司向承包商下发了"关于施工区环境监理工作的实施意见"的通知,要求承包商选派合格的专职人员,负责本单位的环境保护工作。小浪底国际标的三家责任公司均来自发达国家,现场经理和高级职员环境保护意识比较强。根据意见以及环境监理工程师的要求,承包商都陆续组建了自己的环保机构。由于环保工作涉及范围广、部门多,一般采用矩阵形管理模式,即现场经理下设环保办公室,由环保员专职负责标内环保工作。承包商组织机构见图 7-3-2。

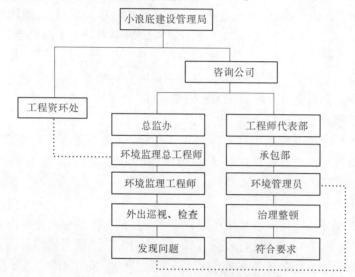

图 7-3-1　小浪底施工区环境监理工作程序

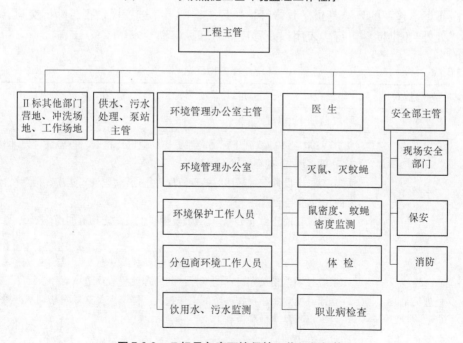

图 7-3-2　Ⅱ标承包商环境保护工作组织机构

五、环境监理运作方式

小浪底施工区环境监理的工作方式和工程监理既有相同的地方,也有不同之处。环境监理人员同工程监理人员一样常驻工地,对施工活动中的环境保护工作进行动态管理。鉴于施工区环境保护工作的特殊性,环境监理工作方式以巡视为主,辅以必要的仪器监测。日常巡视是环境监理的主要工作方式之一。根据施工区污染源分布情况,环境监理工程师定期对施工区进行巡视,巡视过程中如发现环境污染问题,口头通知承包商环境管理员限期处理,然后以书面函件形式予以确认。对要求限期处理的环境问题,环境监理工程师按期进行检查验收,并将检查结果形成检查纪要下发承包商。

为了保证环境监理工作的顺利实施,在业主的大力支持下,环境监理工程师根据工作实践对环境监理工作制度进行不断完善和创新,逐步形成了一整套行之有效的监理制度。

(一)工作记录

环境监理工程师每天根据工作情况做出工作记录(监理工作日记见表7-3-1),重点描述现场环境保护工作的巡视检查情况、发现的环境问题、责任单位,分析产生问题的主要原因、处理意见等。

(二)报告制度

小浪底施工期环境监理报告是工程建设中环境保护工作的一项重要内容。环境报告的作用:一是在业主、工程师、承包商之间起信息传递作用;二是世界银行代表团及国际咨询专家了解施工区环境保护工作的重要渠道;三是总结阶段性工作,指导今后工作的开展。目前,施工区编制的环境报告主要有环境监理工程师的月报、半年进度评估报告以及Ⅰ、Ⅱ、Ⅲ标承包商的环境月报。其中环境监理工程师半年进度评估报告除提交建管局资源环境处外,还供世界银行代表团以及移民环境国际咨询专家组审议。

表 7-3-1   环境监理工作日记

1998 年 8 月 26 日	星期三	天气	晴
工程项目	环境监理	填写人	XXX
工作内容	上午 9:00 至 10:00 到Ⅰ标马粪滩工作场地进行检查,重点是机修车间的废水处理系统,发现存在以下问题: 1. 系统未按设计图纸标注的处理流程进行运作,废油只集中在前两个池中,而未进入集油池。 2. 该系统目前还由人工操作,由于现操作人员缺乏相应的操作知识,导致废油外溢		
处理结果	现场口头通知: 1. 系统必须严格按照设计图纸标注的处理流程程序进行运作。 2. 立即调换熟悉该操作系统的工作人员。停岗人员必须经培训掌握操作知识后方可再从事此项工作。 次日下发书面通知		

（三）函件来往制度

环境监理工程师与承包商之间只是一种工作关系,因此在工作过程中,双方需要处理的事宜都是通过函件进行传递或确认的。工程师在现场检查过程中发现的环境问题,通过下发问题通知单的形式,通知承包商需要采取的处理措施。工程师对承包商某些方面的规定或要求,一定要通过书面的形式通知对方。环境月报内容格式如下:

题目:关于环境月报内容的通知

_____先生:

为更好地保护施工区环境,满足世界银行代表团及小浪底环境移民国际咨询专家组对环保工作的要求,现对你标环境月报包括的内容作以下规定:

1.供水

(1)供水系统。说明各工作场地、生活营地、生活用水系统布设情况。

(2)水质处理措施。说明在保护生活饮用水方面做了哪些工作,包括污染源保护、消毒情况及蓄水、配水和输水设备的管理情况等。

(3)饮用水的卫生情况。重点描述取样地点、水质检验结果及分析评价。

2.生活污水处理

(1)排污系统。说明各工作场地、生活营地、生活污水排放系统布设状况。

(2)污水处理情况。说明监测点位置(附布置图)、监测结果及分析评价。

(3)对排污河流的影响。说明排污趋向及纳污河流的影响。

3.生产废水

(1)收集处理。说明由于工程施工产生生产废水的种类,为保护环境采取了哪些措施。

(2)对排放河流的影响。说明排污趋向及对纳污河流的影响。

4.生活垃圾

(1)收集。垃圾箱布设及垃圾收集情况。

(2)处理。垃圾集中处理情况。

5.生产垃圾

(1)收集。垃圾箱布设及垃圾收集情况。

(2)处理。垃圾集中处理情况。

6.大气污染

(1)粉尘。说明在控制道路扬尘方面做了哪些工作。

(2)其他。说明在可能产生大气污染的施工现场采取了哪些防治措施。

7.噪声

对由于施工活动产生噪声污染较大的地方,应说明噪声污染严重情况(包括监测数据)以及采取的措施。

8.防洪排水

说明各工作场地、生活营地雨水沟布设情况。

9.卫生防疫

（1）体检。列出年度体检计划。若本月进行了体检,说明体检情况。

（2）疾病统计。标内诊所对疾病的统计情况。

（3）灭蚊蝇情况。蚊蝇密度监测情况、灭蚊蝇实施情况及结果。

（4）灭鼠情况。鼠密度监测情况、灭鼠实施情况及结果。

10.其他

（1）有关图纸在每年的2、8月份的月报里附上完整的一份。

（2）每项工作表述要详细具体。

（3）说明收到环境监理工程师通知后的响应情况。

有时因情况紧急需口头通知,随后必须以书面函件形式予以确认。同样,承包商对环境问题处理结果的答复以及其他方面的问题,也以同样的方式致函给环境监理工程师。

（四）环境例会制度

环境例会制度是深化环境监理工作的一项重要措施之一。1998年6月,环境监理工程师根据合同特别条件第17.2款致函承包商,要求建立环境例会制度,每月召开一次环保会议。通过环境例会,承包商对本标内一月来的环境保护工作进行回顾总结,环境监理工程师对该月各标的环境保护工作进行全面评议,肯定工作中的成绩,提出存在的问题及整改要求。每次会议都要形成会议纪要,内容格式如下:

环境例会会议纪要

时间:1998年6月22日上午8:30~11:30

地点:建管局招待所一楼会议室

参加人员:

资源环境处:(人员名单略)

安全部:(人员名单略)

环境监理:(人员名单略)

宣传处:(人员名单略)

Ⅰ标承包商:(人员名单略)

Ⅱ标承包商:(人员名单略)

Ⅲ标承包商:(人员名单略)

会议由资源环境处某处长主持。中心议题是对承包商5月份的环境保护工作进行检查和评议,提出改进意见,其中重点强调了施工区的卫生防疫工作。

会议分三个议程:一是布置下月卫生防疫工作,二是承包商对本标5月份的环保工作进行汇报,三是环境监理工程师对承包商提交的环境月报进行评议。在会议上对施工区环保工作达成了以下几点共识:

（1）承包商提交的环境月报格式按照6月9日签发的"关于环境月报内容的通知"的要求编写。

（2）反映本月环境保护工作内容的月报最迟提交日期为下月15日。

（3）承包商对自己辖区内的鼠密度要每月监测一次。

（4）7月上旬施工区及其周围区域将统一进行一次灭蚊蝇工作,具体要求随后将发文确认。

（5）环境例会形成制度，时间定在每月下旬第一个星期一上午8:30，地点在建管局招待所一楼会议室。参加单位为本次到会的所有单位。

（6）环境监理工程师巡视发现问题现场口头通知后，随后要发文确认。

（7）关于对施工人员体检的要求会后将发文确认。

环境监理工程师的评议意见附后（Ⅰ、Ⅲ标承包商月报评议意见略）。

对Ⅱ标承包商环境月报的评议

Ⅱ标承包商1998年5月份环境月报从饮用水、生活污水、生产废水、扬尘控制、噪声防治、有害气体监测、生产生活垃圾处理、传染病控制等方面对采取的措施和工作内容进行了描述。环境月报内容较为全面，对采取的污染控制措施描述清晰，世行专家和环境监理工程师的要求也得到了体现。但月报中仍存在以下几个问题需加以改进：

（1）生产废水（上下游拌和楼废水）应每月进行一次检测，但报告中未反映有关工作内容。

（2）饮用水监测点未附位置示意图。

（3）月报中未列出鼠密度检测结果，以及灭鼠灭蚊的实施情况。

（4）未附雇员体检结果表。

（5）报告中仅列出了污水的监测结果，未对监测数据进行合理性分析，对超标严重的指标没有分析原因，也没有提出降低污染指标的措施。

环境例会制度的建立，不仅加强了环境监理工程师的作用与地位，强化了工程师与承包商的联系，而且也给各标承包商的环境管理人员提供了一个相互交流、相互学习的机会，通过相互交流和学习，共同提高施工区环境保护管理工作。环境例会制度给承包商的环境保护工作带来了压力和动力，对促进施工区环境保护工作起到了积极的作用。

第四节　移民安置区环境监理

为帮助和指导移民安置过程中环境保护工作的顺利开展，监督、协调环境保护实施过程中的问题，保证各项环境保护措施的落实，小浪底工程在开展移民工程监理的同时，也引入了环境监理机制。环境监理主要是检查监督移民安置过程中环境保护措施落实情况，指导帮助移民村环保员搞好移民村环境保护工作。广义上讲，移民安置区环境监理的对象是移民搬迁安置过程中的一切生产生活开发活动，如新村建设、生产开发、迁建乡镇和企业等，同时还应包括库盘环境卫生清理等，小浪底移民安置以大农业安置为主，移民新村建设与生产开发是移民安置工作的主体，也是环境监理工作的重点。与迁建乡镇和企业相比，移民安置点具有数量多、人员素质相对较低的特点，是移民安置工作中最需要关注的群体。对于移民新村建设和后期生产开发，不同阶段环境保护工作重点不同，环境监理内容也不相同。小浪底移民安置区环境监理重点对移民新村建设过程中环境保护设施落实情况进行了全过程的监理。

一、环境监理的依据

小浪底移民安置区环境监理的主要依据是现行的中华人民共和国及地方有关环保法律法规标准、世行评估报告及《黄河小浪底水利枢纽移民安置规划报告》、《黄河小浪底水利枢纽工程移民安置区环境保护工作实施细则》、《小浪底水利枢纽移民工程环境监理管理办法》、《小浪底水库移民新村环境保护设施费用估算报告》等。现将《小浪底水利枢纽移民工程环境监理管理办法》收录于下,供大家参考。

小浪底水利枢纽移民工程环境监理管理办法

第一章 总 则

第一条 为了加强小浪底水利枢纽移民工程的环境管理,防治环境污染和生态破坏,根据中国政府和世界银行审查通过的《中华人民共和国黄河小浪底工程环境评价综述报告》和世界银行的要求,小浪底水利枢纽移民工程实行了环境监理制。移民工程环境监理工作已于1996年开展。为了进一步做好监理工作,现根据中华人民共和国有关环境保护的法律法规及标准和《小浪底工程世行Ⅱ期贷款环境影响评价报告》,结合小浪底移民工程的特点,制定小浪底水利枢纽移民工程环境监理管理办法。

第二条 本办法适用范围为小浪底水利枢纽移民安置区以及与移民有关的所有项目。

第二章 监理体系

第三条 小浪底移民工程环境保护工作实行业主管理、工程师监理、移民实施机构执行的三方分工协作的管理体制。

业主是指黄河水利水电开发总公司移民局。

监理单位是指黄河水利委员会勘测规划设计研究院。

移民实施机构是指河南及山西省有关移民淹没区和安置区的各级移民机构和建设工程项目的承包商。

第四条 监理单位主要是受业主委托对移民工程实施过程中的环境保护方面的内容进行监理。

第五条 监理单位在接受监理任务时应与业主签订监理合同,按照合同规定的责、权、利,独立、公正、合法地开展移民工程的环境监理工作。

第六条 监理单位应按照监理合同规定的监理业务,配备相应的监理人员和设备,认真履行监理合同规定的职责。

第七条 监理人员的配备应以高效精干,能对各种环境要素进行有效监控为原则。

监理工程师必须具有工程师技术职称并经过培训。

环境监理人员的构成一般应包括环境工程、水文水质、生物、给排水、农林业、水环境监测、水土保持、地质地貌等方面的专业技术人员。

总监理工程师是监理单位履行监理委托合同的负责人,行使合同授予的权限。

总监理工程师的变更,须经业主同意。业主应将委托的单位、监理内容、总监理工程师的姓名及所赋予的权限,书面通知各级移民机构,并上报主管部门备案。

现场监理人员数量,视年度工作计划、项目规模、性质、分布状况,由业主与监理单位按照监理内容确定。

第八条　移民工程实施环境监理需配备交通、通信、计量等工具和设备,其数量根据实际需要确定。方式可根据合同由业主提供或监理单位自备。

第九条　监理服务费,应根据监理合同、年度计划以及为监理人员提供的工作和生活设施及服务的程度等不同因素全面考虑,由业主和监理单位共同商定分年支付。

第三章　职责范围

第十条　业主与监理单位是委托与被委托的关系,监理单位与实施单位是监理与被监理的关系。

第十一条　监理工程师必须坚持科学性和实事求是,保持自己的公正性、独立性和廉洁性,在维护业主利益的同时,也必须维护实施单位的合法权益。

第十二条　实施单位必须接受监理单位的监理,并为其开展工作提供方便,按照监理要求提供所需资料。

第十三条　监理工程师在新建安置点的职责

(1)审查实施单位在总进度和年度计划下的环保设施施工组织设计和进度计划,超出实施规划、年度计划及有关合同协议之间的变更、调整,及时报告业主,由业主批准。

(2)在安置点建设过程中检查和督促计划的实施,定期不定期召开实施单位参加的生产会议,确保"三同时"制度得到执行。

(3)监理实施单位对环保设施是否按批准的规划设计标准进行施工。

(4)监督安置点建设过程中,弃土弃渣是否采取了有效防护措施。

(5)对已搬迁安置点建设中存在的环境问题,提请实施单位予以充分重视。

(6)监督实施单位按国家审定的各项环保设施投资进行实施,超出国家审定的投资由实施单位自负。

(7)当牵涉到设计变更时,监理工程师有责任提请业主批准后再实施。

(8)参加由实施单位组织的初步验收和由业主或上级主管部门主持的竣工验收活动。

第十四条　监理工程师在已搬迁安置点的职责

(1)重点监理各项环保设施如饮用水处理、生活污水、排水等运行维护状况和街道绿化状况。

(2)督促环保员履行自己的岗位职责并按时填写环境月报表。

（3）宣传移民安置区环境保护工作的重要性,提高当地干部群众的环保意识,共同促进移民安置区的环境保护工作。

第十五条　监理单位应加强自身建设,健全和完善规章制度。在监理过程中应充分发挥监理的协调约束职能,在业主和实施单位之间起到桥梁的作用。

第十六条　监理单位根据与业主签订的合同,定期到移民安置区监理巡视,总监理工程师应及时向业主报告监理情况,并按时提交报告。

第十七条　监理工程师必须填写监理巡视记录,记录巡视情况、存在的环境问题和解决情况,必要时发出书面通知、要求有关单位限期整改,超出合同的重大问题及时报业主决定。

第十八条　监理单位每季度提交一次监理进度报告。

第十九条　业主、实施单位和监理单位之间应建立有效的联系渠道,往来信息必须以书面形式(公函、信件、电报、传真、备忘录等)及时交接,要建立档案制度以备查考。

第四章　环境任务

第二十条　监理单位在开展监理工作前,应编写监理规划和监理实施细则,作为监理工作实施的具体行为规范。

第二十一条　关于移民工程环境监理,采取定期巡视的监理方式。巡视周期根据工程进度情况而确定。

1. 在建期间的项目,每季度一次。

2. 运行初期(搬迁或迁建后第一年)的项目,每半年一次。

3. 正常期(搬迁或迁建一年以后)的项目,每年一次。

第二十二条　根据小浪底移民工程的特点,将移民工程分成四类进行监理。

1. 农村居民点迁建。

2. 乡(镇)迁建。

3. 乡(镇)企业迁建。

4. 大专项迁建。

第二十三条　关于农村居民点迁建实施环境监理,应依据批准的规划设计和环评报告进行全面监理。

1. 在工程实施期间主要检查安置点的水源地建设和供水系统实施状况。投入运行后,重点检查的内容有两个方面,一是水源地的保护情况,包括抽水泵站(供水水塔)、供水管线等与供水水质有关的设施的运行管理情况;二是饮用水水质、加氯消毒情况。

2. 监督检查双瓮厕所推广使用情况以及存在的问题。

3. 依据规划设计检查村内排水设施的实施和村外排水出路的情况,检查整个排水系统的清理管护情况。

4. 检查固体废弃物的卫生填埋和处理情况。

5. 依据规划设计检查学校设备(包括厕所、洗手设施等)的实施状况。

6.检查医疗设施,医务人员能否满足治疗村内日常疾病的要求以及卫生防疫情况。

第二十四条　关于乡镇迁建的环境监理,重点开展实施过程中的监理。

1.检查生活饮用水设施,生活污水处理设施以及排水设施的状况。

2.检查固体废弃物的处理设施情况。

3.检查公用基础设施的建设情况,主要是学校和医院的设施状况。

4.对施工过程中可能产生的水土流失情况进行监理,防止产生新的水土流失。

5.检查对施工场地的平整、清理情况。

第二十五条　关于乡镇企业迁建的环境监理,依据不同情况而定。

1.对投资大的乡镇企业重点检查环境影响报告书及"三同时"的执行情况。

2.对一般乡镇企业,主要检查环境影响报告表的执行情况。

第二十六条　关于大专项迁建的环境监理,重点检查水保和环评两项内容。

1.检查大专项迁建过程中水土保持方案报告书制度的执行情况,相应审查意见,水土保持方案的落实情况。

2.检查大专项迁建过程中环境影响报告书制度的执行情况,相应审查意见,环境保护措施的落实情况或"三同时"制度执行情况。

第五章　附　则

第二十七条　本办法自发布之日起实施。

第二十八条　本办法若与现行国家或地方有关法律、法规、标准有冲突时,以有关法律、法规、标准为准。

第二十九条　本办法的解释权归水利部小浪底水利枢纽工程建设管理局移民局。

二、环境监理的工作范围

小浪底水库移民环境监理的工作范围为小浪底库区一、二、三期已经搬迁和正在建设的移民安置点,涉及河南省开封市、中牟县、原阳县、温县、孟州市、济源市、孟津县、新安县、义马市、陕县、渑池县和山西省垣曲县、夏县、平陆县 14 个县(市)。

三、环境监理工程师的职责

环境监理工程师的职责主要包括:

(1)根据国家计委批复的投资概算监督移民安置区有投资概算的环境保护措施实施的进度、质量以及投资划拨情况等。

(2)监督移民安置区日常环保工作(有投资概算)是否按照要求进行,对无投资概算但有必要的环保工作进行倡导和建议,并提供技术指导。

(3)对监理中发现的问题向小浪底建管局移民局(简称小浪底移民局)反映,对责任单位指出问题所在和相应的处理措施,通过正常的公函渠道通知到责任单位督促整改。

四、环境监理组织机构与工作程序

(一)组织机构

受小浪底建管局移民局委托,黄委会设计院承担了小浪底工程移民安置区的环境监理工作,并设立了"小浪底移民安置区环境监理部",全面负责环境监理的日常技术工作。根据地域分布和行政隶属关系,下设6个监理站,每个监理站负责1~3个县的移民环境监理工作。

(二)工作程序

根据移民安置工作的特点,环境监理工作程序如下:

(1)在移民安置区,首先与县移民局接触,了解移民安置区的整体环保工作情况。对将要建设及正在建设的移民安置点,以县为单位,举办移民村环境保护工作培训班,参加人员为村环保员和县环保员。由环境监理工程师担任主讲,讲解有关世界银行和我国现行环保政策对移民村环境保护工作的要求;通过座谈了解环保员实际工作中存在的问题和建议。

(2)对移民安置点进行现场监理,协助环保员填写环境月报表,对环保工作进行指导和宣传。根据现场监理情况,向环保员提出工作中存在的问题和解决问题的方法与建议。

(3)现场监理工作结束后,与县移民局官员进行座谈,全面详细地说明移民新村环境保护设施建设情况及工作中存在的问题,对于需要县移民局解决的问题,要求限期予以整改。对于涉及面广的重大问题提交到省移民局协商解决。

(4)每季度向建管局提交一份环境监理工作报告,全面反映本阶段移民安置区环境保护工作实施情况。以环境例会的形式与小浪底移民局、两省移民局定期进行座谈,协调解决环保中存在的问题。小浪底移民安置区环境监理工作程序见图7-4-1。

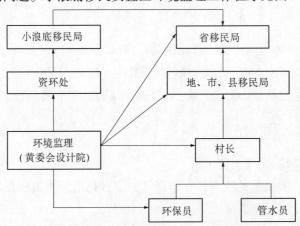

图7-4-1 小浪底移民安置区环境监理工作程序

在整个工作程序中,小浪底移民局、黄委会设计院、各级移民局和村环保员相当于业主、监理、承包商的关系,小浪底移民局对移民安置区的环保工作提出工作计划和要求,各级移民局和移民村作为实施单位负责环保工程措施的建设和日常环境管理工作,黄委会设计院对地方各级移民局和移民村的环保工作进行监理。

环境监理过程中,对移民安置区存在的环境问题,由环境监理工程师分析其产生的原因,指出危害,提出防治措施。涉及的一般环境问题以通知单的方式发到县市移民局,重大问题发文到省移民局。

五、环境监理工作内容

移民安置区环境监理的工作内容包括工业安置项目环境监理、农业开发项目环境监理和移民安置点环保设施建设及日常环境保护工作监理等几个方面。

(一)工业项目监理

移民安置区的环境污染,主要来自于工矿企业的生产活动。这种污染不仅对移民区造成严重危害,而且会波及到周围的水域和农业环境领域。因此,对工矿企业项目进行环境监理是移民安置区环境监理工程师的一项重要工作。小浪底为安置移民而修建的工矿企业有义马电厂、义马制药厂等。移民工业项目因建设的阶段不同,监理工作的侧重点也不相同。

(1)在项目选址论证的可行性研究阶段,重点检查工业企业环境影响评价制度的执行情况,如环境影响报告书或报告表是否已由具备资质的单位编制,是否有审查机关的审查意见。另外,根据我国水土保持法的要求,还需编制水土保持方案报告,并由水行政主管部门审查。

(2)在项目设计阶段,监理工程师应从环境保护的角度来审查工业项目的布局情况,对布局不合理的、容易产生污染的项目,提出对策和建议。

(3)项目建设实施阶段,重点检查"三同时"制度的执行情况。如环保设施是否进行了安装调试,调试结果以及组织验收意见等。

(4)运行阶段,重点检查环保设施的运转情况,环境监测工作是否正常。按照国家或地方标准,审查企业的各种污染物监测指标。

对移民村办小型企业应进行宏观指导,帮助移民村干部了解国家产业政策和环保政策,预防国家明令禁止的污染企业进入移民安置区。对于养殖业,从环保角度指导帮助移民选择场址,搞好污水处理等,如场址应位于村庄下风向,避免空气污染。牲畜粪便和圈舍冲洗污水应经过发酵处理后,用于肥田。

(二)农业开发项目环境监理

小浪底移民工程中的农业项目,主要包括农业生产开发、发展配套灌溉工程,如后河灌区的建设、温孟滩灌区等。该项目环境监理的内容为:

(1)根据安置区的自然资源和经济条件,引导移民合理地利用自然资源,因地制宜地把农业生产和环境保护结合起来。

(2)鼓励移民植树造林,种植一些适宜生长的林、果、草,以促进农、林、牧副业的发展及生态的良性循环。

(3)监督检查灌溉工程的规划设计和管理工作,预防土壤盐碱化。

库周土地资源的合理开发利用也是环境监理工作的内容之一。库周后靠安置点均位于丘陵山区,土地贫瘠,水利条件较差,如果划拨耕地面积达不到规划指标,很可能造成陡坡垦荒,产生新的水土流失。对于后靠安置点,除督促县移民局给移民划拨足够的土地外,还应向移民宣传水土保持方面的法律法规,结合地方的退耕还林还草规划,编制移民村生产发展规划。

(三)移民新村建设环境监理

移民新村建设数量多、任务量大、地点分散,是整个移民项目建设中最重要的一项工作,因此也是环境监理工作的重点。移民安置点环境保护工作主要包括:①生活饮用水消毒处理;②粪便无害化处理;③排水系统;④生活垃圾收集处理;⑤人群健康保护;⑥生产弃渣处理与水土保持。

1. 环境监理工作内容

加强新村建设过程中环保设施进度、质量督促检查和技术指导,是环境监理工作的重点。环境监理的工作内容包括以下几个方面:

(1)检查移民安置点环保设施建设落实情况。

(2)指导村级环保员的工作,协助环保员填写环境月报表。

(3)对移民迁建过程中存在的环境问题,向业主和各级移民主管部门提出建议和措施,并督促这些问题的尽快解决。

(4)宣传有关环境保护的法律、法规知识,提高大家的环保意识。

2. 环境监理的阶段控制目标

环境监理工作贯穿于移民新村建设的全过程,从村镇选址、建设到搬迁,进展阶段不同,环境监理控制的目标、重点也有所不同。新村建设一般包括以下几个阶段:

选址→征地→建房→建房结束→硬化路面→修排水沟→完建
(A)　(B)　(C)　(D)　　(E)　　　(F)　　(G)

A 阶段,村镇选址过程中,必须考虑的环境问题有:①环境地质问题,村址是否位于古滑坡体上或水库滑坡塌岸区;②环境医学问题,村址是否位于疫区或地方病病区;③村外排水是否畅通;④村址环境本底状况,附近有无污染源等。环境监理工程师应该参与到村镇选址过程中,根据环境影响报告书的有关内容对村址环境进行简单的评价,给出评价结论。

B～C 阶段,环境监理的工作重点在于环保知识培训方面,通过对村干部和环保员培训,提高他们的环保意识和环境保护工作技能,使他们认识到环境保护工作的重要性,在新村建设规划用地时,充分考虑垃圾堆放等环保设施用地等。

C～E 阶段,重点检查双瓮厕所和学校厕所化粪池的建造、安装质量是否满足设计要求,并给予必要的技术指导。

E～F 阶段,重点检查:①路面硬化;②村内排水沟加盖;③村外排水沟修建;④学校洗手设施建设。

F～G 阶段,重点检查村内垃圾池和村外垃圾堆放场建设情况。

环境监理的工作重点在新村建设阶段(A～G),环境监理人员平均两周到移民安置村检查一次,检查内容包括质量和进度两个方面。对检查过程中发现的问题,积极督促村委或县移民办予以解决。

移民新村搬迁后,环保设施改建或增建进展缓慢,工作的重点主要在日常管理方面。环境监理人员根据情况对移民新村环保日常工作定期或不定期地进行检查和指导。

六、环境月报制度

为了促进移民新村环境保护工作,建立了环境月报制度。环境月报由移民村环保员负责填写,环境监理工程师定期进行监督检查。环境月报是移民村环境保护工作阶段进展情况的真实反映,是环保员与环境监理、各级移民部门相互沟通的重要桥梁。通过填写环境月报,可以促使环保员履行好自己的职责,对村内环保工作进行全面系统的总结,向上级主管部门反映环保工作中存在的问题。环境监理和各级移民部门通过审阅环境月报,提出审查意见和解决问题的方法,帮助移民村解决实际工作中存在的问题,同时也帮助环保员提高了工作水平,对环保员的工作也是一种检查和督促。

不管是移民村环保员制度,还是环境月报的内容、格式,都是一项崭新的工作。为此,世行咨询专家路德威格博士凭借自己多年的工作经验,在1998年10月,利用"小浪底项目环境移民国际咨询专家组"现场考察间隙,写出了"移民村环境月报工作指南",极大地促进了移民安置区环境保护工作,现全文收录于下,以便大家参考学习。

移民村环境月报工作指南

工作大纲

1 农村移民点的主要环境问题

1.1 环境附图

1.2 移民的房屋、院落与库房设置

1.3 供水系统

1.4 厕所

1.5 排水系统

1.6 垃圾清理

1.7 卫生健康

1.8 学校

1.9 休闲娱乐设施

1.10 防风林带

1.11 道路

1.12 电力

1.13 灭鼠

1.14 移民收入水平

1.15 公众参与

1.16 技能培训

1.17 移民投诉、社会安全网

1.18 移民企业

1.19 安置区群众

1.20 移民的满意程度

1.21 移民办的工作

1.22 环保员的工资

1.23 其他单位的工作

1.24 其他环境问题

1.25 经验总结

2 城镇移民安置点

2.1 污水排放系统

2.2 供暖设施

2.3 其他环境问题

3 资环处的工作指导

3.1 对环境月报的审查意见

3.2 环保员要求解答的问题

3.3 环保员对资环处的建议

4 环境月报格式

详细说明

1 农村移民点的主要环境问题

1.1 环境附图

包括两幅图,一幅反映移民房屋、建筑物、基础设施的布局,另一幅反映移民点周围地区的情况,包括安置区、生产用地、垃圾堆放点、排水渠、水源井以及与移民有关的设施,如学校、医院、基础设施等。这些图应根据实际变化不断进行更新。

1.2 移民的房屋、院落与库房设置

包括设计标准和建筑质量,移民对此有什么意见和建议,库房是否有足够的地方堆放粮食。

1.3 供水系统

包括供水的数量和质量,由管水员协助工作。

1.3.1 是否每家都用上了自来水。

1.3.2 自来水中是否存在问题,如浊度、味道、气味、铁锈等,如何解决?

1.3.3 世界银行的要求是饮用水应该加氯。只要每天晚上在水塔里加上适量的漂白粉,使水中的余氯含量保持在 0.1mg/L,自来水是不会有异味的。然后每周在移民家里取 10 个水样,测试余氯并做记录。如果发现自来水里余氯含量过低,就要加大漂白粉的用量。如果保证自来水中加氯,那么环保员和管水员就不用做大肠杆菌的化验,只要水保局每三个月做一次就可以了。如果自来水没有加氯,环保员必须安排每月做一次大肠杆菌的测试,可以由当地的卫生防疫部门来做,同样需要在移民家里取 10 个水样。因为世界银行不允许投资给不能提供安全用水的供水系统。如果发生疫情,管水员的余氯或大肠杆菌监测数据将提供有效的证据。

1.3.4 移民村是否设置了管水员,是否能胜任工作,做这项工作要多少时间等。

1.3.5 每户移民是否要交水费,多少钱,他们是否用得起,问题是否很严重。

1.4　厕所

1.4.1　世界银行的政策是在有自来水的地区都使用水冲厕所,因为这对于移民的卫生健康有非常重大的意义。水冲厕所除了可以便后洗手外,还将大大提高粪便的消化程度,而旱厕的粪便消化是很有限的。在清理污泥时,水冲厕所也比旱厕安全的多。消化后的肥料堆在地里,即使有动物接触也更安全。

1.4.2　对于已建的双瓮式厕所要比单瓮厕所更安全。

1.4.3　单瓮厕所,应逐步改造成双瓮式,最好是双瓮水冲厕所。

1.5　排水系统

1.5.1　排水沟的设计标准是否满足要求,是否经过暴风雨的考验。

1.5.2　排水沟是否加盖。

1.5.3　如果排水沟没有加盖,是否能保持清洁畅通,由谁负责清理排水沟,多久清理一次,是否有垃圾堵塞排水沟的情况,在雨季前特别要进行检查。

1.5.4　没有加盖的移民村是否考虑了加盖的问题,准备什么时候开始?

1.5.5　村外排水的去向,在环境附图上标明。

1.5.6　村外排水是否影响了其他的人或财产,有些什么影响,如何解决?

1.6　垃圾清理

1.6.1　垃圾堆放点的位置(在环境附图上标明)。

1.6.2　为垃圾堆放点加上围栏以防止儿童接触,因为垃圾堆通常有很多病菌。

1.6.3　对垃圾应进行卫生填埋而不只是倾倒。每周都要用土填埋垃圾不使垃圾暴露在外面。移民村是否准备填埋垃圾,附近有填埋用土吗?如果不进行这样的处理,垃圾堆可能滋生老鼠和蚊蝇以传播疾病。

1.6.4　谁负责管理垃圾,他是否胜任工作。

1.6.5　当现有的垃圾场填满后,如何寻找下一个垃圾场?

1.6.6　垃圾多久清理一次。

1.6.7　谁负责将每户的垃圾运走,怎么运的?

1.6.8　如果是统一清理,每家是否要交垃圾清理费,多少钱,有问题吗?

1.7　卫生健康

1.7.1　村里卫生所的设施如何,医生、医疗设备、药品的配备如何,与移民前比较情况怎样?

1.7.2　附近是否有医院,与移民前比较情况怎样?

1.7.3　移民如果使用安置区原有的医院,是否要负担一部分费用?

1.7.4　卫生所是否保留村民的医疗记录?

1.7.5　医疗记录显示发病率与移民前和附近地区比较怎样?

1.7.6　是否有传染病发生,包括伤寒、霍乱和出血热等,立即向资环处和当地卫生防疫部门报告。

1.8　学校

1.8.1　学校教学设施和老师配备如何,与移民前比较情况怎样?

1.8.2　移民如果到安置区的学校上学,是否负担一部分费用?

1.8.3 学校里是否有自来水供学生饮用?

1.8.4 学校的厕所是什么样的?

1.8.5 假使学校使用的是旱厕而不是水冲厕所,在厕所的出口要设置一个洗手池,使学生能够养成便后洗手的习惯,洗手池必须配有自来水。

- 请老师教育学生便后要洗手

- 环保员应该每周检查看学生是否便后洗手,如果没有请老师帮助宣传教育。

1.9 休闲娱乐设施

1.9.1 是否有供大人和小孩休闲娱乐的设施。

1.9.2 环境美化设施的情况,如公园、树木、绿化带等。

1.10 防风林带

1.10.1 当地是否存在严重的风沙问题,是否有种植防风林带的计划。

1.10.2 防风林带的资金问题如何解决。

1.11 道路

1.11.1 交通道路设施是否满足要求。

1.11.2 道路的建筑质量如何,是否耐用。

1.12 电力

1.12.1 电力供应是否正常。

1.12.2 谁负责电力设施的维护?

1.12.3 移民每户每月的电费有多少,价格合适吗?

1.13 灭鼠

1.13.1 当地是否有鼠害的问题,原因是什么?

1.13.2 如果有鼠害存在,如何控制?

1.14 移民收入水平

1.14.1 移民的主要收入来源是什么?

1.14.2 移民在搬迁后是否能过上像样的生活?

1.14.3 如果不能,准备如何提高移民的收入?

1.15 公众参与

在移民规划中,移民办和村领导是否听取了群众的意见。

1.16 技能培训

如果移民需要学习新的生产技术和知识以适应当地的生产需要,是否安排了有关的技术培训,效果如何?

1.17 移民投诉、社会安全网

如果移民有不满的意见,如何投诉并得到合理的解决。

1.18 移民企业

如果移民村修建或准备新建企业以增加收入,比如养猪场等,如何对这些企业的环境污染问题进行控制,如果需要专业技术人员参与,如何解决?

1.19 安置区群众

1.19.1 移民村和当地安置区的群众是否发生过矛盾。

1.19.2 准备如何解决这些问题?

1.20 移民的满意程度

移民对搬迁后的生活是否满意,如果不满意,原因是什么,如何解决?

1.21 移民办的工作

移民村对各级移民办的工作是否满意,原因是什么?

1.22 环保员的工资

资环处应该和移民办讨论解决环保员的工资问题,使他们能积极地从事这项工作。

1.23 其他单位的工作

当地的卫生防疫站、环保局或其他单位到村里做了些什么工作?

1.24 其他环境问题

1.25 经验总结

在移民过程中的经验可以供今后的移民安置和规划参考。

2 城镇移民安置点

城镇居民点的移民相对比较富裕,可以承受城镇的生活水平。城镇的环境问题除了上面提到的以外,还有以下几点:

2.1 污水排放系统

说明污水系统的组成,包括厕所类型,每户的沉淀池,污水管道的设计标准、尺寸、材料和污水流速,日常维修和资金来源。

2.2 供暖设施

冬季移民家庭供暖设施的设计标准,维护情况的资金问题。

2.3 其他环境问题

3 资环处的工作指导

3.1 对环境月报的审查意见

对环保员的环境月报提出意见和建议,并培训、帮助环保员作好村里的工作。

3.2 环保员要求解答的问题

环保员可以要求资环处对他提出的问题给以解答。

3.3 环保员对资环处的建议

环保员可以对资环处或环境监理的工作提出建议,使他们能更有效地帮助环保员做工作。

4 环境月报格式

建议环保员采用上面工作大纲的编号和标题来编写环境月报。

综上所述,环境月报内容包括:①环境附图,包括移民平面布置图和移民村周围环境现状图两部分;②供水系统;③厕所;④排水系统;⑤垃圾清理;⑥卫生健康;⑦学校;⑧休闲娱乐设施;⑨防风林带;⑩道路;⑪电力;⑫灭鼠;⑬移民收入水平;⑭公众参加;⑮技能培训;⑯安置区群众;⑰移民的满意程度;⑱移民对各级移民机关工作的看法;⑲其他单位的工作;⑳其他环境问题;㉑意见反馈,环保员应对实际工作中存在的问题和建议做一详细的说明,以便环境监理和各级移民部门及时准确地了解移民村环保工作的进展情况。

在实际工作中,结合小浪底移民新村的实际情况,对环境月报表的格式进行了适当简记,环境月报表见表7-4-1。

表7-4-1　　　　　　　　省　市(地)　县　乡　村　年　月环境月报表

环保员：

一、安置点基本情况		户数　人数　搬迁时间
二、环保工作开展情况		
1.生活饮用水	集中供水	水塔容量　m³,井深　m,供水量(时间)： 管水员：　　自来水用户数及比例： 加氯情况： 余氯监测结果： 其他措施： 存在问题及处理：
	分散供水	供水方式： 采用原因： 存在问题及处理：
2.排水设施		主排尺寸：　　加盖长度与比例： 村外排水去向： 存在问题及处理：
3.粪便管理		双瓮户数：　,所占比例：　%,其他厕所类型： 改造计划： 粪便处理：
4.垃圾处理		处理方式： 管理人员： 存在问题及处理：
5.学校		占地面积：　亩,建筑面积：　m²,教师人数：　个,学生人数：　个, 教学设施： 厕所情况： 洗手设施： 存在问题及处理：
6.诊所、医院		诊所　个,医生　个,护理人员　个,就近医院： 发病率与搬迁前比较： 传染病(病名、例数)： 存在问题及处理：
7.道路		村内道路： 村外道路： 存在问题及处理：
8.绿化		绿化规划及实施情况：
三、与当地群众相处情况		
四、对搬迁后生活满意程度		
五、对各级移民机关满意程度		
六、上次监理工程师意见落实情况		

续表 7-4-1

七、村环保员对本村环保工作意见与建议		
八、地方移民部门对环境月报表及村环保工作的意见	县	
	省	
九、环境监理工程师对环境月报表和村环保工作的监理意见	监理意见	
	问题	
	产生原因	
	责任单位	
	对策	

注：(1)附移民村平面布置图、供水线路图；

　　(2)四、五两项若不满意要说明原因；

　　(3)第六项若没落实上次监理工程师意见应说明原因；

　　(4)村环保员填写到第七项。

七、移民安置环境监理的特点

移民新村环境监理的根本目的在于提高移民的环境保护意识，以新村建设为契机，完善新村的环境保护设施，改善移民的环境卫生状况，保障移民的身体健康。从工作目的、对象到方式方法均不同于一般的工程监理。

(一)监理的对象与主体不同

移民安置过程中，居民点建设与其他工程有着本质的区别。移民迁建是为了支援国家重点工程建设，在国家的资助下恢复营造自己的家园，各级移民机构和移民本人既是工程实施的主体，又是监理的对象。一般工程实施者是承包商，承包商承接工程的主要目的是为了赚取利润。而移民安置区环境保护工作从饮用水加氯、排水沟加盖到垃圾处理，所有的一切都是为了保护移民自身的身体健康。

(二)环境监理的性质不同于工程监理

根据我国工程监理的有关规定，监理工程师受业主委托对工程项目质量、进度、投资进行控制，业主是投资的主体。同样，环境监理人员对移民村环境保护工作的监理范围也仅限于业主投资部分，而对业主没有投资的项目，监理工程师无权也不可能对其进行监督管理。移民环境监理却不同，环境监理工程师除了对移民村环保设施完成情况进行检查监督外，更重要的任务在于帮助移民村环保员如何开展环境保护工作，通过环境监理的言传身教，不断地强化和提高环保员的环境保护意识及环保工作技能，逐渐转变思想观念，将环保工作纳入村委会的日常工作范畴。提高移民干部群众的环境保护意识，充分调动移民的积极性，是保证环保设施顺利实施的关键。

(三)加强技术培训，提高其环境保护意识与工作技能是促进环保工作的关键

根据小浪底移民新村环境保护规划，移民新村环境保护设施建设主要集中在新村建设过程中。在移民新村迁建伊始，普及提高移民村干部、环保员的环境保护意识，将环保设施(如加氯消毒系统、双瓮厕所、排水沟加盖、学校洗手池、垃圾池等)建设纳入新村建设规划，与新村建设同步规划、同步实施，可以起到事半功倍的效果。而环保设施普及程

度的高低,对移民新村环境保护工作尤其重要。加强新村建设过程中环保设施进度、质量督促检查和技术指导,是环境监理工作的重点。

第五节 环境监理效果评述

1991 年 9 月小浪底前期工程开工,至 1994 年底前期工程完工。1994 年 9 月承包商陆续进驻工地,主体工程开工建设。小浪底建管局于 1993 年成立了资源环境处(又称环境管理办公室),施工区环境保护工作开始启动,小浪底环境管理规划、环保措施逐步付诸实施。回顾小浪底工程环境保护工作的历程,可以看出环境监理在完善环境管理体系、落实环境保护措施等方面起到了关键的作用,取得了显著的效果。

一、健全完善了环境管理体系

根据环境管理规划,环境监理工程师协助业主组织编写了"管理办法"和"实施细则",从而使环境管理工作走上了规范化、科学化的轨道。

承包商以及他们的分包商是施工期环境保护工作实施的主体。为保证环保工作的顺利实施,环境监理工程师要求承包商建立了自身的环境保护工作体系,对辖区内环保工作进行内部检查和监督。每个月根据各部门环保工作情况编制环境月报告,报送环境监理工程师审查。

为保证饮用水的安全合格和污染源达标排放,环境监理工程师要求承包商相继开展了生活饮用水监测,生产、生活污水排污口监测,地下工程有毒有害气体监测,以及工作现场、施工道路粉尘、噪声监测。定期的环境监测,对保证施工人员的身体健康、保护施工区环境起到了积极的预防作用。

二、保证了施工期环保措施的逐步落实

根据合同标书要求,施工期环保措施得以逐步落实,具体体现在以下几个方面。

1. 生活饮用水

小浪底施工区供水采取相对集中的供水方式,生活饮用水处理流程包括沉淀、过滤、加氯消毒等。除此之外,承包商外商营地还对生活饮用水进行了深度处理。加氯消毒的同时,业主还加强了水源地的保护,生活饮用水水质均符合国家《生活饮用水卫生标准》。

2. 生活污水处理

施工区生活污水主要来源于业主、承包商、分包商营地及其办公场地。生活污水除 II 标采用曝气好氧处理(简称 BTS)外,其他均经过化粪池处理后排放。从处理效果看,前者明显好于后者。曝气处理过的生活废水,除 COD 略有超标外,其他指标均符合《污水综合排放标准》I 级标准。

采用化粪池处理的生活废水,受处理方法的限制,处理结果尚不能满足《污水综合排放标准》I 级标准的要求。主要通过加强化粪池的运用管理来提高处理效果。

3. 生产废水

施工区生产废水主要来源于施工现场混凝土养护、工作场地混凝土拌和楼、罐车冲洗

废水,机械车辆维修和冲洗废水,砂石料洗料废水等。生产废水中除含有大量悬浮物外,还含有大量的石油类(如机械车辆维修和冲洗废水)和碱性物质。

生产废水的处理主要是通过沉淀池或油水分离系统进行。砂石料洗料废水经沉淀处理后循环利用,混凝土养护和冲罐废水经沉淀池沉淀处理后排出,机械维修及冲洗废水经油水分离系统进行油水分离,废油回收,废水排出。

4. 大气、粉尘控制

施工过程中的大气污染主要来自于施工机械、车辆排放的废气和施工作业面、施工道路产生的扬尘。施工过程中承包商均配置了洒水车,定期对辖区道路和施工现场进行洒水,施工现场和道路扬尘基本得到控制。除按合同要求加强地下工程通风、采取湿法作业外,承包商还对工作面有毒有害气体如 CO、NO_x 以及其所属的道路粉尘进行了监测。

5. 噪声

施工区噪声污染源主要有马粪滩反滤料场、石门沟开挖料场;连地骨料场、混凝土浇筑施工现场;地下厂房;各主要交通干线等。

为了减少噪声污染,承包商在碎料场和筛分场产生噪声的生产塔上设置了防护网,并拿出部分资金帮助受影响的河清小学进行了搬迁。马粪滩工作场地噪声影响问题得到了圆满解决。

为了降低连地砂石料场施工噪声对周围居民的影响,承包商对噪声较大的电机设备增设了隔音墙,并通过调整工作时间等措施,将噪声污染降低到最低限度。

6. 固体废弃物处理

通过考察和论证,小浪底施工区生活垃圾采取掩埋处理方式,选择小南庄弃渣场作为垃圾填埋场,生活垃圾随生产弃渣一起深埋处理。在环境管理办公室和环境监理的大力宣传和监督管理下,施工区生活垃圾均能定期送往小南庄弃渣场。

7. 卫生防疫

为了保证施工人员的身体健康,除要求定期对职工进行体检外,还要求承包商定期对生活营地进行灭鼠、灭蚊等。卫生防疫工作的开展,使流行性传染病得到了有效的控制,工程施工期内没有因为施工人员的大规模介入引发传染病的流行。

三、移民新村环境质量得到了明显改善

在各级移民部门和环境监理的共同努力下,约有80%的移民新村采用深井—水塔—用户的方式进行集中供水,村管水员定期对饮用水进行加氯消毒处理,保证了移民生活饮用水的安全。在移民新村建设过程中,大力推广节水、卫生的双瓮式厕所,保证了粪便的无害化处理。为保持村内环境卫生,大多数移民村在村外设置了垃圾场,定期对生活垃圾进行清理、收集和填埋。引导移民在村前屋后植树造林,绿化美化居住环境,改善了移民村周围的生态环境。

第六节 启示与建议

在小浪底工程环境保护实施过程中,首次引入了环境监理机制,在环境保护实践中取得了一定的经验。结合水利水电工程的特点,对环境监理实践中存在的问题和认识进行全面系统的归纳总结,将为我国规划和在建水利水电工程乃至其他大型基本建设项目提供有益的经验和借鉴。

一、建立环境监理体系,保持环境监理的相对独立性

环境监理是为落实施工期环境保护措施,保护施工环境而专门设立的监理机构。环境监理与工程监理既有联系,又具有相对的独立性。广义上讲,环境监理是工程监理的一部分,是工程监理的外延。环境监理只有与工程监理、承包商形成有机的联系,才能避免出现工程施工与环境保护相互脱节现象,真正体现环境监理的预防性和主动性。同时,环境监理与工程监理的侧重点又有明显的不同。传统的工程监理以"进度控制、质量控制、投资控制"为重点,而环境监理是以落实环境保护措施、降低或减免不利影响,保护施工区环境质量为目标。在环境保护与施工进度、投资发生冲突时,二者往往会因为各自认识观点不同而各执一词。为了避免出现"重工程、轻环保"、"环保给施工进度让道"的现象,保持环境监理的相对独立性非常必要。

环境监理与工程监理一同参加单元工程验收,明确"工程质量认可包括环境质量认可"是树立环境监理工程师权威的重要途径。工程监理工程师对承包商的权威来自于工程师的合同支付权,除了环境保护单元工程外(如污水处理设施等),环境监理工程师很难拥有合同支付权。因为在工程的招标过程中,施工环保费用是以间接费用形式计入标底的,也就是说,承包商的工程费用中虽含有环保费用,但很难将其单独划开。只有把环境作为工程的一个组成部分,环境监理人员与工程监理人员一起参加工程的检查或验收,并将环境保护作为工程检查或验收通过的一项重要指标,实行一票否决制,才能树立环境监理工程师的权威。

二、健全环境监理工作制度,是做好环境保护工作的保证

在小浪底工程环境监理工作实施过程中,逐步建立和完善了环保员制度、环境报告制度和环境例会制度,明确了承包商的责任与义务,促使承包商完善了自身的环境保护体系,自发地将环境保护工作纳入到工程施工管理中。环境月报制度和环境例会制度的确立,使环境监理工作由被动的监督检查变为承包商的主动汇报和接受检查。环境例会制度不仅加强了环境监理工程师的作用与地位,强化了工程师与承包商的联系,而且成为工程师传达指令最主要的途径。

三、合理确定施工场界,减缓施工对周围环境的影响

施工场界(又称"施工红线")是工程建设单位的管理范围线,又是施工承包商的工作区域界线。在确定施工区红线范围时,除考虑施工占地外,还必须考虑施工活动对周围环境的影响程度与范围。如果场界选定不当,不仅会出现周边群众干扰施工的现象,而且可能引起二次移民搬迁等问题。

小浪底马粪滩砂石料场施工场界紧临孟津县河清小学。工程开工后,因施工噪声影响,河清小学无法保持正常的教学秩序。为了解决噪声影响,业主和承包商共同出资对学

校进行了整体搬迁。石门沟石料场开采石料爆破过程中产生的冲击波和粉尘,曾对孟津县刘庄村居民生产生活环境产生了一定的不利影响,造成房屋墙体裂缝,果园因粉尘影响授粉不挂果的现象。为了减免不利影响,小浪底移民局对位于265~275m高程的三期移民点刘庄村进行了提前搬迁。

由此可见,在进行水利水电工程施工场界的选定时,除考虑施工占地外,还必须考虑施工活动对周围环境的影响,如粉尘、噪声、爆破等的影响。特别是征地线附近有村庄、学校等敏感点时,应根据环境影响预测结论,科学确定征地范围。绝不能一味地为减少搬迁,忽视对周围环境的影响。

四、建立移民村环保员制度,将环保工作融入移民安置工作之中

移民安置过程中,居民点建设与其他工程有着本质的区别。移民迁建是为了支援国家重点工程建设,在国家的资助下恢复营造自己的家园,各级移民机构和移民本人既是工程实施的主体,又是监理的对象。移民安置区环境保护工作从饮用水加氯、排水沟加盖到垃圾处理,所有一切都是为了保护移民自身的身体健康。提高移民干部群众的环境保护意识,充分调动移民的积极性,是保证环保设施顺利实施的关键。

在小浪底移民新村环境保护实施过程中,创造性地提出并推广了移民村环保员制度,使村级环保员成为环境保护工作的纽带,极大地推动了移民安置区环境保护工作。在移民新村迁建伊始,通过环境保护知识技术培训,普及和提高了移民村环保员的环境保护意识和环保工作技能。在移民部门、环境监理和环保员的共同努力下,将环保设施(如加氯消毒系统、双瓮厕所、排水沟加盖、学校洗手池、垃圾池等)建设纳入新村建设规划,与新村建设同步规划、同步实施,起到了事半功倍的效果。

五、深化移民规划设计阶段的环保设计,提高移民新村的环境质量

移民安置区环境保护工作实践,也使我们进一步认识到在移民安置规划过程中环境保护设计的重要性。在水利水电工程规划设计过程中,由于移民安置规划工作社会性强,规划设计深度往往滞后于主体工程,造成移民安置环境保护工作深度不够、投资不落实等问题。一些在规划阶段没有引起重视的环境问题在移民搬迁实施后逐渐显现出来。例如:①移民村村外排水没有出路或与邻为壑,矛盾纠纷不断;②生活垃圾无固定堆放场所,垃圾乱堆乱放,造成环境污染的同时还容易滋生病菌,影响移民的身体健康。村外排水与移民新村所处的地理位置有很大关系,受各种因素制约,在移民安置规划阶段,居民点选址很难确定下来,村外排水只能按统一标准进行概化设计,工作深度难以满足实施阶段的要求。移民安置规划中缺少垃圾处理规划,没有垃圾堆放场地是小浪底移民新村搬迁初期普遍存在的环境问题。

移民新村环境的优劣直接关系着移民的生活质量和社会安定,"以人为本"是工程建设的宗旨,在移民安置规划中应对移民新村环境保护进行专项规划,提出环境保护措施并估列相应的环保投资,以保证移民安置区环境保护工作的顺利进行。

六、完善环境保护管理制度,全面推行施工期环境监理制

大型基本建设项目投资大、施工周期长,工程施工过程中将对周围环境产生一系列的影响。在施工期开展环境监理不仅可有效预防和减免不利影响,而且可以促进环境保护措施的落实和深化。但我国目前的环保法律法规中没有施工期开展环境监理工作的强制性条款。为了保证施工期环境保护措施的落实,建议尽快制订工程建设期环境监理的管理办法,在大中型基本建设项目中全面推行施工期环境监理制,使环境监理成为落实环境保护措施的强制性环境管理手段。

同时,在招标设计阶段,应深化环境保护设计工作,完善招标文件中的环境保护条款和技术标准,为环境监理工作提供充分的合同依据。

第八章　水库蓄水后自然环境影响预测

　　水库蓄水后,水面面积扩大,下垫面由陆面变成水面,下垫面的改变将对水库局地气候产生一定的影响;水库拦蓄泥沙,下泄清水,下游河道将发生冲刷,水沙情势变化将对库区支流沟口和下游河道及河口生态环境产生一系列影响;与天然河道相比,水库水深增大,流速减缓,水体自净能力降低。热力状况的改变将使水库产生温度分层现象,水库水温分层将直接影响着水库水质、水产养殖和下游农田灌溉及防凌;水库蓄水后,部分库岸将发生滑坡、塌岸,对库周群众的生产生活产生不利影响。水库可能产生的诱发地震将直接影响着水库的安全运行。水库蓄水后陆生生物被淹没,陆生动物将失去原来的栖息环境而被迫迁徙。水库静水环境为水禽、鱼类等水生生物提供了好的栖息环境。总之,水库蓄水后将对库区库周和下游、河口地区自然、社会、生态环境产生一系列的影响。

　　对水库蓄水后环境影响演变进行研究并提出趋利避害的对策措施,将为水库运行期环境管理提供重要的决策依据。

第一节　水库气候效应

一、库区气候特征

　　小浪底库区在全国气候区划中属暖温带半湿润区。夏季暖热多雨,冬季寒冷干燥,四季分明。区域内地势起伏,沟壑纵横。北部中条山、王屋山海拔在1 000m以上,南岸为崤山余脉,海拔在700m左右,南北高山呈西南—东北走向,地形对区域气候的影响较为明显。由于离海洋较远,全年除夏季外,主要表现为大陆性气候特点。

　　库区年平均气温13.6℃,北岸略低,南岸稍高。从整个区域看,中山部分为气温的低值区,河谷地带为高值区。气温年较差26℃以上,极端最高气温43.7℃(孟津1966年6月20日),极端最低气温为-17.4℃(孟津1971年12月27日)。

　　库区年平均降水量616mm,南岸多于北岸。全年降水主要集中在夏秋两季,其降水量分别占全年降水总量的49%和28%,库区较强降水(≥25mm)几乎都产生在这两个季节。冬春两季不但降水日数偏少、降水量较小,而且基本上无强降水。

　　库区年平均蒸发量为2 072mm。夏季最大,达630~945mm,冬季最小,为200~280mm;春、秋两季为400~620mm。年平均相对湿度为62%,其中夏秋两季为68%,冬春两季分别为54%和59%。

　　除下游(孟津站)冬季盛行偏西风外,区内全年盛行偏东风,这表明库区风向不仅受大尺度环流形势的制约,而且与库区所处的地理位置及特有的地形条件有关。库区年平均风速为2.8m/s,南岸稍大于北岸。就季节而言,南岸春季风速最大,为3.2m/s;秋季最小,为2.6m/s。北岸冬季风速最大,为3m/s;秋季最小,为2.4m/s。

　　库区初霜出现在10月末到11月上中旬,终霜平均日期为3月15日,平均最早为2

月 19 日,最晚为 3 月 30 日。全年平均无霜期 216~235 天。库区雷暴日数在 24 天左右,初雷一般在 4 月下旬,终雷大多在 9 月中旬。库区平均雾日和大风日数分别为 8 天和 10 天。

库区主要气候特征值见表 8-1-1。

表 8-1-1 小浪底水库库周气象要素特征值

项目	气象站名					
	孟津	新安	渑池	陕县	济源	垣曲
年平均气温(℃)	13.7	14.2	12.4	13.9	14.3	13.3
1 月平均气温(℃)	-0.5	-0.2	-0.2	-0.7	-0.1	-1.3
7 月平均气温(℃)	26.2	27.1	25.4	26.7	27.3	23.3
年平均降水量(mm)	657.2	642.4	658.1	554.9	641.7	635.1
年最大降水量(mm)	1 035	1 097	1 014		1 013	1 261
年最小降水量(mm)	406	373	456		377	408
≥10℃ 积温(℃)	4 523	4 575	4 045	4 507	4 847	
无霜期(d)	235	216	216	219	223	220
年平均蒸发量(mm)	2 114			1 464	1 700	2 200

二、预测原理与方法

水库蓄水后,水面面积增大,下垫面由原来的陆面变为水面,下垫面的改变,蓄水容量的增大,将对水库周围的气候产生一系列的影响。水库气候效应分析在我国始于 20 世纪 70 年代,即新安江水库对降水的影响分析。国外也对阿斯旺等水库的气候效应进行了全面的研究。研究结果表明,水库修建后将对当地的气候产生一定的影响,其影响范围和程度与水库的规模及水库所处的地理环境有关。

预测水库局地气候效应的方法,目前应用最多的主要有数值分析法和经验类比法。前者是在拟建水库库区现有的气象和水文资料基础上,有针对性地扩充有关高空、地面观测资料,以此进行分析研究,建立气象要素与水域效应相关联的物理数学模型,从而对建库后水库对库区及邻域的气候影响作出预测。后者是先分析计算已建成的相似水库对局地气候的影响,进行适当修正后,移置到拟建水库上,作为拟建水库对局地气候影响的预测结果。后者又称为移置法,移置法的关键是选择相似水库。

相似水库选择首先要满足相似性要求,即相似水库应与研究水库地理位置相近,具有自然地理、气候条件的相似性,以及水库功能、规模、形态的相似性。同时,相似水库还应具有较长时期的气象观测资料,能够满足分析研究的需要。

三门峡水库与小浪底水库是相邻的两个梯级水库,坝址位于小浪底水库回水末端,地理位置相近,属于同一气候区。三门峡水库于 1960 年 9 月 15 日下闸蓄水,1961~1964 年采用蓄水运用方式,年平均库水位 316.24m,相应水面面积 208km²。通过三门峡、小浪底水库特性比较(见表 8-1-2)可以看出,两水库相似性较好,选择三门峡水库作为小浪底水库气候效应预测的相似水库,方法可行,结果可靠。

表 8-1-2 　　　　　　　　　　　小浪底水库与三门峡水库特性对照

水库名称	所在河流	地理位置	天然河道面积（km²）	水库水面面积（km²）	相应库水位（m）	净增水面面积（km²）	水库运用方式
三门峡	黄河	110°16′~111°20′E，34°25′~35°6′N	48	138	316.24	90	季调节
小浪底	黄河	111°18′~112°58′E，34°45′~35°32′N	22	200	257	178	季调节

注：三门峡水库水面面积为 1961~1964 年平均值，小浪底水库水面面积为非汛期平均值。

　　分析相似水库气候效应时，将库区有关气象站的气象要素分解为大范围气候振动影响和水库影响两部分。为了消除大范围气候振动影响，选用建库前距库区较远的站作为参证站，与同期库区可能受影响的站（研究站）建立有关气象要素之间的相关关系，用建库后参证站的资料代入相关关系计算出相应研究站的值（计算值），计算值与研究站实测值的差值即为水库影响的效应值。在建立参证站与研究站相关关系时，可分别采用回归法、比值法和差值法。具体采用哪种方法，视研究站点与参证站点资料情况而定。

　　线性回归：$\triangle R = R - (aX + b)$

　　比值法：$\triangle R = R - X/X_0 \times R_0 = R - R_0/X_0 \times X$

　　差值法：$\triangle R = (R - R_0) - (X - X_0) = R - X + (X_0 - R_0)$

式中　$\triangle R$——水库气候效应值；

　　　R_0、R——研究站建库前后某要素值；

　　　X_0、X——参证站相应的建库前后要素值。

三、水库气候效应预测

（一）影响因素分析

　　影响水库气候效应的因素很多，但最主要的是库区水体的容积和水库表面积的大小、库区水体热量的供给与储存，以及库区的地形、地貌。

　　1. 水体的容积

　　小浪底水库与三门峡水库均属季节性调节水库，即每年汛期（7~9月）敞泄运用，非汛期（10月至翌年6月）蓄水运用，蓄水量分别为 45.3 亿 m³ 和 18 亿 m³。可见，小浪底的蓄水量较三门峡水库偏大 1.5 倍。若按 1961~1964 年三门峡水库实际蓄水量（15 亿 m³）进行比较，小浪底水库的蓄水库容约为三门峡水库的 3 倍，由于水体的热容量远比空气和陆地大，其热惯性的大小直接取决于水库蓄水量。因此可以推断，小浪底水库对局地气候影响的程度和范围要超过三门峡水库。

　　2. 水库面积

　　水库面积的大小关系到库区大气与水体之间的热量交换和水面的蒸发，并直接影响到库区及邻近地区的空气湿度、降水和陆面蒸发。

　　在不考虑大范围气候变化对库区气候影响的情况下，库区水面蒸发量的大小便成为影响库区水分内循环活跃程度的主要因素。因为小浪底水库与三门峡水库相邻，水面蒸发效率(或蒸发速度)相近,库区水面上的蒸发量(即内源水汽)的大小与蒸发水面的表面积成正比。因此,就蒸发水汽对库区降水效应的贡献来说,小浪底水库也将大于三门峡水库。

3. 水源热状况

库中水体的热状况直接影响水库的温度效应和库面大气的稳定度。而对于库中水体热量的得失来说,除受太阳辐射、空间辐射等因素的直接影响外,还与入库水源的热状况和水库运用的方式有关。

对比三门峡水库和小浪底水库的来水情况,可以看出,三门峡水库的来水主要是黄河和北洛河、渭河,其来水的热状况取决于天然河道的调节,在冬春季还直接受上游的凌情影响,而小浪底水库处于三门峡水库的下游,其来水的热状况主要受三门峡水库的调节影响。

4. 库区地形

水库影响局地气候的水平范围与库周地形有关。对于那些位于崇山峻岭"封闭"区域内的水库来说,由于四周高山的屏障作用,水库水体释放的热量和水体表面蒸发的水汽不易被气流带出库区,水库气候效应的影响范围,在水平方向上相对较小,垂直高度上相对较高。对于那些位于开阔地域的水库来说,水库对库区影响的程度要弱,而水平范围则广。三门峡水库属于前一种类型,比较小浪底水库和三门峡水库的库区地形不难看出,小浪底库区不但两侧山脉的相对高度比三门峡库区低,而且地势也比较开阔,尤其是水库下段更为明显。这种地形特点,将对水库效应的水平扩展有利。

分析认为,小浪底水库建成蓄水后,对邻近地区,特别是盛行风向的下风区,气候影响的范围要比三门峡水库大。而对库区本身,尤其是板涧河口以下地区,气候影响的程度将小于三门峡水库。

(二)水库气候效应预测

1. 气温

小浪底水库对气温影响不大。建库前年平均气温为 13.6℃,蓄水后变化幅度为 −0.3 ~ 0.1℃。冬夏两季升温在 0.1 ~ 0.2℃ 之间,春季变化不大,秋季下降 0.2℃。极端最高气温有所下降,7 月份降低 0.7℃;极端最低气温则普遍上升,冬季增加 0.4℃,夏季增加 0.6℃。

2. 风

小浪底库区上段,河道狭窄,风速将增加 0.1m/s 左右;下段河道宽浅,风速可能减少 0.1m/s 左右。库区平均风速无大变化。全年大风日数有所减少。

3. 降水

库区南岸降水将减少 4% ~ 10%(30 ~ 60mm),且减少率与测站距库岸距离成反比;北岸增加 20% ~ 40%(80 ~ 160mm);且增加率与海拔高度有关。全库区降水分布趋向均匀,年降水量增加 1%。

小浪底库区以板涧河为界分为上下两段。上段与三门峡库周的地理、地形相似,全年平均南岸降水约减少 19%,北岸增加 6% ~ 38%;板涧河以下,下风岸与三门峡水库相反,而上风岸又与朝阳坡同侧,两侧山脉平均相对高程相差较多,预估库区下段南岸降水会增加 4% ~21%,北岸约减少 10%。全年库区降水量略有增加,冬春季节库区降水量有所增加;夏季板涧河以上北岸和以下南岸降水量增加,其他地方反而减少。秋季降水量较建库前减少 10% ~30%。全年降水日数将有所增加。另外,白天降水量会有所减少,夜间降水量将相对增加。

4.蒸发和湿度

预估小浪底建库后库区平均相对湿度增加 1% 以上,绝对湿度增加 40Pa,而库区陆面蒸发量将明显减少,减少量在 6% 以上。

5.霜、雾、雷暴等天气现象

库区出现霜的日数有可能减少或变化不大,出现初霜的日期有可能推迟,尤其在坝前南岸较为明显;库区雷暴的日数会有所减少;出现雾的日数变化不大,或稍有增多。

四、局地气候变化对库周农业生产的影响

小浪底水库建成后,库区库周的小气候将发生一系列的变化,局地气候的变化对库周农业生产将产生一定的影响。充分利用局地气候资源,趋利避害,提高农业生产效率,对库周移民生产生活具有积极的指导意义。水库局地气候效应变化对农业生产的影响,主要表现在以下几个方面:

(1)春夏季节降水量有所增加,将减少春旱和伏旱,缓解干热风的危害,有利于库周农业生产和林木生长。

(2)库周冬季温度升高,夏季温度降低,温度年较差变小。由于温度年较差的改变,日平均气温稳定通过各界限的初日提前,终日推后,这将有利于农作物及林木的光合作用。最低气温升高,使果树免遭冻害侵袭,将有利于果树的生长发育。春季气温升高,可促进林木打破休眠,及早萌芽,有利于育苗和造林。

(3)蒸发量有所减少,相对湿度及绝对湿度略有增加,有利于农田保墒、缓和旱情。同时可以减弱干热风的危害,对小麦及玉米增产有利,并有利于果树及各种林木的生长发育。

(4)大风日数减少及最大风速减小,将减少农作物倒伏和水果刮落。霜日数减少、初霜推迟,库周霜冻减轻,有利于晚秋作物(如玉米)及小麦增产。

第二节　水文情势变化

小浪底水库位于世界著名的多沙河流——黄河上,水库泥沙问题历来为国内外专家学者所关注。为了解决水库泥沙问题,从 20 世纪 60 年代开始,黄委会设计院在有关单位协作下对三门峡、小浪底水库泥沙问题开展了大规模的研究工作。80 年代初,在开展环境影响评价工作的同时,对库区支流河口淤积及下游河道冲刷可能引起的生态环境问题也进行了全面系统的研究。

一、水库运用方式

小浪底水库是黄河中游一座以防洪、减淤为主的综合利用枢纽工程。泥沙是小浪底

水库的关键问题。因此,除了在工程设计方面适应工程多泥沙特点外,在运用方式上也要以满足长期有效库容为前提进行综合利用。根据黄河汛期来水来沙集中(水量约占全年的60%,沙量约占全年的90%以上)的水沙特点,水库必须降低水位泄洪排沙,调水调沙应满足水库对下游河段的最优减淤作用。非汛期来沙量很少,可以蓄水综合利用。

根据三门峡水库的运用经验,拟定了小浪底水库的减淤运用方式,尽可能使黄河下游河道处于微冲微淤的局面,以充分发挥河道的排沙能力,避免出现集中淤积和连续冲刷的现象。在进行水库调节时,尽可能防止出现小流量、高含沙量的不利情况,发挥大流量的挟沙能力。采取蓄清排浑运用方式,最终将在库内形成一个高滩深槽的河道形水库,可以长期保持一定的有效库容。

水库在逐步形成高滩深槽的过程中,除保持必需的防洪库容外,还可以利用拦沙库容进行调水调沙。为充分发挥水库对下游河道的减淤作用,水库水位采取逐年抬高的运用方式。水库建成初期,控制汛期限制水位为200m,相应库容为13.9亿 m³,不进行调水调沙,估计约3年可以淤满,然后每年抬高汛期限制水位进行调水调沙;经过6年左右,汛期限制水位可达230m,直到库内坝前滩面淤积高程达到245m以后,再逐渐降低控制水位;直到230m高程,继续进行调水调沙,待库内滩面高程达254m时为止。形成高滩深槽需36年左右,此时库内泥沙淤积约72.5亿 m³。

二、水库淤积对库区生态环境的影响

(一)水库淤积末端对三门峡电站尾水的影响

水库淤积形态取决于水库运用方式、库区地形和进库水沙条件等因素,其基本形态为三角洲、锥体和带状淤积。小浪底水库的开发任务以防洪(防凌)、减淤为主,为了最大限度地发挥水库的拦沙减淤作用,水库采取逐步抬高运用水位方式。在不同的运用过程中,库区虽然也将出现不稳定的三角洲淤积形态,但总体来说锥体淤积是主要淤积形态。

水库干流淤积纵剖面呈下凹形,从库尾部至坝前坡降依次变小,淤积物组成沿程变细。小浪底水库死水位230m,坝前河底高程为226.3m,淤积末端高程为267.9m,远远低于三门峡水库坝下河底高程275.4m,淤积末端距三门峡水库坝下尚有3.3km。非汛期水库蓄水运用,来沙量全部淤在库内,淤积末端是否影响三门峡水库取决于水库蓄水位和来沙量。设计水平年小浪底非汛期平均来沙量0.103亿 t,最大来沙量0.4亿 t。水库淤积形态计算结果表明,水库蓄水位275m运用下,对三门峡发电尾水无影响。

总之,在设计条件下,小浪底水库各个运用时期水库淤积末端均低于三门峡水库坝下河底高程,对三门峡水电站发电尾水均无影响。

(二)对库区支流河口生态环境的影响

1. 库区支流淤积形态

小浪底库区较大支流有15条,其中分布在距坝56km以下的水库下段有7条。支流河道长度22~60km,流域面积36~647km²,河道坡陡流急,比降0.56%~2.2%,除亳清河、东河河口地区河谷宽阔外,绝大多数支流河口河谷较狭窄,窄的只有几十米,宽的有200m左右。

小浪底建库后,在水库正常运用条件下,库区支流汛期回水长度1~15km,非汛期回水长度 2～22km。支流的淤积主要由于干流浑水水流倒灌和异重流分流淤积形成。支流自身来沙量很小,对支流淤积不起作用。而干流泥沙量很大,干流异重流和浑水明流分流倒灌支流,挟带大量泥沙进入支流,首先在河口段淤积较粗泥沙,形成拦门沙坎,进口段形成倒锥体,然后向支流内倒灌淤积。三门峡水库的南涧河河口,拦沙坎高 3m,倒坡比降 6.5%。经计算,大峪河、畛水的沟口倒锥体内淤积面与口门淤积面高差为 4.0～4.8m,东洋河为 3.9～4.5m,东河及亳清河为 3.4～4.2m。

水库拦沙完成时,即转入正常运用期,一般大洪水不上滩,滩地相对稳定。各支流沟口的倒锥体淤积形态达到相对稳定阶段。库区滩面完全形成(距坝 69km 以上峡谷段无滩),坝前滩面高程达 259m。库区支流沟口淤积面高程与干流滩面平齐,沟口淤积达到最大值。在水库干流水位下降,冲刷河槽形成高滩深槽时期,支流沟口将在支流自身来水的水力条件下逐步下切,形成与干流河槽水位相连的水流纵剖面。

2. 支流河口淤堵对周围生态环境的影响

在水库拦沙运用的 36 年中,支流河口将淤堵形成积水区。汛期 7 月至 8 月中旬水库以调水为主拦沙运用,水库蓄水,异重流排沙,支流受回水影响,干流异重流倒灌支流淤积。在 8 月下旬至 9 月底水库不蓄水,转为敞泄明流排沙,支流脱离回水影响,但此时支流已进入枯水期,来水很少,支流来水冲决河口沙坎的可能性很小。10 月至翌年 6 月,水库蓄水运用,支流又受回水影响。所以,在一年内,支流有 10 个半月直接处于水库蓄水的回水影响中,支流河口淤堵不能冲开。

在正常运用时期,汛期干流库水位下降和河槽下切,支流将在自身来水的水力条件下逐步冲开河口,形成与干流水位相衔接的水流纵剖面。

库区支流河口淤堵对周围生态环境的影响主要体现在以下四个方面:

(1)支流河口淤堵,支流水库水体滞留时间长,水环境容量减小。水库拦沙运用期,支流河口每年淤堵时间长达 10 个半月,虽然积水区常受干流回水倒灌影响,可以进行间断性的水体交换,但水体滞留时间加长,水环境容量明显降低。支流汇流区内应进一步加强水源保护工作,对污染企业的污染负荷进行总量控制,防止局部水域水体污染。

(2)对库周航运、旅游业发展的影响。小浪底水库蓄水后,宽阔的水面为库周航运、旅游业的发展提供了机遇。受经济利益的驱动,小浪底旅游热已经在库周迅速升温,一些部门和企业已经开始在库周兴建码头、购置旅游船只。支流河口拦门沙坎的形成与淤堵,成为一道天然屏障,阻隔了支流船只进入库区的通道。为此,在进行库周旅游规划时,必须考虑支流河口淤堵对库区库周航运的影响,避免造成不必要的浪费。

(3)加强支流河口地区卫生防疫工作,防止介水、虫媒传染病的发生。每年 6 月中下旬至 7 月中旬,8 月下旬至 9 月底,水库低水位运用,支流河口脱离回水影响,支流水库成为临时死水区。这一时期,气温高、湿度大,大面积的积水很容易成为蚊蝇滋生地,蚊蝇密度增大,易诱发虫媒传染病的发生。为了周围群众的身体健康,当地卫生防疫部门应加强支流河口地区的卫生防疫工作,防止介水、虫媒传染病的发生。

(4)支流河口泥沙淤积抬高及向支流内淤积延伸,将阻止支流砂卵石推移质来到河口和进入干流,砂卵石推移质堆积在支流淤积末端,可减少对电站和泄水建筑物的不利影响。

（三）库区滩地开发利用

在水库拦沙运用期结束后，库区滩面完全形成，在距坝69km两岸将形成宽度800～1 200m的滩地，坝前滩面高程为259m，滩面比降1.7‰。一般大洪水不上滩，滩地相对稳定。宽阔的滩地为库周开发利用提供了得天独厚的条件。滩区两岸涉及河南省孟津、济源、新安、渑池和山西省垣曲县，这些县（市）又是小浪底水库淹没影响最大的地区，土地资源紧缺，移民安置任务大。水库管理部门应与地方政府联合，共同制定库区滩区开发利用规划，制定相应的法规条例，促进滩区土地资源的开发利用，避免出现三门峡水库滩区相互抢占土地的恶性冲突事件。

三、下游河道冲刷影响分析

（一）黄河下游河道特性

小浪底至河口河道全长约900km，桃花峪以下，除南岸郑州黄河铁桥以上和山东梁山十里铺至济南田庄两段为山岭外，其余均束范于两岸大堤之间。其中艾山以上长约500km，河宽水浅，河势游荡；艾山以下长约400km，险工护岸工程较多，河势比较稳定。由于泥沙堆积，河床一般高出两岸地面3～5m，最大达10m。其中东坝头至高村河段还形成了悬河中的悬河，对防洪形势十分不利。

黄河下游是一个淤积性很强的河道。据统计，1950年7月至1998年10月共淤积92.04亿t泥沙，进入下游河道的水沙过程、河床边界条件和河口演变的情况是影响河道冲淤变化的主要因素，其中水沙条件是决定性因素。河道淤积主要发生在汛期，当来水接近平滩流量时挟沙能力最大；河道输送泥沙具有"多来多排多淤"的特性，从长期来看滩槽并长；当河口地区侵蚀基面有趋向性的抬高时，河道主槽淤积厚度在相当长的范围内与侵蚀基面的抬高值基本一致。

多年来，黄河下游修建了大量的整治工程，历史上的秸料埽坝为石坝所代替，河防工程大大加强，陶城铺以下河道已人工控制；高村至陶城铺河段逐渐得到了控制；高村以上河段也布设了一些控导护滩工程，使主流摆动范围由20世纪50年代的6～7km缩小到80年代中期的3～5km。

截至1986年，下游临黄堤防工程总长1 396km，其中右岸613km，左岸783km；险工长315.7km，占河道长度的37.8%；控导护滩工程长275km，占河道长度的33%。两岸有引黄涵闸70余座，虹吸53处，滩区引水闸50余座，扬水站68处，滞洪区分洪闸13座，滩区面积达3 482km²。

（二）三门峡水库对下游河道的影响

分析三门峡水库修建后对下游河道和各类工程的影响，对估算小浪底工程对下游的影响可以起到很好的借鉴作用。

三门峡水库自1960年9月15日开始蓄水以来，经历了蓄水运用、滞洪排沙运用和蓄清排浑运用三个时期。1960年9月至1964年10月为蓄水运用时期，下游河道发生了强烈的沿程冲刷。铁谢至裴峪30km河段以下切为主，河底平均高程下降3～4m，深泓点高程下降8～11m，断面逐渐变得窄深，发展为单股河道。花园口至高村河段下切和展宽同时进行，滩地坍塌41.6万亩。该时期由于中水历时增长，导致河势变化、险情增加。

1964 年 11 月至 1973 年 9 月为滞洪排沙运用时期,由于 1969~1971 年水少沙多,再加上水库下泄小流量时,冲刷库区泥沙,使下游发生了严重的淤积,而且由于生产堤的约束,泥沙主要淤积在河槽里,夹河滩上下河段甚至出现了"悬河中的悬河"的险恶局面。下游各站 3 000m³/s 水位在这一时期普遍抬高 1.5~2.5m,1973 年 8 月花园口洪峰流量 5 000m³/s,花园口至石头庄 160km 长的河段内水位比 1958 年花园口洪峰流量 22 300m³/s时的水位还高 0.2~0.4m。

1973 年 10 月以来,三门峡水库进入了蓄清排浑运用时期,水库的这种运用方式有利于发挥汛期下游河道"多来多排"的输沙特点,同时由于来沙量均偏少(1977 年除外),这一时段下游淤积量明显变小,而且从全河来看出现了淤滩刷槽的可喜局面。

需要指出的是,三门峡水库不同的运用方式对艾山以下河道冲淤变化影响不大。

(三)小浪底水库对下游河道的影响

1. 水库初期拦沙期

水库初期最低运用水位200m,根据 1950~1975 年设计水沙系列计算,头三年水库基本下泄清水,下游河道将发生冲刷。河道下切和展宽同时进行,夹河滩以上河段以下切为主。小浪底水库不同运用期出库水沙情况见表 8-2-1。据三门峡水库头三年运用的实践,估计小浪底水库建成后头三年花园口以上河底平均高程将下降 1m 左右,最大为 3m,发生在铁谢至马峪沟河段;深泓点高程将下降 4m 左右。

水库运用第 4~14 年运用水位逐步抬高,出库含沙量较小,泥沙颗粒相对较细。花园口以上将继续维持冲刷的局面,花园口至艾山河段亦有冲刷,但冲刷量沿程减小。至第 14 年,下游河道累计冲刷 21.1 亿 t。花园口至高村段平均河底高程将比建库前下降 1.1~1.2m,孙口至艾山段下降 0.7~0.8m。

水库运用第 15~32 年,随着水库排沙量的增加,下游河道开始回淤,但花园口以上回淤的速度较慢。水库运用第 33~50 年,由于拦沙库容已经淤满,同时为了调沙还有可能多排沙,因此进入下游河道的沙量将增大,但因水库的调水调沙运用将使下游河道的淤积量继续减小。

综上所述,修建小浪底水库以后 50 年内下游河道的淤积量将由现状工程的 189 亿 t 减少到 81 亿 t,可延缓下游河道淤积约 30 年,设防流量下的水位将降低 1~3m。花园口以上河段的大堤不需继续加高,花园口至艾山河段可减少三次加高大堤的任务,艾山以下河段可减少一次。小浪底水库不同运用期下游冲淤量及水面线高程变化见表8-2-2~表8-2-4。

拦沙期下游河床下切,水位下降,这可能伴随河床平面摆动,造成塌滩。然而这种不利影响比三门峡水库初期运用对下游造成的不利影响要小得多。原因是目前下游河道,特别是河南河段的险工和护滩工程比 1960 年时增加了许多。即使小浪底水库运用初期遇到像 1964 年那样的大水,下游河道的险情也将大为减少。初步估算,局部最大冲刷深度为 10~15m,不超过黄河洪水期已发生过的局部最大冲刷深度,对下游桥梁、涵闸、码头和险工等不会造成威胁。

表 8-2-1　小浪底水库不同运用期出库水沙情况

阶段	设计水沙系列	W(亿 m^3)			W_s(亿 t)			ρ(kg/m^3)			>3 000m^3/s 天数	>5 000m^3/s 天数
		汛期	非汛期	全年	汛期	非汛期	全年	汛期	非汛期	全年		
蓄水拦沙期	1950~1952	158.58	142.47	301.05	3.59	0.03	3.62	22.64	0.21	12.02	43	1
蓄水排沙期	1953~1962	189.53	165.46	354.99	11.31	0.04	11.35	59.67	0.24	31.97		
高滩深槽	1963~1985	190.85	148.39	339.24	11.46	0.26	11.72	60.05	1.75	34.55		
正常运用	1986~1999	193.70	168.68	362.38	13.27	0.38	13.65	68.51	2.25	37.67		
三门峡实测	1960~1964	286.8	244.04	530.84	4.64	2.73	7.37	16.18	11.19	13.88	226	69
	1960~1962	219.53	222.74	442.27	3.28	1.00	4.28	14.94	4.49	9.68	59	2

注:表中 W 代表径流量,W_s 代表输沙量,ρ 代表含沙量。

表 8-2-2　　小浪底水库不同运用期下游河段主槽累计冲淤量

（单位：亿 t）

阶段	设计水沙系列	花园口以上		花园口—高村		高村—艾山		艾山—利津		全下游	
		ΔW_s	$\Sigma\Delta W_s$	ΔW_s	$\Sigma\Delta W_s$	ΔW_s	$\Sigma\Delta W_s$	ΔW_s	$\Sigma\Delta W_s$	ΔW_s	$\Sigma\Delta W_s$
蓄水拦沙期	1950~1952 年	-3.90	-3.90	-1.27	-1.27	0.49	0.49	0.22	0.22	-4.47	-4.47
蓄水排沙期	1953~1962 年	-3.82	-7.72	1.35	0.08	0.93	1.42	-1.42	-1.21	-2.96	-7.43
高滩深槽	1963~1985 年	2.16	-5.56	6.52	6.60	2.50	3.92	0.34	-0.87	11.52	4.09
正常运用	1986~1999 年	10.89	5.33	4.90	11.49	3.83	7.74	1.45	0.59	21.06	25.15
三门峡 实测（1）	1960~1964 年	-8.45	-8.45	-10.02	-10.02	-3.82	-3.82	-0.88	-0.88	-23.17	-23.17
实测（2）	1960~1964 年	-6.50	-6.50	-5.83	-5.83	-2.65	-2.65	-2.15	-2.15	-17.13	-17.13
实测（3）	1960~1962 年	-5.11	-5.11	-5.03	-5.03	-0.82	-0.82	-0.85	-0.85	-11.81	-11.81

注：三门峡实测（1）为断面法计算成果，实测（2）、实测（3）为输沙率法计算成果。

表 8-2-3　小浪底水库各不同运用时期下游各河段修正后后累计冲淤量及冲淤厚度

阶段		冲淤量（亿 t）							冲淤厚度（m）					
		花园口以上	花园口—夹河滩	夹河滩—高村	高村—孙口	孙口—艾山	艾山—利津	全河	花园口	夹河滩	高村	孙口	艾山	利津
现状 50 年	主槽	2.70	7.78	6.20	7.21	2.40	5.85	32.14	1.95	3.96	5.0	5.0	4.02	2.40
	滩地	6.75	22.0	55.0	53.00	7.26	13.25	157.26	1.95	4.93	6.54	4.4	1.82	1.52
	全断面	9.45	29.78	61.20	60.21	9.66	19.10	189.40						
	河段占%	5.0	15.7	32.2	31.8	5.1	6.1	100						
有小浪底 50 年	主槽	0.55	3.47	3.11	3.41	1.18	3.17	14.90	0.40	2.24	2.39	2.34	2.10	1.38
	滩地	1.45	9.65	25.12	19.76	2.78	7.34	66.10	0.42	2.57	2.67	1.41	0.97	0.88
	全断面	2.00	13.12	28.23	23.17	3.96	10.51	81.00						
	河段占%	2.4	16.2	34.9	28.6	4.9	13.0	100						
1950～1953年清水冲刷期	主槽	-3.2	-2.0	-1.2	-0.8	-0.24	-0.56	-8.00	-1.0	-0.9	-0.8	-0.50	-0.40	-0.20
	河段占%	40	25	15	10	3	7	100						
1950～1963年蓄水排沙期，相当淤至230m	主槽	-8.00	-6.00	-3.0	-1.2	-0.6	-1.2	-20.00	-2.50	-2.30	-2.30	-0.86	-0.80	-0.40
	河段占%	40	30	15	6	3	6	100						

表8-2-4　小浪底水库各不同运用时期下游各站水面线高程

（单位：m）

站名	1958年		设防流量（m³/s）	1984年设防水位	50年后设防水位		现大堤顶高程		1984年 5000m³/s 设计水位	5000m³/s 水位			
	洪峰流量（m³/s）	洪水位			无小现状	初设方案	左岸	右岸		50年后无小现状	50年后有小浪底	小浪底建成3年后	小浪底建成13年后
花园口	22 300	94.42	22 000	95.45	97.40	95.85	99.80	100.12	93.88	95.84	94.25	92.88	91.38
夹河滩	20 500	74.52	21 500	75.94	79.95	78.30	80.92	81.8	74.44	78.38	76.70	73.54	72.14
高村	17 900	62.96	20 000	64.85	70.39	67.38	67.90	68.46	62.87	67.78	65.21	62.07	60.57
孙口	15 900	48.85	17 500	51.56	56.31	53.46	54.86	54.96	48.34	53.17	50.23	47.84	47.48
艾山	12 600	43.13	11 000	44.45	48.45	46.50	47.71	山	41.20	45.35	43.45	40.80	40.40
利津	10 400	13.76	11 000	15.76	18.15	17.14	19.49	19.49	13.30	15.85	14.85	13.10	12.90

2. "蓄清排浑"运用期

小浪底水库经过初期运用后,进入蓄清排浑正常运用期,将非汛期泥沙调节到汛期排放,非汛期下泄清水。

三门峡水库于 1974 年开始"蓄清排浑"运用。实测资料表明,潼关至三门峡库段非汛期平均拦沙 1.33 亿 t,下游河道冲刷 1.0 亿 t;汛期库区冲刷 1.71 亿 t,下游淤积 3.44 亿 t,全年库区略冲,下游净淤 2.44 亿 t。1974～1981 年,年平均含沙量为建库前 1950～1960 年平均含沙量的 85%,下游淤积量也仅为建库前 3.80 亿 t 的 64%。说明"蓄清排浑"运用可以减少河道淤积。

三门峡水库"蓄清排浑"运用非汛期下游河道冲刷范围一般在高村以上。冲刷后的泥沙达到艾山站的含沙量与建库前差不多,艾利河段的淤积量也没有多大差别。小浪底水库非汛期运用方式与三门峡水库基本相同,故在下游的冲淤情况与三门峡水库相近。但若水库泄放人造洪峰,将使全下游发生冲刷,对险工和护滩工程有一定强度的冲刷或淘刷,亦可能引起河势变化,发生滩地坍塌。因此,应加强河道整治工程并根据情况相机控制,避免不利影响。

第三节　对水库和下游河道水质影响

一、水库水质影响分析

(一)水库水质状况

小浪底水库和三门峡水库是黄河干流上两个相互衔接的梯级水库,小浪底水库的来水主要承接三门峡水库的下泄水量,三门峡出库径流量约占小浪底来水量的 98%,区间来水量仅占 2%。所以,三门峡水库的下泄水质将决定着小浪底水库的水质,而三门峡水库的水质主要受控于黄河中游来水量和主要排污河流渭河的污染物质浓度。总之,小浪底水库入库水质是一个动态变化过程,水质状况随着中游来水量大小和支流污染治理状况变化而变化。

三门峡坝下设有常年水质监测断面,水质监测结果如下:

(1)透明度。三门峡非汛期蓄水阶段,下泄清水,透明度 70～100cm,汛期敞泄排沙,水体透明度和黄河天然河道相同,甚至低于其他河段。

(2)硬度。水体总硬度不高,变化范围在 122～166mg/L 之间,符合饮用水质不得超过 250mg/L 的规定,属于弱硬水质。

(3)酸碱度。库区水的 pH 值范围为 8.1～8.4,属弱碱性,符合地面水规定 6.5～8.5 的标准值。

(4)河道水温。根据历年监测资料分析,最高值为 23.8～26.6℃,出现在 7、8 月份,最低值为 0～1.2℃,出现在 12 月下旬至次年 2 月份。全年平均水温为 13.2℃,适合农田灌溉和水生生物生长要求。

(5)矿化度和盐分组成。河水中基本盐分组成离子的相对含量范围:碳酸氢根离子(HCO_3^-)为 169～255mg/L;硫酸根离子(SO_4^{2-})为 84.5～166mg/L;氯离子(Cl^-)为

66.4～111mg/L;钙离子(Ca^{2+})为48.5～70.9mg/L;镁离子(Mg^{2+})18.7～32.8mg/L;钾、钠离子(K$^+$、Na$^+$)70.6～112mg/L;碳酸根离子(CO$_3^{2-}$)0～6.0mg/L。按水的化学组成属于重碳酸盐型水质。矿化度在413～737mg/L之间。

(6)溶解氧(DO)。溶解氧年均值为8.6mg/L,优于Ⅱ类水质。

(7)化学耗氧量(COD)。化学耗氧量年平均值为4.4mg/L,多数月份小于4mg/L。

(8)生化耗氧量(BOD$_5$)。生化耗氧量年平均值2.2mg/L,低于标准规定的Ⅱ类水质标准值,属于Ⅰ类水质。

(9)营养盐类。非离子氨年平均值为0.074mg/L,超过Ⅲ类水质标准;硝酸盐氮5.68mg/L,低于Ⅰ类水质标准值;亚硝酸盐氮0.203mg/L,介于Ⅲ类与Ⅳ类水质标准值之间,这说明水质已受到一定程度的污染。电导率在763～1 013μV/cm之间,较一般天然水高,说明库水的溶解盐类较丰富。

(10)有毒污染物类。挥发酚及六价铬未检出;氧化物及砷化物含量较低,其含量小于Ⅰ类水质标准值;汞多数月份未检出,但有两次检出月份超Ⅴ类水质标准值;镉和铅的年均值均超Ⅴ类水质标准值,这与黄河泥沙中重金属的本底含量高有关,当泥沙沉淀后,清水中的重金属含量低于Ⅲ类水质标准。

(11)微生物指标。细菌总数年均值为5 790个/L,大肠菌群为64 800个/L。根据国家地面水环境质量标准评价,大肠菌群超出标准6.48倍。

综上所述,小浪底库区目前水质已遭受营养盐类、部分有毒重金属和微生物的污染。重金属污染主要受黄河泥沙重金属含量本底偏高影响,营养盐类和微生物污染是黄河接纳大量废污水排放所致。

(二)库区污染源分析

三门峡至小浪底区间流域面积5 730km^2,较大的支流有15条,其中流域面积大于400km^{2}的支流有畛河、东洋河、西洋河、东河、亳清河等5条,亳清河流域面积最大,为647km^2。汇流区内除少部分河滩地外,大部分属于丘陵山区,因此经济不发达,属贫穷落后地区。汇流区内最大的城镇为垣曲县城,人口约2.5万人(1999年底),生活污水量很小。

小浪底水库淹没区动迁人口18.7万人,根据移民安置规划,河南省新安、渑池外迁移民达5万多人,分别安置在小浪底水库下游的温县、孟州、原阳、中牟和开封,除外迁安置外,本县安置点也大部分位于汇流区外。从整个库区移民安置情况看,只有垣曲县和其他各县后靠安置点位于汇流区内。移民外迁安置减轻了库周的环境压力,对库区水环境保护将起到积极的作用。

汇流区内最大的污染企业为中条山有色金属公司,公司生产过程中选矿废水集中排放于十八里河尾矿坝内。尾矿坝曾于1982年11月溃决过一次,造成亳清河沿岸牲畜死亡的恶性水污染事故。尾矿坝安全与否对水库水质安全有着举足轻重的影响。有色金属公司应定期对尾矿坝进行加高加固,消除安全隐患,防止尾矿坝溃决的事件再度发生。

硫磺矿主要分布于新安县仓头狂口至西沃的黄河沿岸,硫磺矿开采在新安县已有多年的历史。据不完全统计,水库淹没矿渣堆渣面积0.45km^2,堆渣体积650万m^3。硫磺矿渣大部分堆积于黄河沿岸,清理难度较大。水库蓄水后硫磺矿渣、硫磺炉将全部淹没于水库中,对水库水质将产生潜在的不利影响。浸泡试验表明,水库蓄水后对水质影响最大的是硫磺炉的内壁,需要运出库区进行掩埋处理。

(三)库区淤泥二次污染可能性分析

黄河以含沙量高而著称于世,近年来,国内许多研究机构就黄河泥沙对水体中有机物、重金属的吸附作用进行了深入细致的研究。泥沙对有机物、重金属的吸附特性对净化水质起到了积极的作用,但吸附的同时也可能产生解析。为研究泥沙在库区淤积后造成二次污染的可能性,1988 年黄委会设计院委托河南省地矿局岩矿测试中心,开展了"三门峡水库淤积物测试"专题研究工作。研究结果表明:

(1)库区淤积物对水体中 Cu、Pb、Hg、Cd 离子具有很强的吸附能力和吸附速率。淤积物在 15 分钟内对 Cu、Pb、Cd 的吸附率可达 95% ,Hg 两小时达到平衡。

(2)淤积物对重金属的解析率随水体 pH 值的升高而降低;同一 pH 值条件下,各重金属离子解析的一般规律是越易吸附的就越难解析。如 pH 值为 7.16,粒度小于 0.03mm 时,解析的顺序为 Hg、Cd、Cu、Pb。淤积物解析性能还取决于水体中 K、Ca、Na、Mg 离子浓度。它们对淤积物吸附 Cu、Pb、Hg、Cd 有交换作用,其交换能力顺序一般为 Cd、Hg、Cu、Pb。但粒径不同,碱金属与碱土金属的种类和深度不同,交换能力也有所改变。重金属解析率与粒度、pH 值关系见表 8-3-1,淤积物上重金属被碱土金属置换的程度见表 8-3-2。

表 8-3-1　　　　　　　　　重金属解析率与粒度、pH 值的关系　　　　　　　　　（%）

元素	$d > 0.1mm$ pH 值				$0.1mm > d > 0.03mm$ pH 值				$d < 0.03mm$ pH 值			
	6.65	7.16	8.11	8.48	6.65	7.16	8.11	8.48	6.65	7.16	8.11	8.48
Cu	0.3	0.19	0.11	0.05	0.41	0.23	0.16	0.12	1.37	0.80	0.73	0.67
Pb	9.10	5.57	5.29	4.41	0.97	0.56	0.53	0.53	0.22	0.09	0.15	0.17
Cd	42.86	63.33	33.33	22.86	33.33	55.41	20.35	12.61	0.84	1.30	0.44	0.32
Hg	1.46	0.88	1.21	0.62	2.11	1.64	1.47	0.93	11.57	8.06	7.00	5.09

表 8-3-2　　　　　　吸附在淤积物上的重金属被 Na^+、Ca^{2+} 离子交换的百分率　　　　　　（%）

元素	S-8		TM-1		$d > 0.1mm$		$0.1mm > d > 0.03mm$		$d < 0.03mm$	
	Na^+	Ca^{2+}	Na^+	Ca^{2+}	Na^+	Ca^{2+}	Na^+	Ca^{2+}	Na^+	Ca^{2+}
Cu	0.3	0.19	0.11	0.05	0.41	0.23	0.16	0.12	1.37	0.80
Pb	9.10	5.57	5.29	4.41	0.97	0.56	0.53	0.53	0.22	0.09
Cd	42.86	63.33	33.33	22.86	33.33	55.41	20.35	12.61	0.84	1.30
Hg	1.46	0.88	1.21	0.62	2.11	1.64	1.47	0.93	11.57	8.06

注:S-8 代表黄河干流 8 号断面表层淤积物;TM-1 代表 1987 年在潼关断面采集的第一次洪水悬沙。

(3)水库蓄水后,泥沙沉降过程中,水—固两相间不断进行着物理的、化学的和物理化学的界面反应,如络合、交换、絮凝、吸附、沉淀等。由于黄河水体中富含粒度小的黏土矿物,对重金属有强烈的吸附作用,沉降时将这些污染物质带离水相,使库水净化。

(4)吸附和解析的过程对水体来说也就是净化和二次污染的过程,只有当淤积物对重金属的吸附累积到一定程度,在环境条件发生剧烈变化(如 pH 值降低,碱金属离子浓度升高)时,解析才成为主要发展方向。当解析达到一定程度,水体污染成分超标时,即导致二次污染。但从多年黄河水质监测资料看,黄河水质 pH 值一直稳定在 7.5 以上,总硬度也未超过 150mg/L,而且含有一定浓度的 HCO_3^-(500mg/L 左右),正处于强吸附和沉淀状态,吸附和净化是当前的总体发展趋势。

(5)从形态研究得知,Fe/Mn 水合氧化物和碳酸结合态是重金属对环境有影响的主要形态。当水体环境呈微酸性(pH 值 5 以下)或 Eh 值大幅度降低时,这一部分重金属才能释放进入水体。黄河水体 pH 值一般在 7.5 ~ 8.5 之间,水体缓冲容量较高,pH 值不易因局部酸化而下降;淤积物中有机腐殖质含量较低(不足 1%),汛期水流扰动强度大,使水体底部淤积物不易形成还原性环境,这些均有利于 Fe/Mn 水合氧化物和碳酸结合态的重金属在淤积物中的稳定性。

综上所述,在目前水环境条件下,因淤积物产生次生污染的可能性不大。

(四)水库蓄水后水质分析

水库初期蓄水,因淹没部分土地或农田、村庄、矿藏、植被和各种可释放有机废物的场所,使大量有机物进入水体,向富营养化方向发展。但库底经过清理后,一经蓄水,大量泥沙即沉积覆盖,不会造成水质的恶化。

水库建成蓄水后,非汛期透明度将会进一步增大,汛期与天然来水差不多;溶解氧在 7 月 ~ 次年 3 月含量较高,升温期(3 ~ 6 月)可能会有所下降,但时间很短。生物营养盐类蓄水初期会骤然升高,后随水库交换次数增多趋于稳定。蓄水后,汛期营养盐类较高,非汛期由于水生物的消耗,营养盐类会有所下降。

蓄水后水库水质中,磷的含量可能增高。磷直接来源于第四系更新统(Q_2^3)松散的黄土类土层中。该土层多分布在二级台地上,在 275m 高程下面积达 48km²,占水库总面积的 18%。

由于水流在库区停留时间延长,耗氧物在库区降解量增加,水库水质将好于建库前。小浪底水库建成后,经蓄水调节、泥沙沉淀等过程,可达到水体净化、减轻污染的目的。

二、对下游河道水质影响分析

由于泥沙的淤积,黄河在花园口以下成为地上悬河,河床高于两岸地面,花园口以下只有大汶河汇入。小浪底至花园口区间(以下简称"小花间")汇入黄河的主要支流有伊洛河、沁河。小浪底水库修建后对下游河道水质的影响主要集中在小浪底至花园口河段。

(一)污染源

"小花间"沿岸经济比较发达,区间排污城市有洛阳市、焦作市、新乡市及郑州市所属的部分市县。工业污染源主要来自化工、冶金、机械、采矿、造纸、印染和纺织等行业。1993 年"小花间"废污水排放总量约 24 432 万 t/a,其中洛阳市为 12 600 万 t/a,占废污水入河量的 51.6%。伊洛河水系是最大的纳入河流,废污水量全年达 18 405.65 万 t,占"小花间"各水系纳入总量的 75.3%;沁蟒河纳入的废污水量为 4 021.57 万 t,占总量的

16.5%；其他支流废污水量较小，占总量的8.2%。

"小花间"主要污染物（COD_{Cr}、氨氮、挥发酚、石油类、氰化物、六价铬、铅、砷、汞、铜、镉等）纳入量全年共计122 809t。其中COD_{Cr}纳入量最大，约107 194.2t。其他污染物纳入量分别为：氨氮14 867.6t、石油类573.4t、挥发酚114.9t、氰化物23.5t、砷16.2t、铜7.4t、六价铬5.4t、铅5.3t、汞和镉在1.0t以下。

污染物排放量最大的市、县分别是洛阳市、偃师市和巩义市。COD_{Cr}排放量较大的是巩义市、洛阳市、温县；氨氮排放量较大的是偃师市、洛阳市、巩义市；挥发酚排放量较大的是洛阳市、济源市、巩义市。黄河小花区间废污水及污染物纳入量见表8-3-3。

采用等标污染负荷法对污染源进行评价，评价标准采用《污水综合排放标准》（GB8978—1996）中一级标准。等标污染负荷最大的是洛阳市，污染负荷比为26.5%；其次是偃师市、巩义市，污染负荷比分别为23%、22.8%。在入河污染物中，COD_{Cr}的等标污染负荷最大，污染负荷比为45.3%；其次是氨氮，污染负荷比为37.7%；居第三位的是挥发酚，负荷比为7.3%；其他的等标污染负荷较小。这表明黄河小花区间河流纳入的污染物以有机污染物为主，尤其是COD_{Cr}和氨氮。

（二）水质评价

黄河小花段干流各断面水质监测结果见表8-3-4。从表中可以看出，水质综合评价超过《地面水环境质量标准》Ⅲ类水质标准，黄河干流各断面的评价单项因子中，挥发酚、氰化物、砷、汞、六价铬、pH值等指标年均值符合Ⅰ类水质标准；铅、COD_{Mn}、NO_2-N和NH_3-N超过Ⅲ类水质标准，其中铅的浓度在干流孟津到花园口河段达到Ⅴ类水质标准，是重金属中污染最严重的因子；西霞院、花园口断面NH_3-N达到Ⅳ类水质标准，枯水期NO_2-N亦达Ⅳ类水质标准，且其均值从小浪底到花园口呈上升趋势；西霞院断面COD_{Mn}5.56mg/L，接近Ⅲ类水质标准；花园口断面COD_{Mn}年均超过Ⅲ类水质标准，BOD_5年均达3.66mg/L，接近Ⅲ类水质标准，平水期BOD_5已超过Ⅲ类水质标准，达到4.7mg/L，沁河武陟城南桥、蟒河朱沟南BOD_5、COD_{Mn}均超过Ⅲ类标准100倍左右。

支流沁河、蟒河、伊洛河水质枯水期、年均值均超过Ⅴ类水质标准。年均值超过Ⅴ类的指标有洛河七里铺的BOD_5、COD_{Mn}、石油类及沁河、蟒河的挥发酚、NH_3-N等，其中BOD_5、COD_{Mn}超标严重。超过Ⅲ类的有漭河朱沟南的NO_2-N、挥发酚及伊洛河七里铺的挥发酚、NO_2-N。各支流重金属未见超标，这说明各支流属有机污染型，黄河干流小花段的重金属污染源主要来自上游。

（三）对"小花间"河段水质的影响

黄河河南段是河南省社会经济发展的重要地区。虽然河南省逐渐加大了水污染的治理力度，但由于小浪底水库库周经济目前开发程度很低，未来有可能增加，况且有部分地区不属河南省管辖，对黄河水质考虑较少。同时，河南省沿黄地区水污染防治规划大多将2010年目标定为维持"九五"末水平。因此，将预测水平年2005年小浪底水库下泄水质按现状年平均浓度考虑。小花间污染类型为有机污染，选择BOD_5作为控制指标，利用费-罗衰减模型对小花间BOD_5变化进行了演算。

费-罗衰减模型为：

表 8-3-3　**1993 年黄河小花区间废污水及污染物纳入量**

（单位：t）

水系名称	市、县名称	废污水量（万 m^3/a）	COD_{Cr}	氨氮	挥发酚	氰化物	石油类	砷	汞	六价铬	铜	铅	镉	合计
伊洛河	洛阳市	12 600.63	27 865.77	2 897.07	68.694	3.504	359.90	2.627	0.044 4	1.448	3.336	0.114	0.067 3	31 203
	巩义市	3 533.15	32 639.73	2 535.09	11.690	8.736	106.33	0.964	0.025 5	0.425	0.025	0.423		35 303
	偃师市	2 271.87	11 253.29	7 044.27	4.257	0.157	1.98	0.563	0.005 6	0.056				18 305
	合计	18 405.65	71 758.79	12 476.43	84.641	12.397	468.21	4.154	0.075 5	1.929	3.361	0.537	0.067 3	84 811
沁蟒河	济源市	1 504.20	8 656.33	1 387.17	13.211	7.486	60.70	8.326	0.009 8	2.981	1.486	2.506	0.115 8	10 140
	温县	1 217.40	15 560.33	391.45	4.310	3.396	27.94	0.996	0.008 8	0.213	1.693	0.980	0.006 9	15 992
	孟州市	1 047.97	8 191.80	399.35	8.940	0.154	11.96	1.657	0.011 5	0.153	0.813	0.479		8 615
	武陟县	252.00	2 522.01	190.73	3.783	0.027		0.167	0.001 9	0.053				2 717
	合计	4 021.57	34 930.47	2 368.70	30.244	11.063	100.60	11.146	0.032 0	3.400	3.992	3.965	0.122 7	37 464
枯水河	郑州上街区	1 261.44	249.77	7.31	0	0	0	0.290	0	0	0	0.706	0.113 5	258
排污沟	洛阳吉利区	332.13	225.30	14.57	0.059	0.033	4.61	0.043	0	0	0.083	0.122	0.015 5	245
排污沟	首阳山电厂	411.84	29.85	0.60	0.012	0	0	0.578	0.002	0.083	0.004	0	0	31
	合计	2 005.41	504.92	22.48	0.071	0.033	4.61	0.911	0.002	0.083	0.087	0.828	0.129	534
	总计	24 432.63	107 194.18	14 867.61	114.956	23.493	573.42	16.211	0.107 7	5.412	7.440	5.33	0.319	122 809

表 8-3-4　黄河小花段干流各断面水质监测数据统计（1996 年）

（单位：mg/L）

断面		pH 值	悬浮物	COD_{Mn}	BOD_5	挥发酚	氰化物	NO_2-N	NH_3-N	总砷	总汞	六价铬	总铅
小浪底	枯水期	8		5.6	2.1	0.003	未	0.223	0.81	未	未	未	未
	平水期	7.6	8 128	7.1	1.2	0.002	未	0.01	0.3	0.028	未	未	0.412
	丰水期	8.1	13 171	6.4	4.2	0.001	未	0.004	0.21	0.034	未	未	0.006
	均值	7.9		6.4	2.5	0.002	未	0.079	0.044	0.021	未	未	0.139
西霞院	枯水期	8.3	0.805	3.92	2.28	未	未	0.202	0.742	0.002	未	未	0.066
	平水期	8.2	2.506	6.24	3.82	0.001 4	未	0.056	1.278	0.002	未	未	0.115
	丰水期	7.9	15.33	6.53	2.63	未	未	0.004	0.297	0.007	未	未	未
	均值	8.1	6.21	5.56	2.91	0.004 6	未	0.087	0.772	0.004	未	未	0.06
花园口	枯水期	8.2	2.53	4.9	4.0	未	未	0.212	0.9	0.002	未	未	0.013
	平水期	8	3.53	6.1	4.7	0.003 2	0.000 4	0.1	1.6	0.007	未	未	0.031
	丰水期	7.8	42.27	7.7	2.3	0.001 7	未	0.006	0.42	0.01	未	未	0.119
	均值	8	16.11	6.23	3.66	0.001 6	0.000 1	0.106	0.97	0.006	未	未	0.054

$$C_N = \left(\frac{C_p}{N} + \frac{N-1}{N} C_h \right) \exp \left(-K_1 \frac{x}{86\,400u} \right)$$

$$N = (\gamma Q_h + Q_p)/Q_p$$

$$\gamma = \left[1 - \exp(-\beta(x)^{1/3}) \right] / \left[1 + Q_h/Q_p \exp(-\beta(x)^{1/3}) \right]$$

$$\beta = 0.604\varepsilon (Hun/R^{1/6}Q_p)^{1/3}$$

式中　C_N——预测断面污染物平均浓度,mg/L;

C_p——污染物浓度,mg/L;

Q_p——废水流量,m³/s;

N——稀释倍数;

K_1——耗氧系数,d⁻¹;

x——排污口至计算断面距离,m;

u——河流中断面平均流速,m/s;

C_h、Q_h——河流上游污染物浓度(mg/L)和流量(m³/s);

ε——排放口系数,岸边排放为1.0,中心排放为1.5;

H——平均水深,m;

n——河道糙率;

R——水力半径,m。

预测结果表明,当小浪底水库下泄水质的 BOD₅ 为 2.9mg/L,小浪底水库以调峰运用进行控制下泄流量时,花园口断面 BOD₅ 将达到 4.6mg/L,西霞院到花园口河段水质均超过Ⅳ类标准,西霞院到伊洛河口河段超过Ⅴ类水质标准,已完全不能满足河段用水需要。所以,在西霞院反调节水库建成生效以前,为了保证下游河段用水要求,小浪底水电站不能完全参加调峰运行。小浪底水电站装机 1 800MW,是河南省装机容量最大的水电站,为了最大限度地发挥电站的调峰作用,从水源保护的角度出发,必须尽快修建西霞院反调节水库,对电站发电调峰下泄的不稳定水流进行调节,以保证下游河段用水的水质要求。

（四）最小下泄流量估算

在两岸汇入污染物量一定的情况下,黄河水质由小浪底水库下泄水量决定。小浪底至花园口河段是河南省重要的取水河段,尤其是花园口附近有郑州市、新乡市的城市用水取水口,对水质要求较高,因此估算小浪底水库的最小下泄流量具有重要意义。

本河段黄河取水口主要为郑州市取水口和新乡市取水口,其中郑州市取水口含邙山取水口和花园口取水口,均在南岸。新乡市取水主要通过人民胜利渠取水,其口门位置与郑州邙山取水口基本处于同一断面。由于取水用于城市供水,取水口处水体水质最低应达到 GB3838—88《地面水环境质量标准》Ⅲ类水质要求,即 BOD₅ 小于 4.0mg/L。

采用费－罗衰减模型对小浪底水库最小下泄量进行的估算结果表明,小浪底水库最小日平均下泄流量为 350m³/s 时能够满足下游用水要求。

三、对策措施

(1)小浪底水库水质主要受控于三门峡水库水质状况,三门峡水库的入库污染源又涉及陕西、河南、山西等省,国家有关部门应尽快制定黄河水源保护规划,强化污染源的管理,加大治理力度,尽快建设各城市的污水集中处理设施,降低污染负荷,是保证小浪底水库水质的关键。

（2）进一步做好 215m 以上库底清理工作,严格按照《水库库盘清理办法》等有关规定对水库淹没线以下库盆进行彻底清理,防止水库水质污染。

（3）严格控制污染物入河量,尤其要控制"小花间"支流污染物入黄量,各支流入黄水质尽可能控制在既定的功能区要求水质类别或使其更好,从而使小浪底水库以最小下泄流量运用时下游水质能满足需要。

第四节　水库水温及下游水温影响预测

一、水库水温预测

（一）水库水温效应

水体的热量传输机理是经过水和大气的接触面输送,通过水体流动传递热量。水气界面的热交换是影响水体温度最重要的因素之一。水面净热交换率是各种辐射过程、蒸发以及水与空气之间的传导等热交换速率的总和,这些辐射和热通量除与水面温度有关外,还与气温、水气压和风速等因素有关。除短波辐射外,这些热量交换均在水体表面进行,短波净辐射约有 50% 被表面水体所吸收,其余部分按指数衰减传入水体内部。

天然河道水流湍急,水体表面吸收的热量通过水体紊动迅速传向整个过流断面,故天然河道水温呈混合型,水温变化滞后于气温,呈周期性变化。水库的温度效应来源于水库的调度运用方式,水库蓄水后,水深增大,水体交换速度减缓,从而改变了水气交界面的热交换和水体内部的热传导过程。

典型的水库水温效应表现为水体在垂直方向上的热分层现象。早春升温初期,经常出现的强风,可以断续地消除弱分层现象,成为提高下层水温的重要机制。进入初夏后,分层增强,形成稳定的上部温水层,阻止了全水深范围内的垂直混合,在上部温水层与下部冷水层之间,形成温跃层。夏末秋初,净热通量由升温变为降温,表层水温逐渐降低,由重力产生的对流,使温跃层的温度梯度逐渐减小。秋末,在强风和重力对流的共同作用下,全水深范围达到等温状态。

水库水温分层现象对水库水质和下泄水流的水温及其理化性质将产生一系列的影响。

（二）入库水温

小浪底水库的入库径流量主要来自三门峡水库,三门峡水库的下泄水温将对小浪底水库水温产生一定的影响。

三门峡水库建库前的 1956～1959 年属天然河道状态,年平均水温 13.8℃,年较差 25.7℃。最高月平均水温 26.2℃,出现在 7 月份;最低月平均水温 0.5℃,出现在元月份。水库蓄水运用期的 1961 年,由于水库全年高水位运用,蓄水量较大,水库具有一定的热能调蓄作用。升温期 3～6 月出库水温较建库前天然河道水温低 2.5～4.8℃,降温期 8～12 月较天然河道水温高 1.7～2.9℃。1962 年 3 月以后水库改为滞洪排沙运用,1962～1965 年年平均下泄水温 13.8℃,与建库前天然河道水温一致。相应月平均水温差值在 -1.5～0.8℃ 之间,变化微小且没有明显规律,下泄水温接近于建库前天然河道水温。

自 1973 年 12 月以后,水库改为"蓄清排浑"运用。1987 年年平均下泄水温 13.8℃,年较差 26℃,与建库前天然河道水温相近,说明三门峡水库改为"蓄清排浑"运用方式后,水库热能调蓄作用微弱,出库水温与建库前天然河道水温接近,不会像其他梯级水库一样产生冷害现象。三门峡水库建库前后出库水温变化见表8-4-1。

表 8-4-1　　　　　　　　　　三门峡水库建库前后出库水温变化　　　　　　　　（单位:℃）

时段（年）	月份												年平均
	1	2	3	4	5	6	7	8	9	10	11	12	
1956～1959	0.5	2.8	8.0	14.4	18.8	23.4	26.2	25.2	20.8	14.5	7.6	3.2	13.8
1961		4.4	5.5	9.6	16.0	20.9	26.2	27.2	22.5	16.4	10.5	5.6	
1962～1965	1.1	2.2	6.9	13.6	19.3	23.8	25.9	26.0	20.8	15.1	8.9	1.7	13.8
1987	0.6	3.6	6.8	12.3	20.1	21.0	26.6	24.7	22.5	17.3	9.1	1.3	13.8

注:1961年1月三门峡水库下闸蓄水,坝下断流,故无水温观测资料。

（三）水库水温结构类型判别

根据水库水温垂向分布特点,水库水温可分为分层型和混合型两种基本类型。《水文计算规范》(SDJ214—83)中,对不同类型的水库水温分布特征作了相应说明:

混合型:一年中任何时间库内水温分布比较均匀,水温梯度很小,库底水温随库表水温而变,年较差可达 15～24℃,水体与库底之间有明显的热量交换。一般来说,水深较浅,调节能力低的水库多属于这种类型。

分层型:调节能力大的水库,由于库内流速减缓,水体交换次数减小,往往形成分层型水温结构。分层型水库升温期库表水温明显高于中下层而出现温度分层,温度梯度可达 1.5℃/m 以上,库底层水温年较差一般不超过15℃。

判别水库水温类型的方法有入流量与库容比法(又称 α、β 法)、密度佛汝德数法等,其中 α、β 法最为简单实用。α 为年入库水量与库容的比值,β 为一次入库洪量与库容的比值。用 α 来判别水库是否分层,用 β 来判别汛期入库洪水对水库水温结构的影响。当 α 小于 10 时,水库水温结构呈分层型;当 α 大于 20 时,水库水温结构呈混合型;当 α 介于 10 到 20 之间时,水库水温结构呈过渡型,水库水温结构因水库的具体情况而异。对于分层型水库,汛期如遇 β 小于 0.5 的洪水,对水温分层结构影响不大;若入库洪水 β 大于 1.0,水库水温将出现临时混合型。

小浪底坝址多年平均径流量405.5亿 m³(1919年7月至1995年6月),水库原始库容126.5亿 m³,水库运用30～50年后,275m以下有效库容为51亿 m³。其 α 值分别为 3.2 和 7.95,均小于10。由于小浪底水库采取"蓄清排浑"运用方式,汛期低水位控制运用,调蓄库容很小。同时,汛期入库水流含沙量每立方米高达上百公斤,水体混掺强烈。结合三门峡水库水温分布实测资料分析认为,小浪底水库水温结构呈季节性热分层,3～6月份随着气温的回升,水库垂向热分层逐渐加强,水温梯度到6月上中旬达到最大值;6月下旬水库逐步降低水位,汛期7～9月份,水库调水调沙控制运用,水温结构呈混合型;9月下旬水库逐步蓄水,抬高运用水位,9月份以后气温已开始降低,水面净热通量为负值,入库水温也开始降低,重力对流和风力混合作用加强,水库水温呈混合型;冬季入库水温低于4℃,有可能出现逆温分布。

（四）水库水温计算模型

我国的水库水温研究工作起步于20世纪60年代,70年代末在已建水库水温观测资料的基础上,提出了一些水库水温计算经验公式,开始了水库水温定量估算工作。水库水温数值计算方法研究在国外始于 70 年代初,1972 年美国学者 Haben 和 Harlemen 率先提出水库水温一维数学模型后,这一研究工作在国外得到了很大的发展,进一步提出了许多更加完善的模型,如日本的安白模型。安白模型是建立在少沙河流上的水库水温计算模型,入库水流在库尾混掺后按等密度流进入水库,计算过程中采用显式差分法,为满足稳定条件,对时间和空间步长都有一定的要求。

小浪底水库汛期采用"蓄清排浑"运用方式,每年非汛期的 10 月至翌年 6 月水库蓄水运用,汛期 7 ~ 9 月低水位控制运用,利用水库有效库容调水调沙。非汛期由于三门峡水库的拦蓄,入库水流含沙量很小,1974 ~ 1986 年 1 ~ 5 月份平均含沙量仅为 0.18 ~ 0.4kg/m³,接近于清水河流。6 月中下旬水库开始降低水位泄水排沙,6 月份以后水库水位变化频繁,垂向流速增大,利用显式差分很难满足稳定条件。为了解决计算过程中的稳定问题,采用了隐式差分格式,将差分方程组转换为三对角线型方程组,采用追赶法进行求解。为了提高水面温度计算精度,采用了牛顿迭代法,保持计算精度在 10^{-4} 以上。考虑重力混合的同时,引进了风力混合模型。对于入库水流含沙量对水体密度的影响,也作了相应考虑。改进后的水库水温模型,在实用性和通用性方面均得到了提高,该模型不仅适合于分层水库,而且也可以对弱分层和混合型水库进行水温计算或数值预报。利用该模型分别对三门峡和陆浑水库水温变化进行了预测,计算值与实测值最大偏差为 2.9℃,80% 的点据相对偏差小于 10%,精度基本满足要求。

沿垂直方向取一微元体,研究其热量收支状况,见图 8-4-1。根据热量平衡原理即可以建立水库水温一维模型的控制方程。

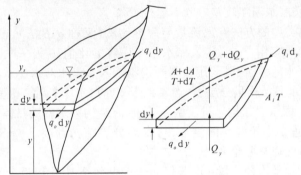

图 8-4-1

$$\begin{cases} \dfrac{\partial T}{\partial \tau} = \dfrac{1}{A} \cdot \dfrac{\partial \left(AD_m \dfrac{\partial T}{\partial y}\right)}{\partial y} + \dfrac{q_i T_i}{A} - \dfrac{q_0 T}{A} + \dfrac{1}{C_p \rho A} - \dfrac{1}{A} \cdot \dfrac{\partial (Q_y \cdot T)}{\partial y} \\ \dfrac{\partial Q_y}{\partial y} = q_i - q_0 \end{cases}$$

边界条件

$$\begin{cases} \left. \dfrac{\partial T}{\partial \tau} \right|_{y=0} = 0 \\ \left. \dfrac{\partial T}{\partial \tau} \right|_{y=y_s} = \dfrac{\Phi_n}{\rho C D_m} \end{cases}$$

初始条件

$$T(y,\tau)\big|_{t=0}=T_0$$

式中　C——比热,J/(kg·℃);

ρ——密度,kg/m³;

D_m——太阳短波辐射,W/m²;

Φ_n——表层水体吸收的热通量,W/m²;

q_i、q_0——进、出库单位高度流量,m²/s;

Q_y——垂直流量,m²/s;

A——水面面积,m²;

T_0——初始水温,℃。

采用隐式差分求解控制方程,差分格式如下:

$$\begin{cases}\dfrac{\partial T}{\partial \tau}=\dfrac{T(y,\tau)-T(y,\tau-\Delta\tau)}{\Delta\tau}\\[2mm]\dfrac{\partial T}{\partial y}=\dfrac{T(y+\Delta y,\tau)-T(y-\Delta y,\tau)}{2\Delta y}\\[2mm]\dfrac{\partial 2T}{\partial y^2}=\dfrac{T(y+\Delta y,\tau)-T(y-\Delta y,\tau)-2T(y,\tau)}{\Delta y^2}\end{cases}$$

对每个结点 j 均可建立一个包含 $T(j\Delta y,\tau)$、$T((j-1)\Delta y,\tau)$、$T((j+1)\Delta y,\tau)$ 的方程,共可建立 $(n+1)$ 个方程组。该方程组为三对角矩阵,可以采用追赶法求解。

计算程序流程见图 8-4-2。

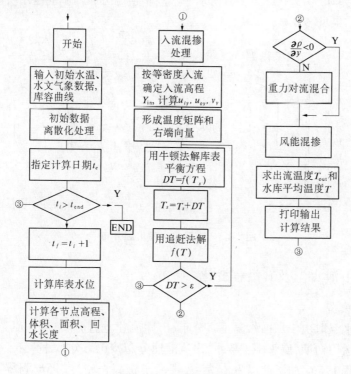

图 8-4-2　计算程序流程

（五）水库水温预测

小浪底水库运用初期，以拦沙为主，随着泥沙的淤积库区形态发生了急剧改变，库区形态的改变直接影响水库的水温分布。为反映各阶段水库水温变化，分运用初期（1~3年）、运用10年后和14年后三个运用时段进行预测，不同的运用时段分别采用相应的库容曲线来反映库区形态的变化。

水库运用1~3年，库区泥沙淤积较少，坝前水深近100m，水库水温结构呈稳定分层型，年平均表层水温14.2℃，年较差24.9℃；年平均库底水温6.4℃，年较差7.5℃。4~8月，水库具有明显的热分层现象，表底层温差7.1~20.2℃，温跃层温度梯度达1.1~2.7℃/m；9月份以后，随着气温降低，表层水体首先降温，产生重力对流，混合层厚度增大。至12月份，水库热分层现象消失，水温趋于均一。1、2月份，月平均气温−0.5~1.6℃，库区可能出现岸冰或封冻现象，水库水温呈逆温分布，表层水温0~4℃，库底水温保持在4℃左右。3月份，随着气温的升高，水库再次进入混合状态，开始了下一年内的变化。

水库运用10年后，坝前段淤积高程达到225m，库区原来窄深的"U"字形或"V"字形断面被宽浅的"U"字形断面所代替，坝前水深降低，汛期水库低水位控制运用。水库水温垂向分布逐渐由稳定分层型转变为季节性热分层。水库运用10年后，年平均表层水温13.7℃，年较差25.6℃；年平均底层水温11.0℃，年较差21.8℃。4~6月，水库水温呈分层型结构，水库表层水温12.8~22.8℃，库底水温7.0~7.3℃，表底层温差5.8~15.5℃，温跃层温度梯度0.9~2.0℃/m；7~12月，水库处于混合状态，仅7、10月份有微弱的热分层，表底层温差0.5~1.0℃；1、2月份水库水温呈逆温分布。不同运用阶段小浪底水库水温分布计算结果见图8-4-3和表8-4-2、表8-4-3。

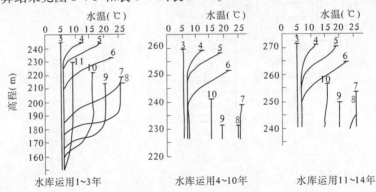

图 8-4-3　小浪底水库水温分布

二、水库下泄水温及其沿程变化

（一）计算模型

水库下泄水温取决于坝前水温垂直分布、出库流速垂直分布、出库流量、泄水口高程等因素。水库运用初期，属于中层取水，出流流速分布按正态分布计算。小浪底水库发电引水洞进口高程195m，非汛期以发电为主，坝前淤积高程超过195m高程后出流按底孔出流处理，流速分布简化为三角形分布。出库水温可根据坝前水温分布和出流分布求得。

表 8-4-2　小浪底水库水温垂直分布（运用初期）　　　　　　　　（单位：℃）

高程(m)	1	2	3	4	5	6	7	8	9	10	11	12	年平均
表层	1.6	2.5	5.2	13.0	19.3	23.2	26.5	25.9	21.2	16.5	9.2	5.6	14.2
240	1.8	2.8	5.2	9.3	16.6								
235	2.0	3.0	5.2	7.2	12.1	19.1							
230	2.4	3.4	5.2	6.0	7.4	14.3							
225	3.1	4.0	5.2	5.9	6.2	9.7							
220	3.6	4.0	5.2	5.9	5.9	7.1				16.5	9.2	5.6	
215	3.8	4.0	5.2	5.9	5.9	6.2	26.1			16.5	9.2	5.6	
210	3.9	4.0	5.2	5.9	5.9	6.0	24.4	25.9	21.5	16.5	9.2	5.6	
205	4.0	4.0	5.2	5.9	5.9	5.9	21.2	25.8	21.2	16.5	9.2	5.6	
200	4.0	4.0	5.2	5.9	5.9	5.9	16.7	25.7	21.2	16.0	9.2	5.6	
195	4.0	4.0	5.2	5.9	5.9	5.9	12.6	25.5	21.2	15.8	9.2	5.6	
190	4.0	4.0	5.2	5.9	5.9	5.9	8.7	24.7	21.2	15.1	9.2	5.6	9.7
180	4.0	4.0	5.2	5.9	5.9	5.9	6.0	9.2	19.5	11.5	9.0	5.6	
170	4.0	4.0	5.2	5.9	5.9	5.9	5.9	5.9	8.1		8.6	5.6	6.4
坝前水位(m)	237.3	241.3	244.9	244.2	243.1	234.7	219.5	214.2	214.2	222.8	230.5	232.5	

表 8-4-3　小浪底水库水温垂直分布（运行 10 年后）

（单位：℃）

高程（m）	月份												年平均
	1	2	3	4	5	6	7	8	9	10	11	12	
表层	1.2	2.1	5.5	12.8	19.3	22.8	26.8	25.6	20.0	15.7	8.0	4.8	13.7
255.0	3.0	3.5	5.5	9.1	14.7	20.3						4.8	
250.0	4.0	4.0	5.5	7.4	7.5	11.2					8.0	4.8	
245.0	4.0	4.0	5.5	7.0	7.3	7.6				15.7	8.0	4.8	
240.0	4.0	4.0	5.5	7.0	7.3	7.3				15.7	8.0	4.8	
235.0	4.0	4.0	5.5	7.0	7.3	7.3	26.8		20.0	15.2	8.0	4.8	
230.0	4.0	4.0	5.5	7.0	7.3	7.3	26.0	25.6	20.0	15.2	8.0	4.8	
225.0	4.0	4.0	5.5	7.0	7.3	7.3	25.8	25.6	20.0	15.2	8.0	4.8	11.2
坝前水位（m）	253.0	256.6	259.5	259.0	258.1	251.6	238.6	232.0	232.0	241.7	248.3	250.3	

下泄水温的计算公式如下:

$$T_{\text{out}} = \frac{1}{Q_0}\int_0^{y_s} V(y)B(y)T(y)\,\mathrm{d}y$$

式中　T_{out}——下泄水温,℃;

　　　Q_0——下泄流量,m^3/s;

　　　$V(y)$——出流流速分布,m/s;

　　　$B(y)$——水面宽,m;

　　　$T(y)$——坝前水温垂直分布;

　　　y_s——坝前水深,m。

下泄水温沿程变化与下泄水量、流量以及沿程气象条件、河道特征、支流汇入情况等因素有关。假定水温在横断面上分布均匀,取一个均匀河段研究其热量平衡,可以建立一维河流温度模型的基本方程,河流水温模型示意图见图8-4-4。

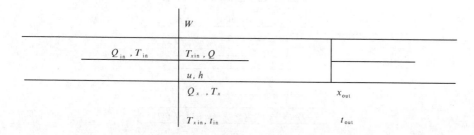

图8-4-4　一维河流水温模型示意

$$\begin{cases} \dfrac{\mathrm{d}x}{\mathrm{d}t} = u \\[2mm] \dfrac{\mathrm{d}T}{\mathrm{d}t} = \dfrac{1}{\rho Ch}\Phi(t,T) \end{cases}$$

式中　h——平均水深,m;

　　　u——断面平均流速,m/s;

　　　ρ——水体密度,kg/m^3;

　　　$\Phi(t,T)$——水体与大气间热交换;

　　　C——水体比热,$\text{J}/(\text{kg}\cdot\text{℃})$。

始端河水水温与流量的计算公式如下:

$$T(x_{\text{in}}) = T_{\text{in}} + \frac{W}{Q\rho C} + \frac{Q_x}{Q}(T_x - T_{\text{in}})$$

$$Q = Q_{\text{in}} + Q_x$$

式中　W——起始断面处进入的热源强度,W/m^2;

　　　T_{in}、Q_{in}——上游输入河水的水温和流量,℃,m^3/s;

　　　T_x、Q_x——起始断面处旁侧入流的水温和流量,℃,m^3/s。

基本方程可用数值解法求解,差分方程如下:

$$\begin{cases} T(x+\Delta x)=T_x+\dfrac{\Delta t}{\rho Ch}\varphi_0\left[t+\dfrac{\Delta t}{2},T(x)+\dfrac{T(x+\Delta x)-T(x)}{2}\right] \\ \Delta x=(x_{out}-x_{in})/n \\ \Delta t=\Delta x/u \end{cases}$$

式中 Δx——步长;

x_{in}、x_{out}——计算河段的始端与终端坐标;

n——离散成微小单元的数目。

对差分方程进行迭代计算。整个迭代过程见图 8-4-5。

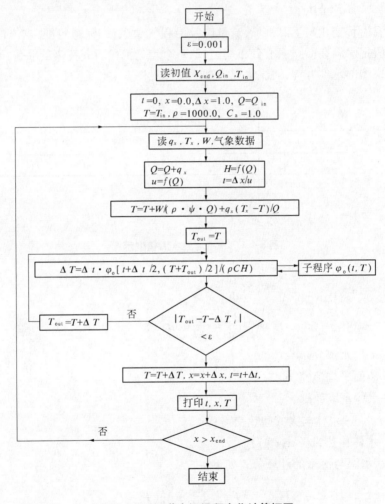

图 8-4-5 河道水温沿程变化计算框图

(二)计算结果

1. 下泄水温

小浪底坝址天然河道平均水温 14.3℃。建库后年平均下泄水温较天然河道降低 2.2～3.5℃,水库运用初期,年平均下泄水温 10.8℃,4～7 月较天然河道水温降低 7.7～ 14.0℃;12 月至翌年 2 月较天然河道水温升高 0.8～2.8℃。

水库运用 10 年后，下泄水温变化比较接近。3～6 月下泄水温较天然河道降低 2.6～11.9℃；7～10 月下泄水温接近于天然河道水温；12～翌年 2 月，下泄水温较天然河道水温高 0.8～3.0℃。

建库前后小浪底站河道水温变化见表 8-4-4。

表 8-4-4　　　　　建库前后小浪底站河道水温变化　　　　　（单位：℃）

时段		月份											年平均值
		1	2	3	4	5	6	7	8	9	10	11	12	
建库前		1.0	3.2	8.1	14.5	19.2	24.1	26.5	26.0	21.4	15.7	9.1	2.8	14.3
建库后	(1)	3.6	4.0	5.2	6.8	8.4	10.1	16.4	9.7	20.9	16.0	9.1	5.6	10.8
	(2)	4.0	4.0	5.5	8.0	9.6	12.2	26.6	25.6	20.0	15.6	8.0	4.8	12.0
	(3)	4.0	4.0	5.3	7.8	11.0	13.3	25.7	25.7	20.2	15.7	8.1	4.9	12.1

注：表中（1）代表运用初期；（2）代表运用 10 年后；（3）代表运用 14 年后。

2. 下泄水温沿程变化

小浪底水库担负着向下游河南、山东两省供水的任务，水温变化将对下游工农业用水产生一定的影响。小浪底坝址位于黄河最后一个峡谷的出口，下游河道逐渐由窄变宽，"宽、浅、散、乱"的下游河道对水库水温的沿程恢复起到了积极的作用。小浪底水库以下注入黄河的支流有伊洛河、沁河，支流的加入也有助于河道水温的恢复。但由于非汛期支流入黄流量小，支流加入对水库下泄水温的恢复作用微弱。小浪底水库修建前后下游河道水温变化见表 8-4-5。

表 8-4-5　　　　　小浪底水库修建前后下游河道水温变化　　　　　（单位：℃）

站名	坝下距离（km）	时段	月份											
			1	2	3	4	5	6	7	8	9	10	11	12
小浪底	0	(1)	1.0	3.2	8.1	14.5	19.2	24.1	26.5	26.0	21.4	15.7	9.1	2.8
		(2)	4.0	4.0	6.2	10.7	13.2	15.5	26.4	25.6	20.7	15.8	9.1	4.8
花园口	128.0	(1)			7.7	13.4	18.8	23.5	26.5	26.1	21.1	15.4	9.0	3.3
		(2)	2.5	3.0	7.7	12.5	15.2	19.0	26.4	25.8	21.1	15.4	9.1	3.3
夹河滩	234.1	(1)	0.8	2.5	7.2	13.1	18.5	23.2	26.7	26.1	21.4	15.3	8.6	2.8
		(2)	1.5	2.5	7.2	13.1	16.7	21.0	26.7	26.1	21.4	15.3	8.6	2.8
高村	312.6	(1)	1.0	2.9	7.2	13.3	18.8	23.0	26.9	26.1	21.5	15.4	8.6	2.7
		(2)	1.0	2.9	7.2	13.3	18.8	22.4	26.9	26.1	21.5	15.4	8.6	2.7

注：表中（1）表示建小浪底水库以前；（2）表示建小浪底水库以后。

从表 8-4-5 可知，水库下泄低温冷水影响范围主要在花园口（距坝址 128km）以上河段，水库运用初期，4～6 月份较天然河道水温低 0.9～4.5℃。最近的取水口在坝址以下 120km 处，取水口经过引水干渠到达田间的距离一般在几十公里以上，长距离的输送和沉沙池的停滞作用,都将对灌溉水温起到增温作用。分析认为,小浪底水库运用初期下泄水温对下游灌区农田灌溉有一定影响,但影响程度一般,影响范围主要在花园口以上河段。随着水库泥沙淤积,水库水温分层效应减弱,下泄水温影响程度和范围将逐步减小。

冬季下泄水温高于天然河道水温,水温影响距离在坝址以下 188～317km,河南段零温出现天数减少,从而减少了河道流凌量,对减缓山东河段凌情将起到间接的作用。但总的来说,冬季下泄水温对下游河道凌情影响有限,下游凌汛还主要靠小浪底水库水量调度来解决。

三、对策措施

(1)小浪底水库水质主要受控于三门峡水库水质状况,三门峡水库的入库污染源又涉及陕西、河南、山西等省,国家有关部门应尽快制定黄河水源保护规划,强化污染源的管理,加大治理力度,尽快建设各城市的污水集中处理设施,降低污染负荷,是保证小浪底水库水质的关键。

(2)进一步做好库底清理工作,严格按照《水库库底清理办法》等有关规定对水库淹没线以下库盘进行彻底清理,防止水库水质污染。

(3)严格控制污染物入河量,尤其要控制"小花间"支流污染物入黄量,各支流入黄水质尽可能控制在既定的功能区要求水质类别或使其更好,从而使小浪底水库以最小下泄流量运用时下游水质能满足需要。

(4)开展水库和下游河道水质水温监测,为水库水源保护、下游防凌提供科学决策依据。

第五节　环境地质影响分析

一、区域地质概况

小浪底水库库区范围,自小浪底坝址至三门峡大坝,东西长 130km,北起中条山、王屋山南麓,南抵崤山东北余支的北坡,宽约 50km。在库区及周边,华北地区太古界至新生界地层几乎都有出露,其分布受构造控制。各期构造运动均有反映,方式和强度各不相同。

(一)地层岩性

1. 太古界及下元古界

下太古界是片麻岩、斜长角闪岩、铁磁石英岩及大理岩组成的深变质岩;上太古界是片岩、大理岩、石英岩、细碧角斑岩组成的中变质岩,总厚 14 600m。下元古界由变质砾岩、石英岩、大理岩、片岩、千枚岩组成,总厚 2 800m。太古界及下元古界地层主要分布在涑水河、亳清河、板涧河、清水河、泗水河等的分水岭地带,即中条山及王屋山地区,在水库淹没区无露头。

2. 上元古界

上元古界震旦系地层,下部是具有基性、中性喷发韵律的火山岩,中、上部主要是石英砂岩,总厚 6 000～7 000m,在水库淹没区内,分布于新安西北部及渑池北部。

3.古生界

古生界地层包括寒武系砂页岩、灰岩、白云岩,奥陶系灰岩及石炭二叠系砂页岩,总厚1 500m。上古生界砂页岩是库区主要分布地层。下古生界灰岩仅分布于官洗沟、狂口至庙头一线以西。

4.中生界

三叠系下部紫红色砂页岩地层,厚300~400m,分布在古城至小浪底坝址下游连地一带,是小浪底坝段内主要分布地层。

三叠系中、上部和侏罗系、白垩系砂页岩地层分布在邵原镇东南至王屋、砚瓦河一带,绝大多数分布在水库淹没区外。

5.新生界

下第三系砂砾岩、泥岩,厚1 000多m,分布于垣曲盆地。上第三系松散砂砾石、壤土层,厚70m以上,在水库淹没区仅分布于垣曲盆地。

第四系中更新统第一组下部砾石层,一般厚10~20m,分布在黄土塬下部基岩面上,上部是黄红色黄土层。中更新统第二组下部砾石层和上部老黄土分布在Ⅳ级阶地上。

上更新统第一组有两套冲积成因的砂砾石层及上部黄土层,分布在Ⅱ、Ⅲ级阶地上。上更新统第二组马兰黄土分布在塬面和Ⅱ级及以上各级阶地的上部。全新统冲积砂砾石层、坡积层分布在河床上部及岸坡。

(二)地质构造

本区受燕山运动和喜马拉雅运动的影响,形成了一系列向斜、背斜和断裂。从构造形迹的展布、组合及岩浆活动来看,水库区东西两部有明显的差异,分界在英言、古城、安窝一线。

1.主要构造形迹

(1)褶皱。狂口背斜,为一不完整的舒缓短轴背斜,其展布范围,东西长70km,南北宽40km,轴向285°。轴部在岱嵋寨、狂口、吉利镇一带,穿过小浪底坝址右坝肩。背斜的南面是渑池向斜,北面是虎岭向斜,其轴向280°~290°,平行于狂口背斜轴。以上背、向斜都在库区东部,在水库区的西部有同善、古城、文家坡等向斜及曹汉背斜,轴向均为20°左右。

(2)断裂。在库区东部,近坝库区,以近东西向断裂为主,如石井河、塔底、崔家庄、香坊沟断裂等。这些断裂,断距大、延伸长,起控制作用,库区西部以北东向断裂为主,如架桑、石家沟、黄花岭断裂等。在水库区的北面有封门口、史家腰等较大断裂,呈北西向展布。在坝段的西南面有城崖地断裂,呈北西向展布;东南面有王良断裂,呈北东向展布。

2.区域稳定性及地震地质

小浪底库区,仅出露了震旦纪以来形成的地层,前震旦系地层分布在水库周边的中条山、王屋山区。自中震旦纪到上侏罗纪,水库区未遭受过强烈的构造变动,扬子运动仅在库区西部造成个别断层,并造成了寒武系与震旦系之间的假整合。加里东运动,除生成了一些断层之外,还使奥陶系及其下伏地层轻微褶皱,造成了石炭系与奥陶系之间的局部不整合。

自喜马拉雅旋回以来,库区的构造运动除大面积的升降之外,主要还表现为断裂的继承性差异运动,形成了分布于小浪底库区及其周边的三门峡、垣曲、济源、宜洛等断陷盆地。各断陷盆地内的新生界巨厚堆积,反映了这些盆地边缘断裂自新生代以来的明显差异运动,造成了上升区与下降区地貌景观上的明显差异。

以上种种迹象反映出本区新生代以来的构造运动,仍有一定的强度。从发生地震的震源看,影响本区的外围震源主要是西部汾渭地震带,其次是东部的太行山东麓地震带。在汾渭地震带,1556 年陕西华县及 1303 年山西洪洞发生了 8 级地震,波及到小浪底坝址地震烈度为Ⅵ~Ⅶ度。此外 1965 年 1 月 13 日垣曲县安头发生的 5.5 级地震,震中烈度为Ⅶ度,距坝址 72km;1815 年平陆发生的 6.75 级地震,震中烈度达Ⅸ度,距坝址 130km。

二、塌岸、滑坡、浸没影响预测

(一)塌岸

黄河五福涧以上河段为峡谷型河段,Ⅱ级阶地仅在个别河湾地段及支流入口处有小面积分布,尤其在白浪以上,Ⅱ级阶地基座高程已高于 275m,故在这些河段上一般不存在塌岸或仅有小规模的塌岸,关家村以下库首河段,275m 库水位一般都高于Ⅱ级阶地台面,库水位直接与基岩相邻,一般不存在塌岸。

根据水库运用水位及库周地质地貌条件分析,水库塌岸主要发生在库区中部。库水位以上可能发生塌岸的地段有:黄河干流的鲁家圪塔、五福涧、阳上、河堤—大岭、仁村—陵上村、回家沟—南村、白崖—关家村等地段,支流沇河右岸——张家庄,亳清河左岸小赵村以下及右岸晁家庄—董家庄—金古垛等地段。

预测塌岸宽度 27 ~ 1 190m,塌岸总方量 2.19 亿 m³,其中 275m 高程以上塌岸的总方量为 1.05 亿 m³,占水库总库容 126.5 亿 m³ 的 0.83%。

(二)滑坡

小浪底水库除松散地层的塌岸外,基岩由于受产状及构造的影响,水库蓄水后,一些地段还将产生岸坡变形破坏,可能产生滑坡的地段有:

(1)黄河右岸新安县北部的东满村以东,有一段长约 1km 的库段,地层产状受一小断层影响,走向基本平行库岸,倾角 22°~21°,倾向库内,蓄水后,断层以北部分可能向库内滑动。

(2)垣曲盆地的下第三系平陆群地层倾角较大,已发生多处基岩顺层滑坡。滑体在黄河的侧蚀过程中大部分被搬运,除关家村西南的滑坡体保留有一部分外,仅在西滩村东保留了一点残迹。预测水库蓄水后,关家滑坡体可能复活。

(3)竹峪至小浪底之间,出露地层多为二叠系、三叠系陆相碎屑岩,岩性为细砂岩、粉砂岩与页岩,粉砂质黏土岩互层,地层倾角 10°~20°,区内断裂构造发育。另外,地层中的软岩受构造影响,有些已搓碎成泥,形成泥化夹层,地面下一定厚度内的地层受风化作用的影响,强度降低。在中更新世末上更新世初,本区地壳上升较强烈,河谷下切急剧,形成高陡岸坡。水库蓄水后,使这一地区顺向岸坡基岩地层发生变形破坏成为可能。对水库库容影响较大的滑坡体位于一坝线和二坝线右岸。

一坝址右岸滑坡体,分布高程 120 ~ 300m,南北长 400m,顺河向宽 650m,最大厚度 88m。变形岩体为三叠系下统的 T31 – T41 岩组,滑床倾角 13°~20°,滑体滑移距离前沿

40～60m,后沿小于10m。二坝址右岸滑坡体,分布高程150～300m,顺河方向以沟为界是多列滑体,沿滑动方向是多级滑体,滑体前沿悬挂在河床以上10～40m。该滑坡体南北长200～300m,东西累计宽度500m,最大厚度46m。变形岩体为三叠系下统的T31-T41岩组,滑床倾角12°～17°。

　　库区主要的变形岸坡体的预测方量见表8-5-1,影响库容的淤积量为10.54万m³。库区塌岸及基岩岸坡变形破坏影响自然村22个,人口约5 000人,见表8-5-2。

表8-5-1　　　　　　　　　　　小浪底库区主要变形岸坡体预测结果

变形岸坡体	250m以上的体积(万m³)	275m以上的体积(万m³)	总体积(万m³)
一坝址右岸滑坡体	25	5	1 100
二坝址右岸滑坡体	5	1.5	410
木底沟南壁倾倒体	1	0.04	63
东满滑坡体	1.3		1.3
关家滑坡体	8	4	8
合　　计	40.3	10.54	1 582.3

表8-5-2　　　　　　　　　　　小浪底库区塌岸影响自然村

库区塌岸地段		居民点
坍塌地段	鲁家圪塔	鲁家圪塔
	五福涧	王福涧、东坡
	阳上	阳上
	曹家岭	曹家岭
	南坡根	回家沟、神道沟
	查家庄	莘庄、董家庄、曹家坡
	小赵村	柴家庄、后鲁家庄、刘家庄、前鲁家庄
	陵上	上河
	沇岭	张家庄、沇岭 南堡头(285m高程以下) 北堡头(280m高程以下)
其他地段		白浪、南沟、胡村等

(三)水库浸没

　　水库蓄水位275m时,干流五福涧以上和亳清河、沇河地段的Ⅱ级阶地及八里胡同下口、逢石河下游右岸、陵上村南等处Ⅲ级阶地临库有农田浸没问题。但阶面宽只有几百米,最宽处也不过1km,且阶地后面地下水均由基岩裂隙水补给,补给量较小,而阶地第四系堆积物下部有强透水的粗砂砾石层作排水层,所以农田浸没面积小,影响程度轻。

三、水库诱发地震

(一)水库地震研究概况

有记录以来发生水库蓄水诱发地震最早是 1931 年希腊的马拉松水库。由于希腊是多震区,当时并未引起重视。继而阿尔及利亚的乌德福水库、美国的鲍尔德(胡佛)水库分别在 1933 年、1939 年相继发生诱发地震,水库地震逐渐引起了人们的重视,并对胡佛水库的诱发地震进行了系统的观察研究。

我国的新丰江水库 1962 年 3 月 19 日诱发了 6.1 级震中烈度Ⅷ度的地震。大坝产生了一条水平裂缝,并在水库边缘造成了地裂、滑坡、崩塌及部分房屋破坏等现象。津巴布韦的卡里巴水库、希腊的克瑞玛斯塔水库、印度的柯依那水库分别在 1963 年、1966 年、1967 年发生了 6.1 级、6.3 级、6.5 级地震,除卡里巴水库未造成破坏、震中烈度不详外,其他两水库大坝均受到了一定程度的破坏,并造成人员死伤、房屋破坏等灾害,震中烈度达Ⅷ~Ⅸ度。水库诱发地震日益引起人们的重视。

到 1973 年底,全世界诱发了地震的水库共 71 座,见表 8-5-3。从表 8-5-3 可以看出,随着坝高的增加诱发地震的可能性亦相应增大。4.5 级以上水库地震全部发生在坝高60m 以上的水库中。其中坝高大于 100m 的有 10 座,占 4.5 级以上水库地震的 67%;而6.0 级以上的水库地震全部发生在坝高大于 100m 的水库中,但水库地震的震级与坝高并无相关关系。

表 8-5-3　　　　　　　　全世界水库地震按坝高分类统计(1973 年底前)

坝高(m)	水库数(座)	诱发地震水库数(座)	占同类水库百分数(%)
大于 200	17	6	35.3
100~200	230	18	7.8
15~100	12 653	46	0.36
小于 15		1	

(二)小浪底水库诱发地震的可能性

小浪底水库以英言、古城、安窝、五福涧、峡石为界分东西两部,西部属汾渭地堑,东部属豫西地堑。西部自燕山运动以来受到中条山隆起的侧向挤压,生成的背斜向斜轴均为北北东—南南西向,主要断裂亦呈现北北东—南南西向,并随中条山的转折而转折,表现出弧形断裂的外部特征。区内有不少燕山期岩浆岩分布。扬子运动、加里东运动对本区有轻微影响,生成了李家圪塔断层及石家沟断层,并使奥陶系地层轻微褶皱,造成了石炭—奥陶系之间的局部不整合。

库区东部,除大面积升降造成的地层间平行不整合外,未发现有扬子运动与加里东运动的影响,燕山运动以来生成的褶皱及压性断层以近东西(或北东东或北西西)为主,并有小规模的轴向为北北西的褶皱存在,反映出区域主压应力多变的特性,岩浆岩在库区东部几乎没有,只在近库区西部的岱嵋寨有小片出露。以上均反映出自扬子运动以来库区东部构造活动性低于库区西部。

在水库淹没区已发现的第四纪活动断裂有石家沟断层、青山断层、塔底断层,临近水库淹没区有城崖地断层,水库下游6.5km处有王良断层。除青山断层规模较小外,其他四断层都具有一定规模(见表8-5-4)。水库淹没区内较大规模的断裂构造还有石井河断层。

表8-5-4　　　　　　小浪底水库区内及临近地段主要断层统计

编号	名称	延伸长(km)	距坝区(km)	与水库关系	有无第四纪活动标志
1	石家沟	36.5	65	在库区后部	有
2	青山	<10	50	在库区中部	有
3	塔底	38	20	在库区中部	有
4	城崖地	>70	32	在库区淹没区以外	有
5	王良	38	6.5	在库区上游	有
6	石井河	43	0	在库区首部	无

一般认为,活动断裂上积聚了一定的能量,水库蓄水后,由于孔隙水压力的增大,降低了断裂面上的正应力,又由于入渗水的润滑作用,以及在水的参与下,引起了物理化学作用,降低了断裂面上的抗滑力等,这些是水库蓄水后诱发地震的主要原因。其中构造条件是内因,库水入渗是外因。研究认为,水库蓄水后,可能引起诱发地震的断层有以下三个。

1. 石井河断层

石井河断层由西段、中段、东段三部分组成,王家岭以西的西段及西沃以东的东段,走向285°左右,除小浪底坝址小清河口至东坡一段表现为倾向北的高角度正断层外,均表现为南盘上升的逆断层。它对最近期间河谷地貌形态的生成,对微地形的变化无明显的控制作用。在竹峪至大宴沟口一段,断层崖已后退到远离断层200～300m的地方,在小浪底三坝址下游的猪娃崖,沿山脊分布恰无断层陡壁存在;其他的各条分支断层对地形变化亦无明显控制作用;当被上更新统覆盖时,未挫断过上更新统地层。这些迹象均表明该断层近期并未活动过。已有水库地震统计资料中尚未发现一个较大的水库地震发生在逆断层上。因此,近期未活动过的断层两盘主要由砂页岩组成的上述两断层段,不具备诱发地震的构造地质条件。但中段,由于沿石井河谷分布,走向北东东(50°～70°),全部被河床砂卵石层覆盖,其产状性质不明,断层南东盘有奥陶系石灰岩分布,入渗条件良好。但石灰岩分布地段仅5.5km,即使发生诱发地震,其级别也不大可能超过5级,且与坝址有20km以上的距离,对枢纽工程不会造成影响。但由于水库地震震源浅,往往具有震中烈度偏高、衰减较快的特点,5级地震时震中烈度有可能达Ⅶ度,造成轻度破坏,应加强监测。

2. 王良断层

王良断层北起焦枝铁路黄河大桥南岸附近,向215°方向延伸露头继续,经王良抵狮子院后,为中更新统第一组冲洪积层所覆盖。该断层折向240°方向继续延伸,经马屯、孙都以南,在关沟附近被城崖地断层拦截,是宜洛新生代断陷盆地北侧的一条边缘断裂。在孟津县王良乡秦家附近可见到三叠系中统二马营组逆冲到上第三系中新统之上的良好露头,为倾向北西的高角度(70°~80°)逆冲断层。

王良断层的东北段,马屯以东与小浪底三坝址间有一系列南北向冲沟分割,水库蓄水后的绕渗不可能影响王良断层;该断裂其他部分都处于地下水分水岭另一侧,蓄水后水文地质条件无大的变化。同时水库又在逆冲断层的上升盘,水库荷载的增大,不利于断层的活动,可以认为王良断层不具备诱发地震的构造条件。但王良断层距坝址仅6.5km,从安全角度出发,还应对其进行监测。

3. 塔底断层

塔底断层,是垣曲新生代断拗盆地南部的一条边缘断层,西起于渑池县北部南村乡狮子山。按其走向,可分为三段:狮子山至新安县峪里为西段,总体走向为295°;峪里—塔底为中段,走向近东西;塔底以东为东段,呈折线状向北东方向延伸,至济源县三教村以东约1.5km处尖灭,总延伸长38km。

东段,尤其是济源县下冶镇以东,未发现近期活动的证据。在下冶以东,它被 Q_1^2 地层覆盖,未发现 Q_1^2 地层被此断层挫动。但黄河八里胡同以西(中段及西段),明显反映出它对现代地形的控制作用。在塔底一带沿黄河南岸有一系列断层陡壁,尤其在岱嵋寨北麓,断层两侧地形高差在500~600m,北面是垣曲盆地,南面是高程达1300余米的中高山,控制了上、下第三系及中更新统的分布界限,说明新生代以来,以至第四纪以来仍有一定活动性。另外该断层北西的垣曲盆地内第Ⅳ级阶地的基座在盆地南部的西湾村一带,高程仅240m,比下游石井河口处Ⅳ级阶地基座高程300~310m低60m以上,这可能是由于 Q_2^2 堆积过程中及其以后塔底断层仍有活动造成的。再从断层组合关系看,它很可能与青山断层是相连接的。综合以上资料分析,塔底断层应是一条活动性断层,整个断层带或裸露或只有不厚的强透水的坡积物覆盖,而且该断层在八里胡同一带南盘为厚层的石灰岩地层分布,有较好的入渗条件,与有关发生水库地震的构造地质及地貌、水文地质条件对比,具备了可能诱发地震的条件。

自新生代以来,小浪底水库区仍有一定强度的构造运动。在水库淹没区内,已证实第四纪以来曾经活动过的断层有石家沟断层、青山断层、塔底断层,具备了积聚一定能量及能量集中的构造地质条件,尤其是塔底断层,有迹象表明,更新世 Q_2^2 以来可能还有一定活动性,从断层的组合关系来看,它与青山断层相连接,青山断层中更新世以来有所活动是确定无疑的。因此,可以认为处于库区中部的塔底断层是一条活动性断层,具备了蓄水后产生水库地震的构造地质条件。塔底断层的断层带或裸露或只有不厚的强透水的坡积物覆盖,而且在八里胡同一带断层南盘为厚层强透水的石灰岩地层分布,具备了良好的入渗条件。由于塔底断层同时具备了可能产生地震的构造地质条件和蓄水后的诱发因素,小浪底水库建成后可能产生水库诱发地震。

研究结果表明,小浪底水库蓄水后可能诱发地震的上限为里氏5.5~5.6级,在《小浪底工程水库诱发地震专题报告》中,建议工程设计采用5.6级。

四、地质灾害预警系统

(一)滑坡、塌岸预防与观测

水库蓄水后,部分库岸将发生滑坡、塌岸,直接影响着当地群众的生命财产安全。为此,小浪底移民安置规划中已明确将滑坡、塌岸区列入水库淹没影响区,纳入移民安置规划,对影响人口、耕地、房屋进行了搬迁安置。小浪底水库蓄水后,到库区旅游观光人数日益增多,两岸地方政府已经在一些库湾设立了码头。坝前 1 号、2 号滑坡体距大坝仅 2km,250m 高程以上滑坡体体积分别为 25 万 m³ 和 5 万 m³,水库蓄水位超过 230m 后,已经开始产生位移变形。一旦发生滑塌,产生的涌浪将直接影响着坝前河湾码头、游船的安全。为了防止意外事故的发生,从 1999 年 10 月开始分别在 1 号、2 号滑坡体设立了观测点,定期进行位移变形观测和预报。

(二)水库诱发地震监测

为了监测水库诱发地震,在小浪底库周建立了遥测地震台网,对小浪底库周的地震活动进行连续的监测。

1. 遥测地震台网总体设计

(1)台网布局。小浪底地震台网由 9 个遥测台、1 个中继站和 1 个记录中心组成,台站分别位于孟津县、新安县、济源市,记录中心设在洛阳市。9 个遥测台中,东沟、乔岭、上孟庄、当腰及南关郎台为单分向台,王良、螃蟹蛟、青石圪塔及设在台网记录中心的低增益实线台为三分向台;王良及实线台位于大坝下游,其余分布在大坝上游。

(2)组网方式及系统频率响应。小浪底地震台网采用遥测模—模无线传输,可以和磁介质记录、人机结合、计算机实时进行资料分析处理方式组网。在小浪底地震台网频率响应技术系统设计中,高增益遥测台除了位移平坦型响应外,还对其垂直向设计了速度平坦型响应,在台网中心设置的低增益三分向台亦为位移平坦型响应,可完整记录网内和内缘大于 ML3.5 级地震。

(3)记录方式及地震参数处理。设计记录方式有可见模拟记录和地震事件触发磁介质数字化记录两种。数字磁介质记录作为主要的资料记录存储形式,各遥测台送回的地震事件(特别是大于 ML1.5 级的地震)均以数字格式记录在磁介质上,其数字采样率为 200 次/s。

台网的地震数据处理系统包括实时监测处理子系统(实时系统)和脱机分析处理子系统(脱机系统)。实时系统完成地震事件的识别检测,计算地震的震中、震级、发震时刻及震源深度,给出初步分析结果,同时,把检测到的地震事件的数字化数据记录到可永久保存、反复使用的磁盘上。脱机系统采用人机结合方式对地震事件进行进一步的精细处理,可能的条件下还可将地震距、地震频谱、震源机制解等作为常规处理参数给出。将规定范围内的地震速报给有关部门,建立数据库,编制旬报和地震观测报告,并利用地震数据库的资料进行地震活动性、震源机制、水库诱发地震、坝区应力状况等方面的研究工作。

2. 台网建设和运行

按照总体设计,台网建设 1994 年 10 月开始,1995 年 10 月设备系统安装调试完毕,1995 年 11 月进入试运行。

台网重点监控范围,大坝上游可达 40km,下游可达 8km,监控面积约 1 400km²。在重点监控范围内,能不漏记 ML0.5 级地震,震中定位精度基本达到 0.5km。

台网 1995 年 11 月 1 日投入试运行,1996 年 3 月 1 日至 5 月 31 日为考核运行期,1996 年 6 月 1 日进入正式运行期。在 3 个月的考核运行期间,共获得纸介质记录 2 470

张、磁介质采集 1 142 次,拷盘 104 片,处理地震 15 个、炮震 71 个,提交月报 3 份。统计结果表明,信号连续率为 99.31%,综合得分 98.84 分。

自 1995 年 11 月 1 日台网投入试运行,到考核运行结束,共测定网内、网缘及邻区地震 26 次,网内、网缘地震的定位结果与国家目录基本吻合。1996 年 5 月 3 日低增益台完整记录了内蒙古包头发生的 ML6.4 级地震。1996 年 7 月,通过了有关部门及专家的验收。

运行实践表明,小浪底地震台网设计合理,台网运行质量稳定、可靠,能够满足小浪底水库工程防震预报的要求。

第六节　对陆生生物的影响

一、对陆生植物的影响

(一)库区陆生植物特征

小浪底库区植被属于伏牛山北坡、太行山丘陵台地落叶阔叶植被区。库区除果园、农田林网、农林间作及农业植被外,植物种类共有 79 科 271 种。

本区植物区系从植物现代分区来看,组成成分比较复杂,与周围的各植物区系有着密切的联系。华北区系的代表植物有侧柏、毛白杨、旱柳、榆、臭椿、棠梨、荆条、枣、酸枣、地榆、白羊草、蒲公英、地黄、委陵菜、胡枝子、苹果、桃、李、杏等;西北区系代表种有砂蓬、黄刺玫、阿尔泰狗哇花、草木樨状黄芪等,主要分布在河滩边沿;华中区系的代表植物有黄连木、杜仲、黄栌、五加皮、华中五味子、狼尾草,多分布在岸侧溪旁;黄土高原区系的代表植物有野皂荚、锦鸡儿、黑榆、草麻黄、白刺花、长芒草、秃疮花,干旱山坡及河边台地均有分布。由此可以看出,本区植物区系同整个豫西北区一样,具有过渡性和混杂性,属自然因素、历史因素和人为因素综合作用下的产物。

植被类型有人工阔叶林、针叶林、丘陵灌丛、丘陵草丛等四种类型。阔叶林主要是刺槐,由于干燥贫瘠的土壤条件及人为活动的影响,呈零星片状分布,在济源、新安等县(市)均可见到,群落结构比较简单,伴生草类有蒿类、白草等。针叶林主要是天然侧柏林,也呈零星片状分布,伴生植物主要有荆条、白草、地柏枝、委陵菜等。丘陵灌丛分布很广,主要有荆条群系、酸枣群系、杠柳群系、野皂荚群系等,伴生植物主要有蒿类、紫苑、荩草、白草、委陵菜等。荆条群系分布很广,峡谷两侧、岸边阶地均有分布;杠柳群系在岸边缓坡及沟壑处均有分布;野皂荚群系主要分布在石质山坡及峡谷两侧,如渑池县陈村乡白浪一带的山坡上有茂密的野皂荚灌丛分布。丘陵草丛分布也很广泛,贯穿全区,以白草草丛、蒿类草丛、荩草草丛、狗牙根 + 鸡眼草草丛等为主,也有菅草草丛、莎草草丛、燕麦草草丛等。白草草丛主要分布于人畜活动频繁的缓坡及居民区附近山坡;蒿类草丛在峡谷两侧均有分布,岸边台地及撂荒地也可构成单纯群落,紫苑群系多分布于岸边缓坡;荩草群系常分布于缓坡及沟壑处;狗牙根 + 鸡眼草草丛则分布在河岸沙荒地或撂荒。

农田林网主要树种有箭杆杨、毛白杨、泡桐等,果园以苹果、枣、桃、李为主,也有杏、核桃、梨、山楂、葡萄等,其他经济林主要是竹子和桑园,农作物以小麦、玉米、谷子、豆类、红薯等为主,经济作物有棉花、芝麻、花生、烟草、麻类、油菜等;蔬菜有白菜、萝卜、葱、蒜、辣椒等。

淹没区少量分布有属于国家重点保护的植物银杏和杜仲。这两种植物普遍分布于库区和库周,人工栽培较多。

(二)水库蓄水对陆生植物的影响

1.植物种类的变化

水库蓄水后,随着水体面积的加大,库周局地气候的变化,将有利于植被的发育和植物种类的发展。库区蓄水后,原有植物将不复存在,深水区有可能生长一些藻类及浮游植物,如浮萍、槐叶萍类;也会出现一些沉水植物,如眼子菜、水毛茛等,而水深在2m以内的浅水区会出现芦苇、莎草、香蒲、水芹等。

库周也将出现更多的湿地种类和中生种类,如灰灰菜、节节草、燕麦、鸡眼草、狗芽草、白茅、蒿类、飞蓬小蓟、茜草、马唐、星星草、狗尾草、龙葵、画眉草、地黄、扁茜、羊胡子草、牵牛花和蓼科、藜科的一些植物。随着湿生植物、中生植物比重的增大,旱生植物比重会有所减小,受库周复杂的地形条件的限制,种类和数量不会有明显增加或减少。

从生态学角度讲,随着陆生生态系统非生物因子的变化,生物因子也会通过变化、调整以适应改变的生态环境。这些变化多是量的变化,调整也多是相互比重上的调整,在库岸1～2km范围内,可能会发生植物群落的演替。

2.库周植物群落的变化和演替

由于库周生态系统非生物因子的变化,引起植物群落内部环境的变化,原来的优势种可能沦为附属种,或者完全从群落中消失。而原来的一些附属种和伴生种,可能上升为优势种、主要建群种。在一些特殊群落环境条件下,在原有群落组成的基础上可能产生一些新种、新亚种和新生态型。同时,人类活动的影响也是植物群落发生演替的一个主要原因。

从三门峡水库库周的植被情况看,距库岸约1km范围内的植被受小气候影响,形成了许多湿生和中生的植物群落,如灰灰菜群落、狗牙根+鸡眼草群落、节节草群落、蒿类群落等,群落结构简单、植物种类单调,但生长繁茂,覆盖度大多在80%以上,物候相位滞后。伴生植物较少,灌木也较少,而在1km以外地区影响较小,湿生植物略有增加,旱生植物后移,物候相位稍有滞后。

小浪底水库水面面积和蓄水量都将大于三门峡水库,水库局地气候效应也较三门峡水库明显,特别是距库岸2km的影响范围内。对于较平坦的弃耕地,在不受人为干扰的情况下,将会侵入蒿类、灰灰菜、狗牙根、鸡眼草等植物。山坡弃耕地会侵入小蓟、马唐、蒿类等。在一个生长期内就可形成结构单纯、种类单调、生长繁茂的植物群落。黄土丘陵上目前多为白草群落、荆条—白草群落,蓄水后可能会侵入红柳、紫苑、蒿类、荩草等,渐渐形成杠柳—蒿类、紫苑+蒿类、荩草等群落类型。这类演替在水面宽阔的济源、新安、孟津等县(市)将出现。而峡谷区段属石质性山坡或悬崖,目前多为荆条、蒿类和山皂角等群落,将会逐渐侵入胡枝子、多花木兰、大果榆、扁担格子、土兰条、羊胡子草、黄背草等,形成以胡枝子、土兰条为主的灌丛。经过一定时间,栾树、黄楝木、大果榉等乔木侵入后将会形成杂木林。

上述演替过程中,若受到人为的破坏如砍灌、割草、过度放牧等,将会打破正向演替,导致反方演替,最终造成水土流失,岩石裸露,寸草不生,恶化生态环境。反之,人类符合客观规律的活动对植物群落的演替将有很大的促进作用,如封山育草育林,会促进正向演替;因地制宜地种植牧草、造林,会使群落不经过某种演替过程直接形成新的群落。

距库岸 2km 以外的气候影响区域,水库气候影响效应微弱,自然因素对植被的影响主要表现在物候相位和植物种类组成比例上的变化,对植物群落演替的影响极其微弱。

小浪底库周植物群落演替过程见图 8-6-1。

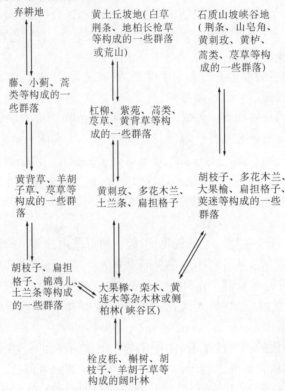

图 8-6-1　小浪底库周植物群落演替示意图

(三)对策及措施

淹没区属于国家重点保护的植物仅有银杏和杜仲,但这两种植物均为人工栽培种而非野生种,且库周也有分布。水库蓄水后虽有一定影响,但在库周地区仍可进行栽培种植。

水库蓄水后随着生态环境的改变,库周植物将发生演替,为顺应自然规律,促进植物的正向演替,特提出如下对策建议。

(1)调整库周种植业结构,严禁毁林开荒。根据移民安置规划,小浪底水库淹没区移民除大部分出县和本县安置外,还有 3 万多人在库周后靠安置。移民的后靠安置必将加大库周的环境压力,如不加以积极引导,毁林开荒、陡坡垦荒的情况很可能发生。在移民安置实施过程中移民部门应当积极引导移民转变思想观念,调整产业结构,大力发展养殖业和旅游业,增加移民的经济收入。对于 275m 以上整建制搬迁后产生的撂荒地,应进行统一规划,宜农则农,宜林则林。

(2)建立库周水源保护涵养林。小浪底水库担负着下游郑州、新乡、开封等城市的供水任务,为保护水库水质,应结合黄河流域生态建设规划,大力营造库周水源涵养林,涵养水源,减轻水土流失,绿化美化库周环境。

二、对陆生动物的影响

(一)陆生动物特征

1. 动物种类

小浪底库区在动物地理区划中属于古北界,在中国动物地理区划中属于华北区的黄土高原亚区,库区位于该亚区的东部边缘,与黄淮平原亚区交界,该区所处的地理位置决定了动物区系组成的复杂性。

库区主要陆栖脊椎动物有 172 种,隶属于 27 目,约占全国陆栖脊椎动物总数的8.1%。其中两栖类 7 种,隶属于 2 目 4 科,约占全国两栖类总数的 3.6%;爬行类 13 种,分属于 2 目 6 科,约占全国爬行类总数的 4.1%;鸟类 122 种,分属于 17 目 37 科,约占全国总数的 10.4%;兽类 30 种,分属于 6 目 14 科,约占全国兽类总数的 7%。

2. 区系特征

本地区动物种类按自然环境和动物组成可划分为以下四个生态类群区。

在低山丘陵森林动物群中,属古北界的动物有金雕、灰喜鹊、斑啄木鸟、红尾伯劳、灰椋鸟、野猪、麝、普通刺猬、蝮蛇、白条锦蛇等,属东洋界的动物有星头啄木鸟、长尾兰鹊、寿带、猪獾、豹猫、菜花烙铁头等。

在黄土台草灌丛动物群中,属古北界的动物有红嘴山鸦、星鸦、大嘴乌鸦、寒鸦、石鸡、环颈雉、三道眉草鹀、花鼠、狗獾、黄背游蛇、华北麻虫等,属东洋界的动物有珠颈斑鸠、火斑鸠、黑脸噪鹛、花面狸、鼠獾、青鼬、红点锦蛇等。

在居民农垦栽培作物区动物群中,属古北界的动物有楼燕、灰沙燕、大仓鼠、黑线姬鼠等,属东洋界的动物有黑枕黄鹂、黑卷尾、社鼠等。

在河滩水域动物群中,属古北界的动物有普通燕鸥、豆雁、中华大蟾蜍、花背蟾蜍、中国林蛙、北方狭口蛙等,属东洋界的动物有兰翡翠、褐河鸟、泽蛙、金龟等。

在区系组成上具有南北方动物相互渗透,以古北界华北区动物占优势的特点。该区动物种类相对贫乏,缺少大型森林动物和特有动物。而适合于当地生态环境的小型啮齿动物如褐家鼠、小家鼠、黑线姬鼠、大仓鼠、岩松鼠等,数量多,分布广。草兔在该区分布也相当普遍。黄河干流小型水禽如白腰草鹬、金眶鸻数量很多,大型水禽如大天鹅、苍鹭、豆雁、野鸭等在库区虽有分布,但数量不多。本区鼠类天敌种类较多,如黄鼬、鸢金雕、红脚隼、燕隼、长耳鸮、领角鸮、鹊鹞及爬行类中的蝮蛇、菜花烙铁头、虎斑游蛇、黑眉锦蛇等。食谷鸟种类多,数量大,常见种类有石鸡、环颈雉、鹌鹑、多种斑鸠和乌鸦、麻雀等多种鸟类等。

3. 珍稀动物

在库区库周分布有国家保护的珍稀濒危动物 10 余种,属于国家二类保护的动物有金钱豹、麝、大天鹅、小天鹅、鸳鸯、大鲵等,属于国家三类保护动物的有大鸨、金雕及各种猛禽类,还有一些像啄木鸟、燕子、林蛙、青鼬等省级保护动物。主要珍稀动物分布见表8-6-1。

表 8-6-1 主要珍稀濒危动物分布

种类	济源	孟津	渑池	陕县	新安	平陆
金钱豹	+	+	+		+	
麝	+		+		+	+
大天鹅	+					
鸳鸯			+			
大鲵					+	
大鸨	+					
金雕	+	+	+	+	+	

（二）水库蓄水对陆生动物的影响

水库蓄水对陆生动物的主要影响表现在以下三个方面：①动物丧失原有的栖息地而被迫迁移；②失去原有的取食基地与活动场所，取食范围受到限制；③环境剧变，动物失去隐蔽场所，易遭受敌害或被水淹死。水库蓄水后淹没了一些动物赖以生存的栖息地和取食基地，使这些动物被迫迁移，但蓄水也为其他动物创造了良好的栖息与取食场所，使其种群数量得到发展。

1. 兽类

水库蓄水后各种兽类将纷纷逃往丘陵高地和库周无水地带，使库周的密度增大。鼠类和草兔是库区兽类中的优势种，这些啮齿类动物繁殖周期短，孕仔率高，大量迁逃和繁殖会使库周啮齿类动物密度急剧增加，水库蓄水后3~6个月将形成一个高峰期。啮齿类密度的大量增加，可能会给局部地区的农业生产带来危害。另外，有些鼠类如褐家鼠、黑线姬鼠还会传播疾病，是流行性出血热病毒的携带者，因此库周鼠类密度的增加，会增加出血热的传播几率，对库周人群健康带来不利影响。

库周啮齿类动物数量的增多，还会吸引更多的肉食动物在库周活动，尤其是以捕食鼠类和草兔为主的猛禽类的数量会随之增多，像红脚隼、燕隼、鹰、猫头鹰等，这些猛禽在控制鼠类、草兔数量上将起主要作用。

2. 鸟类

库区的陆栖鸟类因具有飞翔能力，水库蓄水淹没了取食栖息地后向库周逃去，水库蓄水使库区鸟类迁往库周，使库周鸟类密度相对增加，与人类关系比较密切的常在农作区灌草地带活动的鸟类将是农林益鸟和食谷鸟类，它们种群数量增加也会给农作物造成一定影响。

3. 水禽及两栖类

水库蓄水后水域面积的扩大，为水禽特别是游禽创造了良好的栖息与取食场所，水禽的种类和数量都将增加。库区两栖爬行动物（除鳖外）相继逃往高地和库周，但水域的扩大将有利于两栖爬行类（如蜥蜴、蛇等）的生长繁衍。

人类的生产活动也将对动物的生存环境产生一系列的影响,如水面捕鱼会影响水禽正常生活,库周开荒种田将破坏动物的生存环境,乱捕乱猎,可使该区动物资源发生枯竭,库区旅游业的兴起,也将对动物的栖息产生一定的影响。

水库蓄水后周围地下水位上升,土壤含水量增加,水库产生的局地气候效应将促使植物群落的演替,进而影响到动物群落的变化。但这种变化是很缓慢的,需要很长时间才能体现出来。

(三)对珍稀动物的影响

水库蓄水后对库区库周的珍稀动物也将产生不同程度的影响,影响程度因动物生态习性不同而不同。

大鲵主要生活在山间溪流里,在垣曲县亳清河上游和其他支流上游均有分布。这些栖息地均远离库区,水库蓄水后对大鲵的生存环境不会产生影响。

金钱豹和麝生活在库周中山地带的次生梢林中,水库蓄水淹没的仅是一些荒坡灌丛,对这些林栖大型兽类来说,影响非常微小。但库周人口密度的增加,将破坏它们的栖息环境,致使兽类遭受猎捕机会增多,间接或直接地影响到它们的生存。因此,建库后应尽可能减少人为活动的干扰。

大天鹅、小天鹅、鸳鸯等珍稀水禽的种群数量将随着水库水面面积的增大而增多。对猛禽类来说,蓄水淹没了它们的部分取食基地,活动范围受到了限制,但猛禽类多栖息在人迹罕至的悬崖陡壁或古树上。活动范围又大,而且水库蓄水后库周啮齿类动物增多,为猛禽类提供了充足的食物来源,水库蓄水初期,库周猛禽数量可能有所增加。

(四)对策及建议

分析认为,陆生珍稀保护动物活动栖息场所主要分布在库周,水库蓄水后对其生存环境影响很小。移民后靠安置后,人们活动频度的增加将对野生动物的安全带来不利影响。大力宣传野生动物保护的法律法规,提高群众的野生动物保护意识,禁猎禁捕是保护野生动物的最主要措施。

水库蓄水后宽阔的水面,丰富的饵料为大天鹅、小天鹅、鸳鸯等珍稀水禽提供了广阔的生存空间。小浪底大坝下游西霞院一带的黄河滩区已经于1995年被河南省人民政府划定为孟津县黄河湿地自然保护区,每年都有大批的候鸟在此栖息。小浪底水库下闸蓄水后,在库区水面和岛屿上已经发现了部分鸟类。随着水库水面的扩大,浮游生物的增多,必将吸引更多的鸟类在此栖息。当地政府已计划将小浪底水库列为自然保护区,对其进行保护。水库旅游业的发展将会对水禽的栖息生活产生一定的不利影响,旅游部门在制定规划时,应充分考虑水禽的生活习性,在生育繁殖期应严格控制下水船只的数量,特别是噪音大的船舶;制定自然保护区管理条例,严禁猎杀、投毒,为水禽、鸟类提供良好的栖息环境。

水库蓄水初期,库周老鼠密度可能升高,为防止传染病的发生,当地卫生防疫部门应加强疫情监测,当鼠密度超过全国爱卫会规定时,应积极进行消杀,防止出血热的发生流行。

第七节　对水生生物的影响

一、水生生物现状

小浪底水库库区水生生物主要包括浮游植物、浮游动物、底栖动物和鱼类。

(一)浮游植物

浮游植物是水体有机质的初级生产者和鱼类的天然饵料,在水体的物质循环中起着重要作用。调查发现,小浪底库区浮游植物有 4 门 26 属,其中,硅藻门 15 个属,绿藻门 8 个属,蓝藻门 2 个属,裸藻门 1 个属。硅藻占较强优势,其次是绿藻。硅藻门的桥弯藻、小环藻属、舟形藻属、异端藻属、针杆藻、脆杆藻属、羽纹藻属、平板藻属,绿藻的小毛枝藻、丝藻,兰藻门的颤藻在个别河段出现。

支流的藻类除干流河段外,还有硅藻门的菱形藻、双菱藻;绿藻门的水绵、盘星藻、鼓藻、栅藻、胶毛支藻;蓝藻门的平裂藻、颤藻;裸藻门的裸藻属。

从浮游植物组成看,硅藻无论在支流和干流都占有较强优势,硅藻占藻类组成的 53.9% ~ 87.5% ,硅藻在干流所占比例大于支流。与此相反,干流的绿藻类占藻类总数的比例小于支流,干流最高占 20% ,支流最高占 35.7% ,这与干支流温差有一定关系。蓝藻绝大多数发现于支流,干流仅在畛河口下游发现一种。畛河的蓝藻较多,所占比例最高为 22% 。同时发现两种裸藻,所出现种类多是耐污染的颤藻和裸藻,表明河水污染严重。分析认为,干流畛河口下游出现的蓝颤藻可能来自于畛河。

从浮游植物的生物量来看,支流亳清河最高达 80.61 万个/L,其次是大峪河,为 59.95 万个/L。畛河由于污染,其生物量小于干流某些河段;干流以小浪底河段最高,为 45.03 万个/L。干支流平均生物量相比,支流大于干流。

(二)浮游动物

对于黄河中的浮游动物,许多文献中都以"贫乏"二字形容。黄河水流湍急,含沙量大,不利于浮游动物的生长繁殖。虽调查期间小浪底河水较清,但水流湍急,干流浮游动物极少,所发现种类多采自支流及支流入河口下游。

小浪底峡谷河段,两岸为土石山区,人烟稀少,有机物来源不多,浮游动物含量为 0 ~ 3 个/L,而且主要是原生动物。支流多属季节性河流,径流主要由汛期降水形成,因此枯水季节水少而清;汛期暴雨过后,水量、沙量猛增,暴涨暴落。河床多为岩石及砾石,浮游动物非常缺乏,每升 3 ~ 5 个。三门峡至小浪底区间(简称"三小区间")没有湖泊,浮游动物区系除河道原有种类外,唯一的来源就是支流和小溪。由于支流浮游动物也较贫乏,即使支流中的浮游动物流入干流,也难以适应湍急的水流环境,在干流浮游动物的标本中,经常可以发现一些枝角类、桡足类的残肢断片,就是证明。

(三)底栖动物

小浪底库区干、支流的底栖动物种类主要是摇蚊幼虫、水生昆虫及幼虫、蛭类、寡毛类。干流中底栖动物无论在数量和种类上都较缺乏,而支流则相反。原因如下:

(1)干流比降大,水流湍急,不利于底栖动物的生长,而且底质又多为泥沙、石砾和石底,其间缺乏腐殖质。河床的性质和底栖生物的分布有着密切关系,在石底及纯矿物构成的河床地区,底栖生物稀少。

(2)泥沙主要集中在洪水期,这种环境不适合蚌类生长。洪水过后,河底生态环境变化很大,恢复也较慢,因而不利于底栖生物的发展。

(3)干流几乎无维管植物,水流又急,因此未见螺类。在支流上虽有多种水生昆虫,但由于支流多为季节性河流,枯水季节水流甚少,时常断流,仍缺乏高等维管植物,所以支流也未发现螺类。

(4)在干支流上占优势的底栖动物应首推摇蚊幼虫,由于水文情势抑制了其他底栖动物的生长,而使适应性较强的摇蚊幼虫在生存竞争中占据了优势,成为干流上主要的种类。

(四)鱼类

黄河水系渔业不发达,"三小区间"水流湍急,捕鱼困难,渔业更为落后。即使季节性捕鱼的人也寥寥无几。根据调查,三门峡至小浪底区间栖息的鱼类主要有:鲖鱼(鸽子鱼)、鲤鱼、鲶鱼、鲫鱼、赤眼鳟、草鱼、红鳍鲌、短尾鲌、船钉鱼、雅罗鱼、黄鲦鱼。在静水产卵的鱼类有鲤鱼、鲫鱼、雅罗鱼、红鳍鱼、黄鲦鱼等;在流水环境中产卵的有铜鱼、船钉鱼、草鱼。由于缺乏静水产卵场所,因此未发现鲤鱼、鲫鱼产卵场。"三小区间"水流湍急,为流水产卵的鱼类提供了较好的条件。铜鱼、船钉鱼是此区域的主要鱼类,在新安县峪里乡太涧村的一条支流河口处,发现有较大铜鱼产卵场,长约1 000m,宽70~80m,所获铜鱼性腺已成熟,多已发育到四期,怀卵量很大,在10万~20万粒之间,只要水温适宜,即可产卵。从三门峡到小浪底区间,由于特定的水文条件,使得铜鱼成为主要的经济鱼类。

二、水库蓄水后对水生生物的影响

(一)对饵料生物的影响

1.浮游植物

水库建成后,流速变缓,部分水域几乎成为静止的水体,为浮游植物的生长提供了良好的环境。流速减缓,泥沙沉降后,水体透明度提高,将有利于浮游植物的光合作用;大量农田被淹后,营养盐类和分解后的有机物大量溶于水中,大量营养物质在库区蓄积,为浮游植物的生长提供了丰富的物质条件。水库蓄水后,浮游植物将普遍增加。建库前常见的种类仍将是库区的主要种类,同时一些喜温藻类如蓝绿藻将比建库前有所增加。但在库区不同库段,浮游植物的种类和数量有所差异。

板涧河口以上,河道狭窄,水库蓄水后仍将保持一定的流速,这使得三门峡库区适于静水的湖泊型植物种类失去原来的生活环境,逐步减少或消亡,但对硅藻的生长较为有利。

2.浮游动物

小浪底浮游动物贫乏,共发现16种,以原生动物为主,其次是轮虫、枝角类、桡足类动物。水库建成后,流速减缓,将有利于浮游动物的生长繁殖,其种类和数量都将会有明显的增加。代表性原生动物是砂壳虫、铃壳虫、筒壳虫等,枝角类和桡足类动物也将有所增加。

在水库蓄水初期,由于有机质和无机盐类大量溶解于水中,使生物营养成分增加。库区内的浮游动物将会形成一个高峰阶段。但这个高峰是暂时的,随着时间的推移,水库的物理化学因子与环境因子逐渐达到动态平衡,浮游动物的数量也将趋于相对稳定。

3. 底栖动物

底质、流速和水体深度对底栖动物影响最大,小浪底水库不同运用期底质、流速和深度的变化,对底栖动物的分布和生长繁殖将产生相应的影响。

水库运用初期,采取蓄水拦沙运用方式,大量泥沙沉积于库底,抑制了底栖动物的生长。水库进入正常运行期后,采取"蓄清排浑"运用方式,非汛期蓄水运用,汛期降低水位控制运用。库盆相对比较稳定,特别是非汛期水体变清,水体透明度加大,将有利于底栖动物的生长繁殖。

在水库不同部位,底栖动物的形成和发展是不相同的。库区悬浮物沉降量与水库回水距离成反比,即距离越远,底层泥沙的营养度就越低。以原河道为中心库中区,底栖生物区系仍由摇蚊幼虫和寡毛类组成,生物量将会有一定程度的增加。在库面狭窄、两岸陡立又无支流汇入的区域,因有机物来源少,生物量将比库中区少。

在库湾区如大峪河、畛河、亳清河等入汇处,由于有机质的大量流入,将形成较丰富的底栖生物区系,如摇蚊幼虫、水生寡毛类、水生昆虫以及蛭类和少量的软体动物。库水位的频繁变动,不利于软体动物的生存繁殖。在底质贫瘠的库湾地区,缺乏生物及有机质。因此,底栖生物种类及数量在最初一二年内极其贫乏。

水库环境为摇蚊在库内产卵创造了合适的条件,这是水库形成后库内摇蚊幼虫增长的重要原因。摇蚊不仅在岸边地带产卵,而且也可能产卵于水库较深的地方。摇蚊幼虫是鲤科鱼类的饵料,摇蚊幼虫在库区繁殖后,将会改善鱼类的营养条件。

(二)对鱼类的影响

水库建成后,鲤鱼、鲶鱼、鲫鱼、红鳍鲌、翘嘴鲌、赤眼鳟、花鲭等可能在库区大量繁殖,鲤、鲫、鲶可能成为库中数量最多的鱼类,建库对这些鱼类无不利影响。

水库建成后水流相对静止,对铜鱼现有产卵场影响较大。铜鱼有可能上游至库尾和支流上游产卵;建坝后在坝下可能寻得其适宜的场所,而成为下游河道中的优势鱼类。黄河下游洄游性鱼类主要是鲚鱼,产卵场位于伊洛河口,其产卵环境不受小浪底水库的影响。

三、对下游及河口渔业的影响

(一)渔业生产现状

尽管黄河是一条大河,但因其泥沙含量高,难以为大量鱼类提供生存条件,因此黄河下游河段从未有过大的天然渔场,小浪底坝址下游靠河道渔业为生的家庭一直比较少。调查表明,自20世纪50年代以来,单船捕捞量已呈逐年减少趋势。50年代末,单船年捕捞量3 000～3 500kg,以鲤鱼为主;到70年代,单船年捕捞量已锐减到500kg;80年代已无职业渔民。即使沿河城镇,绝大多数人口主要从事农业和与农业相关的职业,仅有2%的人口从事渔业,且全部为非职业渔民。渔业产量大幅度下降的原因,除个别年份水资源极度短缺外,日益严重的水质污染也是一个重要方面。

与河道渔业日益萎缩形成鲜明对照的是黄河两岸的水产养殖业,土地包产到户以后,随着农业生产结构的调整,利用河滩低洼地发展池塘水产养殖业已经成为当地农民发家致富的捷径。水产养殖业在国民经济中的地位比自然渔业生产要重要得多。据非正式统计,黄河下游两岸共有鱼塘面积4.41万亩,年产量约660万kg,约占当地农业产值的5%。

历史上,依靠黄河携带的营养物质,在黄河河口及近海地区,曾有过相当规模的渔业发展,但自20世纪80年代以来,该地区渔业产量已大幅度下降。随着灌溉和城市用水、工业用水的稳步增长,黄河入海流量逐步减少,河口渔业产量大幅度下降。因用水量增加,河口地区断流现象时有发生,这无疑严重影响了河口渔业的发展潜力。

(二)水库建成后影响分析

水库建成后,通过水库的调节,汛期水量有所减少,非汛期水量有所增加。以花园口、利津站为例,汛期平均流量分别减少211.8、95m³/s,非汛期平均流量分别增加92.8、17.1m³/s。非汛期流量的增加,提高了下游池塘水源补给保证率,对下游池塘渔业发展将产生有利的影响。

水库建成后,通过对水量进行合理调度,入海流量增加,断流现象将趋于缓解,对河口地区生态环境将产生积极的影响。当然,因其他各种用水量的稳步上升,这种积极影响可能极其有限。小浪底水库不会对河口沿海水域的渔业生产带来重大的影响。虽然10月份入海流量会有大幅度下降,但最重要的经济鱼类产卵期均在4月至7月份,在此期间,河道流量不会小于正常自然状态下的流量。

第八节　对湿地自然保护区的影响

根据《湿地公约》定义,"湿地系指天然或人工、长久或暂时之沼泽地、湿原、泥炭地或水域地带,带有静止或流动,或为淡水、半咸水或咸水水体者,包括低潮时水深不超过6m的海域"。黄河下游河道宽浅散乱,滩涂面积大,许多滩涂已经被当地政府列为湿地自然保护区。小浪底水库坝址下游两岸主要湿地保护区有孟津黄河湿地自然保护区、开封柳园口湿地保护区、豫北黄河故道水禽自然保护区和黄河三角洲自然保护区。

一、孟津黄河湿地自然保护区

(一)地理位置

保护区位于小浪底坝址下游16km,西起孟津县白鹤镇东霞院,东至孟津县与巩县交界处,总面积8 400hm²。1995年经河南省政府批准设立,保护对象是湿地水禽及野生动植物资源。黄河在该河段内属平原性河流,水流平缓,水面比降为0.05%左右。保护区内,白鹤、老城、扣马一带为黄河一级阶地,海拔120~130m,高出黄河水面5~15m,阶地地势平坦,略向黄河倾斜,阶地宽1~4km,顺黄河呈西北—东南延伸,长约25km,阶地前沿局部有沼泽地分布,并与漫滩相连。黄河由西流入孟津县白鹤镇霞院村后,由峡谷进入平原,河床变宽,水流变缓,河床淤积,河道多变,形成大面积的水域滩涂。

保护区分为核心区、缓冲区和实验区。在保护区外围划定保护带7 800hm²。核心区西至洛阳黄河大桥东1km处,东至孟津县界,总长17km,北至孟津北滩村,南至会盟镇雷河村以东黄河滩涂,面积为 2 400hm²;缓冲区西至白鹤镇东霞院,东接核心区,南至黄河大堤,北与吉利区滩涂相接,面积为 1 200hm²。核心区和缓冲区是黄河河道的浅水湿地。实验区包括西至黄河公路大桥,东至扣马孟津县界,南至黄河故道南岸,北接核心区的广大区域,以及霞院、铁谢两个夹心滩,面积为 4 800hm²。外围保护带西至霞院滚水坝南,东至孟津县界,南至霞院至扣马公路,北与缓冲区和实验区相接,面积 7 800hm²。建立保护区的目的,主要是禁猎、保护越冬水禽,对核心区实施绝对保护。

保护区中 3 600hm² 系河床水面和不稳定新滩,其权属归国家所有。其他区域为农作区,归集体所有,主要农事活动为种植、管理、收获和人工养殖等。

(二)生物资源

由于黄河含沙量大,水生生物相对比较贫乏。浮游动物主要种类有长圆沙壳虫、瓜形虫、沟痕泡轮虫等;底栖动物有摇蚊幼虫、小蜉蝣、白尾灰蜻、蜂蝇幼虫等。鱼类主要有鲤鱼、鲫鱼、鲢鱼等;两栖类动物有中华大蟾蜍、花前蟾蜍、黑斑蛙、中国林蛙等;爬行类动物有华北麻蜥、虎斑游蛇、黑尾锦蛇、鳖等。

保护区内分布的野生动植物有数十种,野生动物主要有兔、野鸡、喜鹊、啄木鸟、戴胜、猫头鹰、鹰、杜鹃、燕、斑鸠、雕、鼠类、鱼、虾、螃蟹、蛙类等。野生植物主要有桎柳、芦苇、荻、驴尾巴蒿、碱蓬藜、苣苣菜、黄蒿、燕麦等。保护区内植被主要分两种类型,一种是人工栽培植被,其中农作物主要是小麦、玉米、高粱、棉花、莲藕等。人工栽培的乔木主要有旱柳、沙兰杨、泡桐、榆、苹果、梨、刺槐等,其中以旱柳为主,主要分布于霞院滩及河堤两侧。

另一种是野生杂草植被,以水生杂草占优势,主要分布于嫩滩和老滩之间及一些积水洼地。经初步调查,保护区内共有草本植物 38 科 170 种,其中以禾本科、菊科、莎草科、豆科、十字花科、蓼科为主,共计 97 种,占草本植物的 57.1%。菊科和禾本科共 62 种,占保护区草本植物种数的 36.5%。保护区内草本以芦苇为优势种,占保护区草本植物覆盖度的 30% ~ 40%,稗草占 6% ~ 10%,仅次于芦苇。这些水生挺杆草本群落,下部生物丰富,组成复杂,为水禽的栖息和觅食提供了良好的场所。

(三)水禽种类及区系特征

保护区现已发现水禽 49 种,其中国家一级保护动物 5 种,分别是白鹳、黑鹳、白头鹤、丹顶鹤、白鹤;二级保护动物 4 种,分别是灰鹤、白额雁、大天鹅、白琵鹭;省级重点保护动物 2 种,分别是苍鹭、灰雁;中日、中澳候鸟保护协定中保护鸟类分别是中白鹭、豆雁、赤麻鸭、翅鼻麻雁、针尾鸭、绿翅鸭、绿头鸭、琵嘴鸭、普通秋沙鸭、白腰杓鹬、银鸥、红嘴鸥等 20 余种。

绝大部分水禽主要集中在面积较大的河岸滩地和河心岛,尤其是在河岸嫩滩地和能被河水季节性淹没的河心岛上,这些地方在秋冬河水流量变小时露出,形成水禽聚集点,较大的聚集点一般在河道转弯处。

据调查,区内水禽主要分布在东部扣马滩、中部东城北滩和黄河北岸滩,西部霞院到铁谢滩之间也有集群。扣马滩分布的有白鹤、丹顶鹤、灰鹤、白骨顶、白鹳、黑鹳、白琵鹭、中白鹭、苍鹭、白额雁、灰雁、大天鹅、豆雁、赤麻鸭、绿头鸭、斑嘴鸭、凤头麦鸡、反嘴鹬、白尾鹬、燕隼等,老城北滩分布的主要有白鹤、白头鹤、灰鹤、白骨顶、大天鹅、白额雁、豆雁、赤麻鸭、斑嘴鸭、普通秋沙鸭、苍鹭、中白鹭、白尾鹬、燕隼等,黄河北岸滩分布的主要有灰鹤、白骨顶、白额雁、大天鹅、豆雁、赤麻鸭、绿头鸭、斑嘴鸭、普通秋沙鸭、苍鹭、中白鹭、白尾鹞、燕隼等。霞院到铁谢滩分布有一些常见种类,如苍鹭、中白鹭、绿头鸭等。其他河段也分布有常见水禽种类,因环境不同,分布的种类和数量略有差别。

区域内已发现的49种水禽中,按其繁殖情况统计,繁殖鸟16种,非繁殖鸟33种,分别占水禽总数的32.6%和67.4%;按其居留情况统计,留鸟6种,夏候鸟10种,冬候鸟15种,旅鸟18种,说明保护区具有较好的水禽栖息和越冬环境,是大量水禽迁徙路线的驿站。从区系成分来看,古北界种26种,东洋界种7种,广布种16种,反映出古北界种类和东洋界种类相互渗透,古北界种占多数的区系基本特征。

(四)影响分析

保护区内,特别是水禽集中分布的核心区,主要由黄河河道以及由于河水消涨形成的滩地、沼泽地和河心岛构成。据调查,保护区内有沼泽地1 000多hm^2,荒滩地近600hm^2,水面1 800多hm^2,这些湿生环境为野生动植物提供了栖息地,也为水禽提供了良好的栖息环境。这些湿地环境均由黄河泥沙淤积形成,同时也由于黄河水的不断补给而得以维持,黄河是湿地水禽保护区的唯一水源。

小浪底水库运用初期,蓄水拦沙运用,下泄清水过程中,下游河道将产生冲刷,一些嫩滩、河心岛将不复存在。但黄河的河势变化总是此消彼涨,总体来说变化不大。通过水库的调蓄,下泄流量趋于平稳,将对湿地环境产生积极的影响。

二、开封柳园口省级湿地自然保护区

(一)地理位置

柳园口省级湿地自然保护区位于河南省东部,开封市北10km。北纬34°52′~35°01′,东经114°12′~114°52′之间,西接郑州市中牟县,东至山东省,北与新乡市隔河相望,南邻开封市。东西长60km,南北宽15.5km,总面积16 148hm^2,1994年经河南省人民政府批准成立。

(二)动物种类

保护区位于黄河中下游,是亚洲候鸟迁徙的中线,每年都有大量水禽在此越冬或中途停歇。据有关资料和实地调查,区内仅冬季水禽就有54种,分属6种10科23属,其中留鸟10种,冬候鸟41种,旅鸟3种。数量较大的种类为鸭科、秧鸡科、鸥科、鹭科、鹤科和鹏鹛类。其他鸟类有喜鹊、灰喜鹊、啄木鸟、戴胜、杜鹃、斑鸠、百灵等,还有少量的鸦形目和隼形目。

兽类有野兔、獾、水獭、刺猬、鼠类等。爬行类有锦蛇、水游蛇、水赤链、草游蛇、鳖等。两栖类有蟾蜍、黑斑蛙等。

区内共有保护动物69种,属国家级和省级保护的有42种。其中,Ⅰ级保护动物8种(黑鹳、白鹳、丹顶鹤、白鹤、白头鹤、小鸨、大鸨、金雕),Ⅱ级保护动物有28种,如斑嘴鹈鹕、大天鹅、小天鹅、白额雁、琵嘴鸭、鸳鸯、灰鹤、白枕鹤、蓑羽鹤、鸢、青通鸳、白尾鹞、红角鸮、普通雕鸮、小鸮、长目鸮、短耳鸮等,省级保护动物有草鹭、苍鹭、鸿雁、灰雁、黑斑蛙等。

(三)影响分析

黄河在该河段属于游荡性河道,河势宽浅散乱,滩涂洼地分布较广。小浪底水库投入运用后,调水调沙,下游河道将发生冲刷(主槽冲刷、滩地淤积),河势将趋于稳定,滩涂湿地面积减少,对自然保护区将产生一定的不利影响。但非汛期水量的增加,对湿地生态环境将产生有利的影响。

三、豫北黄河故道天鹅等水禽国家级自然保护区

(一)湿地类型、分布及珍贵程度

该湿地属于河滩沼泽地和季节性淹水草甸、草地类型。位于北纬 35°26′,东经 114°22′,黄河干流北侧,距新乡市东北 40km 的卫辉、延津交界地带,为历史时期的黄河故道(今名大沙河)。

这里水禽大多是经济鸟类,是重要的野生动物资源,其中有不少鸟类是国家重点保护的珍稀鸟类。本区地处黄淮海平原中部,黄河故道多,故道水域面积大,水草茂密,水生生物丰富,是水禽生活的理想环境。据观测,我国大多数水禽冬季南迁,春季北往,都要在这一带停留、栖息或越冬,所以本区是从事水禽研究的理想基地。最常见的是大天鹅、大白鹭、灰雁、野鸭类以及白骨顶等,在这一带迁徙过境或越冬。这里也是鹤类春秋迁徙的过境地。为了有效地保护珍稀水禽,1988 年 7 月已建立面积为 85 000hm^2 的保护区,现已为国家级自然保护区。

(二)生态环境条件

湿地的核心水体大沙河,自西南向东北呈长条形,横穿延津和卫辉市境的邻界处,湿地长 70km,总面积 40km^2。大沙河主槽水面宽 400~500m,水深 1.0~1.5m。河槽两旁为成片的沼泽和草甸湿地,其外围散布着许多起伏较大的沙丘和沙垄。本区水域中芦苇、蒲草丛生,河槽两旁杂草、灌木遍布,是多种鱼类、鸟类以及兔、狐、鹰、鹤自由活动的乐园。

本区主要水源来自当地降水径流和浅层地下水,特别是引黄退水。水域面积因季节不同而有所伸缩。水质较好,无重金属检出,有机质含量达到地面水二级标准,但 pH 值偏高,达 8.5~9.5,呈微碱性,可能是底泥含盐碱所致,该水域无富营养化过程。

本区土质为黄河多次泛滥而成,地表成土土质主要来自黄土高原的黄土,以粉沙质为主,主要土壤有黏土、两合土、沙土和盐碱土,属于潮土和盐化潮土。

本区计有无脊椎动物 44 种,隶属于 7 门、11 纲。在该地区越冬的水禽有大天鹅、豆雁、绿头鸭、大白鹭、苍鹭、灰鹤及白骨顶等,而小天鹅等水禽仅在此迁徙停留。

(三)影响分析

本区原是黄河故道,豫北地区人民胜利渠、共产主义渠等引黄灌区的退水是自然保护区水量的主要来源。小浪底水库运用后非汛期流量增加,下游引黄灌区取水保证率提高,引水水量增加,灌溉退水量也相应增加,对自然保护区将起到有利的影响。

四、黄河河口三角洲自然保护区

黄河河口地区是黄河泥沙近代造陆运动的产物,环境组成比较简单,呈现以自然植被为主体的湿地生态系统,湿地已成为鸟类迁徙重要的中转站、越冬地和繁殖地,现行河道沿岸和黄河故道近海湿地已开辟为国家级湿地自然保护区。保护区总面积 15.3 万 hm^2,其中,陆地面积 11.372 万 hm^2,占保护区总面积的 74.3%;水地面积 3.928 万 hm^2(含浅

海和淡水水面),占25.7%。

现代黄河三角洲是140年来黄河挟带大量泥沙填充渤海凹陷成陆的海相沉积平原。黄河尾闾频繁摆动,新成陆地带地势宽阔低洼,河海交融形成大面积浅海滩涂和沼泽湿地。独特的生境条件、大面积新生湿地及其丰富的生物资源,吸引了大量的珍稀鸟类在区内停歇、做巢、繁衍生息,并使黄河三角洲成为东北亚内陆和环太平洋鸟类迁徙重要的中转站、越冬地和繁殖地。

(一)水文、气象

黄河口位于渤海湾与莱州湾之间,其范围为东经118°10′~119°15′,北纬37°15′~38°10′,属北温带季风大陆性气候,四季变化明显,光照充足,雨热同期。年均气温12.1℃,年平均降水量551mm,蒸发量1 928.6mm。由于降水量少,而且70%集中在夏季,因此常出现春旱、夏涝、晚秋又旱的现象。

根据利津站1951~1992年资料统计,黄河入海多年平均径流量为375.3亿 m³,多年平均来沙量10.0亿t,平均含沙量24.8kg/m³。1972~1995年的24年间中,有18年出现断流,累计断流546天,平均每年断流22.75天,断流历时最长达122天。

该地区海拔2~3m,地下水埋深小于3m,浅层地下水矿化度高达10~20g/L,深层地下水含有有毒物质,均不宜利用。区内无天然湖泊,境内排涝河水因污染和含盐量高而无法利用,黄河水是该地区唯一的可利用的淡水水源。黄河水水质良好,除砷和石油类超过地面水环境质量标准(GB3838—88)Ⅲ类水质标准外,其他各项指标均能满足Ⅲ类水质要求,黄河水质监测结果见表8-8-1。

表8-8-1　　　　　　　　　　黄河利津站水质监测结果(1994年2月)　　　　　　(单位:mg/L)

项目	pH 值	DO	COD	挥发酚	石油类	砷	总汞
结果	8.03	9.28	1.52	0.001	0.065	0.073	0.000 09

项目	铜	铅	镉	氰化物	六六六	铬	DDT
结果	0.006	未	未	0.000 4	0.000 01	0.001	1×10^{-6}

(二)地形地貌

黄河挟带的大量泥沙在沿程河道及河口沿岸地区沉积,形成了由河成高地为骨架与河间洼地相间而成的扇状地形。主要地貌形态为河成高地、河间洼地、河口砂嘴和残留冲积岛。

区内土壤类型有盐土、潮土和水稻土,其中,盐土占62.1%,潮土占37.44%,水稻土占0.46%。潮土地下水潜水位3m左右,矿化度2~5mg/L;盐土地下水潜水位1~3m,矿化度10~30mg/L。区内土壤贫瘠,养分含量低,肥力低下。

(三)生物资源

黄河河口地区属暖温带落叶阔叶林区。区内无地带性植被类型,植物组成独特,野生植物居多,区内木本植物很多,以草甸景观为主体。河间洼地是以芦苇为主的沼泽植被;沿海滩涂主要分布着一年生碱蓬和多年生柽柳等耐盐植物;河成高地分布有一年生或多年生草甸植被,主要有蒿类、獐茅、白茅、狗尾巴草等。区内天然植被为主体,人工植被较少。在天然植被中,以滨海盐生植被为主;人工植被中,以农田植被为主。

区内植物资源丰富,共有39科131种,以禾本科、菊科草本植物最多。在草本植物中,以多年生根茎禾草为主,尤以各种盐生植物占显著地位。上述植物中以野生植物居多,达30科97种,其中野大豆属于国家二级保护的濒危植物。

区内陆生动物以鸟类为主。现已查明的鸟类有265种,各种珍贵、稀有、濒危鸟类较多。其中列为国家一级重点保护的鸟类有丹顶鹤、白鹳、白鹤、金雕、大鸨等五种。属国家二级保护的鸟类有海鸬鹚、大天鹅、小天鹅、鸳鸯、蜂鹰、鸢、红隼、白枕鹤、蓑羽鹤、小勺鹬等27种,并有数以千计的灰鹤、雁鸭。世界存量极少的濒危鸟类——黑嘴鸥在区内分布较多,新近发现的最大集群达200余只,并在这里做巢、产卵、繁衍生息。

黄河口海岸带及其浅海环境条件优越,是渤海中浮游植物、浮游动物、底栖生物最丰富的水域,许多无脊椎动物在此产卵、育成。据初步调查统计,共检出海洋生物517种。其中,主要经济种有对虾、毛虾、鹰爪虾、梭子蟹、毛蚶、脉红螺、凸壳肌蛤及各种鱼类。潮间带生物共195种,其优势种有日本大眼蟹、三齿蟹、四角蛤蜊、文蛤、青蛤、近江牡蛎、光滑河蓝蛤等。区内海洋生物资源丰富,其中,属国家二级保护的有文昌鱼、江豚、松江鲈鱼、宽吻海豚、斑海豹等,属季节性保护的有文蛤、对虾。

(四)影响分析

黄河下游断流属于季节性断流,一般发生在2～5月枯水期。黄河断流后,地下水的渗入补给停止,将导致局部区域地下水水位的下降,由于濒临海洋,从而造成咸水的替代性入侵,加之河道及两岸坑塘洼地仍滞留部分河水及雨水,因此断流对黄河三角洲湿地影响甚微,保护区内主要分布着一年生翅碱蓬和多年生柽柳等耐盐植物,短时期内地下水水质矿化度的升高,对湿地植物影响不大,对保护区内鸟类的繁衍生息及候鸟迁徙停歇影响甚小。小浪底水库投入运用后,枯水期流量增加,下游河段断流现象将有所减缓,河口三角洲地区水源状况将得到改善,工程兴建后将有利于河口三角洲湿地的存在和发展。

第九章 环境保护竣工验收

防治污染设施必须与主体工程同时设计、同时施工、同时投产的"三同时"制度是我国环境保护工作的一项基本管理制度。在1989年颁布的《中华人民共和国环境保护法》中,第二十六条对"三同时"制度给予了明确的规定。规定"建设项目中防治污染的设施,必须与主体工程同时设计、同时施工、同时投产使用。防治污染的设施必须经原审批环境影响报告书的环境保护行政主管部门验收合格后,该建设项目方可投入生产或者使用"。为了加强管理,国家环境保护总局于2001年12月以13号令发布了《建设项目竣工环境保护验收管理办法》,对环境保护验收的范围、管理权限、申报程序、时限要求、分类管理、验收文件、验收条件、公告制度和处罚办法等做出了具体管理办法。

第一节 建设项目竣工环境保护验收的有关规定

一、验收范围与条件

建设项目竣工环境保护验收是指建设项目竣工后,环境保护行政主管部门根据建设项目竣工环境保护验收的有关规定,依据环境保护验收监测或调查结果,并通过现场检查等手段,考核该建设项目是否达到环境保护要求的活动。建设项目竣工环境保护验收范围包括:①与建设项目有关的各项环境保护设施,包括为防治污染和保护环境所建成或配备的工程、设备、装置和监测手段,各项生态保护设施;②环境影响报告书(表)或者环境影响登记表和有关项目设计文件规定应采取的其他各项环境保护措施。

建设项目必须具备以下条件,方可进行竣工环境保护验收:

(1)建设前期环境保护审查、审批手续完备,技术资料与环境保护档案资料齐全;

(2)环境保护设施及其他措施等已按批准的环境影响报告书(表)或者环境影响登记表和设计文件的要求建成或者落实,环境保护设施经负荷试车检测合格,其防治污染能力适应主体工程的需要;

(3)环境保护设施安装质量符合国家和有关部门颁发的专业工程验收规范、规程和检验评定标准;

(4)具备环境保护设施正常运转的条件,包括:经培训合格的操作人员、健全的岗位操作规程及相应的规章制度,原料、动力供应落实,符合交付使用的其他要求;

(5)污染物排放符合环境影响报告书(表)或者环境影响登记表和设计文件中提出的标准及核定的污染物排放总量控制指标的要求;

(6)各项生态保护措施按环境影响报告书(表)规定的要求落实,建设项目建设过程中受到破坏并可恢复的环境已按规定采取了恢复措施;

（7）环境监测项目、点位、机构设置及人员配备，符合环境影响报告书（表）和有关规定的要求；

（8）环境影响报告书（表）提出需对环境保护敏感点进行环境影响验证，对清洁生产进行指标考核，对施工期环境保护措施落实情况进行工程环境监理的，已按规定要求完成；

（9）环境影响报告书（表）要求建设单位采取措施削减其他设施污染物排放，或要求建设项目所在地地方政府或者有关部门采取"区域削减"措施满足污染物排放总量控制要求的，其相应措施得到落实。

二、验收的时限与程序

建设项目竣工后，建设单位应当向审批该建设项目环境影响报告书、环境影响报告表或者环境影响登记表的环境保护行政主管部门，申请该建设项目需要配套建设的环境保护设施竣工验收。

环境保护设施竣工验收，应当与主体工程竣工验收同时进行。需要进行试生产的建设项目，建设单位应当自建设项目投入试生产之日起 3 个月内，向审批该建设项目环境影响报告书、环境影响报告表或者环境影响登记表的环境保护行政主管部门，申请该建设项目需要配套建设的环境保护设施竣工验收。

分期建设、分期投入生产或者使用的建设项目，其相应的环境保护设施应当分期验收。

建设单位申请建设项目竣工环境保护验收，应当向有审批权的环境保护行政主管部门提交以下验收材料：

（1）对编制环境影响报告书的建设项目，为建设项目竣工环境保护验收申请报告，并附环境保护验收监测报告或调查报告；

（2）对编制环境影响报告表的建设项目，为建设项目竣工环境保护验收申请表，并附环境保护验收监测表或调查表；

（3）对填报环境影响登记表的建设项目，为建设项目竣工环境保护验收登记卡。

第二节　小浪底工程环境保护验收实施过程

一、环境保护实施情况回顾

（一）环境管理体系的建立与运行

黄河小浪底水利枢纽工程是我国最早开展环境影响评价的水利水电工程之一，环境影响报告书于 1986 年 3 月通过了原国家环保局的审查批复。

审批意见如下：

（1）环境影响评价单位收集了大量有关资料，在此基础上编写的环境影响报告书，内容比较全面，评价的范围较大，项目较全。评价的内容基本符合环境影响评价的要求。通过多种途径包括以三门峡水库为主要类比工程的方法是可行的。评价的深度可以满足可行性研究和基本满足初步设计阶段的要求。

（2）环境影响报告书的结论具有说服力，是可信的。水库及下游河道泥沙问题已进行多年的研究，且有三门峡水库运用的实践经验可以借鉴，认为小浪底水库的运用方式可以达到防洪、减淤的目的。除库区淹没损失外，水库不仅对库周、下游、河口环境、生态不会产生大的不利影响，而且在某些方面还将有所改善。建库后水质在汛期与原河道水质相近，非汛期还有所改善。对某些可能出现的不利影响，建议的减免措施是可行的。小浪底工程对环境、生态的影响，总的情况利远大于弊；按设计要求实施，可以达到经济、社会、环境效益的统一。环境影响报告书可以作为兴建本工程决策的依据。

（3）但是还需要在下一设计阶段对以下问题进行补充论证：

* 在作水库移民规划时，要考虑安置区的环境容量，并结合库周城镇发展规划，提出环境保护建议，以利于对自然生态和社会环境的良性发展。

* 继续进行三门峡水库的环境影响回顾评价，特别应加强三门峡水库水温观测并进行水库淤积物取样和污染物含量分析。

* 要进一步加强有关诱发地震的分析研究和监测工作。

* 继续研究水库水温结构状况，研究下泄水流温度随季节的沿程变化以及对农业灌溉和防凌的影响。

* 研究施工对自然景观的破坏及对河道和人群健康的影响，并提出相应对策。

* 根据重点保护、重点发掘的原则，对库区文物，应鉴定其历史、科学价值并划分等级，制定发掘、保存等处理措施。

* 提出水库水源保护的规划和措施。

1994 年工程开工建设后，建设单位对环境保护工作高度重视，专门设立了资源环境处对施工区和移民安置区环境保护实施情况进行统筹管理。1998 年底，成立了移民资源环境处和工程资源环境处，分别对小浪底工程移民安置区和施工区进行环境管理。

1995 年 5 月，在世行咨询专家的帮助下，引入了环境监理机制，向施工区和移民安置区派驻了环境监理工程师，对环境保护实施情况进行全过程的监督管理，逐步建立了一整套环境监理制度，开创了大型水利水电工程环境监理的先河。开展环境监理的同时，建设单位还委托黄河水资源保护局等单位对小浪底工程施工区、移民安置区、水库回水区等开展以水环境为主的环境监测工作，及时准确地掌握工程影响区域的环境动态变化，为环境管理和环境监理工作提供了科学的管理依据。委托河南省卫生防疫站、黄河中心医院等部门对施工区和移民安置区定期进行疫情监测、病虫害消杀等工作，保护工程影响区域的人群健康。委托河南省文物保护局对施工占压区及水库淹没区地面文物进行了现场调绘和易地拆迁保护，对地下文物进行了钻探发掘。

（二）环境保护投资落实情况

根据水利部小浪底水利枢纽建设管理局报送的《建设项目竣工环境保护验收报告》，小浪底水利枢纽工程环境保护总投资为 20 946 万元，约占工程总投资的 6%。其中，生产废水和生活污水处理 1 055 万元，环境空气保护 650 万元，噪声污染防治 780 万元，固体废弃物处理 1 859 万元，移民安置区环保投资 1 814 万元，人群健康保护 2 263 万元，水土流失防治和生态修复工程 12 525 万元。水土流失防治和生态修复工程项目包括：坝后保护区、中部区整治及防护措施、坝顶控制楼整治美化工程、场地绿化工程、小南庄渣场防治、右坝肩地表整治及防护工程、蓼坞区地表整治及防护工程、桥沟区地表整治、槐树庄渣场整治工程、马粪滩区地表整治绿化工程、公路沿线地表整治及防护工程等。

（三）环境保护实施情况

水土流失控制率达到95%以上，水土流失治理程度为86.2%，拦渣率为95%。目前的土壤侵蚀模数一般在 $800 \sim 1\,000 t/(km^2 \cdot a)$，低于国家规定的流失量限值。项目区绿化总面积483hm^2，其中造林面积447hm^2，种植草坪面积36hm^2；总植树株数150.7万株，乔木树种77.9万株，灌木树种72.8万株。对永久性占地采用了围栏等保护性措施，杜绝了樵采、盗伐、放牧、垦殖等破坏植被的活动，原生植被得到充分恢复；加上人工绿化，荒山绿化速度很快。目前，小浪底施工区林草植被面积已达554.54hm^2，林草覆盖率达到30.1%，植被恢复指数达到85%。

二、文件准备

根据环境保护实施情况，小浪底建设管理局于2002年初开始启动环境保护竣工验收工作。黄河小浪底水利枢纽工程属于特大型水利水电工程，根据国家环境保护总局《建设项目竣工环境保护验收管理办法》的有关规定，本工程属于生态类项目，应委托有资质的单位开展环境影响调查，并提交竣工验收环境影响调查报告。小浪底建设管理局作为工程建设单位提交了《黄河小浪底工程环境保护工作执行报告》，对工程开工以来环境保护实施情况进行了全面的总结与回顾。黄委会勘测规划设计研究院作为环境监理单位，编制完成了《黄河小浪底工程环境监理工作总结报告》，对1995~2001年环境监理实施情况进行了回顾和总结。报告对环境监理的机构设置、运作模式、工作内容与职责、例会制度与报告制度等进行了详细的论述，并结合小浪底的工程实践，就大型工程开展环境监理的必要性、环境监理与主体工程监理的关系等问题进行了探讨。

三、环境影响调查与结论

（一）调查报告

环境影响调查报告是竣工验收最主要的技术文件之一，其调查结论是环保部门验收的主要依据。受建设单位委托，北京师范大学环境科学研究所承担了环境影响调查报告编制工作。经过半年多的实地调研和内业资料分析整理，提交了《黄河小浪底水利枢纽竣工验收环境保护调查报告》。调查报告共设立了总论、环境影响评价回顾、施工期环境影响及环保措施效果分析、生态环境恢复与水土保持措施效果分析、建库前后生态植被和土地利用类型对比分析、环境管理与环境监理、环境影响调查结论与建议等14个章节。

（二）调查结论

经过综合分析，得出如下调查结论：

（1）库底已清理范围为高程265m以下，分四阶段进行，完成清理面积265.1km^2，四期清理工作基本达到国家有关规定，符合各阶段应达到的要求。经监测，库底清理中对硫磺冶炼废弃物的处理措施基本有效，目前尚未对水库水质造成影响。

（2）枢纽生活区生活污水经化粪池处理，通过污水管网连接到污水处理设备进行二级处理,处理后符合《污水综合排放标准》(GB8978—1996)一级标准;设有专人定期集中收集垃圾并送往小南庄渣场深埋或就近送当地垃圾处理场处理;机械车辆维修和冲洗产生的生产废水采用油水分离系统进行处理。

(3)本次调查期间,2002年3月水库各主要断面均符合《地面水环境质量标准》(GB3838—2002)Ⅳ类的要求,5月除坝下断面为Ⅳ类外,其余各断面均符合Ⅲ类标准,主要污染物为石油类和有机污染物,砷和硫化物的检出率为零,小浪底库区水质主要受三门峡下泄水的影响。

(4)工程扰动地表面积1 258.3hm^2,治理面积达1 085.2hm^2,占扰动面积的86.2%;建设区水土流失治理度85%以上,水土流失强度约1 000t/(km^2·a);工程最终弃渣量为2 445万m^3,拦渣率达到96.3%;项目水土保持责任区林草覆盖率经整治后提高到30.1%,植被恢复系数达85%以上。

(5)根据遥感图像分析,2000年与1993年相比库周耕地面积增加,有林地面积减少,疏林地面积增加,草地面积增加,建筑用地中农村居民点、城镇用地面积略有减少,其他建设用地面积增加,滩地面积略有增加,水库坑塘面积明显增加。

(6)施工区移民安置1994年全部按规划完成,库区一期移民于1997年6月底完成,二期于2001年基本完成,三期预计2003年完成,移民生活环境有所改善,移民安置区基本完成原绿化目标。公众参与调查中,有95.7%的公众认为工程对治理洪灾能起到关键作用,63.4%的人认为工程对环境有利,移民公众参与中多数人对移民安置区的环境状况表示满意。

(三)下一步需要采取的措施与建议

针对环境保护调查的结论,就存在的主要问题提出了下一步需要采取的措施与建议:

(1)移民安置区存在多数移民村缺乏垃圾堆放场地或其他的垃圾处理途径,同时其排水系统也大多没有与排涝河或天然排水沟连接,直接村外排水等问题。调查过程中,移民对这两方面问题的意见反映比较集中,建议各个移民部门协商提出解决方案。

(2)新安县淹没区内原有大量硫磺矿炉,在库底清理过程中已经得到了积极的处理,从目前监测结果来看,处理效果基本达到了预期目标。但仍需继续保持对这一水域的水质监测,避免水污染事故发生。

(3)主体工程目前仍处于收尾阶段,施工营地的拆除、场地平整等仍在继续,尚需完善相应的水土保持工作,如封育槐树庄渣场、平整和绿化小南庄渣场等;同时应加强为西霞院工程预留的连地和石门沟料场的管理。

(4)为保护小浪底库区及黄河下游水质,应继续加强对汇水区域内工业污染源和生活污染源的控制。鉴于小浪底水库坝前已修建洛阳城市用水取水口,水库功能已发生改变。因此,小浪底坝前断面水质应达到地表水Ⅲ类的要求。

(5)控制库区旅游和网箱养鱼的规模,减少对水库水体可能造成的污染。

(6)环保设施应纳入建设同期规划,在建设的同时就应加强环境监理工作,这对以后的环境保护工作至关重要。因此,建设期的环境管理与环境监理要放在十分重要的地位。

(7)应跟踪、监测近期小浪底水库进行的调水调沙试验对下游地区生产、生活用水,河床冲淤及生态环境保护等方面的影响。

第三节　竣工验收结论

　　黄河小浪底水利枢纽工程环境保护竣工验收由国家环境保护总局组织。2002 年 9 月 18 日,国家环境保护总局组织有关专家和山西、河南两省环境保护部门,在洛阳对黄河小浪底水利枢纽工程环境保护进行了竣工验收。

　　验收意见认为:黄河小浪底水利枢纽工程执行了环境影响评价制度和环境保护“三同时”管理制度,在建设期间基本落实了环境批复及工程设计中提出的环保要求,工程配套建有生产废水、生活污水处理设施以及生活饮用水净化处理系统,施工期间采取了降噪及除尘措施,对施工废水通过沉淀池或油水分离器进行处理,对固体废弃物进行了分类处理,严格遵循《水库库底清理办法》和《小浪底水库淹没影响区库底清理实施意见》的要求进行了 4 期库底清理工作,并通过生物措施与工程措施相结合的方法治理水土流失,已形成完整的水土流失防治体系。移民安置区采取了相应的环保措施。该工程建立了环保管理和监测机构,配备了人员和仪器设备,环保设施齐备,并在施工过程中首次较为正规地引入了工程环境监理制度,有效地降低或避免了环境问题的发生。……经现场检查,该工程符合环境保护验收条件,同意环境保护调查报告的调查结论和验收组意见,项目环保验收合格。

　　为保护库区水质和库区库周及移民安置区社会、经济、环境的可持续发展,国家环境保护总局也对下一步环境保护工作提出了相应的建议与要求。

　　(1)加强库区的水质监测,尤其对新安县淹没区水域的水质监测,避免污染事故的发生。

　　(2)鉴于水库具有城市供水功能,应加强对汇水区域内污染源的控制,禁止网箱养鱼,并控制库区商业开发规模,力争使坝前断面水质达到《地面水环境质量标准》(GB3838—2002)Ⅲ类标准。

　　(3)附属工程仍处于收尾阶段,相应的水土保持工作仍需完善,如封育槐树庄渣场,平整和绿化小南庄渣场,并加强为西霞院工程预留的连地和石门沟料场的管理。

　　(4)多数移民村缺乏垃圾堆放地或其他垃圾处理途径,且排水系统不够健全,有关部门应尽快提出解决方案。在三期移民安置完成时,进一步检查落实。

　　(5)在水库运行水位达到 275m 前,必须完成 265～275m 水位范围的清库工作,尤其是库区沿岸硫磺矿的处理工作。

　　(6)跟踪监测近期小浪底水库进行的调水调沙试验对下游地区生产、生活用水,河床冲淤及生态环境等方面的影响。在水库运行后适当时期,开展环境影响后评估工作。

下篇　环境保护实践

第十章　环境监理实践

　　受小浪底建管局委托,黄河勘测规划设计有限公司(原黄委会勘测规划设计研究院)承担了小浪底工程施工区和移民安置区环境监理工作。1994 年 9 月至 2002 年底,对小浪底工程施工区和移民安置区环境保护实施情况进行了全过程的监理。共向承包商发出书面通知、答复 96 份,审批环保工程设计图纸 64 份,审查承包商环境报告 153 份,组织召开环境例会 28 次,提交施工区环境监理月报告 68 份,阶段报告 14 份。审批移民村环境月报告 400 余份,提交移民安置区环境监理阶段报告 21 份。环境监理的介入,对施工区和移民安置区环境保护措施的监督落实起到了重要的作用。目前环境监理制已经与工程监理制一样,在大中型基本建设项目中广泛展开。为满足其他建设管理单位的要求,本章将小浪底工程施工区和移民安置区环境监理工作报告略作整理付梓,供参考。

第一节　承包商环境保护工作报告

　　根据环境监理工程师的要求,承包商每月提交一份环境保护报告,对上月标段内环境保护工作进行全面的总结,对环境监理工程师提出的要求做出回应、答复或做出必要的解释。现将黄河小浪底工程大坝标(承包商为意大利英波吉罗公司黄河联营体)1999 年 11 月份环境保护工作报告英文原稿摘录于下,受篇幅所限,删除了原报告中的相应附件。

MONTHLY ENVIRONMENT REPORT
Yellow River Contractors JV
1999. 11

0　YRC's Organization Chart for Environmental Work

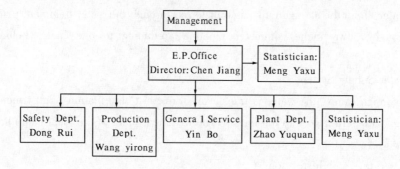

Management:　　　Fully responsible contractually for the environment protection in the area of YRC production an living.

E. P. Office:　　　Under the leadership of the management, representing the management in supervising and inspecting daily environment protection work; keeping in frequent touch with the Engineer in charge of environment protection and exchanging opinions.

E. P. Responsible of Each Dept:

In terms of the working characteristics of each department, assisting the department/section manager in environment protection within the department/ section; informing the E. P. Office in time of their environment. protection and the relevant matters.

Statistician:　　　Collecting and sorting materials relation to environment work and drafting the Monthly Report.

1　Water Supply

(1) Water Supply System

Expatriate Camp

Water is supplied, directly from the wells belonging to the Employer, on the left Bank, to the Expatriate Camp where, from the storage tanks, it is distributed through two systems.

Raw water, from the storage tank, is transferred through the water treatment plant and distributed through a three inch diameter pipeline, reducing to twoinches and finally to one inch, before entering the house.

The crude water comes directly form the storage tank, without treatment, through a two inches diameter distribution system and is used to supply fire fighting hydrants, supplies for watering gardens and washing down pavements and to supply the swimming pool.

Local Personnel Camp

Drinkable water is supplied, directly from the wells belonging to the Employer, on the Right Bank, to the local personnel camp where from the storage tanks, it is distributed through one system, serving all purposes.

Raw water, from the storage tank, is transferred through the water treatment plant and distributed through a two inches diameter pipeline, reducing to one inch, before entering to houses.

(2) Water Supply System

In the foreign camp, the water is transferred through a chlorination plant which has a capacity of 8 m^3/h before it goes to the house. The treatment plant of the local camp has a capacity of 20m^3/h.

(3) Drinking Water Inspection

The water has been tested on 11th of the reported month at the inflow form the Client's line, water tank, accommodations, club, Italian canteen and Pakistani canteen in the foreign camp. The result shows all items of Bacterial (PCs/ml), Colon Bacillus (PCs/ml) and Free Chlorine, meet the standard.

In the local camp, the water has been tested on 11th of the reported month, at canteen and resident buildings. Results show all the parameters meet the standard of GB5749-85.

YRC tests the free chlorine in drinkable water on a daily basis.

The places where the water test has been taken from are shown on drawing Annex D1 and D2.

2 Domestic Sewage

(1)Sewage Drainage System

Drawings, attached to this report as Annex D3 and D4, Show the overall sewerage system, including buildings served, collecting sewers, which receive sewage and transport this to the treatment plant, pumping stations and final disposal facilities up to place of discharge.

Sewage and waste water from the expatriate camp are transferred, from the buildings, via pipes, as indicated in the drawing, to the septic tanks from where, the overflow is transferred via pipe to the nearby Qiao Gully river, being discharged some 20m downstream of the foot-bridge over the river.

The sewage and waste water disposal system in the local personnel camp is similar to the one in the Expatriate Camp, with the exception that the septic tanks are designed, proportionally, for use by 700 people.

The main offices, the dam office and the workshops are served by individual septic tanks which are emptied the same way as above described. There were no complaints made to the YRC on this matter.

(2)Sewage Treatment

The sludge, from the septic tanks, was removed on 3rd and 17th of the reported month by qualified Jiyuan City Xiaolangdi Guang Sheng Construction Team and disposed of authorized Jiyuan Garbage Treatment Plant.

The monthly monitoring of the treatment plant performance are made by the Test Centre of Luoyang Sanitation an anti-epi-demic Station. Tests were made on 11th of the reported month and the result shows that the sewage discharge meets the standard.

(3)Impact on the Sewage Drainage River

In the reported month the collection system is functioning well, without any spillages of raw sewage into the environment.

3 Production Sewage

(1)Water Collection Treatment

The processing water, from the Mafen crushing plant, is passed back to a number of large settling lagoons and, eventually, the desilted top water is allowed to discharge into the river.

Waste water from the workshops and wash down areas is collected and processed through a grease and oil recovery tank, before being discharged into the nearby river.

Behind the heavy duty workshop, there is one oil-water separation tank installed which functions automatically when the water exceed limit level. For ease of the work, the water pumped out here is led to the drainage ditch in front of the workshop through a pipe, then, subsequently goes to the oil-water separation tank near the car washing area.

On the suggestion of the Environmental Inspection Group of the World Bank, YRC has reconstructed the drainage ditch of the heavy & light duty workshop which finished at the end of November.

Modification work of the maintenance workshop drainage ditch has been finished at the end of December.

All waste oil, from whatever source, is collected and placed in drums. This oil is then, subsequently, taken to a place of deposit, designated by the Employer.

Curtain grouting on the left bank was finished on 14th Nov, Consolidation grouting was finished on 21th Nov. There will be no grouting activity carried out after that.

(2)Impact on the Sewage Drainage River

The collection system is functioning well in the reported month, without any harmful influence to the river.

4　Domestic Waste-Collection and Treatment

A scheme of soil waste and garbage collection is in operation at all of our facilities. The garbage is disposed of in large covered waste bins, placed in strategic positions throughout the facilities. The waste bins are distributed as follows: (Total: 66 nos.)

Foreign Camp: 16nos. Local Camp: 12nos. Dam Office: 1nos.

Dam office parking area: 1nos. Main Office: 3nos. Workshop:30 nos.

Store: 2nos.　　　　　Mafen Entrance: 1nos.

On a daily basis, the garbage is transferred to our own garbage disposal truck (which is of the closed type in order to prevent the loss of material in transit and is fitted with an automatic lifting device for transferring the rubbish from the bins to the truck), and transported to the waste disposal area Xiaonanzhuang, designated by the Employer.

In the reported month, this work has been done normally with no complaints made by the Engineer.

5　Production Waste

(1)Waste Collection

In recent time, YRC's production waste comes mainly from fill placement activities.

All the unsuitable materials are loaded and disposed by our own loading machine.

Discarded materials(mainly tyres) from workshop are sent to Xiaolangdi Project Station of Discarded Materials of the Employer.

(2)Waste Treatment

Chihe beach spoil area, Daxi spoil area, shangling spoil area, Yanhou spoil area and Lijiapo disposal area are designated in the Contract for disposal materials. Besides this, the Engineer also agreed 4 more disposal area: additional spoil area 1,2,3,Xiaolangdi village spoil area.

6 Atmospheric Dust

(1)Dust

The contract requires us to maintain our own and some of the public site roads on the Right Bank. Such maintenance includes measures for controlling dust. To this purpose, we deploy two road tankers of 35 000 and 43 000 liters, three of 23 000 liters and three of 15 000 liters all fitted with pumps and spraying devices. These tankers are supplied with water from stand-pipes located at strategic positions so as to avoid traveling empty.

The maintenance of the mentioned roads is done on a regularly basis except interruptions due to two kinds of weather conditions: rain or freezing.

(2)Others

7 Noise and Blasting

In order to prevent the propagation of noise pollution, we have undertaken particular measures against noise, especially in our crushing and screening plant. There measures include additional cladding to the towers that had high noise output levels.

Where blasting techniques are utilized, i. e. dam excavation and quarry. In the reported month, the blasts are monitored for vibration in the Houweiyuan, Liuzhuang village near the quarry by YRC Laboratory. All results are found within the permissible limit.

Furthermore, blast is done only after the blasting design and the relative parameters submitted to the Engineer have been approved.

8 Flood Control

9 Sanitation and Epidemic Prevention

In each work place and camp(main office, dam office, local camp, foreign camp), there is one first aid which provide medical care for diseases and working accidents.

Two ambulances are equipped for emergency case.

(1)Health Check up

For expatriate personnel, medical screening is compulsory, in order to obtain the temporary residence permit, and is carried out by the Quarantine Bureau of Luoyang.

For local personnel, prior to engagement, our own doctors screen them, and annually, all staff and certain selected personnel, i. e. kitchen staff and cleaners, are screened by the Quarantine Bureau of Luoyang.

(2) Diseases Statistics

Certain rules such as prohibition to feed poultry in the camp have been stipulated for the camp's hygiene and diseases control.

For the above two items, please refer to Annex I for detail information of July. (August medical report is attached to the August environmental monthly report)

(3) Elimination of Mosquitoes and Flies

Extreme care is taken, all year round, to ensure that there are no standing pools of stagnant water allowed to remain, in any place, for long.

In addition, we also have the equipment and facilities to conduct our own eradication campaign, against mosquitoes and other insects, which is undertaken, by our own properly trained personnel, on a weekly basis.

(4) Elimination of Rats

Rat density were monitored on 18th of this reported month. The results show that in both expatriate camp and local camp, the rat density is within the normal level (1% for local camp and 0% for expatriate camp).

The following chart shows the test result of rat density in recent months.

第二节　环境监理月报告

黄河小浪底工程施工区开展环境监理伊始,环境监理工作从形式上隶属于小浪底监理咨询公司安全部,通过安全部与各标承包商进行工作联系。环境监理月报告以承包商环境保护报告、环境监测报告为支撑,结合环境监理工程师巡视记录、环境监理例会纪要等对施工区环境保护实施情况进行全面的总结,供项目建设单位及时了解环境保护动态,并为下一阶段环境保护工作提供决策依据。现将 2000 年 5 月环境监理月报告摘录于下:

1　本月监理工作概述

本月环境监理对小浪底施工区进行了日常监理巡视,并及时对所发现的问题进行了处理。本月发文 2 份,收文 2 份,日常监理巡视地点、次数及主要环境状况描述见表1~表4。

表1　工作场地监理巡视记录

巡视地点	次数	环境状况简要记录
Ⅰ标马粪滩反滤料场	6	生产废水循环利用,水质较好
Ⅰ标马粪滩工作场地	6	工作场地环境整洁。机修间废水处理及洗车台废水处理系统运转正常
石门沟土、石料场	3	工作场地环境状况较好
大坝施工现场	3	施工现场秩序井然
Ⅱ标蓼坞工作场地	5	BTS处理系统运转正常,油水分离系统清挖不及时
Ⅱ标连地料场	2	料场已停止生产
出口混凝土拌和楼	5	废水处理不彻底,环境较差
C4标地下厂房	5	空气质量较好
南岸C4标拌和楼	5	废水经沉淀处理
小南庄弃渣场	7	垃圾能及时进行掩埋处理
坝前库水面	4	水库水面杂物能及时打捞
合计	51	

表2　生活营地监理巡视记录

巡视地点	次数	环境状况简要记录
Ⅰ、Ⅱ标外面营地	4	环境卫生良好
Ⅰ标西河清营地	4	环境卫生良好
东山Ⅱ标营地	5	环境卫生一般
东山分包商营地	5	环境卫生一般
桐树岭C4标营地	5	环境卫生较差
连地C4标营地	4	环境卫生较好
合计	27	

表3　业主部分监理巡视记录

巡视地点		次数	环境状况简要记录
业主营地及办公室	东1区	8	环境卫生良好
	东2区	8	环境卫生良好
	西2区	8	环境卫生良好
蓼坞水厂	水厂	5	环境卫生良好
	水源地	5	封闭管理,环境良好
合计		34	

表 4　施工区道路监理巡视记录

道路名称	次数	环境状况简要记录
2、3、4、5 号公路	8	道路养护满足要求,扬尘得到控制
6、7、8、9 号公路	8	道路洒水较及时,扬尘得到控制
合　计	16	

2　施工区环境现状

本月施工区施工现场、工作场地、生活营地总体上环境状况良好:①本月供水系统运转正常,各标承包商所提供的 4 月份生活饮用水水质检测结果表明,各项指标均符合国家《生活饮用水卫生标准》(GB5849—85);②生活污水和生产废水监测结果表明,施工区生产废水和生活污水处理不好,Ⅰ标外方营地和中方营地 SS 超标,Ⅱ标下游拌和楼和油水分离系统 SS 超标排放;③大气污染控制较好,洞群和施工现场大气质量均能达标;④Ⅰ标石门沟石料场爆破振动监测结果符合国家标准;⑤小南庄弃渣场场地内环境较好,施工区生活垃圾和生产弃渣均能够运送到指定地点,进行掩埋处理;⑥Ⅰ、Ⅱ标承包商对所属的中方营地和外商营地进行了鼠密度监测,Ⅱ标承包商还进行了蚊蝇密度监测,鼠密度和蚊蝇密度监测结果均符合河南省爱卫会要求。

3　主要环境因子的监理和环境问题的解决

3.1　供水

施工区的供水系统分两部分,其中业主、Ⅱ标中方营地以及中方施工单位的生活饮用水直接利用蓼坞水厂提供的自来水,两个标的外商营地生活饮用水利用蓼坞水厂提供的自来水再经过营地内饮用水处理厂进行二次处理后使用;南岸Ⅰ标西河清营地生活饮用水由承包商进行处理。

本月水源地防护工作和蓼坞水厂自来水加氯消毒工作正常进行,供水系统运转正常。本月水厂没有对饮用水水质进行检测。

4 月份各标承包商的供水系统均正常运行,饮用水检测结果表明,各项受检项目均符合国家《生活饮用水卫生标准》。

3.2　污水

3.2.1　生活污水

根据承包商提交的环境月报,4 月份施工区生活污水的处理效果不理想。

Ⅰ标外商营地、中方营地、马粪办公楼、大坝办公室和工作场地办公室均设有化粪池,本月化粪池清挖工作正常进行。本月Ⅰ标生活污水处理效果不好,外方营地和中方营地 SS 分别为 76mg/L 和 96mg/L,超过国家《污水综合排放标准》(GB8978—88)一级标准(70mg/L)。其他各项指标均达到国家《污水综合排放标准》一级标准。

Ⅱ标中外方营地的生活污水各项指标均能达到国家《污水综合排放标准》(GB8978—88)一级排放标准。

3.2.2　生产废水

Ⅰ标马粪滩料场洗料废水经沉淀后循环利用，多余水量排入黄河。机修车间废水经过油水分离系统进行处理后，与保养车间、轻型车间所排废水一起通过管道排入洗车台的油水分离系统进行集中处理。本月处理效果较好，所检项目均符合国家《污水综合排放标准》(GB8978—88)一级排放标准。

Ⅱ标蓼坞工作场地废水经沉淀池沉淀和油水分离器处理后排放。本月处理效果不好，下游拌和楼和油水分离系统 SS 分别为 274.4mg/L 和 159.7mg/L，超过国家《污水综合排放标准》(GB8978—88)一级排放标准(70mg/L)。其他所检项目符合国家《污水综合排放标准》(GB8978—88)一级排放标准。

C4 标南岸拌和楼生产废水经沉淀处理，由于废水量少，废渣清理及时，处理效果较好。

大坝帷幕灌浆废水处理不符合要求，环境监理已下发通知给天津基础公司、闽江局、三局和十一局，要求他们尽快采取措施，并将有关图纸报建管局资环处和环境监理批准。目前，进口处已建好一个三级沉淀池，处理效果较好。2 号、3 号、4 号灌浆洞灌浆废水直接排入坝后沉淀处理。

3.3　大气污染控制

3.3.1　道路养护

本月Ⅰ标、Ⅱ标承包商按合同要求对道路进行了养护，道路洒水及时，扬尘较小。

3.3.2　有害气体

本月洞群系统和地下厂房以及各施工现场空气质量较好，监测结果均在合同允许范围内。

3.4　噪声

本月石门沟石料场爆破振动监测结果表明，振动影响不超标。Ⅱ标本月在下游拌和楼及 2 号、3 号孔板洞进行了噪声监测。

3.5　固体废弃物处理

本月各标生产弃渣、生活垃圾均能及时运送到小南庄弃渣场处理。副坝开挖由水电十四局 XLD 工程经营公司进行施工，弃渣堆放到小南庄弃渣场，由一台推土机专门负责将弃渣推平。小南庄弃渣场仍有农民捡拾垃圾，但由于有专人管理，渣场环境状况较好。

3.6　卫生防疫及鼠密度监测

4 月份Ⅰ标、Ⅱ标承包商对各生活营地进行了鼠密度监测，Ⅱ标承包商还进行了蚊、蝇监测，鼠密度、蚊蝇密度监测结果均在国家允许的范围之内。

4　环境例会

由于世行环境专家咨询会的召开时间与环境例会时间冲突，本月没有开环境例会。

5　世行环境专家咨询会

5 月 19 日至 5 月 22 日在洛阳小浪底大厦召开了世行环境专家咨询会，世行环境专家路德威格先生对业主和环境监理的报告进行了审查，路德威格先生对业主和环境监理的工作非常满意,并对以后的工作提出了宝贵意见。

第三节 枢纽施工区环境监理阶段总结报告

根据世界银行与我国政府签订的贷款协议,工程实施过程中,世界银行将组织检查团每半年检查一次,检查上一阶段环境保护实施效果的同时,提出下一阶段需要解决的问题。为了满足世行检查团的要求,业主单位聘请由国内外知名环保、卫生防疫专家组成的"小浪底工程环境移民国际专家组",在世行检查团到来前,对环境保护进展情况进行全面的现场考察和咨询,并提供咨询报告供世行检查团参考。为此,环境监理工程师建立了环境监理阶段总结报告制度,根据世行检查团的时间安排,每半年提供一份环境监理阶段总结报告,对半年来的工作进行全面的总结,对上一阶段世行检查团和咨询专家组意见实施情况进行答复,对尚未解决的问题做出合理的解释并提出下一步的工作计划。现将1998 年 10 月~1999 年 8 月《黄河小浪底水利枢纽工程施工区环境监理阶段总结报告》摘录于下:

黄河小浪底水利枢纽工程施工区
环境监理阶段总结报告

(1998 年 10 月~1999 年 8 月)

1 引言

1.1 报告目的

根据中国政府与国际开发协会签订的开发信贷协定,小浪底工程在施工的同时,也应开展相应的环保工作。受业主的委托,黄委会勘测规划设计研究院承担了小浪底施工区环境监理工作。本报告是对小浪底工程施工区环境监理工作进行的第十次阶段评估(1998 年 10 月至 1999 年 8 月),旨在对本报告期内的环境监理工作作出全面总结和评价,同时提出存在的问题和下一步工作建议。

本报告提交给小浪底建管局工程资环处(EMO/Dam)和世行检查团与咨询专家审议。

1.2 监理依据

小浪底工程施工区环境监理的依据主要是中华人民共和国及地方有关环境保护的法律法规标准、业主与承包商签订的合同条款中的环保条款以及根据合同条款制定的《黄河小浪底水利枢纽工程施工区环境保护工作实施细则》。

1.3 工作内容与方法

1.3.1 工作内容

小浪底工程施工区环境监理的工作范围包括施工区和施工影响区,施工区工作范围主要指施工区所有可能产生环境污染的区域,包括Ⅰ、Ⅱ、Ⅲ、C4 标承包商及其分包商施工现场、工作场地、生活营地,以及施工区道路、业主办公区和业主营地、蓼坞水厂等;施工影响区主要指施工区周边地区。工作内容包括以下七个方面:

(1)生活饮用水,包括供水系统的管理,供水水质的监督等;

(2)生活污水处理;

(3)生产废水处理;

(4)大气、粉尘控制,主要是道路扬尘、土石料场、洞群系统粉尘、有害气体等;

(5)噪声控制,包括砂石料筛分场、施工道路噪声等;

(6)固体废弃物处理,包括生产、生活垃圾,生产废渣处理;

(7)卫生防疫,包括医疗卫生和传染病防治等。

1.3.2　工作方法

施工区环境监理的工作方法主要有以下几种:①进行日常的监理巡视检查;②当出现异常现象时进行必要的仪器检测,需要时请黄河水资源保护研究所进行监测;③查询访问;④每月召开环境例会,与工程资环处(EMO/Dam)、XECC 安全部以及各标承包商进行交流协商,对承包商的环境保护工作和环境月报进行评议。

通过以上方式,一是帮助承包商改进其月报的内容格式;二是对施工区出现的环境问题进行解决,首先是口头通知,次日书面函件确认,提请责任方限期处理,当问题不能得到妥善处理时,向事故责任方提出索赔意见,提交总监办处理。

1.4　组织机构

1.4.1　人员投入情况

本报告期内 1998.10～1999.5 由 B 小组在工地从事环境监理工作,1999.5～1999.8 由 A 小组负责,共投入 55 个人月。

1.4.2　工作程序

施工区环境监理工作是施工区环保工作的一项重要内容,它既是工程监理的重要组成部分,又具有一定的独立性。其主要任务是监督承包商的生产和生活活动符合合同中环保条款的要求,防止和减小可能对施工区及其周围环境造成的破坏。

1.4.3　报告制度

根据环境监理工程师的要求,承包商每月提交一份环境报告,对本月环境保护工作实施情况进行全面的报告。

环境监理工程师每月会同工程资环处(EMO/Dam)、XECC 安全部召集各标承包商开一次环境例会,根据日常巡视情况和承包商提交的环境月报,对其月报的内容格式和环境保护工作实施情况进行评议,并提出下一步的整改方向,同时对承包商提出的一些问题进行答复。

环境监理工程师每月向工程资环处(EMO/Dam)提交一份环境监理月报,概述本月的环境监理工作情况,说明施工区的环境状况,指出主要的环境问题,提出处理意见,检查与监督处理结果。每半年提交一份阶段评估报告,对半年的环境监理工作进行总结,供世行检查团与咨询专家审议。

2 施工区总体布置及污染源分布

2.1 生活营地

施工区生活营地主要分布在桥沟河两岸、东山、桐树岭、西河清、连地等地点。施工区营地产生的污染物主要是生活污水和生活垃圾。各营地分布及主要污染物见表2-1。

表2-1 施工区生活营地分布及主要污染物状况

地点	营地	主要污染物类型
桥沟两岸	外商Ⅰ、Ⅱ、Ⅲ标营地	
	业主营地及办公区	
东山	东山Ⅲ标营地	
	东山Ⅱ标营地	生活污水和生活垃圾
	其他分包商营地	
桐树岭	C4标营地	
连地	C4标营地	
西河清	Ⅰ标中方营地	

2.2 施工辅助企业、工作场地和施工现场

Ⅰ标主要有马粪滩料场和工作场地(包括反滤料厂、办公室、修理车间、洗车场地、模型保养车间)、大坝填筑现场等;Ⅱ标主要有连地料场和工作场地、蓼坞工作场地、洞群系统等;Ⅲ标主要有蓼坞工作场地、地下厂房等;C4标主要有桐树岭工作场地。业主负责蓼坞水厂、留庄转运站的运行管理。工作场地和施工现场主要污染类型见表2-2。

表2-2 工作场地和施工现场主要污染源类型

地点	场地名称	主要污染物类型
马粪滩	马粪滩反滤料场	噪声、生产废水
	马粪滩工作场地	垃圾、废水废油等
大坝	大坝填筑施工现场	噪声、粉尘等
连地	连地骨料场	噪声、生产废水
蓼坞	蓼坞Ⅱ、Ⅲ标工作场地	垃圾、废水废油等
留庄	留庄转运站	垃圾和污水
洞群	洞群系统、地下厂房	有害气体、噪声等
桐树岭	C4标工作场地	生活垃圾和生活污水

2.3 堆(弃)渣场和料场

目前施工区使用的堆(弃)渣场主要有小南庄弃渣场、槐树庄堆渣场、耿沟土料场、以及Ⅰ标黄河南岸靠2号施工道路旁边的弃渣场。料场主要有石门沟石料场、寺院坡土料

场等。堆弃渣场对环境的影响主要是渣场可能造成水土流失和弃渣管理不善可能散落其他地点造成生产垃圾。石门沟石料场目前主要存在的问题是取料放炮产生的震动对周围居民的影响。

2.4　施工道路

施工区内施工道路主要有 2 号至 9 号公路,生活区通过支线公路与施工道路相连接,其中南岸施工公路有 2、3、4、5 号,由 I 标承包商管理;北岸施工公路有 6、7、8、9 号,由 Ⅱ 标承包商管理。

施工道路主要污染源类型为道路扬尘造成的大气粉尘污染和交通噪声污染。

2.5　供水系统

供水系统由北岸供水系统和南岸供水系统组成。北岸供水系统包括蓼坞和洞群水源井、蓼坞水厂、泵站、管网、水池和用户,北岸供水系统由业主管理。南岸供水系统由 I 标承包商管理,主要供 I 标生产用水和西河清营地用水。

3　报告期前监理工作简况

3.1　工作回顾

环境监理在中国是一个新生事物,需要逐步摸索逐步推进。自 1995 年环境监理进驻工地以后,在工程资环处(EMO/Dam)和世行咨询专家的指导帮助下,环境监理工作得到逐步完善,对施工区的环保工作起了重大作用,尤其是工程资环处(EMO/Dam)处长燕子林先生上任以后,环境监理工作得到了极大推动,这主要体现在以下两个方面。

3.1.1　完善了环境监理体制

(1)编制并实施了小浪底施工区环境保护工作实施细则。环境监理协同工程资环处(EMO/Dam)对合同中的环保条款进一步细化,编制了《黄河小浪底水利枢纽工程施工区环境保护工作实施细则》,于 1998 年 9 月 1 日开始实施,并将涉及的有关环境保护标准进行了汇编,发送承包商参照执行。

(2)进一步完善了环境报告制度。环境报告制度主要包括承包商的环境月报制度、环境监理的监理月报制度以及每半年一次的监理阶段评估报告制度。

环境监理的月报告制度开始于 1995 年 10 月,至今已编制了 46 份环境监理月报。

承包商从 1997 年 1 月份开始做环境月报,经环境监理工程师和世行咨询专家 HFL 先生的多次要求,现报告的内容格式已基本满足要求。

(3)建立了环境例会制度。根据世行咨询专家 HFL 先生的建议,环境监理工程师于 1998 年 6 月 9 日致函承包商,要求建立环境例会制度,并从 1998 年 6 月开始环境例会制度,参加人员包括工程资环处、XECC 安全部、环境监理工程师、承包商等,主要听取承包商上月环境保护工作的汇报,对环境月报的内容格式及承包商的环保工作进行评议,并提出改进意见和要求。

(4)理顺了环境监理与工程监理之间的关系。把环境监理置于 XECC 安全部下,明确 XECC 安全部为环境监理的发文渠道,既肯定了环境监理是工程监理的重要组成部分,又使环境监理具有一定的独立性,突出了环境监理工程师的地位和作用。

(5)建立了承包商的环境管理体系。督促承包商建立了完善的环境管理体系,使承包商的环境保护工作由以前被动转变为主动,由"要我做"变为"我要做"。

3.1.2 逐步解决了施工区大量环境问题,使施工区环境大为改观

(1)在生活饮用水方面,一是对蓼坞水源地周围污染源进行了清理,使之符合水源地防护标准,二是保证蓼坞水厂的水电化加氯消毒机正常运行,三是要求各标承包商根据咨询专家的要求每月对辖区管网末梢生活饮用水的一些指标进行检测。

(2)在污水处理方面,个别地方没建化粪池的要求建了化粪池,并加强对化粪池的清理,增加污水在化粪池停留的时间;完善了生产废水处理设施的建设。

(3)加强了道路养护,控制了道路扬尘,并能对路边排水沟及时清挖。

(4)对马粪滩反滤料场、连地砂石料场的噪声污染采取了降噪措施,并对马粪滩反滤料场旁的河清村小学进行了搬迁,对连地砂石料场的周围居民进行了补偿。

(5)在环境监理工程师的多次要求下,废弃的生产生活垃圾都能集中收集,及时送往小南庄弃渣场掩埋处理;各医院、诊所的垃圾都进行焚烧深埋处理。

(6)对鼠密度、蚊蝇密度每月进行监测,根据监测结果随时进行消杀。

3.2 咨询专家意见

1998年10月环境移民国际咨询专家组第九次会议在郑州举行,在这次会上,环境组专家路德威格博士和刘峻德、鲁生业教授对施工区的保护工作进行了充分肯定,并提出了许多有益的意见,现将与施工区环境监理工作有关内容摘述如下:

(1)承包商环境月报的内容应包括1997年小浪底环评报告、专家咨询报告和世行检查团备忘录中提到的所有重要环境问题。

(2)将路德威格博士的咨询报告发送给承包商的环境管理人员。

(3)对承包商的环境月报进行评议。

(4)为保证饮用水的安全性,每周抽样测试余氯含量。

(5)环境工作已经走上正规化、制度化的轨道,应进一步巩固提高。

(6)施工区的环境工作应进行一次全面系统的总结,建议专门列一个研究课题。

4 本报告期内的环境监理工作

到目前为止,大坝已完成填筑量近4 000万 m³,占计划量的80%。心墙填筑高程已达到230m,混凝土浇筑量近300万 m³,占计划量的90%。工程已进入金属结构和机电设备安装阶段。根据总体进度安排,工程将于1999年12月31日具备蓄水发电条件。

随着工程的逐步完工,承包商对部分生活营地和工作场地进行了移交。目前,原先由Ⅱ标负责管理使用的桐树岭营地和连地营地已于1998年底交付业主,现由C4标管理使用。

随着混凝土浇筑任务的完成,Ⅱ标连地砂石料筛分系统已于1999年5月底关闭,目前正在拆卸机械设备;进口混凝土拌和楼也于1999年6月底停工。Ⅲ标合同任务已基本完成,将于1999年9月份前后撤离现场。

本报告期内环境监理工程师共投入了55个人月,对施工区环境进行了全方位的监理。共外出巡视847点次,审查承包商提交的环境月报30份,书面信函2份;召集环境例会10次,发出书面通知和会议纪要48份,向工程资环处(EMO/Dam)提交环境监理月报

告 10 份。

4.1　日常巡视

4.1.1　巡视地点

根据小浪底施工区总体布置和污染源分布情况,将环境监理巡视区域分为以下几个部分:

(1)生活营地:包括外方营地(Ⅰ、Ⅱ、Ⅲ标)、中方劳务营地(Ⅰ标西河清营地,东山Ⅱ标、Ⅲ标营地)、C4标营地(桐树岭、连地)、业主营地(东一区、东二区、西二区)。生活营地巡视的重点是环境卫生、垃圾堆放、饮用水处理、生活污水处理。巡视频率为 2~3 次/月。

(2)蓼坞水源地:重点巡视水源地周围防护情况、水厂加氯消毒情况。巡视频率为 4 次/月。

(3)工作场地:包括Ⅰ标马粪滩工作场地、土石料场、大坝,Ⅱ标洞群、进口拌和楼、蓼坞工作场地,Ⅲ标地下厂房、蓼坞工作场地等。巡视的重点是生产废水、噪声、粉尘、有害气体、生产垃圾等。巡视频率为 3~4 次/月。

(4)施工道路:1~9 号公路,巡视重点为粉尘、噪声,巡视频率为 4~6 次/月。

(5)小南庄垃圾处理场:重点巡视生活垃圾卫生填埋情况,巡视频率为 4 次/月。

4.1.2　日常监理巡视记录

根据巡视计划,环境监理工程师定期对施工区环境污染源进行巡视检查,并做出检查纪录,对出现及可能出现的环境问题提出解决意见,督促承包商解决。

4.2　环境保护工作实施情况

4.2.1　生活饮用水

(1)供水系统组成。施工区北岸供水系统由业主负责管理,供水范围包括业主营地,Ⅰ、Ⅱ、Ⅲ标外商营地,Ⅱ、Ⅲ标中方营地,国内施工单位营地,Ⅱ标洞群系统和Ⅲ标地下厂房生产用水等。北岸供水系统由蓼坞、洞群水源井、业主水厂、供水管网以及用户等组成。

南岸供水系统由Ⅰ标承包商负责管理,南岸水源井由业主提供,供水范围为Ⅰ标生产用水和西河清营地生活用水。

(2)水源地防护。水源地周围保护区内均实行了封闭管理,其中蓼坞水源井水源保护区周围砌设了一道围墙,并设置了一道铁门,非工作人员不能随便进出。水源保护区地面进行了平整,排水通畅,原来的地注积水现象已彻底消除。Ⅱ标蓼坞工作场地的生活污水和生产废水经过处理后通过暗管排入黄河,对水源地水质不会造成不利影响。

(3)生活饮用水处理。北岸生活饮用水由蓼坞水厂提供,蓼坞水厂由水源地抽取地下水后,经沉淀、过滤后采用水电化加氯消毒机进行加氯消毒,该设备制氯能力为200g/h,设备性能良好。目前,水厂共配备了 3 台加氯消毒设备,其中蓼坞水源井 2 台,洞群水源井 1 台。

业主、Ⅲ标中方营地以及中方施工单位的生活饮用水直接利用蓼坞水厂提供的自来水。Ⅱ标在外商营地和东山营地分别建立了加氯消毒站,以便在必要时控制加氯量。目前水厂和Ⅱ标的加氯设备运转良好。三个标的外商营地生活用水由业主蓼坞水厂负责提供,承包商通过饮用水处理厂进行了二次处理。

南岸Ⅰ标西河清营地生活饮用水由承包商负责处理,他们建有饮用水处理厂,每小时可处理20m³水。

(4)水质监测。蓼坞水厂水质分析化验员每个台班(8小时)分析一次余氯含量,保证出水口余氯含量0.5mg/L以上。同时每月在自来水管网末梢进行取样,检测浊度、细菌总数、大肠菌群、余氯等指标。每三个月对饮用水进行一次全分析。本报告期中,这些监测结果均符合国家《生活饮用水卫生标准》(GB5749—85)。

根据世行咨询专家路德威格先生的要求,从1998年11月份开始,Ⅰ、Ⅱ、Ⅲ标承包商的饮用水管理人员每天在中方营地和外商营地的不同地点取样,进行余氯监测,同时每月请洛阳卫生防疫站或郑州市环境监测中心站对饮用水的细菌总数、大肠菌群数和余氯进行监测。上述所有监测结果除个别测次余氯含量偏低外,均符合国家《生活饮用水卫生标准》(GB5749—85)。但最近两个月部分测次余氯含量偏高,虽然国家标准对余氯含量的上限没有限制,但余氯含量过高也没必要,环境监理已提请各方面引起注意。

4.2.2 生活污水处理

(1)生活污水。施工区生活污水主要来源于业主、承包商、分包商营地及其办公场地。生活污水除Ⅱ标采用曝气好氧处理(简称BTS)外,其他均经过化粪池处理后排放。

(2)生活污水的处理过程。Ⅰ标外商营地和中方营地化粪池设计容量较大。外商营地生活污水经化粪池处理后通过地下管道排入乔沟河中,中方营地生活污水经化粪池处理后排入秦家沟中。主办公室、大坝办公室和工作车间均设有化粪池。生活污水处理后最终均排入黄河。各个地点的化粪池每月均清理两次。

Ⅱ标分别在外商营地和蓼坞工作场地设置了两套生活污水处理装置(BTS),采用曝气好氧处理,处理能力分别为600人/d、1800人/d。该系统技术先进,处理效果较好。蓼坞工作场地的生活污水直接进入工作场地的污水处理厂BTS进行处理,外商营地生活污水经营地的污水处理厂处理后排入桥沟河中。东山营地生活污水经化粪池用暗管连到蓼坞工作场地中的污水处理厂,化粪池的淤泥和施工现场的生活污水则是通过吸粪车送往蓼坞工作场地的BTS系统进行处理,平均每天送4~5次。

Ⅲ标中方营地和外商营地化粪池每月由济源市坡头镇环卫所进行清挖消毒一次(消毒采用5%DTV)。

原来由Ⅱ标使用的桐树岭营地和连地营地已交付C4标FFT联营体管理使用。业主营地生活污水经化粪池处理后排入桥沟河中,建管局行政处负责化粪池定期清挖工作。

(3)污水监测。各标生活污水每月监测一次,从监测结果看,Ⅱ标生活污水处理效果较好,本报告期内基本上全部达到国家污水综合排放标准的Ⅰ级标准;Ⅲ标相对差一些,生活污水中COD、BOD_5、NH_4-N超Ⅰ级标准。总体而言,施工区生活污水对黄河水质的影响很小。

4.2.3 生产废水处理

(1)生产废水的来源和组成。施工区生产废水主要来源于施工现场混凝土养护、工作场地混凝土拌和楼、罐车冲洗废水、机械车辆维修和冲洗废水,以及砂石料洗料废水等。

(2)生产废水的处理。Ⅰ标马粪滩料场洗料废水经沉淀后循环利用,最后多余的清水排到黄河。工作车间及洗车废水经过油水分离系统进行处理,1998年11月底根据世行咨询专家和环境监理工程师的要求,承包商修建了重型车间与轻型车间的排水渠道,这些含油废水经油水分离系统一次处理后排入洗车台的油水分离系统进行二次处理,既方便了管理又保证了处理效果。

Ⅱ标进口地区在本报告期中已修建了一个较大的沉淀池,进口混凝土拌和系统废水经此沉淀池处理,沉淀池每月清理六次;出口混凝土拌和系统已停止生产;蓼坞工作场地,废水和废油经油水分离器处理,排污渠道每月清理三次,废油每周收集一次,油水分离器每天清洗一次;连地洗料废水排到一个大水库中进行沉淀后再循环利用。目前,连地砂石料厂已经停用。

Ⅲ标蓼坞工作场地拌和楼废水、洗车废水和机修废水经沉淀池沉淀和油水分离系统进行处理。废油收集后回收利用,处理后的废水排入黄河。

(3)生产废水的监测。根据环境监理工程师的要求,承包商每月对自己辖区内生产废水进行取样监测一次。从监测结果来看,Ⅰ标生产废水处理较好,基本能实现达标排放;Ⅱ标和Ⅲ标有些月份生产废水超标。总体来说Ⅲ标生产废水处理稍差,超标排放的情况较多。因黄河属于多泥沙河流,水体浊度较高,生产废水对黄河干流水质影响较小。

4.2.4 大气粉尘控制

(1)道路粉尘控制。本报告期内,施工区道路养护较好,道路扬尘基本得到控制。其中Ⅰ标自1998年10月起还建立了道路养护监理记录,对所辖的道路洒水情况进行监理,有效地控制了道路扬尘;Ⅱ标洒水车也能正常工作,并且对其所辖道路粉尘进行了监测。

(2)粉尘、有害气体监测。在本报告期内,各承包商基本上能根据情况对扬尘较大的施工场地进行洒水,采取有效措施,以控制施工现场的扬尘。Ⅰ标石门沟料场施工过程中扬尘较大,严重影响着周围村民的健康,村民对此反映较大。针对这种情况,环境监理及时给承包商下发了书面通知,要求其改进施工技术,采取有效措施减少粉尘污染,根据业主和环境监理工程师的要求,承包商在放炮前对作业面进行了洒水,对钻孔过程中产生的灰粉进行了适当的清理,在一定程度上减小了粉尘污染。

本报告期内,Ⅱ标洞群系统有害气体、粉尘每天监测一次,从监测结果来看,洞群系统的有害气体、粉尘均未出现超标现象。

4.2.5 噪声污染控制

本报告期内,施工区噪声污染源主要分布在以下几个施工工作场地:Ⅰ标马粪滩反滤料场、石门沟料场及主要施工道路两侧。

Ⅰ标马粪滩反滤料场主要是石料破碎、筛分产生的噪声,对此承包商已采取了一系列有效措施加以控制。例如给电机外加上金属罩,拿出资金帮助受噪声影响较大的西河清小学搬迁等(此措施在本报告期之前已完成)。Ⅰ标马粪滩反滤料场的噪声污染问题已经解决。石门沟料场主要是爆破作业产生的噪声,对此周围的村民反映较大,虽然承包商已尽量采取措施,但仍不能将噪声污染降低到许可范围内。针对这些情况,工程资环处(EMO/Dam)正与当地村民进行协商解决。

Ⅱ标连地砂石料场的噪声主要来自于石块破碎、筛分。为解决噪声污染问题,Ⅱ标承包商对破碎系统采取了隔音措施,将钢筛换成了塑料筛,合理安排工作时间,并对周围居民进行了补偿,从而解决了噪声污染问题。Ⅱ标承包商每周对主要的噪声污染源进行一次监测。随着混凝土浇筑任务的完成，Ⅱ标连地砂石料筛分系统已于1999年5月底完毕，目前正在拆卸机械设备。

4.2.6 固体废弃物处理

（1）生活垃圾。本报告期内，各标的生活垃圾均能按要求进行处理，不存在乱倒垃圾现象。

Ⅰ标在各营地及办公室附近布设有足够数量的垃圾桶，并且每天用封闭的垃圾车运往小南庄弃渣场进行掩埋处理。

Ⅱ标的生活垃圾主要来自蓼坞办公室、中方营地、外方营地，在产生垃圾的地方都布设有足够数量的垃圾桶，每天早上再由垃圾车运往小南庄渣场进行掩埋处理。

Ⅲ标在中方营地布设了60个垃圾桶，外方营地每个房子前布设一个垃圾桶，这些垃圾被收集后由专用的垃圾车运往小南庄渣场掩埋处理。

（2）生产废弃物。本报告期内，各标施工过程中产生的垃圾均能按要求进分类处理。

Ⅰ标的生产弃渣主要来自于大坝填筑料开挖施工中。这些弃渣主要是采料中不能上坝的石块及土料，被运往小南庄渣场堆放。来自机修车间的生产垃圾中可再生利用的废弃物运往小浪底废旧物资回收站回收处理，其余的则运往小南庄渣场掩埋处理。

Ⅱ标的生产垃圾被分类处理。其中废油、钢筋等被运往回收站回收处理，其他的则被运往小南庄渣场，木头被焚烧后掩埋，其余垃圾则当场掩埋处理。

Ⅲ标的生产垃圾除可回收的运往回收站处理外，其余均运往小南庄渣场掩埋处理。

4.2.7 卫生防疫

（1）健康体检。承包商的健康体检分为两种，一是对外籍人员入境时的体检及一年一次的换证体检，二是每年一次对中国籍雇员的体检。

对新入境及换证外籍人员的体检由洛阳市卫生检疫局进行，本报告期内（1998.10～1999.8）外籍人员共体检240人，其中Ⅰ标体检57人、Ⅱ标体检183人，均没有发现传染病携带者。

一年一度对中国籍雇员的传染病监测体检工作是洛阳市卫生检疫局根据《中华人民共和国国境卫生检疫法》、《中华人民共和国传染病防治法》、《艾滋病监测管理的若干规定》等有关法律法规进行的，本报告期进行了一次。其中Ⅰ标、Ⅱ标体检日期为1月中旬，共212人进行了体检，归属于传染病的异常情况见表4-1。

表4-1　Ⅱ标 HBV、HCV 异常名单

姓名	性别	工号	HBsAg	HbeAg	抗 Hbe	抗 HBc	抗 HBs	HCV
A	男		+		+	+		
B	男		+	+	+	+		
C	女		+		+	+		
D	女		+		+	+		
E	男							
F	女							+

Ⅲ标体检时间是 1999 年 1 月 19 日到 20 日,共 175 人进行了体检,属于传染病的有 5 例 Hepatitis B、1 例 Hepatitis C。

三个标所有体检不合格的均已送往医院进行治疗,餐饮服务人员体检合格者,办理了《涉外从业人员健康证》。

(2)疟疾和脑炎传染媒介控制。中华按蚊是疟疾的主要传播媒介,蚊虫是流行性乙脑的传播媒介。本报告期Ⅰ、Ⅱ、Ⅲ标于 1998 年 10 月、1999 年 6 月、1999 年 7 月分别委托河南省济源市卫生防疫站进行了蚊、蝇密度监测(蚊密度监测采取人工小时法,蝇密度监测采取蝇笼法),并于 7 月上旬进行了蚊蝇消杀工作。业主于 1999 年 6 月、7 月对业主办公区、生活区、西河清及桐树岭、连地 C4 标营地等Ⅰ、Ⅱ、Ⅲ标以外的中方营地分别进行了两次蚊、蝇密度监测及消杀工作。本报告期 1998 年 10 月至 1999 年 4 月属于冬、春季,因此没有进行蚊密度监测,也没有进行杀灭活动。

另外,Ⅲ标对所有的餐饮服务人员都打了卫生防疫针。

(3)出血热传染媒介控制。施工区鼠密度执行标准参照国家爱委会城市无鼠害化标准(3%)。根据环境监理工程师的要求,承包商和业主每月对其所管辖的生活营地进行鼠密度监测,当鼠密度超过标准时就开展灭鼠活动。

本报告期内承包商委托济源市卫生防疫站每月对外方营地和中方营地进行鼠密度监测。根据老鼠密度发展变化趋势,一旦发现鼠密度超过 3%,并且有继续升高的趋势时,就要求承包商及时进行消杀,把鼠密度严格控制在安全范围内。

Ⅰ标西河清中方营地 1998 年 12 月鼠密度超标,1999 年 1 月外商营地和西河清中方营地鼠密度都超标,为此Ⅰ标于 1999 年 2 月进行了灭鼠。Ⅱ标东山中方营地 1999 年 1 月、1999 年 2 月鼠密度超标,为此Ⅱ标于 1999 年 1 月和 1999 年 2 月进行了两次杀灭活动。1999 年 7 月鼠密度监测,Ⅰ、Ⅱ标外方营地超标,Ⅰ、Ⅲ标中方营地超标,近期将进行灭鼠工作。业主营地于 1999 年 5 月进行了一次灭鼠活动。

另外,三个标的承包商在环境监理工程师的要求下,一直注意保持营地卫生,杜绝老鼠的活动场所。

(4)肠道传染病控制。首先是做好饮用水保护工作,在提供清洁的饮用水方面,业主和承包商做了大量工作,确保了饮用水安全,详见 4.2.1。同时保持生活营地清洁,消灭蚊蝇滋生地也是控制肠道传染病的关键。

另外,承包商对其职员注射了霍乱防疫针。

(5)卫生保障体系。施工区建立了完备的卫生保障体系,三个标的承包商在其工作场地、生活营地有自己的急救站,并有足够数量的救护车,业主成立了建管局医院,规模较大,若出现施工区医院治不了的病,则把病人送往洛阳市人民医院或第二、第四及 150 医院。

4.3 主要环境问题及其解决过程

4.3.1 生活饮用水监测

1998 年 10 月和 11 月Ⅲ标生活饮用水监测中,余氯监测结果表示方法不对,其结果表示为 <0.1mg/L。因为国家标准是管网末梢不低于 0.05mg/L,因此监测结果无法与标

准相对照。环境监理调查后发现原因出在监测仪器上,承包商所用的余氯监测仪器测量范围为 0.1~0.3mg/L,这种仪器不符合国家的计量认证,环境监理已提请承包商更换符合国家计量认证的检测仪器,以便得出准确的结果。1998 年 12 月承包商已购置了新的检测仪器,仪器监测范围和精密度符合要求。

4.3.2　Ⅱ标出口拌和楼生产废水处理

在 1998 年 12 月的监理巡视中,发现Ⅱ标出口拌和楼生产废水排放渠道快淤满了,影响生产废水处理效果,为确保出口拌和楼排出的废水能符合有关要求,避免对黄河产生污染,环境监理工程师于 1998 年 12 月 9 日下发了《关于Ⅱ标生产废水排放的通知》,根据通知的要求,Ⅱ标增加了排污渠道和沉淀池的清淤次数,每两天一次。

4.3.3　Ⅰ标马粪滩工作场地生产废水集中排放问题

Ⅰ标马粪滩工作场地生产废水主要来自三个方面:①工作场地南侧重型车间生产废水,水量不大,但含油量很高。在环境监理工程师的要求下,承包商于 1998 年 5 月份修建了油水分离池,处理后的废水直接排入沟道;②轻型车间冲洗废水,废水中浊度和含油量均不高,经明渠直接排入沟道;③洗车废水,用水量大,浊度高,出水口处建有 6 级沉淀池进行分级处理。

马粪滩工作场地生产废水处理存在的主要问题是:①重型车间废水处理深度不够,难以做到达标排放,轻型车间废水没经处理直接排放;②洗车场废水处理系统没有充分发挥作用;③排水管路分散,管理难度大。对于上述问题,1998 年 10 月世行咨询专家会考查期间,刘峻德教授和谢庆涛教授均提出了改进意见,希望承包商优化马粪滩工作场地生产废水系统,生产废水集中收集处理,充分发挥洗车台沉淀池的作用。

根据咨询专家的建议,环境监理工程师和承包商环保工作负责人陈江先生一同对马粪滩工作场地生产废水处理排放情况进行了调查,由承包商提出改造方案报环境监理工程师批准。1998 年底改造工程全面结束。改造后生产废水处理效果明显好转。

4.3.4　关于Ⅰ标石门沟料场粉尘污染问题的处理

在 1999 年 2 月的监理巡视中,发现石门沟料场粉尘污染较严重,特别是在放炮时,因钻孔的岩粉没有清除使粉尘升空,空气中粉尘浓度较大,随风飘移,给施工人员及周围村庄居民的身体健康带来很大威胁,周围村民反映很大。为了减少危害,降低对环境的污染,环境监理工程师于 1999 年 2 月 10 日下发了《关于Ⅰ标石门沟料场粉尘污染问题的通知》,接到通知后Ⅰ标承包商采取了一定的除尘措施,保护了施工人员及周围居民的身体健康。

4.3.5　加强了 C4 标的环境保护工作

C4 标负责地下厂房发电设备安装工作,工程由国内工程局十四局、四局、三局组成的 FFT 联营体承担。为了加强 FFT 联营体的环境保护工作,资环处(EMO/Dam)和环境监理工程师与 FFT 联营体和 C4 标工程师代表部进行了多次磋商,要求逐步开展环保工作并建立环境保护工作机构。FFT 联营体于 1999 年 8 月 12 日将环保机构设置的有关情况致函环境监理工程师,环境监理工程师对此进行了答复,并且对环保工作和环境月报的内容做了详细的说明。FFT 联营体 1999 年 8 月报送了第一份环境月报,并参加 8 月份的环境例会。FFT 联营体的环保工作正在有序地进行。

4.4　世行检查团和咨询专家建议落实情况

在本报告期内,对上次环境咨询专家和世行检查团就施工区环境监理提出的有益意见给予了充分重视,逐步进行了落实。

(1)本报告期内,在环境监理工程师的多次要求下,承包商环境月报的内容和格式得到了逐步提高,内容比较全面,重点比较突出,基本包括了 1997 年小浪底环评报告、专家咨询报告和世行检查团备忘录中提到的所有重要环境问题。

(2)本报告期内将路德威格博士的咨询报告发给了各标承包商。

(3)每个月都对承包商的环境月报进行了评议,并把评议意见及时发给了承包商。

(4)在环境监理工程师的要求下,承包商购买了余氯监测仪,现在每天都抽样测试余氯含量,保证了饮用水的安全。

(5)承包商每月在中、外方营地进行蚊、蝇、鼠密度监测,环境监理现场监督并根据监测结果与发展趋势,确定是否进行消杀。蚊、蝇、鼠密度监测工作的开展,为消杀工作提供了依据,对预防虫媒传染病,保证施工人员的身体健康起到积极作用。

(6)为对施工区的环境工作进行一次全面系统的总结,目前正在作小浪底工程施工期环境影响研究的课题,由工程资环处(EMO/Dam)委托,咨询公司牵头,联合黄委会勘测规划设计研究院共同开展。

(7)加强业主和 C4 标环境保护工作。业主营地环境卫生和给排水由建管局行政处负责,卫生防疫由建管局职工医院负责。C4 标 FFT 联营体环保管理体系也已建立,工作正在逐步深入。

5　施工区环境状况简评

本报告期,在工程资环处(EMO/Dam)的有力领导下,在环境监理工程师的巡视检查下,各项环保措施得到了贯彻实施,施工区整体环境质量良好,这主要体现在以下几个方面:生活饮用水的各项保护措施都得到了实施,生活饮用水是安全的;生活污水和生产废水得到了有效处理;道路养护及时,扬尘得到了控制;噪声污染早已得到了解决;固体废弃物均能按规定得到有效处理,施工区环境比较整洁;施工区无传染病流行,一般性疾病均可得到及时治疗。

6　总结与建议

在前一阶段工作的基础上,本报告期环境监理工作得到了巩固加强,目前正在正规化、制度化的轨道上运行。环境监理工程师根据工作计划,每日在其工作区域巡视,对发现的环境问题及时处理;每月定期召开环境例会,对承包商的月报内容格式及环境保护工作进行评议,提出改进意见。通过承包商、业主、工程师三方的共同努力,施工过程中对环境产生的不利影响,使其得到了有效控制。目前施工区总体环境状况良好,良好的生产生活环境,保证了施工人员的身体健康,促进了工程的顺利进行。

随着工程的顺利进展,第一台机组将于 1999 年底具备发电条件,承包商也将随着工程的结束逐步撤离工地。按照原定计划，Ⅲ标承包商将于 9 月份退场。承包商退场之前，场地移交过程中的环境问题（如场地平整、垃圾处理等），还未得到业主和 XECC 的高度重视，希望有关各方加强退场验收交接过程中的环境保护工作，验收必须有 EMO/Dam 和环境监理工程师参加，确保环境保护工作的善始善终。

第四节　移民安置区环境监理阶段总结报告

黄河小浪底水利枢纽移民安置区涉及河南、山西两省 11 个县（市），规划移民安置点达 252 个，点多、面广、时间跨度大。为了切实可行推动移民村环境保护工作，在世行专家的建议帮助下，结合中国的国情，建立了移民村环保员制度，并且开展了环保员技术培训。以村级环保员制度为依托，环境监理工程师为纽带，移民新村环境保护工作得到了全面的开展。在移民安置区环境监理过程中，环境监理工程师以技术指导的角色，奔波于移民村之间，对移民村环保员的日常工作进行指导检查与帮助，对实际工作中存在的问题，及时与小浪底移民局和省、县（市）政府移民部门反馈与沟通，促进问题的解决与处理。环境监理工程师定期对移民安置区进行现场考察，根据现场考察情况编写阶段总结报告，供世行专家和各级移民管理部门参考。现将 2000 年 5 月至 2000 年 10 月移民安置区环境监理总结报告摘录于下，以供参考。因篇幅所限，删减了移民村分村环境保护实施情况的有关内容。

1　引言

1.1　报告目的

根据中国政府与国际开发协会签订的开发信贷协定，小浪底工程移民在安置过程中，必须开展相应的环保工作。受业主委托，黄委会勘测规划设计研究院承担了小浪底工程移民安置区环境监理工作。本报告是小浪底工程移民安置区环境监理工作 2000 年 5 月至 2000 年 10 月的阶段评估报告，旨在对本报告期内的环境监理工作做出全面总结和评价，同时提出存在的问题和下一步工作建议，使移民安置区环保工作符合世行评估报告、世行检查团和咨询专家的要求。

本报告提交给小浪底建管局移民局资环处（EMO/RP）和世行检查团与咨询专家审议。

1.2　监理依据

小浪底工程移民安置区环境监理的依据主要是现行的中华人民共和国及地方有关环保法规标准及《黄河小浪底水利枢纽工程移民安置区环境保护工作实施细则》、《黄河小浪底水利枢纽移民安置规划报告》。

1.3　监理工作范围

本报告期内环境监理的工作范围主要为 2000 年汛前小浪底水库二期移民已搬迁或正在建设的移民安置点，共计 97 个村（详见表 1-1），涉及河南省温县、孟州市、济源市、孟津县、新安县、渑池县、开封、中牟、原阳和山西省垣曲等 11 个县（市）。

表 1-1　小浪底移民安置区环境监理移民安置点名录

河南省	温县	麻峪、西沟、王坟、石渠、平王、仓头、太涧、下石井
	孟州市	高崖、寺上、横山、晁庄、陈湾、竹园、王家沟、云水、寺村、梁庄村、蒿子沟
	济源市	西轵城村、大王庄、任窑、郝门、庙后、毛田村、卫沟村、小沟村、西岭、旧河村、小王庄、西郭路村、东坡村、南杜村、栲栳村、五里沟、南沟村、大峪、霸王庄、井沟、峡北头、逢薛、黄庄、西坡、连东、石板、侯庄、南程、阳河、大横岭、栢疙瘩、宋沟、源沟
	孟津县	游王村、妯娌、煤窑村、东地
	新安县	仙桃、石渠、浏河、晁庄、新仓、峪里、石井、北治
	渑池县	十里铺、荆村、槐树洼、大王庄、秦村、韶阳、关家、杨村
	开封	韶封村、大李乡阳韶村、河水村、朱仙镇仰韶村、仁村、班村
	中牟	仓寨乡许村、下板峪
	原阳	原武乡仓西村、阳阿乡河窑村、峪里村
山西省	垣曲县	安河村、五福涧村、河堤村、芮村、东滩村、东寨村、古城村、安窝村、关家村、马湾村、高阳岭、下亳村、窑头、城南、西滩、寨里、胡村、英言、辛庄

1.4　监理内容

1.4.1　移民安置点

对于已经搬迁的移民安置点，重点检查环保设施建设、改造情况和环境保护日常管理工作。

(1)环保设施建设、改造：

- 双瓮厕所改造；
- 村内排水沟加盖；
- 村外排水是否和邻村产生纠纷，如何解决？
- 村内建垃圾池，村外建垃圾填埋场；
- 学校厕所附近修建洗手池。

重点检查以上环保设施落实情况，技术、资金、组织管理是否存在问题。

(2)环境保护的日常管理工作：

- 生活饮用水是否经常加氯，是否经常进行余氯检测，余氯检测是否存在技术问题；
- 生活垃圾清运是否及时，是否经常进行掩埋处理；医院垃圾是否进行了焚烧处理后单独掩埋；
- 排水沟是否经常清理；
- 村镇绿化和防护林建设情况；
- 环境保护和卫生防疫知识宣传普及情况；
- 环境月报填写报送情况，是否存在技术问题。

(3)督促、帮助环保员填写环境月报表。

对于正在建设的移民安置点，监理工作的重点放在事先指导上，具体工作内容如下：

- 积极宣传移民村环境保护工作的重要性，提高村领导的环境保护意识；
- 向环保员全面详细阐述移民村环境保护工作的主要任务，要求将环境保护工作纳入移民新村建设规划，争取做到同步建设，同步使用；
- 结合移民安置村的具体情况，向村环保员推荐介绍已建移民安置点环境保护工作的先进经验。

1.4.2 迁建乡镇

迁建乡镇是乡镇政府机关所在地,办公楼、住宅楼等民用建筑均委托设计单位进行了勘测设计。监理过程中,除按照移民新村的要求进行检查外,还依据国家现行的法律、法规,对以下环保设施设计、施工情况进行了检查。

- 办公楼和住宅楼化粪池设计型号是否满足要求,施工中是否按设计图纸进行施工;
- 医院污水和垃圾处理是否符合国家标准。

1.5 监理组织机构

根据移民安置区的范围,本报告期环境监理工作外业分成 A、B、C 三组,每组 3 人,具体安排如下:

A 组负责河南省温县、孟州市、开封、原阳、中牟。

B 组负责河南省济源市和山西省垣曲县

C 组负责河南省孟津县、新安县、渑池县。

本报告期内,环境监理工程师于 2000 年 7 月和 9 月两次深入小浪底移民安置区,对每个移民安置新村进行了全方位的监理,共走访移民新村 171 村次,收集审阅环境月报表 154 份。累计投入人力 35 人月。

1.6 监理报告制度

根据环境监理工程师的要求,村环保员每月提交一份环境报告,对本月环境保护工作实施情况进行全面的报告。

环境监理工程师每季度向移民局(EMO/RP)和河南、山西两省移民办提交一份环境监理报告(季报),概述本季度环境监理工作实施情况,说明移民安置区的环境状况,指出存在的主要环境问题和处理意见,为移民管理部门提供决策依据。每半年提交一份阶段评估报告,对半年的环境监理工作进行总结,供移民局(EMO/RP)和世行检查团与咨询专家审议。

2 本报告期前监理工作简况

2.1 工作回顾

本报告期前各移民安置点环境状况得到了很大改善,但仍存在一些问题:

(1)自来水及加氯:济源、原阳部分移民村存在打小机井分散供水的情况,且仅有 2 个移民新村对自来水进行了加氯消毒。环境监理督促采用集中供水的移民新村对自来水进行了加氯消毒,要求采用分散供水的村进行逐步改造。

(2)双瓮厕所改造:河南省渑池县、新安县、济源市等市、县移民安置点双瓮厕所修建率较低,今后应加强移民新村基建中双瓮厕所的修建工作,并鼓励移民使用更清洁的冲水厕所。因为尽管双瓮比单瓮卫生,但是使用冲水厕所将更加安全。

移民新村部分学校没有洗手池,学生的便后洗手问题仍没有解决。

(3)垃圾处理:大多数移民新村的垃圾随意堆放,村外道路旁及村周都堆放有不少垃圾,垃圾和粪便一样,如果处理不好对群众的卫生健康有很大影响。在村内应修建垃圾池防止垃圾扩散和儿童接触,每天对垃圾池进行清理,然后将垃圾运到村外的垃圾场进行卫生处理。

（4）排水系统：部分移民新村的村内排水沟没有加盖，村外排水渠资金不足。

（5）环保员的补贴问题：各县环保员的补贴问题一直没有解决。

2.2　咨询专家意见

（1）环境月报格式。移民局应该对环境月报的格式进行检查，并根据经验做出一些调整，使其更加完善。

（2）每半年进行一次对环保员的培训，使环保员对环保工作产生了兴趣，工作都很称职。

（3）环境监理应该对村环保员的月报写出书面意见，以确保其对每一个重要的环境问题给予足够的重视。

（4）关于厕所问题，移民局、环境监理和村环保员的共同努力使大部分移民新村家庭使用双瓮厕所，一些家庭使用了水冲厕所。

（5）学校洗手池问题，资环处及村环保员均认识到学校厕所建洗手池的必要性，学校洗手池的设计标准要包括学校供水，这样洗手时才能发挥作用。

（6）移民搬迁后，移民村未曾爆发疾病，传染病发病率也未曾高于老村。移民都认为新村各项设施比老村要好得多，这对移民的健康有好处。

（7）关于固体垃圾处理问题，相当一部分移民村目前还没有合适的垃圾处理场，河南、山西两省移民办对这部分设施已作出了预算，并得到了批准，设计院在为每个村设计垃圾处理系统时应让专业人员设计。

专家组认为设计院设计程序中应关注的问题有：①规定村里的供水要加氯，并说明怎样加氯；②世行主张用高塔供水，使用加压水罐会给加氯工作带来困难；③学校洗手池设计标准要包括学校供水，以保证洗手时发挥作用；④建议根据小浪底经验编写"移民村环境保护设计手册"，为中国以后水资源开发项目的移民工作提供经验。

3　本报告期内环境监理工作

3.1　环境监理工作简况

本报告期内移民安置区环境监理主要开展了以下工作：

（1）现场监理工作。为了检查监督移民村环保设施落实情况，本报告期内环境监理分为A、B、C三个小组，每个小组3人，负责2到3个县，每个移民村平均停留1天左右。本报告期外业现场监理时间为2000年7月和9月，累计深入移民村171村次，现场座谈130人次，审查批阅环境月报表154份。

（2）积极配合小浪底移民局举办第四期环保员培训班。为了配合小浪底移民局2000年9月在山西垣曲举办的第四期环保员培训班，监理单位黄委会设计院根据世行咨询专家组的要求对"小浪底移民安置区环境保护与环境监理"讲义进行了修改，并派人进行了授课。授课内容包括：①移民安置新村开展环境保护工作的重要性；②环境监理的工作内容；③移民村环保员的岗位职责；④环境月报的内容与格式等。本次培训增加了固体废弃物管理和国家对乡镇企业发展的产业政策等内容。

（3）为了解决移民新村垃圾处理和学校洗手设施问题，受小浪底移民局委托，环境监理对移民新村垃圾处理和学校洗手设施现状进行了调查,移民新村垃圾池、垃圾场,学校洗手设施设计正在进行中。

3.2 环保工作实施情况

本报告期内移民安置区环境保护工作与报告期前相比,有了较大的进展。但由于种种原因,还存在一些不足之处。

3.2.1 生活饮用水

根据移民安置规划,移民新村全部采用深井进行集中供水。实施过程中,大多数移民村均按规划要求,采用深井—水塔—用户的方式进行集中供水。但济源市个别移民村,仍存在各户自打小机井,进行分散供水的情况。这些供水设施井深一般都在20m左右,属浅层地下水,极易受到污染,并且无法进行集中加氯消毒处理。据统计,济源市采取这种方式供水的移民新村共有15个村,2 623户。2000年汛前新建的12个安置点中仍有5个村采用自打小机井,进行分散供水。

采取集中供水的新村都建有井房,有管水员负责维修防护。

在本期调查的97个新村中已有12个村对饮用水进行过加氯消毒,并且是每周或每月一次,其余新村均没有进行过加氯消毒。主要原因是加氯后水的口感不好,群众难以接受;另外是由于人工加氯很不方便。通过环保员培训,各村环保员对饮用水加氯消毒的必要性均有了重新的认识,进行加氯消毒的移民新村数比前一报告期增加了10个。

3.2.2 排水设施

河南省69个移民村中有一半以上移民新村对排水沟进行了加盖或采用涵管排放,部分移民村则对排水沟进行了部分加盖,只有少部分村排水沟未建或没有加盖;山西省垣曲县各村均为排水涵洞。排水沟没有加盖的村除少部分正在建房外,主要问题是资金短缺。因为移民补偿费用中没有排水沟加盖这项费用,已经加盖的村,费用均来自于集体补偿资金。

村外排水存在问题的村有29个。目前村外排水存在问题较多的村主要集中在河南省温县、孟州市、济源市,山西省垣曲县等县(市),其主要原因是大部分移民新村距沚涝河或天然排水沟较远,由于缺乏修建村外排水沟的资金,致使雨季部分移民新村日常生活污水、雨水就近排入邻村耕地或村庄。

3.2.3 双瓮厕所

厕所的环境卫生与否直接关系着移民的身体健康,从环境保护角度出发,禁止使用单池厕所,大力推广使用双瓮厕所的同时,提倡使用水冲式厕所。与上一报告期相比,本报告期内随着双瓮厕所补助资金的到位,地方移民部门加大了双瓮厕所的推广力度,双瓮厕所的使用率较上一报告期有明显的提高。河南省双瓮厕所普及率达60%,其中温县、孟州普及率均超过了79%,许多村普及率达到了100%;济源、孟津、渑池推广程度也有大幅度提高。与上一报告期相比,济源双瓮厕所普及率已由不足11%提高到27.1%,山西省垣曲县双瓮式厕所普及率由40%提高到52.3%。各县(市)移民部门应加强管理力度,充分利用好双瓮厕所补助资金,提高在建村双瓮厕所普及率。

3.2.4 垃圾处理

调查情况表明,垃圾堆放填埋问题已经逐渐成为移民新村环境保护工作的首要问题,为了保持村内环境卫生,大多数村庄以村规民约的方式对村内垃圾堆放地点、清理时间做了明文规定,一般每天定时收集清理一次。大多数新村已经用村外洼地对垃圾进行了填埋处理。部分移民村,因村子周围缺乏合适的地点,垃圾随意堆放在村子四周或道路排水沟两侧。目前,利用村外洼地进行填埋处理的移民村已由上一报告期的 4 个增至 50 个。为了妥善解决垃圾堆放问题,环境监理工程师正在配合地方移民部门对移民安置区垃圾处理设施进行统一规划设计。

3.2.5　学校

有 52 个移民新村建了学校,占整个新村的比例为 67%;其余的新村由于属于分散安置,人数少,学生也少,因此就直接到安置村上学,或者与有关各方联合办学,扩大原有学校的规模。

新建学校中有 34 所学校(占 65%)通上了自来水,一些学校已在厕所附近修建了洗手池。但为了节约用水,许多村采取定时供水方式,学生上课期间,水管经常没水。与一期报告相比,大多数学校通上了自来水,一些学校修建了洗手池,但与便后洗手的目标还有一定的差距。

环境监理工程师在对洗手池检查监督的同时,还对学校公共厕所卫生化予以了极大关注,要求学校公共厕所必须按照"双瓮厕所手册"中推荐的三格式化粪池进行修建,同时鼓励使用水冲厕所。监理过程中,对厕所建造过程中的技术问题进行了具体指导,并为各移民村提供了"三格式化粪池"修建的施工设计详图。

学校厕所化粪池建设仍需县市移民部门加强管理与督促。2000 年汛前在建学校,大部分学校在厕所附近修建有洗手设施。

3.2.6　医院、诊所

调查的 97 个村,共设有 128 个诊所和一所医院。90% 的移民新村设置了 1 个以上的诊所,其余的新村由于人数较少,距附近村庄诊所较近,不再另设诊所。村民一般性疾病可以不出村,大部分村庄距县、乡卫生院一般都在 5km 以内。温县仓头村与温县人民医院联合成立了仓头村移民医院,从医人员由县医院派出,医疗设施比较齐全。

除了仓头村医院外,其他村诊所只保留有处方,病历却很少保存。环境监理已经将保存病历的重要性告诉村环保员和医生,要求他们保存病历,从中观察发现搬迁前后发病情况的变化。

3.2.7　植树造林

根据小浪底水库二、三期安置规划报告,绿化面积按人均 $3.5m^2$ 考虑,新村绿化主要以村庄周围和主、支街道为绿化地带,其投资来源于库区零星树木补偿费。移民搬迁后,大部分村已经开始在村庄周围和主、支街道两旁栽植绿化树种,绿化美化周围环境。特别是温孟滩移民安置区,为了抵御风沙等自然灾害,2000 年春季,当地移民部门加大了植树造林力度,拿出专项资金,购买了树苗,号召移民植树造林。据不完全统计,每个移民新村平均植树 3 万~5 万株,包括一期移民村在内总计植树在 100 万株以上。栽种树种主要为三倍体毛白杨,这是一种速生树种,一般 7~8 年即可成材。为了提高成活率,地方政府计划将幼树承包到户,并且给承包户发放林权证,做到责权利三结合。

3.2.8 道路

移民新村的村内道路大部分为水泥路面。2000年汛前新建移民村的道路在建,计划建为水泥路面。

3.3 信息反馈

从调查情况看,移民与安置区群众的关系相处融洽的占86%,存在矛盾纠纷的占14%。对于这些矛盾纠纷移民表示理解,解决矛盾纠纷的办法一般是通过村委会与安置村进行协商,协商不能解决时由县移民部门出面解决。

有89.4%的村对搬迁后生活感到满意,10.6%的村对搬迁后生活不满意,其主要原因是,划拨土地质量较差或数量较少,生活水平与搬迁前相比有所降低;移民对各级移民部门满意或很满意的占91.8%,不满意的占8.2%,主要原因是土地划拨问题,一是划拨速度慢,二是土地质量差,三是土地较分散。

3.4 咨询专家意见落实情况及监理工作回顾

(1)为增强环境月报的可操作性,环境监理已经按照咨询专家的意见和环保员反馈意见,再次对环境月报格式进行了修改,修改后环境月报针对性更强,更便于环保员操作。

(2)正如咨询专家所说,对环境月报给予书面批复,是环境管理的一个重要环节,这不仅可以督促环保员努力工作,更重要的是可以提高他们的工作水平。新的环境月报专门留了一页空白,用来填写信息反馈意见,内容包括:①环保员对村环保工作的意见与建议;②环境监理工程师对环境月报的批复;③各级移民部门对环境保护工作的意见。实际工作过程中,环保员、环境监理、移民部门均对环境月报进行了认真的审阅并按要求填写了自己的意见和建议。

(3)环保员培训。根据世行专家要求,为提高移民村环保员的素质,小浪底建管局移民局于2000年9月在山西垣曲举办第四期环保员培训班,监理单位黄委会设计院专门编写了"小浪底移民安置区环境保护与环境监理"讲义,并派人进行了授课。学习期间,环保员相互进行了交流,并到垣曲县下亳村进行了实地考查。

(4)卫生防疫。为确保移民人群健康,黄河医院于2000年8~9月在河南温县移民新村对移民进行体检,以观察移民搬迁前后人群健康情况的变化

(5)厕所问题。在地方移民部门的努力下,双瓮厕所普及率大幅度提高,个别用户还在卫生间安装了水龙头,其卫生程度和安全性已经接近水冲式厕所。

(6)环境监测。黄河水资源保护局于2000年8月到9月期间,对小浪底二期移民安置新村的水质进行了监测。

(7)黄委会设计院受移民局委托,抽出专业工程技术人员对移民村的村内垃圾池和村外垃圾填埋场进行规划设计,可望近期完成。

(8)河南省环保员工资已经由省移民办下发到各县,县移民部门将根据实际情况进行发放。

4 移民迁建企业

移民迁建企业主要集中在义马市,义马移民火电厂装机容量$2×2.5$万kW,该电厂的《环境影响报告书》由黄河水资源保护科研所编制完成,并于1997年通过河南省环保局

审查。1998 年 12 月第二台机组投产发电,日发电量 100 万 kWh。电厂污染物主要为废气和粉煤灰,粉煤灰通过管道排入灰厂,沉淀后废水排入涧河。1 号灰厂设计使用年限为 30 年。灰厂外排水水质监测由洛阳市环境监测站和三门峡市环境监测站负责。

　　义马制药厂水污染治理设备已经安装调试完毕。该药厂的《环境影响报告表》1997 年 7 月由三门峡市环境保护科学研究所编制,1997 年 8 月通过三门峡市环保局审批。

5　总结与建议

5.1　生活饮用水

　　生活饮用水应采取集中供水的方式,同时要求对饮用水进行加氯消毒处理。对于利用浅层地下水进行分散供水的用户,必须进行逐步改造。引导村环保员对饮用水进行加氯消毒,以保证饮用水的安全可靠。

5.2　厕所

　　各县移民局应充分利用好双瓮厕所补助专项资金,做好技术指导,加大双瓮厕所推广力度。同时,在条件许可的情况下,提倡使用水冲式厕所。

5.3　村外排水

　　县移民部门在移民新村选址过程中应该对村外排水去向予以充分考虑,充分利用村庄附近的天然冲沟,将可能产生的不利影响、矛盾纠纷降低到最低限度。

5.4　垃圾处理

　　垃圾无处堆放是移民村普遍存在的问题,移民村负责人应根据村庄周围的地形地势条件,选择低洼地或荒沟作为垃圾场,对生活垃圾进行填埋处理。县移民部门和环境监理应给予必要的技术指导。

　　移民安置区环境监理工作的实践表明,环境保护工作是移民安置工作的重要组成部分,在移民新村规划选址、实施过程中,从环境保护角度出发,给予技术指导与帮助对移民新村环境保护工作至关重要;省、市、县各级移民部门是移民安置的管理部门,将环境保护工作纳入移民安置规划,加强对环保工作的管理力度,是搞好环保工作的重要保证;移民村环保员及村委领导是环保工作的组织者与实施者,也是环保工作的受益者,各级移民部门要定期举办村级环保员环保知识培训班,提高他们的环保意识与环保知识,使他们充分认识到环保工作的重要性,自觉地将环保工作纳入新村建设规划,是搞好移民村环境保护工作的根本保证。

第十一章　世行小浪底移民项目竣工报告

　　世界银行在向黄河小浪底水利枢纽工程贷款的同时,为了帮助小浪底水库移民安置重建,还向小浪底移民项目提供了1.1亿美元贷款。该项目由世界银行东亚及太平洋地区农村发展及自然资源部负责,项目执行期为1994年9月22日至2003年12月31日。项目结束后,在小浪底建设管理局移民局的协助下,由项目经理张朝华先生主笔,编写了《中华人民共和国小浪底移民项目实施竣工报告》(世行报告编号29174),对小浪底移民项目执行情况进行了全面的回顾与总结。报告共分为:①项目资料;②主要业绩评定;③开发目标、设计、准备期质量评价;④目标实现及效果;⑤影响实施和效果的主要因素;⑥可持续性;⑦世行和借款人的表现;⑧经验教训;⑨合作方意见;⑩补充资料。补充资料共包含了主要业绩指标、环境管理等17个附件,受篇幅所限,仅摘录了环境管理、文物保护两个附件分别列为第二节和第三节。

第一节　竣工报告

项目批号(ID号):P003644　　　项目名称:中国小浪底移民项目
项目经理:张朝华　　　　　　　主管单位:东亚及太平洋地区社会环境处
ICR类型:常规型　　　　　　　报告日期:2004年6月29日

1　项目资料

名称:小浪底移民项目　　　　　贷款/信贷/IDA—2605-0
国家/单位:中国　　　　　　　地区:东亚及太平洋地区
行业/子行业:工贸(43%);交通(15%);信息通讯(19%);农、渔、林(11%);中央政府行
　　　　　政(8%)
　　内容:农村公共设施和基础设施(P);其他社会保护及风险管理(P);其他社会开
　　　　　发(S);其他环境和自然资源管理(S)

主要日期

		原计划	修改后/实际
项目概念 文件:	1993年6月23日	生效日:1994年9月22日	1994年9月22日
评估:	1993年11月20日	中期检查:1996年6月30日	1997年3月23日
批准:	1994年4月14日	关账日:2001年12月31日	2003年12月31日

借款人/实施机构:　　　中华人民共和国水利部

其他合作人:

职员	现任	评估时
副行长:	Jemal – ud – din Kassum	Gautam Kaji
国家局局长:	黄玉康	Nicholas Hope
部门经理:	Mark D. Wilson	Joseph Goldberg
项目经理:	张朝华	古纳
ICR 第一作者:	张朝华	

2 主要业绩评定

(HS = 非常满意,S = 满意,U = 不满意,HL = 非常可能,L = 可能,UN = 不可能,HUN = 非常不可能,HU = 非常不满意,H = 大,SU = 较大,M = 一般,N = 忽略不计)

结果: S

可持续性: HL

机构开发影响: H

银行表现: S

借款人表现: S

准备期质量评价 竣工报告
(若有的话)

准备期质量: S

风险项目:无

3 项目开发目标、设计及准备期质量评价

3.1 原定目标

3.1.1 项目目标是帮助借款人:①搬迁安置小浪底水利枢纽工程建设直接影响的 265m 以下的 154 000 移民,并提高他们的生活生产水平;②尽量降低移民安置对移民及安置区居民社会适应性调整的影响。

3.1.2 其实,项目的生产开发活动不只限于搬迁的移民,还包括安置区居民。无论对国家还是对农村地区来说,项目目标都具有现实意义和重要性。评估时,项目存在有大大小小的风险,但这些风险经过有效、灵活的管理措施大都得到了缓解。这些措施使项目的指导方针发生了变化,主要表现在生产项目上,即把原来从县办企业创收的方案改为以土地为基础,开展村级营利性农业、村办企业及非农业就业相结合的创收做法。这虽然是一个较为复杂的方案,但并不是对实施机构提出的不合理的要求,而是为了确保降低风险而作出的应变。目前方案已完成,它非常适合借款人及其发展的环境。

3.2 目标变化

3.2.1 尽管实施阶段移民从 154 000 人增加到 172 487 人,但项目目标未变。虽然项目

评估后已过10年,但世行评估报告中的目标与目前中国 CAS(国家援助战略)及国际水库移民的谅解备忘录、政策和标准仍保持一致,而这些政策、标准对移民工作提出了更多的期望和要求。

3.3 原定子项目

3.3.1 主要子项目如下:

A 移民村、镇居民点和基础设施建设

B 移民搬迁

C 规划设计和机构建设

D 生产开发

3.3.2 另外,项目也包括以下重要方面的内容,这些均在评估报告中进行了详细表述,但未列入子项目。只有第四方面有独立的资金来源,其他方面都包含在主要的子项目中。

内容1:社会调整

内容2:公共协商、公共参与及申诉处理

内容3:妇女和弱势群体

内容4:环境管理

内容5:文物保护

3.3.3 项目的准备和设计基于深入细致的分析,并汲取了中国40年来水库移民的经验教训。各子项目均是紧紧围绕着项目目标的实现而定的,且均在实施机构的能力之内。汲取的主要教训之一是要实行水库开发性移民。这种开发性方法除了对住房、村以及基础设施(包括企业)等的重建补偿外,还为移民提供了大规模开展经济项目的设施,如温孟滩土地开垦及配套排灌设施(共80 000亩)。为帮助移民发展、恢复生产、增加安置区居民的收入,投资约1亿元修建新设施。大多数企业得到了赔偿,使移民能修建现代、环保型设施,生产出更易销售的新产品。通过地方设计单位几十年的规划和努力,开发性移民成为20世纪80年代末中国水库移民政策中一个重要的原则,并融入到了项目设计之中,且在项目准备阶段因引进国际技术和经验而得以加强。在项目设计中主要体现在以下方面:①明确了不仅恢复而且要提高移民生活水平的目标;②根据这一目标制定规划、设计和实施的基本原则;③建立完善的组织机构;④项目规划和实施采用参与、协商的方式;⑤承诺为移民可持续性发展提供后期扶持。

3.3.4 这种做法的效果现在已显现出来:项目设计已得到加强,设计过程更为准确、详细,能更好地适应水库移民的复杂性,从而能更好地预测风险和挑战。

3.3.5 首先,把移民项目划分为两个阶段,即详细的移民规划阶段和技施设计阶段。这一做法虽然会被理解,但在 SAR 中没有给予充分的说明,致使在项目实施设计的动态性和细节方面引起了误解。

3.3.6 第二,在准备阶段,世行已认识到工业移民安置方案存在的风险,但考虑到当时乡村企业的实力(在1980~1993年每年按15%的速度增长)并且作为提高移民生活水平的一种方法同意了这种方案。世行的立场当时是正确的,但由于世界范围内宏观经济的变化已使工业行业变得不稳定,因此这种方案作为移民安置的基础是不可靠的、有风险的,因而以土地为本的大农业安置取而代之。评估团确实预测到了参数风险,但不可能预测到世界性宏观经济的风险对中国乡村企业的影响。评估期间也认为这些风险可在实施阶段通过采取灵活的安置方式给予解决。

3.3.7　第三,中国水库移民的核心和特点就是依靠土地和农业,依靠世行的优惠政策以及强调"以地换地"的安置方式。项目评估遵循了"以地换地"的方法,此外还提出了从县办企业获取大量非农收入的方案,后来证明此方案不成功。虽然项目设计预测到了向非农转变的大趋势,但没有预测到县级企业宏观经济形势的突变及产生的影响。因此,政府与世行协商后改变了以县办企业为中心的做法,取而代之的是村办企业、营利性农业(副业:经济作物、养殖、渔业、农产品加工业、村办企业)、非农业就业以及以土地为基础的大农业安置的方案。这种做法是成功的。

3.3.8　政府有利的政策、强有力的承诺以及初期一些移民安置方案的成功,致使对以下方面持乐观态度:实现目标的时间安排、预测、对水库移民复杂性尤其对社会和政治方面的低估。项目的总体目标已在既定时间内实现,70%的移民已完全恢复其生产水平,剩余的30%移民已达到其既定收入目标的80%。未恢复收入的移民中有的是由于从县办企业到村办企业的转变慢、副业活动少,有的是村民要求把生产恢复补偿费大部分用于建高质量的学校、诊所及基础设施方面,而没有用于建设灌溉设施或从事营利性农业或村办企业。更多的分析可能有助于更好地理解中国正在进行的社会及政治改革,以及受影响的村庄和移民在恢复生产中遇到的挑战。但是,任何分析都没能预测到村民把投资更多地用于建设高质量的公共设施,而不是用于生产经济设施建设。

3.4　子项目变化

3.4.1　项目实施过程中各子项目均未变化。但项目有4个方面发生了变化,这些变化影响到所有子项目的范围。首先,由于宏观经济的变化及其给移民带来的高风险,取消了原为移民投资创造工业就业机会的方案,原计划工业安置方案由大农业安置方案替代;第二,由于上述变化需要更多的移民安置点,安置区受影响人口从预计的300 000人增加到545 000人;第三,由于1995年项目影响实物指标复查以及在详细技施设计阶段位于淹没线的行政村需要集体搬迁,受影响人口从154 000人增加到172 487人;第四,原计划2010~2011年实施的库区三期移民提前到了2002年实施。

3.5　准备阶段质量评价

3.5.1　项目准备阶段的质量是令人满意的。该项目是世行介入整个设计阶段的第一个大规模的移民项目。项目符合中国政府的特点,体现了政府对满足国际移民标准、向移民提供长期后期扶持、恢复和提高受影响人口生活水平所作的承诺。根据世行业务导则4.30非自愿移民,具体制定了一套移民标准,共17条,是项目设计和实施的依据。项目设计质量好,对外部因素和项目风险的假设大都是合理的;但在快速变化的经济环境中,取消了那些以县办企业创造就业机会的方案,移民的创收转向了以土地为基础的项目、营利性农业、村办企业和个体企业。项目能够适应变化的环境。

4　目标的实现及效果

4.1　目标的实现和效果

4.1.1 项目目标的实现和效果评定为满意。项目基本完成了移民安置规划。几乎所有的移民都搬进了新村,住进了新房,基础设施和公共设施齐全,生活条件和环境大为改善。移民得到了重置的土地,开展了各种生产活动。独立评价表明,绝大多数移民生活水平得到了提高或恢复。

4.1.2 172 487 移民的安置。除了占移民总数不足1%的1 500人选择自我安置外,项目基本完成了移民安置规划。共建移民新村227个、乡镇12个,搬迁51 969户,170 987人。这超过了评估目标人数154 000人。新安置点基础设施和公共设施配备齐全,距市场近、交通方便、信息灵通、非农业就业机会较多。大多数移民村都是成建制搬迁以保留他们原有的社会关系和亲缘关系,安置区人口也受益于完善的基础设施。有1 500人未随其村民搬迁到规划的安置点,他们改变主意的原因是多方面的,有的是爱好变了,有的是由于村内部矛盾,有的是想靠近水库居住等。项目办正在积极工作以最终确定优化方案。他们中很多选择了带着补偿费进行自我安置的方式。政府将继续对这部分移民进行管理和追踪以确保他们妥善安置在选择地。世行要求中国政府在今后三年内即截止到2007年,每年要汇报有关情况。

4.1.3 生产生活水平的恢复和提高。项目移民有四类(农村移民、城镇居民、企事业单位职工和安置区居民)。项目目标是通过规划投资措施恢复受影响人口的生产生活水平,以使他们不仅恢复到搬迁前的生活水平而且要分享项目效益。监测资料表明,项目基本上实现了这一目标。

4.1.4 项目区涉及12个乡镇,城镇人口9 519人。他们大都是乡政府和事业单位的职工或商人。项目只影响到他们的住所。所有乡镇都搬迁安置在其辖区内,基础设施和公共设施都得到了完善。城镇居民都搬进了新居,住房面积一般都比原先的大,质量也比原来的好,生活水平得到了提高。

4.1.5 项目影响789家企业,大部分是村办企业和个体作坊,白天雇人干活。这些小型企业都已得到补偿。有几个中型国有企业,职工共3 846人。搬迁后,这几家企业要么重新开展原有业务,要么转产。长期合同工和正式职工共3 846人,已在原有企业重新就业。此外,企业还招收了2 332名长期移民工。

4.1.6 为移民提供土地的安置区涉及河南、山西两省13个县,397个村,545 024人。他们失去部分土地,受项目的间接影响。监测、监理都确认土地补偿费已兑现给所有安置村。土地已分到各户,通过开展农田投资、调整耕作方式和非农活动,受影响农户的生产生活水平得到了提高。安置区居民也受益于基础设施和公共设施。总之,安置区居民的生活水平得到了提高。

4.1.7 项目影响的人口大部分是农民,占91%。考虑从以下四个方面来恢复他们的生产生活水平:①住房条件;②基础设施;③公共服务设施;④收入。现在移民在住房条件、基础设施、公共服务设施等方面得到了很大的改善。移民对住房条件非常满意,新住房远远超过了搬迁前的房窑。虽然平均住房面积略小于搬迁前,但住房结构、采光、通风、供水和卫生条件都得到了改善。

4.1.8 调查和监测表明,人们对基础设施和公共服务设施满意程度高。227个新村基础设施完善,功能齐全,供水供电、排水系统、村级道路、学校、医疗设施、乡镇中心、电话广播线路样样齐全。大部分基础设施标准比搬迁前高得多。例如,安全供水、供电到各家各户;各户建有双瓮厕所或定时冲水厕所,粪便经过分解作安全处理;村外排水连接着主排水道或河流。环境条件大为改善,与搬迁前相比,发病率已降到5%。为学校设施和教学设施建设投入了大量资金,加强了对孩子们的关爱。为弱势群体,尤其是孤寡老人提供了敬老院和其他生活设施。新安置点到市场很方便,并有非农业就业机会。总之,项目在恢复和提高移民的住房条件、基础设施和公共设施方面取得了很大的成功。

4.1.9　在生产开发方面,项目实施了以大农业为主、非农业就业为辅的战略。土地补偿费均已发给移民,按计划重置了土地并划拨到移民村。约有169个村,占75%,达到了规划的人均土地标准。人均土地没有达标的村已用剩余的土地补偿费开展了替代生产开发项目。监测、监理报告显示,移民村已开展了粗放式耕作和非农业生产项目,约有70%受影响人口的收入水平已得到恢复或提高;剩余的30%已达到搬迁前收入水平的80%;几年后移民收入将会全部得到恢复。

4.1.10　30%的移民收入恢复慢是多方面因素造成的。第一,自20世纪90年代中期中国农村宏观经济的不利形势导致了农业收入增长缓慢甚至下滑。规划的以地为本的方案没有带来预期的收入。相反,农民已转向副业生产和非农业行业就业。尽管项目努力适应这一变化,但渐变的过程延长了移民收入的恢复期。第二,最近十年项目区经历了连续干旱,对农业和移民的收入恢复产生了重大影响。第三,由于项目建设使移民本底收入异乎寻常的高,这使移民收入的恢复更难。

4.1.11　政府承诺要完全恢复这30%移民的生产生活水平。项目已设立了后期扶持基金来解决这一问题。扶持基金已建立起来,资金来源于工程发电收入和一个另定的方案。但由于黄河流域干旱,发电收益低,使扶持金不足,影响了资金的运作。水利部、国家发展和改革委员会提供6亿~10亿元解决这一资金问题。这一资金计划正按照国家管理程序进行,世行已要求中国政府在这笔资金划到扶持金账户上时通知世行。中国政府同意保留项目机构来运作扶持金。随着扶持金的全面运作,移民的收入可望在几年内得以全面恢复。

4.2　子项目实施结果

4.2.1　子项A:村镇居民点和基础设施建设(评估时2.929亿美元,实际4.832亿美元)。按照规划,该子项包括以下内容:①农村移民新村和住房建设;②乡镇居民点建设;③大专项搬迁;④基础设施建设。该项目结果评定为非常满意。

4.2.2　农村居民点建设。项目共建227个行政村,安置移民155 139人。所有移民(自我安置的1 500人除外)都搬进了新居。监测资料表明,移民的住房条件和生活环境得到了很大改善。所有新村基础设施和公共设施齐全,包括供电、供排水设施及道路、学校、诊所、电话及广播线路等。公共设施得到完善,如卫生、教育设施。新村距市场近、信息灵通、非农业就业机会多。

4.2.3　乡镇居民点建设。项目需搬迁乡镇12个,17 212人,其中农业人口7 693人,城镇人口9 519人。受影响的乡镇就近搬迁,其行政辖区和职能均未变。这些新镇基础设施和公共设施齐全,人员全部随迁。

4.2.4　专项搬迁。项目成功地完成了受影响专项的搬迁工作,包括苗圃、种子场,各种管理办、站和一座监狱。项目为他们提供了新的安置点,并利用补偿资金在淹没前进行了重建。

4.2.5　基础设施恢复重建。所有淹没的基础设施均进行了重新设计和修建,包括道路、输电线路、通讯线路、广播设施及供水工程。所有移民安置区都修建了道路,架设了电线、电话线,修建了广播接收设施和供排水设施。

4.2.6　子项 B:移民搬迁(评估时 730 万美元,实际 950 万美元)。在设计院和各移民办的协助和指导下,移民确定了安置点的位置和整体布局设计。村宅基地的划分采用透明的方式。村委负责村基础设施建设,移民自己负责建房。县移民办制定具体搬迁计划,在搬迁前向移民公布搬迁信息,并组织具体的搬迁,提供搬运车辆。搬迁过程中给予了各种补贴,包括医疗费和误工费。安置区政府和居民也以各种方式欢迎移民。搬迁过程顺利。该子项结果评定为满意。

4.2.7　子项 C:规划、设计和机构建设(评估时 1 170 万美元;实际 4 410 万美元)。该子项旨在建立项目机构,培训工作人员,加强机构建设。该子项在项目规划、设计和实施中发挥了重要作用。本子项结果评定为非常满意。

4.2.8　项目人员配置和培训。所有省、市、县和乡都按计划成立了移民(局)办。这些(局)办都配备了必要的办公设施、设备和车辆。采用各种形式对所有移民干部进行了培训,包括现场培训、国外培训、国内外参观学习、举办培训班及在各大专院校培训。培训内容包括移民规划、财务管理、采购、生产开发、农业技术等。项目工作人员配置情况如表 1 所示。

表 1　移民安置工作人员

阶段	评估报告			竣工报告(实际)			
	河南	山西	合计	河南	山西	其他*	总计
1992 年	101	25	126	101	25	69	195
1993~1994 年初期	339	65	404	339	65	138	542
1995~2000 年中期	939	99	1 038	1 042	256	207	1 505
2001 年后期	32	79	111	554	136	104	794

*水利部移民局、黄委会移民局、设计单位、监测评估单位等。

4.2.9　项目管理体系。小浪底建管局移民局建立了监督检查体系以督促项目的实施。该体系包括省、市、县移民办,监督检查的内容包括财务管理、年度计划管理、进度检查、库底清理、采购、资金拨付、竣工验收、审计等。小浪底建管局制定、建立了一套管理制度和办法,内容包括年度规划设计、规划设计审查办法、进度报告、资金拨付、采购、库底清理、竣工验收、移民申诉处理、独立监测、监理、环境和公共卫生监测等。同时,小浪底建管局移民局、省、市、县指派人员对这些规章制度的落实进行监督检查。

4.2.10　规划设计。黄委会勘测规划设计院(RPDI)是整个小浪底枢纽工程的设计单位。在省、市、县移民办的协助下,RPDI进行了详细的设计,包括实物指标复查、补偿标准评估、各移民安置点环境容量评价、安置方案的可行性研究以及项目投资概算。设计院负责所有移民规划设计及其变更的技术审批。在项目整个实施过程中继续发挥着作用。设计院的有效作用保证了项目详细规划设计的质量和效率,对项目的统一建设和协调发挥了很大作用。

4.2.11　独立监测。移民实施过程的独立监测是项目管理体系的重要组成部分。根据信贷协议,华北水利水电学院在1994年被聘为独立监测单位,对项目的社会经济进行监测。独立监测单位按照小浪底建管局移民局和IDA(国际开发协会)同意制定的"小浪底移民项目社会经济监测大纲"和"小浪底移民项目社会经济监测实施计划"开展工作。监测覆盖移民和安置区居民的各个方面。监测单位及时向移民管理部门反馈移民信息,为移民安置实施的最终评价提供了坚实的基础。

4.2.12　移民监理。小浪底建管局移民局引用土建工程监理工程师的做法,聘请黄委会移民局作为移民项目监理单位。监理单位于1996年6月开始工作,建立了一支监理队伍,在现场设立了6个监理站。监理内容涵盖移民实施各方面,包括移民进度、资金划拨和使用、施工质量和技术规范、合同管理及协调。监理单位通过监理站的现场检查、走访、召开会议和审查进度报告等方式来开展工作。

4.2.13　国际环境移民咨询专家组。小浪底建管局于1994年组建了国际咨询专家组对项目移民和环境工作给予帮助。专家组由国内外专家组成,在项目不同实施阶段,根据需要调整成员构成,改变咨询内容。专家组共召开12次会议,形成了12份咨询报告。专家组在项目管理中发挥了积极作用,并在项目实施和管理方面提出了许多好的建议。

4.2.14　子项目D:生产开发(评估时2.571亿美元;实际2.957亿美元)。这是项目的核心内容,旨在恢复移民的生产生活(即50%从事农业、29%从事工业、11%国企职工、10%政府职员)。但实际上中国农村经济向非农业生产活动转变得很快,致使中期审查时变更了该子项的规划设计。现已按规划完成,实施结果总体评定为满意。

4.2.15　农业生产恢复。包括发展水浇地和旱地及恢复农副业活动以实现移民和安置区人均收入增长5~10个百分点的目标。利用土地补偿费完成了土地的重置和开发项目,包括温孟滩和后河灌区开发的土地。项目利用部分土地补偿费为移民购置了197 468亩土地,其中水浇地112 995亩。项目基本达到了人均1.2亩的规划标准。移民耕地划拨情况见表2。

4.2.16　应注意的是,在移民村中人均土地拥有量不同。有关资料显示,只有169个村的人均耕地面积达到了设计标准,约占总数的75%。监测报告表明,那些人均耕地未达标的村已把土地补偿费投入到农田水利设施建设或投入到非农业创收项目中。这些项目多种多样,包括副业、种植经济作物、小型养殖、渔业、农产品加工、水产养殖和小型工业企业。这些活动的开展使移民的收入超过了预计水平。

表2　移民耕地划拨

省、县	实际			
	人均耕地（亩）		划拨耕地总面积（亩）	
	小计	其中:水浇地	小计	其中:水浇地
库区总计	1.39	0.80	197 468	112 995
河南省	1.37	0.93	158 995	108 059
济源市	1.01	0.87	29 281	25 111
孟津县	1.29	0.17	12 056	1 635
新安县	1.31	0.18	19 437	2 653
义马市			339	339
温县	1.43	1.43	17 715	17 685
孟州市	1.47	1.45	45 873	45 301
中牟县	1.36	1.29	2 653	2 513
原阳县	1.1	1.07	4 506	4 395
开封县	2.63	2.63	7 884	7 884
渑池县	1.95		17 911	
陕县	1.22	0.49	1 340	543
山西省	1.48	0.19	38 473	4 936
垣曲县	1.44	0.20	34 964	4 936
平陆县	2.08	0	2 724	0
夏县	1.8	0	785	0

4.2.17　温孟滩工程。该项目旨在通过修建丁坝、土地改良和改造,为 42 000 移民提供耕地。为在黄河滩区开垦土地,修建了 118 道丁坝、52.98km 长的防洪堤坝。温孟滩放淤改土造地共 200 000 亩,其中耕地 62 000 亩。开垦的土地均在防洪堤坝的保护之内。耕地配备有管井灌排系统。改良的土地已划拨给移民。该项目已顺利完成,评定为满意。

4.2.18　后河水库。该项目修建了后河大坝和灌区工程,灌溉土地 75 000 亩。大坝是一座高 75m 的混凝土重力坝,溢洪道在中间,侧边的(电站)尾水洞与灌区的干渠相连。灌区工程包括一条长 58km 的干渠,12 条支渠(共长 191km),灌溉农田 75 000 亩,其中 12 300 亩分给了移民,50 000 亩划拨给受影响的安置村,另外 12 700 亩划拨给项目区外的当地居民。虽然整个项目历时 8 年,比原计划时间长,但工程最终完成得很好。由于部门间的协调问题和资金争议问题,灌区工程进度大大滞后,影响了农民的生产开发活动。

4.2.19　虽然该子项按规划完成,但 30% 农村移民的收入恢复将会比预计的时间要长。项目采用的是以大农业为主、以非农业就业为辅搞创收的策略。这包括兑付土地补偿费、重新购置土地。影响移民收入增长的其他因素是村民希望把大部分生产补偿费投资于高质量的基础设施建设,如学校、诊所和公共设施。监测、监理报告表明,移民村已开始了广泛的农、副业生产开发项目。监测数据也显示,约有 75% 受影响人口的收入水平已得到提高或恢复,其余的已恢复到原来的 80%。由于政府有提供后期扶持金的承诺,预计这些移民在今后几年内会恢复到原有的收入水平。

4.2.20 工副业发展。按照原计划有21 070移民进行非农安置,其中要建84个县镇企业,安置移民20 528人。实施过程中,政府对这一工业安置的可行性和存在的风险进行了重新评价,决定缩减工业安置方案,以大农业安置代之。中期审查期间完成了这一调整,并以副业和村办企业为辅助。部分规划投资得到落实,有些村也利用土地补偿费搞非农业投资。这些(新建)企业预计为移民提供2 332个就业机会。

4.2.21 工矿及其他企业的重建。该子项包括原有工矿企业的搬迁和重建。淹没影响企业789个,其中县办企业13个、乡镇企业105个、村办企业446个、个体企业225个,有547家煤矿,其余为砖场、农产品加工厂和小型制造厂。所有村办和个体企业都是小作坊,只有临时工,补偿费已兑现。大多小型村办和个体企业利用补偿费进行了重建。项目办顺利完成了几个大型工矿企业的搬迁和重建,这些企业搬迁后要么重操旧业,要么转产。3 846名长期或正式职工已全部在原企业就业。另外,有2 332名移民作为长期合同工安排在了新企业。

4.2.22 内容1:社会调整。该项把所有的社会调整问题正式纳入移民各阶段的规划设计之中。内容包括农业扶持服务、非农业就业培训和援助、安置区关注的问题、移民过渡期安排以及移民与安置村的融合、基础服务设施、协商和妇女援助。这些方面不仅在移民各阶段给予了考虑,并在移民安置和恢复过程中给予了关注和落实。有关各方付出的巨大努力保证了移民在社会、经济和文化方面顺利地与安置区居民相融合。该项结果评定为满意。

4.2.23 内容2:公共协商、参与和申诉处理。公共协商和参与贯穿于项目的规划、设计和实施各阶段。项目实行了信息公开。为了开展公共协商和公共参与,动员了所有传媒宣传项目信息。公开的信息包括项目情况、移民政策、补偿标准和安置措施、各户实物量、安置备选方案、安置点设计、申诉渠道等。政府和设计单位发挥了引导作用,移民社区是信息宣传的主力军。移民参与了实物调查、人口统计、安置点选择及生产开发项目的规划设计和实施。按计划建立了申诉机制,并指定人员专门负责,制定了相关的操作规程。项目落实了申诉办法,管理部门不断到现场检查以便使问题早发现、早解决。总之,该体系的有效运行推动了项目的顺利实施。实践表明这一做法在水库移民方面具有样板作用。

4.2.24 内容3:妇女和弱势群体。妇女、儿童和弱势群体占移民多数。妇女参与了项目规划和实施的全过程,在创收活动中发挥了重要作用。据估算,约有34 600名妇女参加了不同的技能培训。各级项目办有466名女职工,积极参与项目管理。搬迁安置29 239名(7~16岁)儿童,约占总数的17%。所有移民村完善了教育和卫生设施,大大改善了学习环境和医疗条件。除个别情况外,学龄前儿童入学率均已达到100%。弱势群体指老人、残疾人、有慢性病患者的家庭、无劳力的家庭、孤寡以及特困户。经调查,项目有1 568个这样的家庭,约占移民人口的3%。项目已提供专项资金帮助他们进行安置。他们享有了应得的权益,并在项目的帮助下搬进了新居。对孤寡老人给予了特别关照,在移民安置区修建了62座养老院。

4.2.25 内容4:环境管理(评估时350万美元,实际840万美元)。该项旨在通过实施环境管理计划(EMP)解决移民环境问题。政府建立了有关环境管理体系,在EMP实施过程中发挥了有效作用。根据 EMP,项目:①为所有移民新村提供了环境和公共卫生设施;②对企业环境影响进行管理;③针对移民安置对安置区产生的环境影响进行管理;④对 EMP 实施、移民村水质、移民和安置区人口的公共卫生进行监测;⑤库底清理检查。2001年,世行环境专项检查团对项目评价为非常满意。

4.2.26　内容5:文物保护。该项工作旨在完成文物保护阶段性规划设计措施,落实批复的行动计划。政府动员了国家级文物专家并建立了多层次的机构来落实这项工作。该项目:①完成了各阶段保护措施的规划和设计工作;②完成了现场勘查,鉴别出 180 处较大的文物古迹;③钻探面积 326 万 m^2,开挖 327 000m^2;④落实了文物古迹的保护措施。这项工作包括对出土文物进行全部搬迁、主要构件搬迁、制作模型、测绘和处理,把有关资料汇编成册并继续对文物进行研究。该项目总投资为 3 526 万元。此项工作结果评定为满意。

4.3　净现值经济收益率

4.3.1　为确保移民生产和收入水平的恢复和提高,小浪底这个独立的移民项目包含有经济发展的内容。在 8.4 亿美元的总投资中,35%(2.95 亿美元)用于基础设施建设、生产征地和营利性项目。生产开发投资中 47%(1.409 亿美元)用于基础设施建设,50%(1.464 亿美元)用于征地和特殊副业活动。基础设施投资促进了移民创收,加强了农副业活动如畜牧业的开展,有些地方还开展了水产养殖。这些投资大部分用于土地开发、灌溉和土壤改良,经济收益率在 12.7% ~18.89%。这些收益是相当有潜力的,表明从经济的角度讲这些项目具有可持续性,将会带来农业收入,恢复移民的生产生活水平。

4.4　财务收益率

4.4.1　财务收益率本项目不适用。有关生产恢复的财务评价已经审查。

4.5　机构建设影响

4.5.1　项目对中国水利行业的水库移民机构产生了较大的影响。这些影响总结如下:

(1)在项目高峰期,部委、省、市、县和乡级移民机构职员有 1 505 人,并在项目管理和移民安置实施方面接受了培训。很多职员到国内外考察学习。国际专家的经常来访和交流也使他们了解到了国际上最先进的做法和标准。

(2)作为管理体系的部分内容,政府制定了多种规章制度对项目进行管理。这些制度涉及财务管理和会计、移民规划与设计、信息公开和申诉处理、环境管理、生产开发、文物保护、库底清理、移民竣工验收以及与地方政府的交接等。这些制度都有益于机构能力的建设。

(3)项目在水库移民规划和实施方面有些创新做法。这些做法包括移民实施过程中采用了独立移民监测、监理机制、环境监理工程师和村环保员制度以及聘用了独立的设计单位。实践证明,这些做法对项目的顺利实施发挥了重要作用,并在中国水库移民规划及实施方面具有很高的参考价值。

5　影响项目实施和效果的主要因素

5.1　政府或实施单位控制力外的因素

5.1.1　20 世纪 90 年代中叶,农业宏观经济下滑,致使对原计划工业安置方案的可行性进行了重新评价。考虑到市场风险大,取消了新建企业安置移民的方案,取而代之的是以土地为本、发展副业的大农业安置方案(包括营利性农业、蔬菜大棚、养殖等)。

5.1.2　在过去的10年内,由于农产品价格下跌,农业产量下滑,致使农村移民的收入没有增长,甚至下降,农民经历了巨大的挑战。像中国大多数农民一样,农村移民把注意力转移到了农副业和非农业活动上,非农业活动的收入成为移民家庭收入的主要来源。

5.1.3　过去10年里项目区连年发生干旱、洪涝自然灾害,部分移民农业收入下降,进而使收入恢复变得更慢。

5.2　政府控制力内的因素

5.2.1　政府强有力的承诺。这是项目完工、保持移民和安置区居民可持续发展的重要因素。这在以下方面给予了证实:①提供了项目实施所需的资金,尤其是在投资增加的情况下;②动员了项目区所有政府部门参与到项目实施中来;③建立了广泛的监督检查机制。

5.2.2　审查修改概算的时间长。1995~1996年政府对项目影响的实物指标进行了复查,复查结果显示项目影响的实物量大增,致使项目投资大幅度增加。复查后的实物量和修改后的项目投资在政府内部经过了几番审查,历时较长。为了保证项目顺利实施,提前拨付了项目资金。尽管项目未因资金短缺而滞后,但调概批复过程漫长造成资金拨付混乱、资金信息公布滞后,并给竣工验收增加了难度。

5.2.3　部门间的协调。除了两条法律条文因缺乏协调和未形成共识而滞后落实外,各部门间的协调总体是好的。资金的争议使后河灌区工程拖后5年。项目落实了政府有关建立后期扶持基金的政策。虽然基金依法建立,但其有效运行遇到了技术性难题,这一问题可能会根据相关政策尽快得到解决。

5.2.4　村级自治和村级政治。项目实施期间正值政府推行村级自治政策。这一民主进程虽然提高了村级决策的透明度,加强了农民的参与,但也导致了在某些村的村委不按设计要求,单方面决定建设新村的标准,政府的监督、检查力度有所减弱。结果部分村超规模建设基础设施,挪用土地补偿费搞非生产性投资,这样挪用了可持续性生产开发的资金。过去10年家族势力有所抬头,在村决策中的作用日益加强。村级政治中家族之间的敌对情绪为移民安置规划的实施增加了难度,并引发了一些遗留问题。

5.3　政府机构控制力内的因素

5.3.1　政府强有力的承诺和实施单位的努力,使人力资源得以利用,使一套完整的管理体系得以建立和落实。

5.4　投资和筹资

5.4.1　项目投资在实施过程中增加了很多。评估时的投资概算为5.71亿美元。因1994~1995年的实物复查,中期审查时,对项目投资进行了调整,调整后的投资为8.4亿美元。投资增加的主要原因是:①移民数量增加;②移民人数的增加需要更多的投资(如需要建更多的房子,修更多的街道、排水沟;需架更多的电线);③市场价格和补偿标准提高。在可行性研究阶段依据淹没线对人口和实物指标进行了调查,但详细的设计表明淹没线上的部分行政村也需要搬迁安置,这是导致项目移民数量增加的主要原因。即使在库区停建令下发后,经济的迅速发展使基础设施的数量,尤其是建筑物和村办企业的数量以及补偿费大增。在地方政府的强烈要求下,中央政府同意根据复查的实物指标、最新市场价格和上涨的补偿标准对项目设计进行完善。项目筹资计划与评估时一样。国际开发协会投资 79 万特别提款权,其余的均由中国政府承担。

6 可持续性

6.1 可持续性评定原理

6.1.1 鉴于各子项目目标的实现,项目可持续性发展具有很大的可能性,中国政府对移民后期扶持的承诺进一步加强了项目的可持续性发展。这在移民初期已得到了证实。项目的可持续发展基于以下因素:

(1)移民规划设计遵循的是开发性移民思路。这反映在:①项目目标不仅是恢复而且要提高受影响人口的整体生活水平;②制定了详细的开发措施;③为移民安置提供了充足的资金。

(2)公众高度参与了小浪底枢纽工程的建设。移民安置方案得到了各行业公众的支持,包括安置区政府和居民。

(3)小浪底移民规划、设计和实施采用的是公共协商和公共参与的方法。这一做法确保了移民安置方案建立在充分了解受影响人口的社会、文化、经济特点的基础之上。

(4)项目为将来可持续发展提供了所有的基本条件,包括住房、基础设施、公共设施和耕地。

(5)移民新村功能齐全,有经过选举产生的村委会,有学校、诊所和村委办公室。供水、供电、卫生和环境设施(如垃圾集中处理及村外排水)都投入了运行。由于环境条件的改善,移民新村传染病发病率仅为搬迁前的 5%。

(6)所有弱势群体(包括老弱孤寡和儿童)通过政府和社区的努力都得到了妥善安置。

(7)移民村在社会和经济方面均与安置区居民进行了很好的融合。实际上安置县和乡政府实施了移民安置方案。移民的生产开发是根据当地社会和经济发展规划的总体指导思想进行的,并很好地融入到了当地的经济之中。

(8)移民安置点位置一般都利于移民未来的发展。这是规划遵循的一个原则。大多数移民村距城较近,新安置点距市场近、信息灵通、非农业就业机会较多。

(9)尽管所有的目标大都得到了实现,但政府承诺要全面实现项目目标,尤其是还未达到收入目标的少数移民的收入恢复。这一承诺体现在对移民提供了广泛支持,并制定了移民后期扶持方案。

6.2 转入正常运行的过渡

6.2.1 移民安置分阶段进行了实施。各阶段都进行了竣工验收。最后一次验收是根据水利部在 2003 年末印发的关于小浪底水利枢纽工程(移民)验收办法进行的。2004 年国家发改委将对项目进行最终验收。尽管项目将在国家终验后正式移交给地方政府,但项目实质上已进行了移交。安置区政府完成了整个移民的安置。他们从一开始就参与了移民项目,并对移民提供了社会、经济方面的服务。事实上移民已经平稳过渡。

7　世行和借款人的表现

世行

7.1　借款

7.1.1　世行从项目准备到实施的表现是令人满意的。在准备阶段,世行和国内外专家一起对项目设计、安置方案、环境影响评价和管理计划以及建立监测体系方面给予了帮助。实践证明这些帮助在确定项目设计和移民安置策略方面发挥了重要作用。

7.2　监督检查

7.2.1　世行对项目进行定期检查并对项目实施给予了高度重视。世行共派检查团24次(平均每年两次)对项目实施情况进行监督检查。世行检查帮助项目调整、完善了移民安置方案,发现了实施过程中存在的重要问题并与有关移民机构和国家部委一起解决这些问题。总体来说,世行检查对项目实施单位提供了很大的帮助,确保了项目目标的实现。

7.3　世行总体表现

7.3.1　世行总体表现评定为满意。世行在项目准备阶段对水利部和小浪底建管局移民局提供了帮助,对实施单位给予了指导,解决了重要问题。这些工作对项目的顺利完工发挥了很大作用。

借款人

7.4　准备

7.4.1　准备阶段政府的表现是令人满意的。水利部和小浪底建管局与省和地方政府一起制定了协调的移民安置方法和行动计划。1986年进行了首次实物指标调查,1992年进行了补充完善。但鉴于1992~1994年农业宏观经济发生了巨大变化,小浪底建管局于1994~1995年进行了全面复查,确认了项目影响和投资大幅度增加。项目设计在中期审查时作了相应调整。从水利部到村各方都参与了详细设计和实施规划的制定。为适应新的要求和变化,政府采用灵活的方式进行阶段性规划和设计。

7.5　实施阶段政府表现

7.5.1　政府在项目实施阶段,总体表现是好的。按照规划建立了各级项目办,并配备了足够的工作人员,为监理监测工作制定并落实了一套管理制度。小浪底移民项目实施过程是一个复杂、坚巨而又具有高度参与性的过程。各阶段移民都有针对性的规划和设计并同时给予了实施。小浪底建管局移民局和省移民办对项目进行有效管理并顺利完成了移民安置方案。

7.6　实施单位

7.6.1　小浪底建管局提供了足够的资金确保项目的顺利实施。聘请RPDI为设计单位,对移民设计重大变更和修改进行审批。这一参与式做法是保证质量、控制资金的重要措施。聘请黄委会移民局为监理单位对各县的施工进行检查。实践证明这一做法在确保移民村工程质量、土地开发及进度方面尤为重要。此外,还聘请华北水院为独立监测单位,聘请设计院环境处对环境工作,尤其是实施过程中对各移民村的公共卫生情况进行检查。实践证明,这些监督机制在项目管理体系中是非常重要的。

7.7　借款人总体评价

7.7.1 借款人的总体表现是满意的。政府对项目成功的承诺兑现得特别好。借款人在项目区实物复查后对主要变化作出了快速反应,拨付了所需资金。水利部在项目每一阶段的关键时刻召开协调会确保所有问题得到解决。项目工期基本没有滞后。

8 经验教训

小浪底移民项目是第一个独立利用世行贷款的移民项目。该项目积累了很多成功的经验也有一些教训。最为重要的经验教训如下:

(1)开发性移民是移民项目成功和可持续性发展的基础。采用这一方法不仅使项目搬迁安置了移民而且确保了受影响人口生产生活的提高和可持续性发展。这表现在设定了项目目标、设计原则、整体实施进度和政府对移民后期扶持的承诺。

(2)政府强有力的承诺对项目顺利实施至关重要。政府建立了广泛的机构体系,配备了足够的人员,及时向移民项目提供足够的资金,实行后期扶持政策。这些均保证了项目的顺利实施及移民和安置区居民的可持续发展。

(3)足够的机构能力和有效的管理体系是成功的条件。水利部,河南、山西两省,黄委会移民局和黄委会设计院在水库移民规划方面有丰富的知识和经验,这些都是项目的财富。根据项目要求,政府为移民实施建立了多层次的组织机构,共有职员 1 505 人,并对他们进行了广泛的技术培训。

(4)实践证明,独立的监理、监测机制对水库移民管理是重要的。项目聘用了一家独立的监测单位、移民监理单位、公共卫生监测单位、环境监理工程师和国际咨询专家组,这些做法增强了项目实施能力,提高了项目管理体系的功效。

(5)保持项目设计单位提供技术服务不仅是必要的也是重要的。黄委会设计院作为移民规划和设计的技术咨询和审查者继续参与移民实施工作,在完善和优化项目设计方面提供了重要的咨询服务。事实证明这是非常必要的,尤其是规划和实施均采用了公众参与的方法。

(6)水库移民的设计和实施必须采用公共协商和公共参与的方法。项目采用了这一方法,保证了移民社区的全面参与,使他们关注的问题、他们的要求和需求都纳入了移民设计之中。

(7)资金及时到位是项目实施成功的关键。项目从未发生资金短缺,从而保证了项目及时、顺利的实施。但由于调整的概算批复较晚,大部分资金都是预支的,给项目实施带来了麻烦和困难。

(8)项目实施证明,实施工作的顺利进行要求各地方政府和政府机构之间密切的配合和良好的协调。除个别情况使移民安置有所拖延外,项目的协调工作大都不错。

(9)安置区居民积极、尽早地参与是重要的也是必要的。在项目中,安置区政府不仅参与了移民规划和设计,而且实施了移民方案。这为移民向正常生活秩序过渡创造了有利条件,并有助于促进移民和安置区居民社会经济的融合。

(10)生产开发始终应为移民工作的核心。鉴于小浪底移民规模,移民工作的重心更多地放在了移民设施迁建方面,使生产开发项目启动较晚,移民生产生活水平恢复较慢。在移民项目开始实施时就对生产开发给予同等的重视是重要的。

9 合作人的意见

9.1 借款人实施单位

9.1.1 项目概况

小浪底移民项目分四个阶段实施,即坝区,库区一期、二期和三期。世行贷款用于库区一期、二期的移民搬迁安置。根据1994年实物指标的复查,项目影响河南省济源市、洛阳市的孟津新安、三门峡市的渑池和山西省运城市的垣曲、夏县、平陆共8个县(市),29个乡镇,需搬迁12个乡镇、43个乡镇外单位、182个行政村、78家工矿企业。淹没影响住房面积725万 m²,土地381 870亩,其中耕地181 790亩,12个小型水电站、658km灌渠、688km道路和548km的通讯线路,受影响文物古迹109处。移民人口总计172 487人。

移民安置区还涉及了义马、孟州、温县、原阳、中牟和开封等县(市),安置区影响59个乡、397个村、54.5万人。为扩大移民安置环境容量,项目还建设温孟滩河道工程及放淤改土工程和后河水库及灌区工程作为移民安置的辅助工程。

小浪底移民项目初步设计于1986年至1991年完成。1997年和1998年水利部和原国家计委对技施设计阶段库区移民安置规划及概算进行了审查和批复。移民项目总投资90.3亿元人民币,其中使用世界银行软贷款1.1亿美元。

小浪底工程移民安置工作实行"水利部领导、业主管理、两省包干负责、县为基础"的管理模式。水利部负责小浪底移民安置的宏观协调工作;小浪底建管局具体负责移民安置管理工作,下设移民局为日常办事机构;河南、山西两省以及有移民任务的市、县设立移民工作管理机构,在各级政府领导下,负责本行政区范围内小浪底移民安置工作。黄河勘测规划设计有限公司、黄河工程咨询监理有限责任公司、河南华水咨询服务公司受委托分别承担小浪底移民项目的设计、监理和监评工作;应世界银行的要求还聘请了环境移民国际咨询专家组,对包括环境保护在内的整个移民项目进行咨询服务。

9.1.2 项目实施情况

根据工程建设进度及水库运用方式,坝区移民于1991~1994年完成搬迁安置;库区一期移民从1994年开始实施,到1997年6月底完成;库区二期移民从1998年开始实施,到2001年6月底基本搬迁安置完毕;库区三期移民于2002年开始,2003年底基本完成。截至初步验收之日,已实施移民搬迁安置19.8万人,建移民安置点247个,为移民建房625.21万 m²,调整划拨生产用地20.4万亩;迁建乡镇11个;交通、供电、通讯、广播等专项设施已按规划要求完成了迁(改)建,工矿企业、库底治理、文物处理和档案管理分别按规划和有关要求实施完成。

项目重视移民生产开发工作,积极引导和扶持移民加强农田基本建设,调整产业结构,大力发展种养业、加工业、商业、服务业以及组织劳务输出等二、三产业,狠抓生产措施落实,为移民增收拓宽了渠道。

村、镇住宅与基础设施迁建已经完成,标准较原来有了较大幅度的提高,满足了搬迁移民的需要。对工矿企业及有关单位的迁建进行了补偿,部分进行了重建,部分予以合并和撤销,其中的非农业人口均得到了妥善安置。

9.1.3 项目的主要评价

我们对世行的实施竣工报告进行了认真的阅读和研究,基本同意世行报告中的内容和结论。同时,水利部会同两省政府在2004年元月对小浪底移民项目进行了国内初步验收,认为小浪底移民项目各项目标已按规划设计要求全面完成,总体质量评定为优良。项目环境保护工作也通过了国家环保局主持的验收。验收中的主要评价有:

- 小浪底移民项目实行"水利部领导、业主管理、两省包干负责、县为基础"的管理体制,坚持开发性移民方针,坚持"以人为本",管理科学、规范。通过加强前期规划设计工作、加强项目业主管理职能、强化地方政府包干目标责任制、建立监理监测制度、强化计划管理、加强移民资金财务管理,把移民工作纳入基本建设管理轨道,移民项目实施进度满足了枢纽工程建设和效益发挥的要求,移民安置效果较好,集镇和专项设施功能得到了恢复和改善,投资控制较好,移民比较满意,库区社会秩序井然。在移民工作中,参与各方立足实际,开拓创新,积累了丰富的移民工作经验,特别是在同国际管理模式接轨方面取得了一定的成绩,对国内其他工程移民工作具有很好的借鉴意义。

- 农村移民基本完成搬迁,安置点基本建成,住房得到了落实,基础设施配套完善,公益设施相对齐全,移民生活条件得到了显著改善和提高。生产用地基本按规划的数量和质量划拨移交到位,生产安置措施基本得到落实,生产开发取得初步效果、态势良好。移民个人补偿资金已经兑付,集体补偿费大部分已兑付,且较为公开、透明。移民后期扶持政策已经明确。移民基本得到妥善安置,绝大多数移民对安置状况表示满意,库区社会秩序井然。

- 乡镇迁建、乡镇外单位迁建、库区和安置区专项工程建设、工矿企业处理等项目实施能够按基本建设程序管理,已按规划设计基本完成,原功能得到了恢复和提高,并进行了验收和移交。

- 两省移民办组织有关市、县移民部门,按照库底清理有关技术规范要求,先后完成了 EL180m 以下、EL180~215m、EL215~235m、EL235~265m 和 EL265~275m 的库底清理,并分别通过了阶段验收,保证了水库正常运用。

- 移民资金财务管理制度比较健全,基本能够按照基建程序拨付使用资金,强化内外部监督机制;资金拨付较及时、运作较规范安全,基本符合相关规定。

- 温孟滩工程于1993年10月正式开工,2000年底主体工程全部完工。在1995年至2000年期间改土工程随着分区验收合格后按有关规定办理了移交手续,满足了移民安置需要,2003年12月该工程通过了水利部主持的竣工验收。后河水库工程于1996年10月正式开工,2003年6月全部完工,小浪底建管局会同山西省水利厅组织进行了竣工验收,并移交运城市后河水库管理局,移民已从中受益。

- 文物古迹已按国家批复的规划处理完毕,专业部门出具了水库可以蓄水的证明。

- 移民档案管理制度健全,保管措施得当,管理程序严谨。各类档案资料基本齐全,案卷分类科学、组卷合理、整理规范、保存完好,能够比较真实地反映移民工作的历史情况。

- 项目十分重视环境保护工作,建立了较为完善的环境管理体系,在国内首次引入了环境监理机制,通过对各级环保人员的培训,实行了村级环保员制度。在移民村推广普及了双瓮厕所,关注人群健康,加强环境监测,预防和控制了流行性疾病的发生。

9.1.4 对世界银行在小浪底移民项目上的评价

从小浪底水利枢纽工程正式通过世界银行的评估后,1993年世界银行开始对小浪底移民项目进行单独评估,1994年6月签署了《小浪底移民项目开发贷款协议》。协议签署后,世界银行每年两次派团对小浪底移民项目信贷协议执行情况进行监督检查。

● 项目确定。世行在选定项目时严格遵循了世行要求,同时也吸收并听取中方对项目的具体意见,为项目准备提供必要帮助,与中方人员一道认真研究,明确项目目标,确定项目区范围、贷款额度、确定各项措施数量、投资和支付比例等。世行专家多次赴项目区实地指导,为项目准备提供帮助。

● 项目准备及评估。为作好项目准备,世行多次派团来华帮助中方开展项目可行性研究,并积极提供帮助和培训中方技术人员,为中方顺利完成项目准备和可行性研究提供了支持和帮助。世行于1993年对项目进行了全面评估,在评估中对项目的规划内容、技术支持、组织机构、管理方式、政府承诺、投资估算、效益分析等进行了全面考查并提出评估报告。世行在整个项目准备阶段与中方的紧密配合,促使了项目预评估、评估的顺利通过和项目立项实施。

● 项目检查。自1994年项目实施起至2004年止,世行每年都对项目执行情况进行严格检查,共进行了17次。对于检查中发现的问题,世行能够及时与中方进行沟通并提出合理的解决建议。特别是对直接影响移民权益保护的问题,世行人员特别关注,多次深入市、县、村等机构进行调查和督促,世行人员对工作就就业业、一丝不苟的精神,给中方人员留下了深刻的印象。移民中许多重大问题的解决(如温孟滩土地质量问题和后河的土地平整问题等)都凝结着世行人员的辛勤汗水。世行还帮助中方举办了多次移民业务培训和环境管理培训,提高了管理人员和技术人员的素质。世行的直接帮助,是小浪底移民项目得以顺利进行的基础之一。

9.1.5 世行表现总体评价

小浪底移民项目在世行介入后,一些先进的理念和工作方法在项目实施中体现了出来,移民安置质量和管理等各方面均得到了较大的提升。主要表现在以下几个方面:①前期工作深入细致,移民的参与、环境容量优先的理念和备用方案的选取等,为小浪底移民的前期工作打下了良好的基础;②帮助建立了一套较为完善的管理体制,加强了业主管理的作用和监理监测等监督制度的作用,保证了项目的顺利进行;③对实施中重大问题的跟踪落实,使移民利益得到了切实的保证;④关注移民环境保护工作,为移民区的长治久安打下了坚实的基础;⑤注重移民的社会适应性调整,保证了移民利益和以人为本理念的贯彻;⑥更加重视移民的培训工作,使移民尽快适应了当地的生产生活环境,减少了移民的过渡期。

总之,世界银行对小浪底移民的参与,加速了小浪底移民项目目标的实现,培养了一批高素质的移民干部,加快了我国移民工作与国际接轨的步伐。世行的参与是小浪底移民项目成功的重要因素。

第二节　环境管理

小浪底移民项目有效地执行了人员评估报告所规定的、信贷协议中所达成的环境管理计划。该计划的实施令人满意，实现了一些主要环境目标。2003 年 7 月，国家环保机构经过全国范围内的评估，对国内 100 家环保型投资项目进行了评比，小浪底枢纽工程（包括小浪底移民项目）位居第 3。该项目在环境管理方面采用了一些创新方法，其在环境管理方面的经验和教训对中国今后的投资项目具有极其重要的价值。

一、主要环境影响及环境管理计划

项目环境影响评估报告 1992 年开始编写，它详细阐述了项目在环境方面的影响。涉及影响的环境问题主要有：①水库淹没和移民；②文物；③安置区的移民活动；④移民和安置区人口的公共卫生；⑤企业的搬迁与发展；⑥库底清理。

编写一个综合性环境管理计划是环境影响评估报告中的一项重要内容，该计划详细阐述了小浪底枢纽工程和移民项目的环境管理任务。环境管理计划包含了小浪底移民项目实施中环境管理活动 10 方面的内容：①环境管理体系的建立和运行；②移民村的环境管理；③移民企业的环境管理；④安置区的环境管理；⑤库底清理；⑥文物；⑦环境监测；⑧环境培训；⑨聘用国际专家组；⑩提供环境管理资金。

二、环境管理计划的实施

（一）建立环境管理体系

1994 年以来，小浪底移民项目建立了环境管理体系来实施环境管理计划。该体系为国内首创，在项目实施过程中成立了环境管理办公室，引进了环境监理工程师、村环保员及专家组。详细阐述如下。

● 小浪底建设管理局移民局在 1994 年成立环境管理办公室，负责管理和检查环境管理计划的实施。与移民安置设计单位及环境监测单位的几位技术咨询人员签订了合同，由他们向环境管理办提供技术服务。

● 在环境管理计划实施期间，环境管理办公室从设计院聘用了一支环境监理工程师队伍，负责环境监理、监测工作并对当地移民办提供现场技术服务。该队伍共有 6 名环境专业人员。

● 每个移民村都选聘了一名村环保员，村环保员通常是一名村委会成员，文化程度相对较高。所有村环保员都进行了专门培训，他们在环境监理工程师的指导下负责村里环境管理计划的实施工作，包括设置环境设施及落实公共卫生计划等。

● 小浪底建设管理局移民局还成立一个国际环境移民专家组。环境专家小组每 6 个月都要检查一次有关各方的环境管理工作情况，并把检查结果报告给小浪底建设管理局移民局，提出改进建议。

另外，该体系还涉及省、县移民办，河南、山西省文物研究所，其他环境监测单位以及地方环保局。

移民安置区环境管理体系及各协作单位关系见图1。

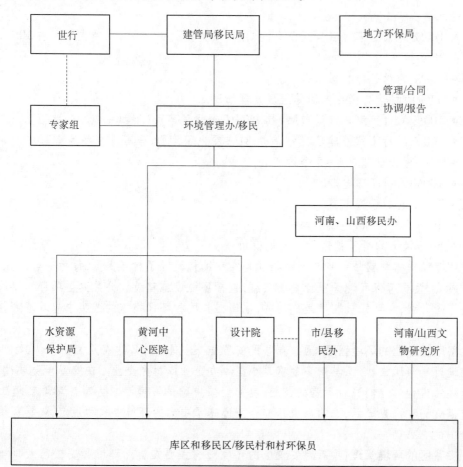

注:小浪底建设管理局移民局,全面负责小浪底的实施;环境管理办,全面负责小浪底移民环境管理;黄河水资源保护局,负责移民村饮用水质量监测;黄河中心医院,负责公共卫生;设计院,提供环境监理工程师(环境检查员);省和地方移民办,负责管辖区移民实施;河南/山西文物研究所;村环保员;专家组每半年会面一次,审查各方的环境执行情况。

图1　小浪底水库移民项目环境管理体系框图

为了确保该体系有效、顺利地运行,成立相应的汇报机制。环境管理办每半年编写一次报告,向地方政府、专家组和世行检查团汇报。

以环境管理办为中心的管理体系总的来说效果良好,确保了环境管理计划的实施,实现了该计划中的主要目标。小浪底环境管理经验说明,该体系对大型移民项目,如中国的小浪底移民项目和其他发展中国家的移民项目是必要的。

移民村的环境管理:向移民新村移民人口提供环境和公共卫生设施并使之运行是环境管理计划的重要内容。这些设施,如住房、供水、排水、道路、固体垃圾处理、粪便处理、医疗和学校卫生设施等大大改善了移民的卫生条件,对防止疾病或流行病起了很大的作用,因此保护了移民的身体健康。已向移民村提供的设施有:

- 100%的家庭都能供水,其中80%的家庭和院落是自来水,其余20%的家庭都有自己的水井。
- 100%的家庭都有卫生或改良的厕所:双瓮厕所占64%;水冲式厕所占10%;单瓮厕所占26%。
- 100%的村子都有排水系统。
- 57%的村子有指定的固体垃圾处理场所。
- 100%的村子里都铺设道路,其中74%硬化了路面(混凝土或柏油路面)。
- 100%的村子都修建了村外道路,81%硬化了路面(混凝土或柏油路面)。
- 每个村子里都有1~5个诊所。
- 100%的村子通电。
- 100%的村子通电话。
- 100%的村子都能收看电视节目。
- 50%以上的村子都进行了大规模植树。

环境保护措施实施的一个新举措就是在移民村设置了村环保员,每村一名,一般是村委会成员,负责确保环境管理计划的实施,包括环境设施建设和公共卫生项目的实施。小浪底经验表明,村环保员制度是成功的,他们在移民村环保措施的落实中起着不可替代的作用。

移民村企业的环境管理:因工业移民安置方案被取消,只建有几家企业。只有34个企业进行了搬迁或转产,其中多数都是小型乡办企业或村办企业。在安置和发展过程中,当地环保机构对他们进行严密的监测,使他们按中国的环境要求办事。环境监理工程师的定期监测和调查显示,总的来说这些企业遵守了中国的环境要求和规定,包括环境影响评价中的有关要求。

安置区的环境管理:项目对安置区的环境影响主要在自然环境和安置区人口生活质量方面的影响。最担心的一个问题是,移民搬到安置区后,因集中开发土地,可能会对野生动物、森林和土壤侵蚀造成压力。在项目详细设计时,已考虑了防止造成这种影响的措施。重点放在了防止在移民区砍伐树木,并积极植树。另外,许多村民村已响应了政府"退田计划"即退耕还林计划。移民项目对自然环境的影响十分有限。

1996年以来,公共卫生监测计划在移民村和安置区进行了实施,包括库周地区。监测计划包括疫情调查、对5个移民村和4个安置村村民进行体检等。监测结果表明,项目实施未对安置区的公共卫生造成不利的影响。

环境监测:项目环境监测主要包括环境管理计划实施监测、移民村水质监测、移民和安置村民的公共卫生监测等。环境监理工程师对移民村和移民企业在落实环境管理计划方面进行了监测。实践证明,环境监理工程师的介入效果良好。正常的监测能及时促进有关环境问题的信息流通,有助于环境管理办公室作出有关管理决定并使之得到及时执行。

环境管理办公室聘请水资源保护局负责移民乡、村的饮用水质量的监测。监测范围涉及所有的移民村。监测结果对移民点的选择,保证移民饮用水的安全都发挥了作用。

黄河中心医院负责移民和安置区村民的卫生防疫工作。从1998年起,黄河中心医院对移民和安置区居民进行了体检。体检结果显示没有爆发国家级传染病(1~2类),移民村和安置村、县内安置和出县安置的移民村在病例和发病率方面没有明显的区别。

黄河中心医院分别在 1996 年、1998 年和 2001 年对小浪底地区的疫情进行了调查,从调查结果可以得出如下结论:

● 与 1985 年小浪底开工前相比,传染病发病率没有明显增加,这说明小浪底项目对该地区的传染病没有重大影响。

● 1992 年环境影响评估报告中提出的 3 种主要传染病是:疟疾、出血热和脑炎,发病率逐年下降,从 1986 年至 2000 年分别从 2.56/100 000 降低到 0.22/100 000;从 8.68/100 000 降低到 0.16/100 000;从 3.65/100 000 降低到 2.44/100 000,这说明在小浪底地区,环保措施的落实是富有成效的。

库底清理:根据水利部颁发的库底清理规定,库底清理分 3 个阶段进行。按照水利部的要求,县级移民办牵头组织、实施库底清理工作,有关的卫生、防疫和环保机构参加。每次清理首先由小浪底建设管理局移民办、省移民办、省环保局、设计院和其他有关机构的代表组成的验收组进行检查和验收;最后由水利部组织的有关官员和专家组进行验收。分别在 1997、1999、2000、2001 年和 2003 年进行了库底清理,共计 5 次,均通过了验收。

环境培训:国际专家组负责对环境管理办人员和环境监测小组提供基础培训。1998 年到 2002 年,环境管理办公室和省移民办共组织了 5 次村环保员培训班。实践证明,培训十分有效。尽管专家组会议期间进行的培训很有价值,但小浪底环境管理方面还存在着一定的差距,即缺少对小浪底建设管理局移民局、环境管理办职员,省、县移民办环保干部及环境监测单位的职员进行系统的培训。这一差距对执行环境管理计划,尤其是在计划开始实施的阶段,造成了许多不必要的困难。

我们从中得出的教训是:①在以后类似的工程项目中,有必要进一步强调按贷款协议中的环境要求行事;②在项目初期,针对有关环境要求,对实施环境管理计划的所有参与方举办培训班(研讨班)。

聘用国际环境专家组:按照项目信贷协议的要求,1994 年,小浪底建设管理局移民局成立了环境移民国际专家组。专家组有两名外国专家,7 名国内专家,其中 3 名组成了环境专家小组。1994 年到 2000 年,共召开了 12 次专家组会议,编写 12 份咨询报告。小浪底经验表明,聘用国际专家组是必要的,也是成功的。专家组在指导和推动环境管理体系的组建和有效运行以及成功执行环境管理计划方面发挥了重要作用。

环境管理资金:在项目环境管理计划中,整个计划包括大坝施工和移民的实施费用预算为 1.256 亿元,1998 年移民项目环境管理计划批准预算为 7 224 万元,其中:

● 1 446 万元用于库底清理;

● 3 526 万元用于文物保护;

● 2 252 万元用于移民环境管理计划的其他任务中。

其他任务包括:环境管理办公室的筹建和运行、环境监测、环境监理、环境培训、国际专家组运作和环境补贴专项资金(村环保员及推广双瓮厕所)等。到 2003 年底,上述所有资金全部到位,确保了各项任务的有效完成。

小浪底移民项目环境管理实施效果评估结论见表 1。

表 1　小浪底移民项目环境管理计划实施的总结性评估

项目	任务概述	执行单位	执行状况	评估
1. 成立环境管理领导小组和环境管理办公室	组织并检查环境保护活动的实施情况	小浪底建设管理局	执行	非常满意
2. 地震监测	建管局大坝工程环境管理办的工作		不适用	
3. 规划、监测移民实施情况	(1) 完成移民区的环境影响评价；	当地移民办、环保局、移民环境管理办聘用的专家	执行	满意
	(2) 组织并执行移民规划中环境方面的任务；		执行	满意
	(3) 编写移民进度季度报告；		执行	满意
	(4) 对安置区社会经济环境进行年度评价；		执行	满意
	(5) 对开发项目进行环境管理		执行	满意
4. 文物保护	(1) 组织并检查文物保护工作的执行情况；(2) 编写季度报告	省文物局	执行	满意
5. 卫生和防疫计划	(1) 每年对安置区和其他受影响地区 1% ~ 10% 的人口进行体检；	水库防疫站、省、地区和市级防疫站	执行	满意
	(2) 疫情、蚊鼠密度、饮食卫生监测；		执行	非常满意
	(3) 灭鼠、灭蚊预防疟疾、脑炎和出血热；		执行	非常满意
	(4) 向易受感染的地区接种疫苗		执行	满意
6. 水质监测	(1)、(2)、(3) - 建管局大坝环境管理办的工作；(4) 水质分析	黄河水利委员会、水资源保护局	执行	满意

第三节　文物保护

小浪底工程位于中华民族的摇篮黄河之上，修建小浪底水库对许多地下和地上的文化和历史遗址造成了很大的影响。根据中国的政策，文物鉴定、恢复和保护是项目设计整体的一部分，因此要动员一切国内力量来执行文物保护工作，这些工作主要包括勘探、发掘、恢复和保护等。恢复和保护计划的执行令人满意，对主要结果已进行了研究并公布于众。

一、中国政策

就投资项目的文物保护问题,中国政府制定了一系列的法律、法规、技术指南和标准。主要包括文物的确定、分类、评定、处理程序、方法、项目设计和审批时文物保护的责任、施工过程中文物的勘查、钻探、开挖以及修护、保存及研究资金的筹措等。主要原则如下:

● 对于大型土建项目的投资,项目业主应与省文物管理局一道对可能存在文物的场所进行勘查、钻探。

● 如果发现文物,项目业主应和文物管理局对需要采取哪些保护措施达成一致意见,由中国社会科学院审查,国家文物管理局批准。文物开挖结束之前任何土建项目不得开工。

● 如果文物是在施工过程中发现的,土建工程应立即停工,然后通知地方文物管理局。如果文物非常珍贵,地方文物管理局应向省文物管理局汇报,请求处理办法。

● 文物开挖单位及开挖队队长的资格应由国家文物管理局审查并认证。

● 投资项目中文物钻探和开挖资金应由项目业主承担。

二、文物管理体系

对于文物的勘探、恢复和保护,中国有多级管理组织。该项目扩展了管理体系,涉及到几层管理机构:

● 国家级管理单位。国家计委、国家文物管理局,由他们审查并批准文物勘探和保护的项目计划和设计。

● 地方管理部分。省、县文物管理局,由他们指导、组织和监督管辖区内批复计划的具体落实,同时他们还要参与文物的勘探、保存和保护工作。

● 专业技术队伍。有两级专家在项目上工作,一个是国家和省级研究机构,包括中国历史博物馆、郑州大学、中山大学、武汉大学、河南文物研究所、山西文物研究所、河南古建筑研究所、中国地质大学、中国人民解放军测绘学院,另一个是市、县研究所和考古队。

就文物保护的详细设计和实施问题,小浪底建设管理局移民局与河南省文物局签订了一项合同。河南省文物局组建了一个领导小组,成员来自各相关单位。他们还组建了几个考古队。对每个认定的文物遗址,组建了具体的开挖小组,并任命组长。重要遗址另立项目处理,对每个遗址成立独立的开挖小组。国家级专家涉及多种学科,他们的参与优化了开挖设计方案,在开挖、恢复期间提供了许多宝贵的建议,充分体现文化遗产的研究价值。

三、文物保护规划

河南省文物保护局和项目主要设计单位黄委会设计院一道,按照国家法律、法规和工作程序制定了项目运行程序,把文物保存和保护工作很好地纳入到移民规划和设计的不同阶段。

除了经过审查之外,每个开挖遗址必须得到国家文物管理局的批准和认证。

鉴于项目区文化的重要性以及项目造成的影响,在国家文物管理局指示河南、山西两省文物局开始进行库区文物勘探和实物调查后,1982 年开始了有关文物勘探和保护方面的勘察、规划和设计工作。动员了国家和地方专家组进行这些大型的勘察工作,参与此工作的国家和地方专家共有 100 多人。勘察首先从土建工程的布局开始来确定调查的范围和进度计划。专家组研究了相关的历史文献、当地记载以及考古历史,访问了当地的群众尤其是老年人并作野外勘察。就文物、古墓、地面古建筑和碑文等的位置、范围、状况、年代通过绘制方法保存了详细的记录。在进行考古工作的时候,又进行了 3 次大规模的调查。调查结果在专题报告中进行了阐述,对遗址方位进行了绘制并根据有关政策按其重要性进行分类,然后作出预算。此项工作一直持续到 80 年代末。调查实物汇入到 1991 年淹没处理和移民安置规划的初步技设中。

实物调查确定了 180 处具有重要文化意义的遗址,其中,129 处是地下遗址,年代从新石器时代到宋代,占地面积 327 万 m²;40 处是地上遗址,年代从中石器时代到宋代,占地面积为 207 万 m²。当地专家组审查了这些调查数据和现场报告,建议在 326.5 万 m² 的范围内进行钻探,在 327 万 m² 范围内进行现场开挖。依照国家标准分类,对地上文物采用了不同的处理方法,包括出土文物全部搬迁、主要构件搬迁、制作模型、处理、汇编资料并进行跟踪研究等。所有这些都包括在详细设计中。水利部和国家计委在 1993 年审查并批准了项目初步技术设计,包括文物勘探、开挖和保护的策略和行动计划。该初设随着各阶段移民安置方案的详细设计得到补充完善。

四、保护措施的实施

按照计划,主要工作包括:地下遗址开挖、处理、编档、出土文物的跟踪研究、地上文物的处理如搬迁、制作模型等。

1994 年 9 月大坝动工时,也开始了大规模的开挖。河南和山西两省文物研究所的专家先进行野外考察工作,同时动员全国其他专家参与,这些专家来自全国各地,如中国历史博物馆、西北大学、中山大学、中国科技大学、北京师范大学、中国社会科学院地质研究所、古代无脊椎动物和人类研究所、生物研究所、中国社会科学院考古研究所。同时在投资项目中这也是第一个采用多学科方法进行文物勘查的项目。参与勘查的专家来自于各个学科,如现场考古学、科学考古学、环境考古学、动物考古学、植物考古学、历史学、地质学、古人类学、古生物学、古建筑学等。

在库区,地上文物主要有:石窟、石碑、古栈道、寺庙、房子、桥梁、城门等,跨许多朝代共 2 000 多年。采用的主要保护方法有:通过文字、图线、图画和音像等手段进行调查和描述,对重要文物进行搬迁恢复。所有保护和保存工作按计划全部完成。

小浪底建设管理局移民局和河南省文物研究所出版了《小浪底库区考古报告》,系统记述了出土文物的发现和研究情况。许多研究和创作在专业杂志上发表。小浪底文化遗产保护工作和取得的成就见表 2。

表2 小浪底文化遗产保护工作和取得的成就

活动	河南省	山西省
出土的地下文物	● 35个仰韶文化遗址(中石器时代):班村、长泉、槐林、眷兹、西沃、冢子坪、白沟、太涧、荒坡、马洛、马河、杨家、洋湖、寨根、盐东、妯娌、桥沟等 ● 12个龙山文化遗址 ● 商代:交兑 ● 唐末:雍陵 ● 汉、唐、宋代:西村 ● 汉代:盐东储仓遗址 ● 新安函谷关汉代遗址 ● 新安瓷窑 ● 商、汉代十三陵 ● 东周古城遗址 ● 梁庄、仓头古墓等	● 仰韶文化和庙底沟文化 二期:小昭遗址,宁家坡遗址,三家沟陶窑、南堡、下亳、下马、东关、刘庄、五福涧、西河头、西寨、沙坪、龙岩、店头、北堡头、河西、宁家坡 ● 龙山文化:东寨 ● 东周和汉代:上亳文化遗址,东滩、荀古垛、故里 ● 商代二里岗城门 ● 半坡后期文化遗址 ● 南关商城 ● 西关文化遗址、西沟文化遗址、小堆文化遗址 ● 唐、宋代:龙岩文化遗址 ● 东周古墓:西关、新庄、上亳市 ● 古墓:寨里 ● 关于汉、唐、宋、明代黄河通航的书法记载 ● 古城乡小昭村西庙埔文化遗址
迁移、恢复地面文化遗址	迁移、保护新安县西沃石窟及济源唐帝庙	调查、绘制并搬迁位于明、清庙宇;搬迁并恢复关帝庙
勘察地上古宅和古建筑群	绘制、搬迁和修复翔湖古斋、卢府及渑池花岩寺	在席金帮、李学忠、刘文清、温玉跟、张银林5个遗址,绘制、迁移、修复18个明、清府,共129间,
勘察、绘制、迁移地上碑文和栈道	收藏碑文	绘制并部分迁移明、清代80个铭文
勘察、绘制、迁移地上文物遗址	调查黄河百里胡同约200m古栈道及唐代榆林城并研究黄河的通航情况	勘察、绘制并拍摄汉、唐古栈道5 000m并把部分制成模型

五、预算和资金状况

文物保存和保护预算费用合计为3 526万元。该预算经过了国家计委审查并得到批准。

附件：

THE PEOPLE'S REPUBLIC OF CHINA FOR

CN-XIAOLANGDI RESETTLEMENT PROJECT

Project ID：P003644

Team Leader：Chaohua Zhang
ICR Type：Core ICR

Project Name：CN-XIAOLANGDI
RESETTLEMENT PROJECT
TL Unit：EASES
Report Date：April 20 ,2004

1 Project Data

Name：Xiaolangdi Resettlement Project
Country/Department：China
Sector/Subsector：AI-Irrigation & Drainage
Theme：Resettlement

L/C/TF Number：Cr：2606 – 0 – CHA
Region：East Asia and Pacific Region

KEY DATES

	Original	Revised/Actual
PCD：June 23 ,1993	*Effective*：September 22 , 1994	September 22 , 1994
Appraisal：November 20 ,1993	*MTR*：June 30 , 1996	
Approval：April 14 , 1994	*Closing*：December 31 , 2001	December 31 , 2003

Borrower/Implementing Agency：Ministry of Water Resources/ Yellow River Water Hydropower
Development Corporation
Other Partners：

STAFF	Current	At Appraisal
Vice President：	Jemal-ud-din Kassum	Gautam Kaji
Country Director：	Yukang Huang	Nicholas Hope
Sector Director：	Mark D. Wilson	Joseph Goldberg
Team Leader at ICR：	Chaohua Zhang	Daniel Gunaratnam
ICR Primary Author：	Chaohua Zhang	

2 Principal Performance Ratings

（HS = Highly Satisfactory, S = Satisfactory, U = Unsatisfactory, HL = Highly Likely, L = Likely, UN = Unlikely, HUN = Highly Unlikely, HU = Highly Unsatisfactory, H = High, SU = Substantial, M = Modest, N = Negligible）

Outcome: S

Sustainability: HL

Institutional Development Impact: H

Bank Performance: S

Borrower Performance: S

	QAG (if available)	ICR
Quality at Entry: Not available		S
Project at Risk at Any Time: Not available		M

3　Assessment of Development Objective and Design, and of Quality at Entry

3.1　Original Objective

The objective of the project is to resettle, restore and improve the livelihoods of 154 000 people directly and 300 000 host people indirectly affected by the construction of the Xiaolangdi multipurpose dam, and to minimize the adverse effects of their social adjustment to their new environments.

3.2　Revised Objective

The objectives of the project remained the same during the project implementation phase. Though ten years have passed since its appraisal, these objectives as stated in the SAR remain consistent with the current China CAS and the current international understanding, policy and standards in reservoir resettlement that have seen significantly raised expectations and requirements.

3.3　Original Components

The main components of the project consisted of the following.

A　Residential and Infrastructure Reconstruction for Villages and Towns.

B　Transfer of Resettlers.

C　Planning and Design and Institutional Support.

D　Livelihood Development.

In addition, the project also includes the following important activities under the project. They are described in detail in the SAR, but not stated as project components.

E　Social Adjustment.

F　Consultation, Participation and Grievance Redress.

G　Gender and Vulnerable Groups.

H　Environment Management.

I　Cultural Relics Protection.

3.4　Revised Components

The project components remain unchanged. However, there were four changes that affected the scope of all components. Firstly, the proposed new industrial investment to create non-farm jobs for resettlers was cancelled due to the changed macroeconomic situation and the high risks it carries in resettlement. The planned industrial resettlement program was replaced with a land-and-agriculture based alternative program. Secondly, as a result of the above change and the necessity of more resettlement sites, the host population increased from an estimated 300 000 to 545 000. Thirdly, due to technical design changes, the affected population under the project was increased from 154 000 to 172 487. Lastly, the Reservoir Phase III Resettlement Program planned for implementation during 2010 ~ 2011 was advanced to start in 2002.

3.5　Quality at Entry

There was no quality at entry assessment.

4　Achievement of Objective and Outputs

4.1　Outcome/Achievement of objective

Achievement of the objectives and outputs under the project was satisfactory. The project has essentially completed its resettlement program. Nearly all resettlers have moved into new houses in their new villages, with complete infrastructure and public facilities. Infectious disease incidence has decreased significantly. Living conditions and environment have substantially improved. Replacement land has been allocated to the resettlers and various livelihood activities have been under implementation. Independent assessment indicates that the majority of the resettlers have improved or restored their living standard.

A　Resettlement of 172 487 people. The project has largely completed its resettlement program. A total of 227 villages and 12 towns have been established and 172 487 people in 52 269 households have moved into new houses. Monitoring and supervision data indicate that the housing conditions and physical living environment of the resettlers have substantially improved as a result of the project. The new settlements are complete with infrastructure and public facilities, with improved access to market, services, information and various non-farm job opportunities. The majority of the resettler villages moved as a community so that social networks and kinship are maintained. The host population have also benefited from the improved infrastructure. There are 1 500 people who have not moved with their fellow villagers to the agreed and developed resettlement sites. The reasons are complex. The project offices have been working with them to finalize the optimum alternatives. This outstanding issue is expected to be resolved soon.

B　Restoration and improvement of livelihoods. The project implemented its land-and-agriculture-based strategy for livelihood development, with a scaled down non-farm employment program. Land compensation has been delivered to all resettlers and host villages. Replacement land has been purchased and delivered to all resettler villages as planned. Most villages have reached the designed standard per resettler for replacement land. In the villages where replacement land has not reached the design standard, the villages have started alternative livelihood programs with their remaining land compensation funds. All host villages have reallocated their collective farmland and invested the land compensation into productive activities that benefit the entire communities. Monitoring and supervision reports indicate that the resettler villages have started extensive farm and off-farm livelihood programs and that around 70% of the affected population have improved or restored their income level and the rest have reached less than 80% of their previous income level. A major factor for the slow recovery of the 30% of the re-settlers is the unfavorable macroeconomic development in the rural sector in China since mid-90's when farming income growth started to slow down and even fall. The government has agreed and has been working to finalize the operational details for the post-resettlement support program to assist these groups. Full income restoration for all resettlers will take longer than expected.

4.2　Outputs by components

A　Residential and infrastructure reconstruction for villages and towns (US 292. 9 million, SAR; US 483. 2 million, ICR). This component was planned to include i) the construction of new villages and replacement housing for rural resettlers, ii) the residential reconstruction for new towns, iii) relocation of special institutions and iv) reconstruction of affected infrastructure. This component is rated highly satisfactory.

A – 1　Residential reconstruction for villages. The project established 227 administrative villages with a total population of 155 139. All resettlers except the remaining 1 500 have moved into new houses. Monitoring data indicates that the housing conditions and physical living environment of the resettlers have substantially improved as a result of the project. All new villages are complete with basic infrastructure and public facilities, such as power, water supply, drainage and road, schools, clinics, telephone and broadcasting lines. They have improved access to public services such health, education, and better access to market, services, information and non-farm job opportunities.

A – 2　Residential reconstruction for towns. The project required the relocation of 12 towns, with a total population of 17 212, of which 7 693 have agricultural status, and 9 519 are urban residents. All of the affected towns were relocated to new sites nearby with the same administrative jurisdictions and functions. These new towns were complete with basic infrastructure and public facilities. All the town population moved with the new towns.

A – 3　Relocation of special institutions. The project successfully completed its relocation programs for the affected special institutions. These included nursery and seed farms, different management offices and stations as well as a jail. They were provided with replacement sites and reestablished with compensation funds payment at reconstruction costs before actual inundation.

A – 4　Infrastructure reconstruction. All inundated infrastructure were redesigned and reconstructed, including roads, transmission lines, communication lines, broadcasting facilities and water supply works. All new residential areas are serviced now with roads, electricity lines, telephones lines, broadcasting receiving facilities, water supply and drainage facilities.

B Transfer of resettlers (US 7.3 million, SAR; US 9.5 million, ICR). With assistance and guidance from the RPDI and the resettlement offices, the resettlers decided on the villages layout design and location within the resettlement areas. Residential plots were allocated in a transparent fashion in the villages. While village committees were responsible for village infra-structure construction, the resettler households were responsible for their own house construc-tions. All transfer arrangements were made by county resettlement offices and information re-garding transfer were provided to the resettlers before relocation. Physical relocation was organ-ized by county resettlement offices with transport. Various allowances were provided for trans-port, including transportation, medical and compensation for missed working hours. The host governments as well as farmers made various welcome arrangements for the resettlers. The transfer process was smooth and this component is rated highly satisfactory.

C Planning, design and institutional support (US 11.7 million, SAR; US 44.1 million, ICR). This component was to establish the project organizations, provide training and institu-tional support. This component has played a critical role in the phased planning, design and implementation of the project. It is rated highly satisfactory.

C - 1 Project staffing and training. All planned resettlement offices were established at provincial, municipality, county and township level. The Provincial and County Resettlement Offices in Henan and Shanxi Provinces arranged all the training and institutional support com-ponents to all levels of the resettlement offices down to the village levels. These offices were provided with all necessary working offices, equipment and vehicles. Training has been provid-ed to all resettlement officers in various forms, including on-site training, overseas training, lo-cal and international study tours, training class and diploma study in universities. The training covered resettlement planning, financial management, procurement, livelihood development, agro extension, procurement, etc. Project staffing is as follows at various different stages(See Table 1).

Table 1　Resettlement Staff

Staff	SAR			ICR (Actual)			
	Henan province	Shanxi province	Total	Henan province	Shanxi province	Others *	Total
In 1992	101	25	126	101	25	69	195
Initial phase,1993 - 1994	339	65	404	339	65	138	542
Middle phase,1995 - 2000	939	99	1 038	1 042	256	207	1 505
Last phase, 2001	32	79	111	554	136	104	794

* MWRRO,YRCCRO, Design institute, Monitoring and Evaluation organization, etc.

C - 2 Project management system. YRWHDCRO has established a management system for the project implementation. This system extends down to the provincial, municipal and county resettlement offices. It covers financial management, annual planning management, pro-

gress monitoring, reservoir clearance, procurement, disbursement, completion inspection, au-
diting etc. YRWHDCRO had developed a set of management regulations and procedures cover-
ing annual planning and design, planning and design review procedures, progress reporting,
disbursement, procurement, reservoir clearance, completion inspection, grievance redress, in-
dependent monitoring, resettlement supervision, environment and public health monitoring etc.
Project staff at YRWHDCRO, provincial, prefecture and county levels have all been assigned to
follow through the implementation of these rules and regulations.

C – 3　Planning and design. Yellow River Reconnaissance Planning and Design Institute
(RPDI) was the independent designer and played a major role in planning and design prior to
the start of project. RPDI carried out the detailed designs jointly with the provincial, prefecture
and county resettlement offices, including inventory updating, compensation rate evaluation,
assessment of carrying capacity of different resettlement sites, feasibility of different resettlement
alternatives, as well as the cost estimate. RPDI has been in charge of the technical review and
approval of all resettlement designs. During implementation, various changes were made in the
project design to meet actual conditions on the sites. RPDI continued its role through the imple-
mentation process. The effective functioning of RPDI has ensured the quality and efficiency of
the detailed planning and design process, helped significantly with consensus building and co-
ordination in the implementation process.

C – 4　Independent monitoring. Independent monitoring of the resettlement implementa-
tion process is an important part of the project management system. As agreed in the Credit
Agreement, North China Water Conservancy and Hydropower Institute was appointed in 1994
as the Independent Monitor to carry out social economic monitoring of the resettlement program.
The independent monitoring was carried out in line with the "Social Economic Monitoring
Guideline for Xiaolangdi Resettlement Project" and "Implementation Plan of the Social Eco-
nomic Monitoring of Xiaolangdi Resettlement Project" developed and agreed with YRWHDCRO
and IDA. It covered various aspects of the resettlement program for both the resettlers and the
host population. They provided timely feedback for resettlement management and a sound basis
for final evaluation of the resettlement implementation.

C – 5　Resettlement supervising. Replicating the practice of supervising engineer in civil
works construction, YRWHDCRO appointed the Resettlement Bureau of YRCC as the Inde-
pendent Resettlement Implementation Supervisor for the project, reporting directly to the project
owner YRWHDCRO. The supervisor started working in June 1996. The supervisor established
a supervising team and six supervising stations in the field. The supervision covered all aspects
of the resettlement implementation, including resettlement physical progress, fund allocation
and use, construction quality and specifications, contract management and coordination. The
supervising was carried out from the field stations through regular site visits, interviews, meet-
ings as well as review of progress reports.

C – 6　International environment and resettlement panel of experts. YRWHDCRO established this panel in 1994 to assist in the implementation of the resettlement and environmental aspects of the project. The panel consists of domestic and international experts of various expertise and the panel composition changed during different phases of the project when the perceived needs and advice had also changed. The panel has convened 12 times and produced 12 reports. In general, the panel has played a useful role in the project management and provided good advice in its implementation and management.

D　Livelihood development (US 257.1 million, SAR; US 295.7 million, ICR). This is the core component of the project. It was to reestablish the resettlers in their livelihoods, i. e. 50% in farming, 29% in industrial jobs, 11% state farm enterprise workers and 10% government employees. However, the expected shift in rural China to non-farming activities actually happened faster and consequently design changes in this component were made in mid-term review. This component has been completed as designed and is considered satisfactory.

D – 1　Reestablishment of livelihoods in agriculture(See Table 2). This component comprised irrigation and dryland development and the reestablishment of sideline activities to achieve a 5 ~ 10 increase in per capita income for both the resettler and host farming communities. The land replacement and development programs have been completed with the land compensation fund, including land developed in Wenmengtan and Houhe Irrigation area. The project has purchased 197 468 mu (1 mu = 1/15 hm^2) of farmland for the resettlers with part of the compensation funds for their lost land. This includes 112 995 mu of irrigated land. On average, the project has achieved the target of averaged land holding per relocatee at 1. 2 mu.

Table 2　Farmland Allocation For Resettlers

Province County	Actual			
	Land Per Capita		Total land allocation (mu)	
	Total	Of which: Irrigated	Total	Of which: Irrigated
Reservoir Total	1. 39	0. 80	197 468	112 995
Henan Province	1. 37	0. 93	158 995	108 059
Jiyuan City	1. 01	0. 87	29 281	25 111
Menjing County	1. 29	0. 17	12 056	1 635
Xin' an County	1. 31	0. 18	19 437	2 653
Yima City			339	339
Wenxian County	1. 43	1. 43	17 715	17 685
Menzhou City	1. 47	1. 45	45 873	45 301
Zhongmou County	1. 36	1. 29	2 653	2 513
Yuanyang County	1. 1	1. 07	4 506	4 395
Kaifeng County	2. 63	2. 63	7 884	7 884
Mianchi County	1. 95		17 911	
Shanxian County	1. 22	0. 49	1 340	543
Shanxi Province	1. 48	0. 19	38 473	4 936
Yuanqu County	1. 44	0. 20	34 964	4 936
Pinglu County	2. 08	0	2 724	0
Xiaxian County	1. 8	0	785	0

It should be noted that the resettler household land holding varies among relocating villages. Data also reveals that only 169 villages have reached the designed target of per capita farmland holding, about 75% of the total. Monitoring reports indicate that those villages who have not purchased sufficient land have invested the land compensation funds in on-farm irrigation facilities or alternative non-farm income-generation activities. These activities are extensive, including sideline activities, cash crops, small livestock, fishery, agro processing, aquatic poultry and small industrial ventures. These activities helped farmers generate more income than expected.

D – 2　Wenmengtan scheme. This component was to create farmland for 42 000 resettlers through construction of dykes and an improvement as well as reclamation program. To reclaim the area on the flood plain of the Yellow River 118 spur dikes and 52. 98 km of flood control embankment were completed. The warping and reclamation yielded about 200 000 of land area of which 62 000 mu was farmland. The reclaimed land is protected to floods through the embankments to a 1 in 300 years flood and therefore there is very little risk of floods. The reclaimed land had a system of tube wells for irrigation and drainage canals to ensure that groundwater table is kept low. The developed land was allocated to the resettlers. This component was successfully completed and is rated satisfactory.

D – 3　Houhe reservoir scheme. The scheme included completion of the Houhe Dam and irrigation system to irrigate an area of 75 000 mu of land. The dam is a 75 m high concrete gravity type with a central spillway and a lateral outflow tunnel which connect to the main cannel of the irrigation scheme. The irrigation scheme consists of a 58 km main canal, 12 branch canals (191 km) and irrigation of 75 000 mu of farmland. Of the 75 000 mu, 12 300 mu is allocated to resettlers and 50 000 mu is allocated to the impacted host villages and another 12 700 mu is for host people out of the project area. The entire component took eight years to complete but the final completed works were excellent. Due to inter-agency coordination and financing dispute, the completion of the irrigation system was significantly delayed and this has affected livelihood development activities in some of the villages. Eventually all activities required have been completed and the standard are fairly high.

D – 4　Industrial and sideline development. About 21 070 farmers were planned to be moved into non-farm sector and 20 528 of them were expected to be provided with new jobs through the establishment of 84 county and township enterprises. During implementation the government reassessed the feasibility and risks of this resettlement component and decided to scale down the industrial resettlement program. Adjustment was made during the mid-term review to replace the industrial component with a land and agricultural based program, complemented by village industries. Some of the planned investments were implemented. While farming remained the basic livelihood measure for most rural resettlers, their household employment have diversified. Many families went into commercial agriculture, village enterprises, household commercial business, transport and service jobs etc.

D – 5　Reestablishment of factories, mines and other enterprises. This component includes moving and reconstruction of existing manufacturing and mining operations. The inundation affected 789 enterprises, including 13 county enterprises, 105 township enterprises and 446 village as well as 225 private enterprises. Operation-wise, 547 are engaged in mining and the rest are in brick-making, agro-processing and small manufacturing. All village and private enterprises are small workshops, with only temporary staff. The project had completed compensation payment for all. Most of the small village and private operations have taken up their reestablishment on their own with the cash compensation. The project offices successfully implemented the relocation and reconstruction of the few big manufacturing and mining enterprises who have either restarted their operations or switched to new operations. All 3 846 long-term or regular employees have been reemployed in the same enterprises. Additionally, there are 2 332 resettler labors employed in the new enterprises as long-term contract workers.

E　Social adjustment. This component was to formally integrate all social adjustment issues into the planning and design of the different phases of the resettlement program. These relate to farming support services, training and assistance in non-farm employment, consideration of host concerns, transfer arrangements, interaction with the host villages, essential services in the resettlement areas, consultation with and assistance to women. These considerations and programs were not only incorporated into the plan and design of different phases of the resettlement, but also implemented with care during the actual resettlement and rehabilitation process. Tremendous efforts have been devoted to ensuring that the resettled groups and the host population are smoothly and well integrated socially, economically and culturally. This component is rated satisfactory.

F　Consultation, participation and grievance redress. This project followed a highly consultative and participatory process in its planning, design and implementation. The project implemented its information disclosure strategy. All media channels were mobilized to disseminate project information for consultation and participation purpose. Information disseminated relate to the project, resettlement policies, compensation rates and measures, household inventory, resettlement alternatives and site designs, grievance channel. While the governments and the design institutes played the leading role, the resettler communities were the actual driving force in the project. Resettlers participated in the inventory and census, planning and design as well as its implementation of their respective resettlement sites and livelihood development programs. The planned grievance redress mechanism was established, with assigned staff and an operational regulation. The project followed the grievance procedure. The project management also maintained a continuous presence in the field to facilitate early identification and fast resolution of grievances. In general, this system functioned effectively to facilitate smooth implementation. The project practices in this regard are exemplary in reservoir resettlement.

G　Gender and vulnerable groups. Women, children and vulnerable groups account for the majority of the resettlers. Women participated in the entire process of project planning and implementation. Women also played an important and active role in income generation activities. It is estimated that about 34 600 women participated in various skill training. The project had 466 women staff at various levels of the project offices and they participated actively in the project management. There were 29 239 children (aged 7 ~ 16) relocated, about 17% of the total. All resettlement villages have improved access to education and health facilities, with much improved study environment and medical treatment. School attendance has reached 100% with a few exceptions. Vulnerable households refer to the old, disabled, household with people suffering from chronic diseases, households without labour, the widowed and extremely poor. The project identified 1 568 such households, about 3% of the total resettler population. The project had made special budget provisions to help with their resettlement. All of them have received their resettlement entitlements, and have all moved into new houses with assistance under the project. Particular care was taken of the old and widowed people. 62 nursing homes have been established in the resettlement areas for the old and widowed people.

H Environment management (US 3.5 million, SAR, US 8.4 million, ICR). This component was to address the environmental impacts associated with the resettlement program through the implementation of the agreed Project Environment Management Plan. The government established an environment management system which has been effective in the EMP implementation. Under the EMP, the project completed i) provision and operation of the environmental and public health facilities in all new resettlement villages, ii) management of the environmental impacts of established enterprises, iii) management of the environment impacts of resettlement activities in the host areas, iv) monitoring of the EMP implementation, water quality in resettlement villages and public health of both resettlers and host population, v) management of reservoir clearance. In 2001, a Bank environmental thematic supervision mission rated the project very satisfactory.

I Cultural relics protection. This component was to complete the phased planning of cultural relics protection measures and implement the approved action plans. The government mobilized national experts and established a multi-level institutional setup to implement this component. The project completed i) planning and design of protection measures for different phases of resettlement, ii) field survey that identified 180 sites of cultural significance, iii) drill-exploration of 3.26 million m^2 of the area and excavation of 327 000 m^2, iv) protective and preservation measures for identified cultural relics. They include complete relocation, partial relocation, modeling and treatment of the unearthed cultural relics as well as documentation and follow-up study of the underground findings. The total cost of this component was 35.26 million yuan. This component is rated satisfactory.

4.3 Net Present Value/Economic rate of return

This free-standing resettlement project includes an economic development component to ensure restoration and improvement of resettler livelihoods. Of the total investments of $840 million, 35% of the investments ($295 million) were for infrastructure development, land acquisition for productive purposes and for commercialization projects. Of this livelihood development a significant portion of the investments was for infrastructure, 47% ($140.9 million) and 50% ($146.4 million) were land acquisition and for special sideline activities. Infrastructure investments have already boosted incomes and would also enhance sideline activities such as animal husbandry and in some cases aquaculture development. Most of these investments were for land development, irrigation and soil improvement. The EIRR from these investments are between 12.7% to 18.8%. These returns are quite robust and indicate that the projects are economically sustainable and will generate farm incomes which will restore their livelihoods.

4.4　Financial rate of return

The financial rates of return for irrigation are not applicable in this project. Financial assessment has been reviewed for livelihood reestablishment. About 70% of resettlers have recovered their original incomes within the project.

4.5　Institutional development impact

The project had significant institutional impact in the water sector regarding reservoir resettlement and in China. These impacts can be summarized as the following.

- The institutional setup involves 1 505 staff at ministry, provincial, municipal, county and township levels during the peak time. They have received training on various subjects related to project management and resettlement implementation. Many of the staff have gone on local and international study trips. Frequent visits and interactions with international experts have also given them greater exposure to international best practice and standards.

- As part of the management system, the government has developed various rules, regulations and guidelines to manage the project. They are related to financial management and accounting, resettlement planning and design, information disclosure and grievance redress, environment management, livelihood development, cultural relics protection, reservoir clearance, resettlement completion inspection, acceptance and handover to local government. These contributed to local capacity build-up.

- This project has piloted several initiatives in reservoir resettlement planning and implementation. They include mechanisms of independent resettlement monitoring and resettlement supervision, engagement of environmental supervising engineer and village environmental officers as well as independent design institute during resettlement implementation. These proved to have played important roles in the successful project implementation and are of much value in reservoir resettlement planning and implementation.

5　Major Factors Affecting Implementation and Outcome

5.1　Factors outside the control of government or implementing agency

Around mid-90's, macro economic situation worsened for rural industries and this triggered a reevaluation of the feasibility of the planned industrial resettlement component. Considering the high market risks, the proposed new industrial investments were cancelled and the industrial resettlement component was replaced with a land and agriculture based program. Market failures also terminated the proposed non-farm employment program in existing enterprise in Yima City. An alternative employment program was proposed instead.

In the past decade, farmers have experienced grave challenges as prices of agriculture output fell causing little growth or even falling of farmers income. Therefore the rural resettlers, like most farmers in China, have started losing confidence as well as enthusiasm in farming and have turned their attention to sidelines and non-farm opportunities. Consequently, the allocated farmland did not generate the expected income while the income from non-farm activities have gradually become an important source of household income.

The past decade also saw successive nature disasters in the project areas in the past few years such as drought and flood. They have significantly reduced farming income and further slowed down income recovery for the project resettlers.

Regular and frequent Bank supervision affected project achievement positively. The Bank supervised the project twice a year and helped with the faster identification and resolution of problems. This is particularly helpful in bringing about quicker resolution over inter-agency disputes and policy decisions.

5.2　Factors generally subject to government control

Strong government commitment. This is vital to the completion of the project and sustainable development of the resettlers and host communities. This is demonstrated through i) providing the required financial resources for the project completion, particularly when the cost increased substantially, ii) mobilizing all other relevant government agencies in the project areas to join in the project implementation efforts and iii) instituting an extensive supervision effort.

Long review process of the revised budget. The government updated the project inventory of impacts during 1995 ~ 1996. This update witnessed a significant increase in project impacts that contributed to a big increase in project costs. The updated inventory and the revised project cost went through several reviews within the government. These reviews took a long time and the project funds were disbursed on an advance basis to ensure smooth project implementation. Though the project was not delayed for funding shortages, the delayed approval caused confusion in budget allocation, delayed disclosure of the revised budget and created difficulties for inspection at completion.

Inter-agency coordination. Inter-agency coordination was generally good with a few exceptions where lack of coordination and agreement significantly delayed completion of two dated covenants. Disagreement over funding, among other factors, delayed the completion of the Houhe Irrigation System by five years. The project followed the government policy of establishing post-relocation support fund. Though the fund had been established as legally covenanted, its effective operation ran into technical difficulties that could have been resolved earlier according to the policy. The required decision is still pending within the government.

Village self-administration and village politics. The project implementation happened to coincide with the government push for village self-administration. This democratic process promoted transparency and participation of the farmers in village decision making, but in some villages this also led to unilateral decisions by village committees to not to adhere to construction design standards in village development and relaxation of government supervision responsibility. This resulted in over-construction of village infrastructure in some villages and non-productive investment of land compensation fund that depleted village resources for sustainable livelihood development. The last decade also saw a reemergence of traditional family lineage influences that played an increasingly significant role in village decision-making. Family rivalry in village politics increased difficulties and complexities in building consensus in the resettlement planning process and contributed to some of the outstanding issues.

5.3 Factors generally subject to implementing agency control

Strong commitment and action within the implementing agencies enabled mobilization of human resources, development and implementation of a comprehensive management system.

5.4 Costs and financing

The project cost experienced significant increase during implementation. The total cost was estimated at 571 million USD at appraisal. With the inventory update during 1995 ~ 1996, the project cost was revised and updated to be 840 million USD during mid-term review. Major factors of the cost increase include the updating of the project impact inventory which increased in the majority of the impact categories, price and compensation rate increases. Project financing arrangement remained the same as appraised. IDA financing remained at 79 million SDR while the Central Government of China provided the rest of the project financing.

6 Sustainability

6.1 Rationale for sustainability rating

The project is highly likely to be sustainable considering the achievement under each of the components, and sustainability is further enhanced by the commitment from the Chinese government for post-relocation support to the resettlers. This is also confirmed by early phases of the resettlement program.

- The resettlement planning and design followed a development approach. This is reflected in i) the objective of not only restoring income, but improving the overall living standard of the affected population, ii) detailed development measures, iii) adequate financing of the resettlement program.

- The Xiaolangdi Multi-purpose Project enjoyed high public endorsement. The resettlement program has received public support from all sectors, including the host governments and population.

- Xiaolangdi resettlement followed a consultative and participatory planning, design and implementation process. This process ensured that the resettlement program is built on the full understanding of the social, cultural and economic characteristics of the affected population who participated actively in this program.

- The project has delivered the essential elements for future sustainable development, including replacement houses, basic infrastructure, public facilities and farmland.

- Resettlement locations are generally more favorable for future development. This was one of the planning principles. The majority of the resettlement villages are at convenient locations closer to towns. The new locations provide better access to market, information and more opportunities for non-farm employment.

- The government is committed to the full materialization of the project objective. This commitment is reflected in the extensive support provided to the resettlers and the agreed post-relocation livelihood support program.

6.2　Transition arrangement to regular operations

The resettlement program has been implemented by phases. Each phase of the resettlement program was reviewed at completion. The last one was carried out according to a MWR guideline issued for this project at the end of 2003. There will be one final state inspection by the State Development and Planning Commission mid – 2004. The project would then be formerly handed over to the local governments. The host governments implemented the entire resettlement program on a contract basis. They had ownership of the resettlement program from the beginning and have extended social and economic services to the resettlers.

7　Bank and Borrower Performance

Bank

7.1　Lending

The Bank performance from project preparation to implementation was satisfactory. During the preparation stage, the Bank assisted, with local and international expertise, in reviewing the project designs, resettlement action plans, environmental impact assessment and management plans, and in establishing the implementation and monitoring system. This assistance proved to have been important in confirming the project design and resettlement strategy.

7.2　Supervision

The Bank regularly supervised the project and attached high priority to its implementation. The Bank had 24 supervision missions (averaging two per year) to review the project implementation. The Bank supervision proved to be of critical value in adjusting and modifying the resettlement strategy during project implementation, identifying key issues to be addressed and working with relevant offices and ministries to find solutions to resolve these issues. Overall, the Bank supervision brought significant added value to the project implementing agencies to ensure materialization of the project target.

7.3　Overall Bank performance

The Bank's overall performance is satisfactory. It was able to assist MWR and YRWHD-CRO in the project preparation, advise and guide the implementing agencies to overcome critical bottlenecks. These efforts have contributed significantly to the generally successful completion of the project.

Borrower

7.4　Preparation

The government performance during preparation was satisfactory. MWR and YRWHDC worked jointly with the provincial and local governments and developed a coordinated resettlement strategy and action plan. Initial surveys started as early as 1986 and updated in 1992. However given considerable macroeconomic development in 1992 ~ 1994, YRWHDC undertook a resurvey in 1994 ~ 1995 and confirmed a big increase in impacts and project cost. The project design was updated accordingly in the mid-term review. All parties from MWR to villages participated in the detailed designs and implementation plans. The government maintained a flexible approach for the phased plans and designs to accommodate new requests and necessary changes.

7.5　Government Implementation Performance

Overall government performance was good in implementation. All project offices were established as designed and staffed adequately. A management system was developed and implemented for supervision and monitoring purpose. Xiaolangdi Resettlement Project went through a complicated, robust and highly participatory implementation process. It had actual implementation, phased planning and design for different phases of the resettlement program all going on simultaneously. YRWHDCRO and provincial resettlement offices successfully managed this process and completed the resettlement program.

7.6　Implementing Agency

YRWHDC under MWR provided sufficient funding that ensured smooth implementation. YRWHDC appointed RPDI as the designer at central government level to review and approve all major changes and revisions to the resettlement design. This proved an important quality and cost control measure in this participatory process. YRWHDC appointed YRCCRO as the supervision engineer to supervise the construction undertaken by the counties. This proved particularly important in ensuring the quality of works and land development for each resettlement site and the progress. In addition YRWHDC appointed the North China Water Conservancy and Hydropower Institute as the Independent Monitor and the RPDI Environmental Department to supervise the environmental aspects especially the public health of each resettlement site during the implementation process. These additional supervision mechanisms proved critical in the project management system.

7.7　Overall Borrower Performance

Overall Borrower's performance was satisfactory. Government commitment to the project success was exceptionally good. The Borrower was dynamic enough to make major changes to the project scope after the resurvey of the project area and provided the required financing. MWR had coordination meetings at each critical stage of the project and ensured that all issues were resolved. The project essentially suffered no delays.

8　Lessons Learned

This project is the first free-standing resettlement project the Bank has ever financed. This project has accumulated many successful experiences.

- The project adopted a development approach to the resettlement and rehabilitation. This is reflected in the setting-up of project objective, design principles, implementation process as well as the government commitment to post-relocation support to the resettlers. This is instrumental to the success and sustainability of the program.

- The government has demonstrated strong commitment to the successful implementation of the project by establishing and staffing an extensive institutional setup, providing timely sufficient funding for the resettlement program, and issuing a policy to continue post-relocation support activities, particularly under the post-relocation livelihood support fund. This commitment is critical.

- Adequate institutional capacity and effective management system are conditions for success. There were much knowledge and experience before the project in reservoir resettlement planning with MWR, Henan and Shanxi provinces, YRCCRO and RPDI. These proved an asset for the project. Under the project, the government established a multi-level organization for the resettlement implementation, with a total 1 505 staff, and extensive training was provided to support them.

- The independent supervision and monitoring mechanism has proved to be important in project management. These include the independent monitor, resettlement supervisor, public health monitor, environment supervising engineer and international panel of experts. Most of these are pioneering experiences.

- RPDI continued its involvement in resettlement implementation as technical advisor and reviewer of resettlement plans and designs. This proved to be critically necessary, particularly with the participatory planning and implementation approach.

- Xiaolangdi Resettlement followed a consultative and participatory process for its design and implementation. This process enabled the full participation of the resettler communities so that their concerns, requests and needs are integrated into the resettlement design.

- The project never experienced funding shortage and this ensured the timely and smooth implementation. However, most of the funds were disbursed on an advanced basis due to the late approval of the revised budget. This created confusion and difficulties in implementation.

- The project implementation requires close and good coordination between various local governments and government agencies. This coordination was mostly good with a few exceptions where resettlement was substantially delayed.

- Host governments not only participated in the resettlement planning and design process, but also implemented the program itself. This helped create a smooth transition of the resettler programs into the normal operations and promote the social economic integration of the resettlers into the host population.

● Given the scale of resettlement, much focus was devoted to the physical construction and relocation component of the resettlement program. This led to a late start of the livelihood development programs and the slow livelihood recovery. It is important that livelihood development be given the equal attention at the start of the project implementation.

9 Partner Comments

(a) *Borrower/implementing agency*:

9. 1 Project Background

Xiaolangdi Resettlement Program was phased into four stages for implementation, i. e. Damsite, Reservoir Phase I, II and III. The World Bank financed Xiaolangdi Resettlement Project covered only Reservoir Phase I and II. According to the inventory update in 1994, the Xiaolangdi Resettlement Project affected 29 townships in 8 counties/cities of Jiyuan, Mengjin and Xin'an in Luoyang Municipality, Mianchi of Sanmenxia Municipality, Yuanqu, Xiaxian and Pinglu of Yuancheng Municipality. 12 towns, 43 institutions above township government level, 182 administrative villages, 789 manufacturing and mining enterprises were required to be relocated. The project inundated 7. 25 million square meters of housing, 381 870 mu of land including 181 709 irrigated land, 12 mini hydrostations, 658 km of canals, 688 km of roads, 548 km of communication lines and 109 cultural relics sites. The total resettler population was 172 487.

The resettlement program affected 545 000 host population in 397 villages in 59 townships in Yima, Mengzhou, Wenxian, Yuanyang, Zhongmou and Kaifeng counties. The project also completed the Wenmengtan river training and land development program as well as the Houhe Dam and the irrigation area development program for the project resettlement.

The preliminary design of the resettlement program was completed during 1986 ~ 1991. During 1997 ~ 1998, the Ministry of Water Resources and the State Planning Commission reviewed and approved the technical design and budget of the resettlement program. The total project cost was 9. 03 billion Chinese yuan, including 110 million USD of IDA credit.

Xiaolangdi Resettlement Project followed a management model based on "leadership of MWR, management by the project owner, provinces contracted for implementation and county as the basic unit for implementation". The Ministry of Water Resources was responsible for the overall coordination of the Xiaolangdi Resettlement Project. YRWHDC established a resettlement bureau to be responsible for the project management. Henan, Shanxi Provinces, all project counties and cities also established resettlement offices to be responsible for their part of the resettlement work under their respective governments. Yellow River Reconnaissance, Planning and Design Company (the former RPDI), Yellow River Engineering Consulting and Supervision Company (the former YRCCRO), Henan China Water Consulting Firm were contracted as the designer, supervisor and independent monitor of the Xiaolangdi Resettlement Project. As requested by the World Bank, an international environment and resettlement panel of experts was established to provide consultancy to the project.

9. 2 Project Implementation

According to the dam construction and the designed reservoir operation mode, damsite resettlement was completed during 1991 ~ 1994. Reservoir Phase I resettlement started in 1994 and was completed in June 1997. Reservoir Phase II resettlement started in 1998 and was completed by June 2001. Reservoir Phase III resettlement started in 2002 and was completed end of 2003. According to the preliminary completion review, the project has move 198 000 people, established 247 resettlement sites, built 6. 25 million of square meters of housing for the resettlers, allocated 204 000 mu farmland; relocated 11 towns, completed the development of designed infrastructure, such as roads, power supply, communication lines, broadcasting lines etc., completed relocation of enterprises, reservoir clearance, treatment of cultural relics and filing management according to their plans and relevant regulations.

The project has put much emphasis on the livelihood development of the resettlers. The project has played an active role in guiding and supporting resettlers in the land development, adjusting productive patterns, promoting planting industry, animal husbandry and sideline development. The project also promoted third and tertiary industries, such service industries and organized labour export. These assistances have helped resettlers broaden their income generating opportunities.

Residential and infrastructure development has been completed in the relocated villages and towns. Construction standards are substantially higher than before and have met the needs of the resettlers. The project has completed compensation payment for the enterprises and institutions. Part of the enterprises were relocated, part combined and part cancelled. All the non-farm employees have been properly resettled.

9. 3 Project Implementation Evaluation

We have reviewed carefully the Implementation Completion Report prepared by the World Bank. We concur with its contents and basic conclusions. At the same time, in January 2004, the MWR and the two provincial governments conducted the preliminary national evaluation and acceptance for the implementation completion of the project. The evaluation concludes that the Xiaolangdi Resettlement Project completed all planned tasks and the overall quality is to be good. The project environmental protection work also passed the evaluation of the State Environmental Protection Agency. Main conclusions of the evaluation are as follows,

• Following a management model based on "leadership of MWR, management of project owner, contracts with provinces for implementation and county as the basis for implementation", Xiaolangdi Resettlement Project adopted a development approach for resettlement, with the basic principle of "putting people first", and implemented a scientific implementation system. The project paid much attention to the upfront planning and design work, reinforced the management function of YRWHDCRO, strengthened the contracting and responsibility system of local governments, established independent monitoring and supervision mechanism and placed much emphasis on planning and financial management. In this way, the resettlement program followed the same management approach for engineering works. Through strengthening the preparatory work, the resettlement progress met the need for the dam construction and its effective functioning. Resettlement work achieved good result. Towns and infrastructure were rehabilitated and improved. There was good control over the project investment. Resettlers are generally happy and the good and harmonious social orders have materialized in the resettlement areas. All participating parties tried to pilot new practice in the resettlement work and have accumulated rich experiences in resettlement, particularly in applying international management practices. These are of good value to resettlement work in other engineering projects in China.

• The resettlers living conditions have achieved obvious improvement. Rural resettlers have completed relocation. All resettlement sites have been established, with residential housing and infrastructure completed. Farmland has been generally delivered to the resettlers according to the quantity and quality designed. Productive measures are already in place and livelihood development has achieved good preliminary result with positive prospect for future development. All household compensation funds have been paid and nearly all compensation funds for village assets have also been delivered to the villages in an open and transparent fashion. There is also a clear policy for post-resettlement support. The resettlers have been properly resettled and most of them are satisfied with the resettlement status. Good and harmonious social orders have been achieved.

• The relocation of towns, above-township institutions, reconstruction of special schemes in the reservoir and host areas and the treatment of manufacturing and mining enterprises were carried out according to their plans and designs formulated on the basis of government procedures for capital construction. They have restored or exceeded their previous functions. All have been reviewed for completion and handed over to their responsible agencies.

• Both provincial resettlement offices have organized their respective municipal and county resettlement offices and carried out reservoir clearances according to relevant technical guidelines for reservoir clearances. They have completed reservoir clearances for EL. 180m, EL. 180 ~ 215m, EL. 215 ~ 234m, EL. 235 ~ 265m, EL. 265 ~ 275m. All these clearances passed through their completion reviews and ensured the normal operation of the reservoir.

• There was a sound financial management system for resettlement funds. Financial disbursements were basically conducted according to the stipulated procedures and they were subject to an internal and external monitoring. Fund allocations were normally timely and managed according to the established rules.

- Wenmengtan Scheme started in October 1993 and all major civil works were completed at the end of 2000. During 1995 ~ 2000, the warping and land improvement programs were completed by districts. Each district was reviewed at completion for compliance with the design standards and handed over to local governments according relevant regulations. This satisfied the need for resettlement. The entire program passed the MWR completion review in December 2003. Houhe Dam and Irrigation Scheme started construction in October 1996 and was completed in June 2003. YRWHDC and the Water Conservancy Department of Shanxi Province organized the completion review and then handed over the scheme to Houhe Reservoir Manangement Bureau of Yuncheng Municipality. Resettlers have benefited from this scheme.

- Cultural relics treatment was completed according the plan approved by the state. The authorized agency issued the permit for impounding.

- There was a sound system for file management, with appropriate filing measures and management procedures. Project files were representative of the resettlement work at different phases. File folders were well organized, managed and properly maintained.

- The project attached great importance to environment protection work. There was a comprehensive environment management system. The project, for the first time in China, introduced the environment supervision mechanism and village environment officers. The project also provided training to environmental officers at various levels. The project also promoted the use of two-pit toilet in resettlement villages. The project paid much attention to public health and environment monitoring. These measures have effectively prevented the happening of epidemic diseases.

9.4 Evaluation of World Bank Performance

After the appraisal of the Xiaolangdi Multi-purpose Project, the World Bank appraised the Xiaolangdi Resettlement Project in 1993 and signed the "Credit Agreement for Xiaolangdi Resettlement Project" in June 1994. Since the agreement signed, the World Bank supervised the project implementation twice a year.

- Project identification. The World Bank adhered strictly to its policy requirements in the project identification and listened to the government for its specific technical opinions. The Bank provide necessary support in the project preparation and studied together with their government counterparts to establish the project objective, determine the project scope, credit amount, project cost, disbursement ratio and various implementation measures. World Bank experts have made many field visits to the project areas and assisted in the project preparation.

- Project preparation and appraisal. In order to prepare the project smoothly, the World Bank sent many missions to support the government in the project feasibility study and provided assistance and training to the government technical staff. These helped the government timely complete the project preparation and feasibility study. The World Bank appraised the project in 1993. They studied the project planning content, technical assistance, organization, management model, government commitment, cost estimate, benefit analysis etc. , and completed the project staff appraisal report. The World Bank collaborated closely with the government counterparts during the project preparation and ensured the smooth completion of the pre-appraisal and appraisal of the project.

• Project supervision. Since the start of the project implementation in 1994 and until 2004, the World Bank sent 17 missions and supervised the project implementation closely. The World Bank discussed the identified issues with the Chinese counterparts and provide sound recommendations to address them. The World Bank staff have been particularly keen on issues directly related to resettlers' rights and entitlements. The Bank missions conducted their investigation and supervision through field visits to project cities, counties and villages. Their hard working and thorough attitude has left deep impressions on their Chinese counterparts. They have contributed to the resolution of some major issues such as the land quality issue in Wenmengtan and land leveling issue in Houhe Irrigation Areas. The World Bank also assisted the government to hold various training workshops on resettlement and environment management. These have helped with the improvement of our management and technical staff. Direct support from the World Bank is one of the basis for the smooth implementation of the Xiaolangdi Resettlement Project.

9.5 Overall Evaluation of World Bank Performance

Since the involvement of the World Bank in the Xiaolangdi Resettlement Project, there were some advanced concepts and approaches introduced and reflected in the implementation of the project. There were big improvements in the quality of resettlement implementation and management. These are reflected in the following.

Thorough and in-depth preparation work, participation of resettlers, the concept of environemental carrying capacity and selection of alternative option laid a solid basis for the preparation work of the project.

Assistance in establishing a complete and comprehensive management system strengthened the management function of the project owner, supervision mechanism of the independent monitor and resettlement supervisor, and ensured the smooth implementation of the project.

Tracking the resolution of major issues in implementation ensured the resettlers' interests are protected.

Paying much attention to environment protection work provided a solid basis for sustainable development in the resettlement areas.

Emphasizing on the social adjustment of the resettlers ensured the protection of resettlers' interest and materialization of the concept of "putting people first".

More emphasis on the training for resettlers helped with the faster adaptation to the local productive and living environment and shortened the transitional period.

In general, the World Bank participation in the Xiaolangdi Resettlement Project sped up the materialization of the project objective, trained a large group of resettlement officers and promoted the integration of Chinese resettlement work with international practice. The World Bank participation is an important factor in the success of the Xiaolangdi Resettlement Project.

10 Additional Information

Annex 15

Environment Management

Xiaolangdi Resettlement Project has effectively executed "the Project Environmental Management Plan (EMP)" as described in the SAR and agreed in the Credit Agreement. The implementation of the EMP is considered satisfactory and has realized its major environmental objectives. In July 2003, the State Environmental Protection Agency, on the basis of a nationwide assessment, awarded the Xiaolangdi Multi-purpose Project (including the Xiaolangdi Resettlement Project) the third place among the 100 most environment-friendly investment projects in China. The project is considered to have many pioneering practices which would be of much value for future investment projects in China.

Major Environmental Impacts & Environment Management Plan

The project Environmental Impact Assessment (EIA) was developed in 1992 and it details project environmental impacts. The major environmental issues are related to impacts of i) inundation and relocation, ii) cultural relics, iii) resettlement activities in host areas, iv) public health among both resettlers and host population, v) relocation and development of industries and vi) reservoir clearing.

As an important part of the EIA, a comprehensive EMP was developed detailing environmental management tasks for both Xiaolangdi Multi-purpose Project and the Resettlement Project. The EMP covers 10 aspects of environmental management activities involved in implementation of XRP, including i) establishment and operation of environmental management system, ii) environmental management in resettlement villages, iii) environmental management in resettlement enterprises, iv) environmental management in host areas, v) reservoir clearing, vi) cultural relics, vii) environment monitoring, viii) environment training, ix) use of international panel of experts and x) provision of environmental management fund.

Implementation of EMP

Establishment of Environmental Management System. Since 1994, Xiaolangdi Resettlement Project established an environment management system to implement the EMP. This is the first such system in China that introduces the environment management office (EMO), environment supervising engineer (ESE), village environment officer (VEO), and panel of experts (POE) into implementation of a major resettlement Project, which are described below.

• YRWHDCRO established an EMO in 1994. This EMO was responsible for the management and monitoring of the implementation of the EMP. Several technical consultants from resettlement design institute and environmental monitoring institutes were contracted to provide technical assistance to the EMO.

● The EMO employed a team from RPDI as the project ESE with responsibilities to supervise, monitor and provide on-site assistance to local ROs and villages during the implementation of the EMP. The team consists generally of six environmental professionals.

● A VEO was selected and appointed in each resettlement village. This VEO is usually a member of village committee with relatively higher education. Special training was provided to all VEOs. The VEOs are responsible, under guidance of the ESE, for the implementation of the EMP in the villages including implementation of environmental facilities and public health programs.

● An international panel of experts on environment and resettlement (POE) was established by the YRWHDCRO. The purpose of the sub-panel was to review every six months the performance of all parties involved in environmental management and to report to both the YRWHDCRO and the World Bank on its findings and recommendations for needed improvements.

● In addition, the system also involves provincial and county resettlement offices, Henan and Shanxi Provincial Archeological Institutes, other environmental monitoring institutes and local environment protection bureaus. Following Figure 1 illustrates the parties involved in the system and their relationships.

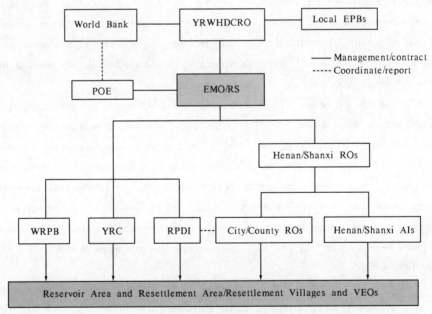

Fig. 1   The Parties involved in the Establishment of Enoirnment Management System and their relationship

Note: YRWHCRO—responsible for implementation of XRP; EMO—fully responsible for overall environmental management for XRP; WRPB—Yellow River Water Resources Protection Bureau, responsible for drinking water quality monitoring in resettlement villages; YRCH—Yellow River Central Hospittal, public health; RPDI—Environmental Supervision Engineer (Environmental Inspectors); Provincial and local ROs—responsible for implementation of XRP in their administration area; Henan/Shanxi Ais—Henan/Shanxi provincial Archeological Institutes; VEOs—Village Environmental Officers; POE—Panel of Experts, meet semiannually to review environmental performance of all parties involved

In order to ensure smooth and effective operation of the system, a corresponding reporting mechanism was established and operated with EMO's semi-annual report as the key report to local government, to the POE, and to World Bank supervision missions.

This management system with EMO as the core element, has been generally effective, which ensured the implementation of the EMP and the realization of the major objectives stated in the EMP. Xiaolangdi experience on environmental management has shown that such a system is necessary for a large scale resettlement project such as XRP in China or in other developing countries.

Environmental management in resettlement villages. The key component of the EMP was the provision and operation of environmental and public health facilities in some 300 new resettlement villages for resettlers. These facilities, including housing, water supply, drainage, road, solid waste treatment, excreta management, health care, and school sanitation etc., have significantly improved resettlers' sanitary conditions and helped with the protection of resettlers' health in new resettlement areas. The following facilities have been made available to resettlement villages.

- Water supply to 100% households with piped water to 80% households and yard, and individual wells to the rest 20% households.
- Sanitary or improved toilets to 100% households, two-pit toilets, 64%. water flush toilets,10%. single-pit toilets, 26%.
- In village drainage in 100% villages.
- Designated solid waste disposal sites for 57% villages.
- Paved in-village roads in 100% villages with 74% hardened (concrete or asphalt), 26% gravel road.
- Paved access roads to 100% villages with 81% hardened (concrete or asphalt), 19% gravel road.
- 1 ~ 5 clinics in each village.
- Power supply available to 100% villages.
- Telephone service to 100% villages.
- TV programs to 100% villages.
- Significant tree planting in over 50% villages.

An innovative practice in implementation of environmnetal protection measures (EPMs) in resettlement villages is the use of village environmental officers (VEOs). Each resettlement village appointed one VEO, usually a member of village committee, to be responsible for ensuring implementation of the EPMs in the village including construction of environmental facilities and implementation of public health programs. Xiaolangdi experience has indicated that use of VEOs in XRP is quite successful and the VEOs have played a unique role in the implementation of EPMs in resettlement villages because of the following advantages of the VEOs.

- better understanding of the necessity of implementation of the EPMs in resettlement villages.

- better opportunity to help village committee to organize the implementation of the EPMs.

- having better positions to educate and persuade villagers to cooperate in the implementation of EPMs in villages especially those measures related to households such as water supply, excreta management, and solid waste management etc.

Environmental management in resettlement enterprises. Due to the cancellation of the industrial resettlement component as a result of development of market economy in China, only a few enterprises were established for resettlement. Only 34 of the affected enterprises were relocated or shifted to new production activities, of which most are small scale township or village enterprises (TVEs). They were closely monitored by local environmental protection agencies for compliance with Chinese environmental requirements during relocation or development. Periodic monitoring and investigation by ESE showed that generally, those enterprises observed Chinese environmental requirements including EIA requirements.

Environmental management in host area. Environmental impacts of the project on host area are mainly related to the natural environment and the quality of life of host population. As the resettlers move into the host areas, one of the concerns was about possible pressure on wildlife, forests and soil erosion due to the intense land development of resettlers. Measures have been taken into consideration in the detailed project designs to prevent these possible impacts.

Most resettlers are actually relocated in the already existing agricultural areas with land allocated from existing farm land of host villagers. Tremendous emphasis has been placed against tree cutting and on tree plantation in resettlement areas. In addition, many villages also participated in the government's "Land Retirement Program", which revert slope farmland to forestry land. The impacts of resettlement project on natural environment is quite limited.

A public health monitoring program has been carried out since 1996 in both resettlement areas and host areas including reservoir surrounding areas. The monitoring program includes disease incidence investigation, physical examination for villagers in 5 resettlement villages and 4 host villages. The monitoring results showed that project implementation did not cause adverse impacts on public health in host areas.

Environmental monitoring. The project environment monitoring mainly includes monitoring of implementation of EMP, water quality in resettlement villages and public health of both resettlers and host population.

The ESE carried out the environmental monitoring (supervision) of the implementation of the EMP in resettlement villages and in resettlement enterprises. The involvement of the ESE has proved to be quite effective. The regular monitoring (supervision / inspection) facilitated timely information flow relating to environmental issues and decisions between various levels of the project offices, including VEOs, ROs, and the EMO, and therefore helped the EMO make environmental management decisions and timely execution of these decisions.

The YRPB was assigned by the EMO to be responsible for monitoring of drinking water quality in resettlement townships and villages. The monitoring covered all resettlement villages. Monitoring findings helped with the selection of the resettlement sites and ensured safe water supply to resettlers.

The YRCH was responsible for monitoring sanitation and anti-epidemic program in resettlement villages. YRCH carried out physical examinations for resettlers and host villagers since 1998. By the end of 2002, a total of 4 673 person-times of physical examination for resettlers in 5 resettlement villages and 3 host villages were conducted. While the number of people checked and villages selected may not be large enough to be representative of the actual situation of all resettlers, following conclusions may nevertheless be made from the examination results.

- No outbreak of state-classified infectious disease (Category 1 ~2) occurred.

No discernable difference on disease cases and morbidities between resettlement villages and host villages and between villages relocated locally and villages relocated in other county.

The YRCH also carried out investigations on infectious diseases in Xiaolangdi Area in 1996, 1998, and 2001 respectively. From the investigation results, following conclusions may be made.

(1) No obvious increase on the morbidities of those infectious diseases occurred, compared with the morbidities in 1985 before commencement of Xiaolangdi Project, which means no significant impacts of Xiaolangdi Project on infectious diseases situations in Xiaolangdi Area.

(2) The morbidities of the three major infectious diseases in Xiaolangdi Area identified in EIA/1992, malaria, hemorrhagic fever, and encephalitis, decrease yearly and have decreased to a quite low level, from 2. 56/100 000 in 1986 to 0. 22/100 000 in 2000, from 8. 68/100 000 in 1986 to 0. 16/100 000 in 2000, from 3. 65/100 000 in 1986 to 2. 44/100 000 in 2000, respectively, which indicates that the implementation of the EPMs on public health in Xiaolangdi area has been quite effective.

- Reservoir Clearing.

In addition to the regulation issued by MWR on reservoir clearing, specific guidelines and detailed implementation programs on Xiaolangdi Reservoir clearing were prepared. The reservoir clearing was carried out in three phases in accordance with the three phases of the overall resettlement program. Basic responsibilities for reservoir clearing were taken by county level ROs who take a lead in organizing and implementing the clearing activities following requirements set up by MWR. Pertinent sanitary, anti-epidemic, and environmental protection agencies took part in the implementation activities. Each clearing was firstly inspected and accepted by an inspection team formed by representatives from YRWHDCRO, provincial RO, provincial EPB, project design institute, and other related agencies. Final acceptance and approval was given by a group of officials and experts organized by MWR. Reservoir clearings have been carried out in 1997, 1999, 2000, 2001, and 2003 respectively and all the clearings have been accepted with satisfaction by respective acceptance teams and groups.

- Environmental training.

The International Panel of Experts provided basic training to EMO staff and environmental monitoring teams. The EMO and provincial resettlement offices organized five training courses for VEOs during 1998 ~ 2002. The training courses for VEOs have proven to be quite effective. Most VEOs have played a unique role in the implementation of EPMs in resettlement villages.

Though the training by the POE during panel meetings was quite valuable, one big gap in Xiaolangdi environmental management is the lack of systematic training for YRWHDCRO and EMO staff, environmental officials of provincial and county ROs, and for staff of environmental monitoring institutes. The gap caused many unnecessary difficulties in the process of implementation of the EMP, especially at beginning of EMP implementation. The lesson learned is that i) the need for meeting Loan Agreement environmental requirements should be stressed more emphatically at the outset of future similar projects and ii) training courses (seminars) on implementation of these environmental requirements (EMP) should be given at beginning of the project to all parties involved in EMP implementation.

- Use of International Panel of Environmental Experts (POE).

As agreed in the Project Credit Agreement, an international panel of experts on environment and resettlement (POE) was established by the YRWHDCRO in 1994. The POE consisted of two foreign and seven domestic experts, three of whom formed the environmental sub-panel. A total of 12 POE meetings were held and 12 POE reports were prepared in the period of 1994 ~ 2000. Xiaolangdi experience showed that use of the POE has proven to be necessary and successful. The POE played an essential role in guiding and promoting the establishment and effective operation of the environmental management system and the successful implementation of the EMP.

- Environmental management fund.

In the project EMP, a total of 125.6 million yuan was estimated for the implementation of the overall EMP for both the dam construction and the resettlement. A total of 72.24 million yuan was budgeted and approved for implementation of the EMP for the Resettlement Project in 1998, in which

- 14.46 million yuan for reservoir clearing,
- 35.26 million yuan for protection of cultural relics, and
- 22.52 million yuan for other tasks of the EMP/RS.

The other tasks of EMP/XRP include establishment and operation of EMO, environmental monitoring, environmental supervision, environmental training, operation of international panel of experts, and special fund for environmental subsidies (VEOs and extension of two-pit toilets), etc. By the end of 2003, all above budgets had been made available to XRP, which had ensured the effective implementation of the tasks of the EMP/XRP(See Table 3).

Table 3 Summary Evaluation of Implementation of Environmental Management Plan in XRP

Item	Task Description	Implementer	Implementation Status	Evaluation
1. Set up Environmental Management Leading Group and EMO	Organize and monitor implementation of environmental protection activities	Yellow River Water and Hydropower Development Corporation (YRWHDC)	Implemented	Highly Satisfactory
2. Seismic Monitoring	Tasks of EMO/Dam/YRWHDC		Not Applicable	
3. Planning and Monitoring Implementation of Resettlement	a. complete EIA of resettlement area b. organize and implement environmental aspects of resettlement planning c. write up quarterly report on resettlement progress d. do annual socioeconomic environmental evaluation in the host area e. conduct environmental management of development projects	Local resettlement offices, environmental protection bureaus (EPBs), experts employed by EMO/RS	Implemented Implemented Implemented Implemented Implemented	Satisfactory Satisfactory Satisfactory Satisfactory Satisfactory
4. Protection of Cultural Relics	a. organize and monitor implementation of cultural relics protection activities b. prepare quarterly reports	Provincial Cultural Relics Bureaus	Implemented	Satisfactory
5. Sanitation and Antiepidemic Program	a. give annual physical examinations to 1% ~ 10% of people in host areas or other affected areas b. monitor epidemic situations, rats, mosquitoes, diet, hygiene c. control rats and mosquitoes to prevent malaria, encephalitis and hemorrhagic fever d. distribute vaccines to susceptible communities	Reservoir Anti-epidemic Station and station at province, prefecture, and municipal levels	Implemented Implemented Implemented Implemented	Satisfactory Highly Satisfactory Highly Satisfactory Satisfactory
6. Monitoring of Water Quality	a. b. c. -Tasks of EMO/Dam/YRWHDC d. analyze water quality	YRCC Water Resources Bureau	Implemented	Satisfactory
7. Construction Area	Tasks of EMO/Dam/YRWHDC		Not Applicable	
8. Reservoir Clearing	Clear the reservoir area	Resettlement Office	Implemented	Highly Satisfactory
9. Special Studies	Tasks of EMO/Dam/YRWHDC		Not Applicable	
10. Environmental Library, Consultants and Technical Exchanges	a. set up an environmental library b. employ expert consultants as required c. technically train staff of EMO/RS and EIA Team	EMO/RS	Implemented Implemented Partially Implemented	Satisfactory Highly Satisfactory Unsatisfactory

Note: 1. The table is prepared in accordance with the summary table of EIA/Xiaolangdi Project 1992; MWR = Ministry of Water Resources.

2. EMO/RS = EMO under Xiaolangdi Resettlement Office which is responsible for environmental management of Xiaolangdi Resettlement Project.

3. EMO/Dam/YRWHD = EMO under YRWHDC which is responsible for environmental management of Xiaolandi Dam construction and operation.

Annex 16

Cultural Property Preservation And Protection

The project is located in the cradle of the Yellow River civilization and the creation of the Xiaolangdi Reservoir has great impacts on the many cultural and historic sites both under and above ground. Following Chinese policies, identification, restoration and protection of cultural relics were integrated into the project design and human resources nation-wide were mobilized to carry out the cultural relics work that largely includes exploration, excavation, restoration and protection. Restoration and protection plans were implemented with satisfaction and key findings have been studied and published.

Chinese policies. The Chinese government has enacted a series of laws, regulations, technical guideline and standards regarding cultural relics protection in capital investment projects. They cover the definition, classification, appraisal and treatment procedures of cultural relics, methodologies and responsibilities for cultural relics protection in design and approval of civil works, investigation, exploration and excavation of cultural relics in construction, funding as well as repairing, preservation and research of found cultural relics. Main principles followed are,

- For large civil work investment, the project proponent should work with the provincial cultural relics administration bureaus to investigate and explore the possible relics sites.

- If any relics is found, the project proponent and the cultural relics administration bureau should reach an agreement on the required measures which will be reviewed by the Chinese Social Science Academy and approved by the State Cultural Relics Administration Bureau. No civil work is allowed to start before completion of excavation.

- If relics is found during construction, the civil works should be stopped immediately. The local cultural relics administration bureau should be informed. If the relics is precious, the local relics administration bureau should report to the provincial cultural relics bureau for required treatment.

- The qualification of the excavation institute and team leaders should be reviewed and certified by the State Relics Administration Bureau.

- Funding for cultural relics exploration and excavation under investment projects should be provided by the project proponents.

Management system for cultural relics. China has in operation a multi-level management organization for the exploration, restoration and protection of cultural relics. This project expanded the system which involves several lines of institutions,

- Central administration. This involves the State Planning and Development Commission, State Cultural Relics Administration Bureau. They reviewed and approved the project plan and design for cultural relics exploration and protection.

- Local administration. This involves provincial and county cultural relics administration bureaus. They guided, organized and supervised the actual implementation of the approved plans in their own jurisdiction. They also participated in the exploration, preservation and protection work.

- Technical teams. There are two tiers of experts working on the project. The first tier are the national and provincial research institutes. They include the Chinese History Museum, Zhengzhou University, Zhongshan University, Wuhan University, Henan Relics Research Institute, Shanxi Cultural Relics Research Institute, Henan Ancient Architecture Research Institute, Chinese Geologic University, and People's Liberation Arm Measurement College. The second tier are the municipal and county research institutes and archaeological teams.

YRWHDCRO signed a contract with Henan Cultural Relics Administration Bureau for the detailed design and implementation of the cultural relics protection work. The bureau established a leading group consisting members from all relevant organizations. They also established several archaeological teams. For each identified site, the bureau established specific excavation teams under an appointed team leader. Sites of significance were treated as separate projects and the bureau established separate teams for each. The participation of national experts of the many different disciplines have optimized the excavation design, provided critical advice during excavation, restoration and maximized research values of the cultural properties.

Planning for cultural relics protection. Henan Cultural Relics Protection Bureau worked with RPDI who was the chief designer of the project, and developed the project operational procedure in line with national laws, policies, regulations and working procedure. Cultural relics preservation and protection was well incorporated into the different phases of the resettlement planning and design.

Given the cultural significance of the project area and the project impact, survey, planning and design work on cultural relics exploration and protection started in 1982 when the State Relics Administration Bureau instructed Henan and Shanxi Provincial Cultural Relics Bureaus to start exploration and inventory work in the reservoir area. Both national and local expert teams were mobilized for this large-scale inventory work. Over 100 national and local specialists participated in this work. The investigations began with the layout of the civil work to define the scope and schedule of the investigation. The expert teams researched related historical documents, local records, archaeological history and conducted interviews with local people, particularly with old people as well as field survey. A detailed record was kept with mapping on the location, scope, status, age and culture of the relics, ancient tombs, ground ancient architecture and ancient inscriptions. While archaeological work continued during this period, three large scale investigations were conducted. The findings were presented in special reports, with all site locations mapped, classified for significance in line with local policy and a budget were produced. This continued into the late 1980's and the inventory was incorporated into the project preliminary technical design for inundation treatment and resettlement plan in 1991.

The inventory identified 180 sites of cultural significance. This includes 129 underground sites, covering 3 270 000 m^2 from the Neolithic Age to Song Dynasty, and 40 ground sites covering an area of 2 070 000 m^2 from Mesolithic Age to Song Dynasty. The local panel of experts reviewed the inventory data, field reports and recommended drilling exploration to cover

3 265 800 m^2 of the area and site excavation in 327 000 m^2 of the area. Different treatment approach was adopted to the ground relics according to classification of national standards. This includes complete relocation, partial relocation, modeling and treatment of the unearthed cultural relics as well as documentation and follow-up study of the underground findings. These were all included in the detailed design. The Ministry of Water Resources and State Planning Commission reviewed and approved the project preliminary technical design in 1993, including the strategy and action plans for cultural relics exploration, excavation and protection. This preliminary design was later updated with detailed design for each phase of the resettlement program.

Implementation of protection measures. Main activities planned include excavation of underground sites, treatment, documentation and follow-up study of unearthed relics, treatment of ground cultural relics including relocation, modeling, etc.

Large scale excavation started in September 1994 when the dam construction started. While expert institutes from Henan and Shanxi provinces took the lead in the field work, experts from all over the country were mobilized, including Chinese History Museum, Northwestern University, Zhongshan University, Chinese Science University, Beijing Normal University, Geological Institute of Chinese Science Academy, Ancient Invertebrate and Human Being Research Institute, Biology Research Institute, and Archaeological Institute of Chinese Social Science Academy. This is the also the first project where multi-disciplinary approach was adopted for exploration of cultural relics in investment projects. The experts participating in the exploration are of field archaeology, science archaeology, environment archaeology, animal archaeology, plant archaeology, history, geology and palaeoanthropology, ancient biology, ancient architecture, etc.

In the reservoir area, the main ground relics include grottoes, steles, ancient plank roads, temples, houses, bridges and city gates from the many dynasties in the past 2 000 years. The main protection method was to investigate and describe the relics by word, graph, picture and video. Valuable relics were relocated and reconstructed. All planned protective and preservation activities were completed.

YRWHDCRO and Henan Cultural Relics Research Institute published "Archaeology Reports on Cultural Relics in The Area of Xiaolangdi Reservoir", systematically documenting the findings and research of the unearthed cultural relics(See Table 4). Various research and studies were produced and published in professional journals.

Budget and financing. The total budget for cultural relics preservation and protection was estimated at 35. 26 million yuan. This budget was reviewed and approved by the State Planning Commission.

Table 4　Major Activities and Accomplishments in Xiaolangdi Reservoir Cultural Property Protection

Activities	Henan	Shanxi
Unearth underground relics	• 35 Yangshao cultural relic sites (Mesolithic Age): Bancun, Changquan, huailin, Juanzi, Xiwo, Zhuoziping, Baigou, Taijian, Huangpo, Maluo, Mahe, Yangjia, Yanghu, Zhaigen, Yandong, Zhouli, Qinghe, Qiaogou, etc. • 12 Longshan cultural relic sites • Shang Dynasty: Jiaodui relic site • Late Tang Dynasty: Yong Tomb • Han, Tang and Song dynasties: Xicun • Han Dynasty: Yangdong storage relics • Hangu Fortress of Han Dynasty in Xin'an • Porcelain kilns in Xin'an • 13 tombs of Tang and Han dynasties • 1 city site of Dongzhou Period • Ancient tombs in Liangzhuan, Cangtou, etc.	• Yangshao Culture and Miaodigou Phase II: Xiaozhao relic site, Ningjiapo relic site, pottery kilns in Sanjiagou, Nanbao, Xiabo, Xiama, Dongguan, Liuzhuang, Wufujian, Xihetou, Xizhai, Shaping, Longyan, Diantou, Beibaotou, Hexi, Ningjiapo • Longshan Culture: Dongzhai • East Dong and Han Dynasies: Shangbo relic site, Dongtan, Xunguduo, Guli • Erligang City site of Shang Dynasty • Late Banpo cultural relic site: Southern Fortress Commercial City, Western Fortress relic site, Xigou relic site and Xiaodui relic site • Tang and Song dynasties: Longyan relic site • East Zhou's tombs: Xiguan, Xinzhuang, Shangbo City • Tombs: Zhaili • Calligraphies on Yellow River navigation of Han, Tang, Song and Ming dynasties • Ximiaopu relic site of Xiaozhao Village of Gucheng Township
Remove and restore the ground relics	Remove and protect the entire Xiwo Grottoes in Xin'an and the Tang Emperor Temple in Jiyuan	• Investigate, map and remove the temple of Ming and Qing dynasties: remove and restore the Guan Emperor Temple
Survey the ground ancient residences and buildings	Map, remove and reconstruct Xianghu residences, Lu Family's mansion and HuayanTemple in Mianchi	• Map, remove and reconstruct 18 mansions of Ming and Qing dynasties with 129 rooms at the five sites of Xi Jinbang, Li Xuezhong, Liu Wenqing, Wen Yugen and Zhang Yinlin
Survey, map and remove the ground stone inscriptions and wood roads	Collection of Lu's stone inscriptions	• Map and partially remove 80 epigraphies of Ming and Qing dynasties
Survey, map and remove the ground ancient relic sites	Investigate about 2 000 meters of ancient wood roads in the Yellow River's Bailihutong and Tang Dynasty's Yulin City, and study the Yellow River's navigation	• Survey, map and photograph 5 000 meters of Han and Tang dynasties' wood roads, and model made for part of them

结束语

从 1984 年开展环境影响评价至 2002 年通过国家环境保护总局的环境保护竣工验收,黄河小浪底水利枢纽工程环境保护工作历经了 18 个春秋。小浪底工程由于严格履行国家的环境保护法律法规以及在环境保护工作方面的显著成效而荣膺 2002 年度"国家环境保护百佳工程"。

以黄河小浪底工程环境保护研究为背景的研究课题——《黄河小浪底工程环境保护研究》荣获 2005 年河南省科技进步二等奖。成果鉴定意见认为:"该成果开创性地提出了水利水电工程施工期环境管理与监理的方式与方法,首次提出了移民安置区的环境管理体制和方式,建立了村级环保员制度,填补了国内空白,值得其他大型建设工程参考和借鉴。……该成果具有广阔的推广前景,总体上达到国际先进水平。"

由小浪底工程首创的环境监理机制作为施工期环境管理的重要手段,已经如雨后春笋般在全国大中型工程中展开。然而,对于大型水利枢纽——小浪底工程而言,环境保护工作的序幕才刚刚拉开。小浪底水库担负着黄河下游河南、山东两省沿黄地区工农业生产生活供水任务,库区及水库上游水源保护已列入国家水质保护和污染治理的重点区域,面对水库上游地区国民经济的发展,水库水源保护工作将任重而道远。水库蓄水后,局地气候变化、库周滑坡塌岸等地质现象对库周居民生产生活的影响将日益显现出来。水库调水调沙运用,水库下游河道的水沙情势将发生一系列的变化,河道的冲淤变化将对黄河滩区湿地生态环境演变产生相应的影响。适时开展小浪底水库环境影响后评价,监测评估水库运行后产生的环境效应,不断优化和完善水库调度运用方式,争取社会效益、经济效益、环境效益的统一,实现人与自然的和谐相处。

年 份	内　　　　容

附录　小浪底工程环境移民大事记

《黄河小浪底水利枢纽工程环境影响报告书》预审会

1986 年

　　水电部于 1986 年 3 月 9～15 日在郑州召开会议,对黄委会设计院编写的《黄河小浪底水利枢纽环境影响报告书》进行预审。国家环保局、文化部文物局和有关农、林、水、医、气象、水产方面的科研设计单位、高等院校 30 多个单位派人参加了会议。

　　会议认为,报告书内容全面,评价范围适中,评价的内容基本符合环境影响评价要求。还认为,小浪底工程对环境生态影响总的情况是利大于弊,按设计要求实施,可以达到经济、社会、环境效益的统一。

河南省小浪底水库移民领导小组扩大会议在郑州召开

1986 年

　　河南省小浪底水库移民领导小组扩大会议于 1986 年 8 月 12～13 日在郑州召开,库区各市县负责移民工作的领导人及领导小组成员单位、黄委会设计院有关人员共 40 余人参加。会议由省移民领导小组副组长袁隆主持,副省长、移民领导小组组长刘玉洁作了"关于作好小浪底水库移民初步设计工作"的报告。

《黄河三门峡水利枢纽工程环境影响回顾评价工作大纲》*
审查会在三门峡市举行

1987 年

　　水电部规划设计院于 1987 年 6 月 20～23 日在三门峡市召开会议,对黄委会设计院编写的《黄河三门峡水利枢纽工程环境影响回顾评价工作大纲》进行审查。27 个单位 48 位代表参加了会议。会议认为,开展三门峡水库环境影响回顾评价意义重大,对黄河中游小浪底、碛口、龙门、万家寨等梯级水库及多泥沙河流开发利用都具有深远影响。

汇报黄河小浪底水库淹没处理初设成果

1988 年

　　黄委会设计院于 1988 年 3 月 28 日至 4 月 1 日在京向部规划设计院汇报黄河小浪底水库淹没处理初设成果。水电部移民办公室、国家计委农水局、河南省和山西省代表参加了汇报会。部规划设计院负责人在听取汇报后指出:小浪底水库是目前国内移民规模较大的水库,应搞好淹没处理设计,淹没实物指标必须与地方统计数字一致。移民安置规划报告以当地政府为主,河南、山西两省尽快落实安置规划,编制移民安置规划报告,5 月底前以省政府名义报国务院。会后,黄委会设计院与河南、山西两省代表研究了下一阶段补充工作。

世行代表团对小浪底工程进一步调研

1989 年

　　以古纳先生为首的电力、环境、移民等专家组成的世行专家组一行 6 人到郑州就黄河小浪底工程及黄河水资源有关情况进一步调研。在这次调研中世行专家对小浪底工程的截流时间、装机容量、接入电力系统方式、发电、灌溉供水、经济效益分析等提出了建设性意见,并对黄河水资源经济模型项目进行了专题研究。

*三门峡工程为小浪底环评类比工程。

续附录

年 份	内　　容
1990 年	**小浪底水库移民安置规划座谈会在郑州召开** 黄委会设计院在山西、河南两省各级地方政府支持和合作下,于 1989 年 12 月完成《小浪底水利枢纽初步设计阶段水库淹没处理及移民安置规划总报告》。水利部于 1990 年 7 月 26～28 日在郑州召开座谈会,讨论了规划的优化和修订问题。国家计委、河南省、山西省、水利部规划设计院、长委会和黄委会等单位的专家和代表近 50 人参加了会议。水利部副部长张春园、总工何理璟和原副部长黄友若出席了会议。张春园副部长在会上讲话。会上,山西、河南两省和黄委会就小浪底水库的移民安置规划作了汇报,与会专家对报告进行认真讨论,并对小浪底水库移民安置原则和安置方向取得一致意见。会后,黄委会设计院根据会议讨论意见,又继续进行工作,至 1991 年 9 月完成《黄河小浪底水利枢纽初步设计阶段水库淹没及移民安置规划修订报告》,水利部于当年 11 月 6 日报国家计委。
1990 年	**《三门峡水利枢纽环境影响回顾评价》成果鉴定会** 能源部、水利部水利水电规划设计总院于 1990 年 10 月 25～27 日在郑州市召开会议,对黄委会设计院主持完成的《三门峡水利枢纽环境影响回顾评价》成果进行鉴定。水利部水资源司、中国水利学会等单位和国内知名专家方子云、姚榜义等出席了会议。 鉴定组对回顾评价成果给予了高度的评价。
1990 年	**小浪底工程国际特别咨询专家组会议在郑州召开** 小浪底工程国际特别咨询专家组第一次会议于 1990 年 10 月 28 日至 11 月 7 日在郑州召开。专家组组长兼总体设计专家赵传绍和英国、挪威、美国、巴西、委内瑞拉等国际专家组成员出席了会议。特别咨询专家组会议是按照世界银行工作程序及中国有关部门批准使用技术合作信贷而开展的评估工作。会议听取了工程规划、水库运用方式、枢纽布置及建筑物、工程地质及地震、水文气象及泥沙、土坝设计、泄水隧洞、溢洪道和发电系统设计、施工组织设计、水库淹没处理及移民安置规划等专业的介绍,并开展了咨询活动。
1991 年	**世行对小浪底工程和黄河水资源模型项目进行评估** 小浪底工程世界银行特别咨询专家代表团 11 人,从 1991 年 4 月 20 日至 5 月 6 日在郑州对黄河小浪底枢纽工程进行评估,对黄河水资源经济模型项目工作进行评审。世行官员和咨询专家在听取黄河流域水资源经济模型研究和小浪底工程进展情况介绍后,分别就水资源模型研究工作和小浪底工程水工建筑、机电、环评、移民等进行了研究讨论,提出了咨询意见,并形成了备忘录。

续附录

年 份	内　　　容
1991 年	**世界银行代表团检查小浪底枢纽工程** **环境和移民部分准备工作** 由 W·帕特里奇(人类学家和代表团团长)、H·路德威格(环境问题顾问)、D·格瑞比尔(环境问题顾问)和 S·南格因(移民问题顾问)组成的世界银行代表团,于 1991 年 6 月 17～19 日和 1991 年 6 月 21～24 日在郑州举行了技术讨论,参加单位有黄河水利水电开发总公司、黄委会勘测设计院、河南省政府、山西省政府。会议期间访问和察看了移民安置区,并与为黄委会进行咨询的由加拿大魁北克、蒙特里奥组成的 CIPM 黄河联营公司就工程简要报告中移民、环境部分进行了技术讨论。最后,代表团对从 1990 年 4 月环评移民代表团检查工作之后,所做的大量的高质量的工作表示赞赏。对工程准备阶段环评、移民工作进行到这样高的水平感到满意,同时要求加快项目评估在关键路线上的 5 个课题。
1991 年	**贯彻国家计委关于移民工作指示** 为了贯彻国家计委《关于加强当前水库移民工作若干建议的报告》和水利部水电规划设计总院在北京召开的水库淹没处理前期工作会议精神,黄委会设计院于 1991 年 9 月 24 日在郑州召开院长、总工、项目设总及有关单位负责人参加的会议。会议由张实院长主持,并对下一步移民设计工作作了部署。
1992 年	**《黄河三门峡水利枢纽工程环境影响回顾评价》获奖** 由黄委会设计院主持完成的《黄河三门峡水利枢纽工程环境影响回顾评价》成果获水利部 1992 年度科技进步二等奖。
1992 年	**世行专家对小浪底工程进行预评估** 以古纳先生为团长的 17 位专家组成的世界银行代表团到郑州,于 1992 年 10 月 11～26 日对小浪底工程项目进行预评估。水利部总工程师何理璟及水利部有关司局、黄委会及所属移民办、小浪底枢纽建设管理局、黄委会设计院、河南省有关厅局负责人等参加了预评估。在以往 11 次考察的基础上,世界银行代表团就小浪底水利枢纽的经济效益、移民安置、环境影响、大坝安全、工程概算及资金来源等 7 个问题进行评估,并实地考察了准备工程的进展和移民试点新村。世界银行官员对黄委会设计院提供的大量成果表示满意,认为再作某些补充完善后,可望于 1993 年四五月进行正式评估。
1993 年	**世行专家对小浪底水库移民项目进行评估** 以古纳先生为团长的世行评估团于 1993 年 9 月 22 日开始对小浪底工程移民支持项目评估。在历时一个月的评估活动中,评估团听取了黄委会及河南、山西两省对小浪底工程移民规划介绍并进行实地考察,了解小浪底工程各级移民组织的实施能力和开展技术培训的情况。评估团还与中方讨论了移民工程的投资概算,世界银行贷款额度、使用方向等事宜,至 10 月 20 日完成评估。按世行安排,小浪底工程移民项目贷款谈判可望于 1994 年 1 月 20 日在美国华盛顿进行。

续附录

年 份	内　　　容
1994 年	**小浪底移民项目国际环境移民专家组成立** 　　根据 1994 年 3 月世界银行评估报告的要求,成立了小浪底工程移民项目国际环境移民专家组,该专家组在 1994 ~ 2000 年期间每半年召开一次会议。专家组的任务是:(a)审查与环境移民有关的工程实施进展情况;(b)评价在实施过程中出现的问题;(c)为 YR-WHDC 改进工作出谋划策。专家组计划每次考察为期半个月,并写出一份关于考察结果与建议的报告。
1994 年	**世界银行组团检查小浪底移民与环评工作** 　　以古纳先生为团长的世界银行小浪底移民与环境检查团一行 4 人,于 1994 年 10 月 20 ~ 24 日在郑州对小浪底移民与环境保护工作进行检查。古纳先生对黄委会设计院积极参与小浪底水利枢纽工程实施阶段的移民与环境工作给予充分肯定。席家治副院长代表设计院表示,一定为业主做好服务,按时保质保量完成承担的任务。
1995 年	**《黄河三门峡水利枢纽工程环境影响回顾评价》 获 1995 年国家科技成果证书**
1995 年	**《黄河小浪底水利枢纽技施设计阶段环境保护实施规划》通过审查** 　　水利水电规划设计总院于 1995 年 12 月 10 ~ 11 日,在北京主持召开了由黄委会设计院主持完成的《黄河小浪底水利枢纽工程技施设计阶段环境保护实施规划》报告审查会,参加会议的专家、代表共计 29 人,会议同意报告中所列内容,通过了环保实施规划。
1996 年	**《黄河小浪底工程施工期环境规划》获国家 QC 小组奖** 　　由黄委会设计院完成的《黄河小浪底工程施工期环境规划》QC 小组,被中国科协、团中央、中华总工会、全国质量协会命名为 1996 年度全国优秀质量管理小组。
1997 年	**黄委会设计院水库环保处环保室被命名为 全国质量信得过班组**
1997 年	**《黄河小浪底水利枢纽工程环境保护规划研究》获奖** 　　由黄委会设计院组织完成的《黄河小浪底水利枢纽工程环境保护规划研究》获黄委会 1997 年度科技进步三等奖。
1997 年	**《黄河小浪底工程世行二期贷款环境影响评价报告》通过评估** 　　受小浪底建管局和移民局委托,黄委会设计院在世行咨询专家 Hanvey Ludwing 先生和 Danny Yao 女士的协助下编制完成的《黄河小浪底工程世行二期贷款环境影响评价报告》于 1997 年顺利通过世界银行代表团评估。

续附录

年 份	内 容
1998 年	**《黄河小浪底水利枢纽工程施工区环境保护管理办法和实施细则》印发** 1998 年,由小浪底建设管理局和黄委设计院共同完成的《黄河小浪底水利枢纽工程施工区环境保护管理办法和实施细则》,以水利部小浪底水利枢纽建设管理局局环[1998]1 号文印发施工区各单位。
1998 年	**小浪底库区第二、三期淹没处理及移民安置规划报告通过国家计委审查** 国家计委于 1998 年 3 月 25~31 日在郑州主持召开《黄河小浪底水利枢纽技施设计阶段水库库区第二、三期淹没处理及移民安置规划报告》审查会。在对小浪底工程技施设计阶段水库库区和移民安置区进行实地考察调研,听取黄委会设计院专题汇报后,会议认为黄委会设计院和有关单位长期以来做了大量工作,成果基本上达到阶段深度,移民安置方案基本落实。要求对部分设计进行修改后尽快上报国家计委。
1998 年	**小浪底水库第二、三期移民概算审查会在京召开** 国家计委于 1998 年 5 月 30 日至 6 月 1 日在北京召开《黄河小浪底水利枢纽技施设计阶段水库库区第二、三期淹没处理及移民安置规划报告》概算审查会。与会单位有中国国际工程咨询公司,河南省人民政府,水利部计划司、移民局、规划设计总院,小浪底建管局、移民局,河南、山西两省移民办等。黄委会设计院院长席家治等参加了会议。会议听取了黄委会设计院关于国家计委 3 月份 12 条审查意见的补充说明。河南、山西两省移民办就本省有关小浪底水库第二、三期移民规划和概算问题发表了意见。审查意见将由水利部报请国家计委批复下达。
1998 年	**小浪底施工区环境例会制度建立** 环境监理工程师根据合同特别条件第 17.2 款致函承包商,要求建立环境例会制度。1998 年 6 月环境例会制度正式建立,该会议每月召开一次,参加单位为小浪底建管局资源环境处,Ⅰ、Ⅱ、Ⅲ标承包商,环境监理工程师等。会后形成会议纪要。
1998 年	**小浪底工程环境移民国际咨询组第七次会议在郑州召开** 1998 年 10 月 7~17 日,小浪底工程移民项目环境移民国际咨询组第九次会议在郑州召开。专家组分为环境组和移民组,环境组由刘峻德、路德威格、鲁生业三名专家组成。专家组认为:小浪底施工区环境保护工作取得了卓越的成效,环境例会制度、环境管理办法、环境管理细则、承包商环境月报制度等条例的贯彻执行,使施工区环境管理提高到了新的层次,希望继续努力,使小浪底工程的环境管理成为中国水利工程在世界银行贷款项目中的样板,为中国水利工程施工在环境保护方面积累更多的成功经验。

续附录

年　份	内　　　　容
1999 年	**小浪底水利枢纽通过蓄水阶段验收** 　　1999 年 9 月 24~26 日,受国家计委委托,水利部会同河南、山西两省人民政府,在现场对小浪底水利枢纽蓄水相关工程项目和水库移民及库盘清理进行了验收。验收委员会认为,小浪底工程已具备有关验收规程要求的蓄水条件,同意通过蓄水阶段验收。这是该工程继 1997 年实现大河截流后的又一项重大阶段性成果,标志着小浪底水库开始发挥调蓄效益。
2000 年	**《黄河小浪底工程环境保护实践》出版发行** 　　2000 年 11 月,《黄河小浪底工程环境保护实践》由黄河水利出版社正式出版发行。该书由解新芳、尚宇鸣、张宏安、王晓峰等主编,对小浪底工程环境保护工作进行了阶段性的总结。
2002 年	**小浪底工程被水利部评定为"国家水利风景区"**
2002 年	**小浪底施工区水土保持工程通过水利部竣工验收** 　　2002 年 6 月,小浪底工程施工区水土保持工程通过水利部组织的竣工验收。截至 2002 年 6 月底,施工区共完成水土保持综合治理面积 1 085hm²,工程扰动地表治理率达 86.2%,拦渣率达 96.5%,植被覆盖率达到 30.1%。
2002 年	**小浪底工程通过国家环保总局竣工验收** 　　2002 年 9 月 18 日,国家环保总局在小浪底工地召开"黄河小浪底水利枢纽环境保护竣工验收"会议,参加会议的有河南、山西两省环保局和洛阳市、济源市、山西省运城市环保局,黄河水资源保护局、黄委会设计院等有关单位专家。与会专家在听取了建设单位、环境监理单位、生态调查单位的汇报后,对施工区进行了现场考察。经讨论后,一致同意:黄河小浪底工程通过竣工验收。
2003 年	**小浪底工程被水利部命名为 2002 年度"开发建设项目水土保持示范工程"**
2003 年	**小浪底工程荣获"国家环境保护百佳工程"称号** 　　2003 年 7 月,小浪底工程荣获"国家环境保护百佳工程"称号,在评比过程中,位居第三。

续附录

年　份	内　　　容
2004 年	**"黄河小浪底工程环境保护研究"通过河南省科技厅鉴定** 2004 年 4 月 26 日,受河南省科技厅委托,黄委会国际合作与科技局在郑州对"黄河小浪底工程环境保护研究"进行了鉴定。鉴定委员会由刘昌明院士、陈效国、刘一辛等国内知名专家组成。鉴定意见认为:研究成果紧密结合小浪底水利枢纽工程实践,针对大坝工程建设过程中环境污染防治、移民工程中的生态环境保护、人群健康与卫生防疫、工程运行期环境影响等方面进行了研究,开创性地提出了工程施工期环境管理与监理的方式与方法,并在工程实践中得到了成功运用。鉴定委员会认为,该成果是国内外水利水电工程环境保护领域中一项最新研究成果,成果总体达到国际先进水平。
2004 年	**"小浪底移民项目实施竣工报告"提交世行** 2004 年 6 月 29 日,世行东亚及太平洋地区农村发展及自然资源部向世行提交了《中华人民共和国小浪底移民项目实施竣工报告》。报告对小浪底移民项目进行了全面的回顾与总结,报告包括主报告和附件两部分。
2005 年	**《黄河小浪底工程环境保护研究》获河南省科技进步二等奖** 2005 年 12 月,《黄河小浪底工程环境保护研究》荣获河南省 2005 年科技进步二等奖,获奖人员为:解新芳、张宏安、姚同山、冯久成、王晓峰、常献立、梁丽桥、董红霞、喻斌、林晖等。

参考文献

[1]王蜀南,等.环境水利[M].北京:水利水电出版社,1989.

[2]方子云,等.环境水利学导论[M].北京:中国环境科学出版社,1994.

[3]袁弘任,等.水资源保护基础[M].北京:中国水利水电出版社,1996.

[4]王新杰,等.21世纪议程——环境保护与综合治理[M].北京:科学技术文献出版社,2000.

[5]王瑚.水库库区环境保护[M].南京:河海大学出版社,1998.

[6]曲格平.中国环境问题及对策[M].北京:中国环境科学出版社,1984.

[7]鲁生业,等.环境水利医学评价技术[M].北京:科学出版社,1997.

[8]迈克尔.M.塞尼.移民与发展[M].南京:河海大学出版社,1996.

[9]张坤民.可持续发展论[M].北京:中国环境科学出版社,1999.

[10]姚炳华.水库移民工程学导论[M].北京:水利电力出版社,1992.

[11]曹利军.可持续发展评价理论与方法[M].北京:科学出版社,1999.

[12]水库移民经济研究中心.水库移民安置国际高级研讨会文集[M].南京:河海大学出版社,1994.

[13]陈松寿.国家水库建设中的移民工程[M].郑州:河南人民出版社,1992.

[14]王礼先.水土流失学[M].北京:中国林业出版社,1995.

[15]张震宇,等.小浪底工程对生态环境的影响及对策研究[M].西安:西安地图出版社,1997.

[16]小浪底建设管理局,河南省文物研究所.黄河小浪底水库文物考古报告集[M].郑州:黄河水利出版社,1998.

[17]河南文物管理局.黄河小浪底水库考古报告(一)[M].郑州:中州古籍出版社,1999.

[18]崔学文.小浪底国际工程建设[M].北京:中国水利水电出版社,1998.

[19]杨建设,等.工程移民监理的理论与实践[M].郑州:黄河水利出版社,1998.

[20]林秀山,等.黄河小浪底水利枢纽文集[M].郑州:黄河水利出版社,1997.

[21]解新芳,等.小浪底工程环境保护工作的特点与体会[J].人民黄河,2000(2).

[22]张宏安,等.小浪底工程施工期环境污染控制[J].人民黄河,2000(3).

[23]梁丽桥,等.小浪底工程施工期污水处理[J].人民黄河,2000(3).

[24]喻斌,等.小浪底工程施工区大气污染及其控制[J].人民黄河,2000(3).

[25]解新芳,等.小浪底工程施工期环境报告编制浅析[J].人民黄河,2000(3).

[26]贾东,等.小浪底工程施工区噪声污染控制[J].人民黄河,2000(3).